高等学校制药工程专业规划教材

现代生物制药工艺学

第 二 版

齐香君　主编

化学工业出版社

·北京·

本书为第二版，共分18章，详细系统地讲述了生物药物的质量管理与控制、抗生素概述、β-内酰胺类抗生素、大环内酯类抗生素、四环类抗生素、氨基糖苷类抗生素、现代生物技术在抗生素工业中的应用、生化药品概论、氨基酸药物、多肽与蛋白质类药物、酶类药物、糖类药物、维生素及辅酶类药物、甾类激素药物、生物制品等内容。全书内容翔实丰富，力求内容全面新颖、概念准确，完整表达本课程应包含的知识。

本书可供各高等院校相关专业学生教学使用，也可供从事相关专业的工作人员阅读、学习、参考。

图书在版编目（CIP）数据

现代生物制药工艺学/齐香君主编. 2版. —北京：化学工业出版社，2010.2（2023.2重印）
高等学校制药工程专业规划教材
ISBN 978-7-122-07375-4

Ⅰ. 现…　Ⅱ. 齐…　Ⅲ. 生物制品：药物-生产工艺
Ⅳ. TQ464

中国版本图书馆 CIP 数据核字（2009）第 232281 号

责任编辑：何　丽　徐雅妮　　　　　　　文字编辑：李　瑾
责任校对：宋　玮　　　　　　　　　　　装帧设计：关　飞

出版发行：化学工业出版社（北京市东城区青年湖南街 13 号　邮政编码 100011）
印　　装：三河市延风印装有限公司
787mm×1092mm　1/16　印张 19¼　字数 504 千字　2023 年 2 月北京第 2 版第 11 次印刷

购书咨询：010-64518888　　　　　　　　售后服务：010-64518899
网　　址：http://www.cip.com.cn
凡购买本书，如有缺损质量问题，本社销售中心负责调换。

定　　价：46.00 元

前　言

随着生物化学、免疫学、分子生物学和现代药剂学的发展，生物药品的种类和数量迅速增加，生物药品生产工艺的研究与开发日新月异，现代生物技术也获得愈来愈广泛的应用，因此生物制药工艺学在生物制药相关专业学生的学习中具有重要的地位。

《现代生物制药工艺学》第一版自 2004 年 1 月出版以后，深受广大读者的欢迎和认可。很多高等院校将它作为教材，有些院校还将它作为硕士研究生入学考试的专业复试参考书。读者使用过程中对本书提出了不少的修改意见和建议，这些都使作者深深受到鼓舞和鞭策。另外，在这期间生物技术的发展异常迅速，新技术与新成果不断涌现。为了能够及时地加入新的资料，反应新的动态，我们对第一版进行了修订。

本书保持了第一版的结构体系和写作风格，对第一版中的部分内容进行了修订和补充：修订了第一章内容，在第二版第五章中增加了利福霉素的内容，将第一版第十八章和第十九章改编为第二版的第十八章；同时对第一版的图、表、文字进行了补充修正。

本书齐香君任主编，第十八章由陈长春编写，第一章、第五章修订内容由张雯编写，全书文字校对工作由张雯完成。

在编写第二版时，我们仍然秉承第一版写作的指导思想，力求内容全面新颖，概念准确，语言深入浅出，完整地表达本课程应包含的知识，反应其相互联系及发展规律，反应生物药物生产过程的新理论及新进展。但由于作者水平有限，书中疏漏之处在所难免，恳请读者批评指正。

编　者
2009 年 9 月于西安

第一版前言

生物制药工艺是一门涉及生物学、医学、生物技术、化学、工程学和药学等学科基本原理的综合性应用学科。随着生命科学的快速发展，生物技术在医药领域获得了越来越广泛的应用，使得生物药物的种类和数量迅速增加，产生了巨大的社会效益和经济效益，并对新药的研制、开发、制药工业技术改造以及医药工业结构调整均会产生重大影响。因此《生物制药工艺学》在生物工程、药学等相关专业学生的学习中具有重要的作用。

在多年的教学实践中，深感缺少一本《生物制药工艺学》教科书。这与生物制药研究、开发工作的日新月异以及各大专院校相关专业的不断建立是不相称的。为此，在广泛参阅文献，对原讲义修改后，编写了这本《现代生物制药工艺学》。本书分为四部分。第一部分为绪论（第一章）和生物药物的质量管理与控制（第二章）。第二部分为抗生素药物（由第三～八章构成），在对抗生素概述之后，介绍 β-内酰胺类、氨基糖苷类、四环类、大环内酯类等四类抗生素的结构特点、理化性质、作用机理。每类均以一至数种主要抗生素为代表，对其来源、生产工艺和质量控制进行了详细讨论。第三部分为生化药品（由第九～十七章构成），主要按氨基酸、多肽和蛋白质、核酸、酶与辅酶、脂肪、维生素等类别，分别对各类有代表性产品的原料来源、结构、性质、用途、生产工艺和其质量控制进行介绍。第四部分介绍了生物制品的来源、制备工艺、质量检定（第十八、十九章）。编写上对每类药物都注重反映现代生物制药工艺的新成果和新进展。

随着抗生素研究的深入，抗生素的医疗作用，不再局限于抗感染，而是有了更广泛的生理活性作用，抗生素、生化药品、生物制品在制造方法和理论方面也随生物技术广泛的应用，其间的界限越来越模糊。为了使学生对生物药物有一个较全面地了解，本书尝试将抗生素、生化药品、生物制品放在一个系统中介绍。学生通过学习各类生物药物典型实例，提高其综合应用所学专业知识的基本理论和技能来分析问题、解决问题的能力，为发展创新现代生物药物奠定坚实的基础。

本书是在学完微生物学、生物化学、生物工艺原理、生物物质分离与纯化等课程之后开设，为避免重复，相关的生物技术、生物物质分离纯化原理和生物药物的制剂技术未在本书中叙述，可参阅其他有关资料。

本书第十章氨基酸药物由贺小贤编写，并承担全书的校对工作。本书的顺利编写得益于书中所用参考文献，在此对作者表示谢意。

由于生物制药技术发展快，涉及的知识领域宽广，限于编者学识水平有限，随着时间的推移缺憾将逐渐显现，恳请读者批评指正。

编　者

2003 年 9 月于咸阳

目　录

第 一 章

绪 论

一、生物药物的定义

生物药物（biopharmaceuticals）是指运用生物学、医学、生物化学等的研究成果，利用生物体、生物组织、体液或其代谢产物（初级代谢产物和次级代谢产物），综合应用化学、生物技术、分离纯化工程和药学等学科的原理与方法加工、制成的一类用于预防、治疗和诊断疾病的物质。生物药物包括从动物、植物、海洋生物、微生物等生物原料制取的各种天然生物活性物质及其人工半合成的天然物质类似物。因而抗生素、生化药品、生物制品等均属生物药物的范畴。

抗生素是来源于微生物，利用发酵工程生产的一类主要用于治疗感染性疾病的药物；生化药物是从生物体分离纯化所得的一类结构上十分接近人体内的正常生理活性物质，具有调节人体生理功能，达到预防和治疗疾病目的的物质。生物技术的应用使得生化药物的数量日渐增多，目前把利用现代生物技术生产的此类药物称为生物技术药物或基因工程药物；生物制品是直接使用病源生物体及其代谢产物或以基因工程、细胞工程等技术制成的，主要用于人类感染性疾病的预防、诊断和治疗的制品，包括各种疫苗、抗毒素、抗血清、单克隆抗体等。

生物制药是利用生物体或生物过程在人为设定的条件下生产各种生物药物的技术，研究的主要内容包括各种生物药物的原料来源及其生物学特性、各种活性物质的结构与性质、结构与疗效间的相互关系、制备原理、生产工艺及其质量控制等，现代生物技术是现代生物药物生产的主要技术平台。生物制药是一项即古老又年轻，既有悠久历史又有崭新内容的科学技术，飞速发展的现代生物技术不断地为其注入着新鲜血液，其制备技术正在发生着巨大的变革，抗生素、生化药品和生物制品以及中草药的概念也在发生着变化，其用药理论和制备技术在现代生物技术的介导下也在逐渐融合（如抗生素的功能已不再局限于杀菌抑菌；胰岛素的生产不再依靠以动物脏器为原料；乙肝疫苗的生产不再需要用人血等）。基因工程的应用，蛋白质工程的发展，不但改造了生物制药旧领域还开创了许多新领域，如人生长素的生产因有了基因工程，不再受原料来源的限制，为临床用药提供了保障；利用蛋白质工程修饰改造的人胰岛素具有了更稳定的性质，提高了疗效；利用植物可生产抗体；利用酵母细胞生产核酸疫苗等。

现代生物制药工艺学讨论的重点是各类生物药物的原料来源及其生物学特性，活性物质的结构、性质、制备原理、生产工艺和质量控制。

二、生物药物的原料来源

生物药物原料以天然的生物材料为主，包括动物、植物、微生物和各种海洋生物等。随着生物技术的应用，人工制备的生物原料正在成为当前生物制药原料的重要来源，如人工构建的工程菌、工程细胞及转基因动植物等。

三、生物药物的特性

1. 药理学特性

新陈代谢是生命的基本特征之一，生物体的组成物质在体内进行的代谢过程都是相互联系、相互制约的。疾病的产生主要是机体受到内外环境改变的影响，使起调控作用的酶、激素、核酸及蛋白质等生物活性物质自身或环境发生障碍，从而导致的代谢失常。如酶催化或抑制作用的失控，导致产物过多积累而造成中毒或底物大量消耗而得不到补偿。正常机体在生命活动中所以能战胜疾病、保持健康状态，就在于生物体内部具有调节、控制和战胜各种疾病的物质基础和生理功能。所以利用结构与人体内生理活性物质十分接近或相同的物质作为药物，在药理学上对机体就具有更高的生化机制合理性和特异疗效性，在临床上表现出以下特点。

(1) 治疗的针对性强、疗效高　机体代谢发生障碍时应用与人体内生理活性物质十分接近或类同的生物活性物质作为药物来补充、调整、增强、抑制、替换或纠正代谢失调，势必机制合理，结果有效。显示出针对性强、疗效高、用量小的特点。如细胞色素 C 为呼吸链的重要组成，用它治疗因组织缺氧引起的一系列疾病效果显著。

(2) 营养价值高、毒副作用小　氨基酸、蛋白质、糖及核酸等均是人体维持正常代谢的原料，因而生物药物进入体内后易为机体吸收利用并直接参与人体的正常代谢与调节。因而营养价值高，毒副作用小。

(3) 免疫性副作用常有发生　生物药物是由生物原料制得的。因为生物进化的不同，甚至相同物种不同个体之间的活性物质结构都有较大差异，尤以大分子蛋白质更为突出。这种差异的存在，导致在应用生物药物时常会表现出免疫反应、过敏反应等副作用。

2. 原料的生物学特性

(1) 原料中有效成分含量低，杂质多　如胰岛中胰岛素含量仅为 0.002%，因此其提取工艺复杂、收率低。

(2) 原料的多样性　生物材料可来源于人、动物、植物、微生物及海洋生物等天然的生物组织和分泌物，也可来源于人工构建的工程细菌、工程细胞及人工免疫的动、植物，因而其生产方法、制备工艺呈现出多样性和复杂性。要求从事生物药物研究、生产的技术人员要有宽广的知识结构。

(3) 原料的易腐败性　由于生物药物及产品均为高营养性物质，极易腐败、染菌，被微生物代谢所分解或被自身的代谢酶所破坏，造成有效物质活性丧失，并产生热原或致敏物质。因此对原料的保存、加工有一定的要求，尤其对温度、时间和无菌操作等有严格要求。

3. 生产制备的特殊性

生物药物多是以其严格的空间构象维持其生理活性，所以生物药物对热、酸、碱、重金属及 pH 变化等各种理化因素都较敏感，甚至机械搅拌、压片机冲头的压力、金属器械、空气、日光等对生物活性都会产生影响。为确保生物药物的有效药理作用，从原料处理、制造工艺过程、制剂、贮存、运输和使用等各个环节都要严加控制。为此，生产中对温度、pH、溶氧、CO_2、生产设备等生产条件及生产管理，根据产品的特点均有严格的要求；并对制品的有效期、贮存条件和使用方法，均须做出明确规定。

4. 检验的特殊性

生物药物具有特殊的生理功能及严格的构效关系，为保证产品的安全性和有效性，对生物药物不仅有理化检验指标，更要有生物活性检验指标和安全性检验指标等。

5. 剂型要求的特殊性

生物药物易于被人体胃肠道环境变性、酶解，给药途径可直接影响其疗效的发挥。因而对剂型大都有特殊要求。如胰岛素，因其生物学特性，需将其制成注射剂、缓释型、控释型等剂型才能达到更好的疗效。

6. 保藏及运输的特殊性

生物药物对温度有严格的要求，从生产到使用的每一个环节，都可能因温度过高而使其效价降低甚至失效。为了保证生物药物的效价不降低，大多数生物药物的生产、贮藏、运输，均必须在低温条件下进行。

四、生物药物的分类

生物药物可按照其来源，药物的化学本质和化学特性、生理功能及临床用途等不同方法进行分类。由于生物药物的原料、结构多样，功能广泛，因此任何一种分类方法都会有不完善之处。

（一）按照药物的化学本质和化学特性分类

该分类方法有利于对同类药物的结构与功能的相互关系进行比较研究；有利于对制备方法、检测方法的研究。

1. 氨基酸类药物及其衍生物

这类药物包括天然的氨基酸和氨基酸混合物以及氨基酸的衍生物，全世界的氨基酸总产量已逾百万吨/年，年产值达几十亿美元。主要生产品种有谷氨酸、蛋氨酸、赖氨酸、天冬氨酸、精氨酸、半胱氨酸、苯丙氨酸、苏氨酸和色氨酸。

氨基酸类药物有单一氨基酸制剂和复方氨基酸制剂两类。前者如胱氨酸用于抗过敏、肝炎及白细胞减少症；蛋氨酸用于防治肝炎、肝坏死、脂肪肝；精氨酸、鸟氨酸用于肝昏迷；谷氨酸用于肝昏迷、神经衰弱和癫痫。复方氨基酸制剂主要为重症患者提供合成蛋白质的原料，以补充消化道摄取之不足。复方氨基酸制剂有 3 类：①水解蛋白注射液，由天然蛋白经酸解或酶解制成的复方制剂，因成分中含有小肽物质，不能长期大量应用，以防不良反应，已逐渐为复方氨基酸注射液替代。②复方氨基酸注射液，由多种单一纯品氨基酸根据需要按比例配制而成，有时还添加高能物质、维生素、糖类和电解质。如由氨基酸与右旋糖酐或乙烯吡咯烷酮配伍而成的复方氨基酸注射液，已成为较好的血浆代用品。③要素膳，由多种氨基酸、糖类、脂类、维生素、微量元素等各种成分组成的经口或鼻饲，为病人提供营养的代餐制剂。有些氨基酸的衍生物具有特殊医疗价值。如 N-乙酰半胱氨酸，是全新黏液溶解剂，用于咳痰困难；L-多巴（L-二羟苯丙氨酸）是治疗帕金森病的最有效药物；S-甲基半胱氨酸能降血脂；S-氨基甲酰半胱氨酸有抗癌作用。

2. 多肽和蛋白质类药物

多肽和蛋白质类药物其化学本质相同，性质相似，分子量不同，生物功能差异较大。主要包括多肽和蛋白质类激素及细胞生长因子。

活性多肽是由多种氨基酸按一定顺序连接起来的多肽链化合物，分子量一般较小，多数无特定空间构象。某些有一定构象的多肽，其构象的坚固性也远不如蛋白质，构象的浮动性很大。多肽在生物体内浓度很低，但活性很强，对机体生理功能的调节起着非常重要的作用。已应用于临床的多肽药物达 20 种以上，如催产素（9 肽）、加压素（9 肽）、ACTH（39 肽）、胰高血糖素（29 肽）、降钙素（32 肽）等。

蛋白质类药物有单纯蛋白质与结合蛋白类（包括糖蛋白、脂蛋白、色蛋白等）。单纯蛋白类药物有人白蛋白、人丙种球蛋白、血纤维蛋白、抗血友病球蛋白、鱼精蛋白、胰岛素、生长素、催乳素、明胶等。胃膜素、促黄体激素、促卵泡激素、促甲状腺激素、人绒毛膜促性腺激素及植物凝集素等属于糖蛋白类。

特异免疫球蛋白制剂的发展十分引人注目，如丙种球蛋白 A、丙种球蛋白 M、抗淋巴细胞球蛋白以及从人血中分离纯化的对麻疹、水痘、破伤风、百日咳、带状疱疹、腮腺炎等病毒有强烈抵抗作用的特异免疫球蛋白制剂等。

细胞生长因子是在体内对动物细胞的生长有调节作用，并在靶细胞上具有特异受体的一类物质。它们不是细胞生长的营养成分。已发现的细胞生长因子均为多肽或蛋白质。如神经生长因子（NGF）、表皮生长因子（EGF）、成纤维细胞生长因子（PGF）、血小板产生的长生因子（PDGF）、集落细胞刺激因子（CSF）、红细胞生成素（EPO）以及淋巴细胞生长因子：白介素-1（IL-1）、白介素-2（IL-2）、白介素-3（IL-3）等。

3. 酶类药物

酶制剂也广泛用于疾病的诊断和治疗。酶类药物有下列几类。

（1）助消化的酶类　如胃蛋白酶、胰酶、凝乳酶、纤维素酶和麦芽淀粉酶等。

（2）消炎酶类　如溶菌酶（主要用于五官科）、胰蛋白酶、糜蛋白酶、菠萝蛋白酶、无花果蛋白酶等用于消炎、消肿、清疮、排脓和促进伤口愈合。胶原蛋白酶用于治疗褥疮和溃疡，木瓜凝乳蛋白酶用于治疗椎间盘突出症。胰蛋白酶还用于治疗毒蛇咬伤。

（3）心血管疾病的治疗酶　弹性蛋白酶能降低血脂，用于防治动脉粥样硬化。激肽释放酶有扩张血管、降低血压作用。某些酶制剂对溶解血栓有独特效果，如尿激酶、链激酶、纤溶酶及蛇毒溶栓酶。

（4）抗肿瘤类　L-天冬酰胺酶用于治疗淋巴肉瘤和白血病，谷氨酰胺酶、蛋氨酸酶、组氨酸酶、酪氨酸氧化酶也有不同程度的抗癌作用。

（5）其他酶类　超氧化物歧化酶（SOD）用于治疗类风湿性关节炎和放射病。PEG-腺苷脱氨酶（PEG-adenase bovine）用于治疗严重的联合免疫缺陷症。DNA酶和RNA酶可降低痰液黏度，用于治疗慢性气管炎。细胞色素C用于组织缺氧急救，透明质酸酶用于药物扩散剂。青霉素酶可治疗青霉素过敏。

（6）辅酶类药物　辅酶或辅基在酶促反应中起着递氢、递电子或基团转移作用，对酶的催化作用的反应方式起着关键性作用。多种酶的辅酶或辅基成分具有医疗价值，如辅酶Ⅰ（NAD）、辅酶Ⅱ（NADP）、黄素单核苷酸（FMN）、黄素腺嘌呤二核苷酸（FAD）、辅酶Q_{10}、辅酶A等已广泛用于肝病和冠心病的治疗。

4. 核酸及其降解物和衍生物

（1）核酸类　如从猪、牛肝提取的RNA制品对治疗慢性肝炎、肝硬化和改善肝癌症状有一定疗效。

（2）多聚核苷酸　多聚胞苷酸、多聚次黄苷酸、双链聚肌胞（poly Ⅰ∶C）、聚肌苷酸及巯基聚胞苷酸是干扰素诱导剂，具有刺激吞噬作用、调整免疫功能的作用，用于抗病毒、抗肿瘤。

（3）核苷、核苷酸及其衍生物　较为重要的核苷酸类药物有混合核苷酸、混合脱氧核苷酸注射液、ATP、CTP、cAMP、CDP胆碱、GMP、IMP、AMP和肌苷等。经人工化学修饰的核苷酸，常用于治疗肿瘤和病毒感染。

5. 多糖类药物

多糖类药物的来源有动物、植物、微生物和海洋生物，它们在抗凝、降血脂、抗病毒、抗肿瘤、增强免疫功能和抗衰老方面具有较强的药理活性。如肝素有很强的抗凝作用，小分子肝素有降血脂、防治冠心病的作用。硫酸软骨素A、类肝素在降血脂、防治冠心病方面有一定疗效。胎盘脂多糖是一种促B淋巴细胞分裂剂，能增强机体免疫力。

6. 脂类药物

脂类药物具有相似的非水溶性性质，但其化学结构差异较大，生理功能较广泛，主要有如下几类。

（1）磷脂类 脑磷脂、卵磷脂多用于肝病、冠心病和神经衰弱症。

（2）多价不饱和脂肪酸和前列腺素 亚油酸、亚麻酸、花生四烯酸和五、六烯酸等必需脂肪酸常有降血脂、降血压、抗脂肪肝作用，用于冠心病的防治。前列腺素是一大类含五元环的不饱和脂肪酸，重要的天然前列腺素有 PGE1、PGE2、PGF2α 等。

（3）胆酸类 去氧胆酸可治胆囊炎，猪去氧胆酸用于高血脂症，鹅去氧胆酸和熊去氧胆酸是良好的胆石溶解药。

（4）固醇类 主要有胆固醇、麦角固醇和 β-谷固醇。胆固醇是人工牛黄的主要原料之一，还有护发作用，β-谷固醇有降低血胆固醇的作用。

（5）卟啉类 原卟啉、血卟啉用于治疗肝炎，还用作肿瘤的诊断和治疗。血红素是食品添加剂的着色剂，胆红素是人工牛黄的重要成分（人工牛黄是由胆固醇、胆红素、胆酸和一些无机盐、淀粉混合而成的复方制剂，具有清热、解毒、抗惊厥、祛痰、抗菌作用）。

7. 维生素

维生素大多是一类必须由食物提供的小分子化合物，结构差异较大，不是组织细胞的结构成分，不能为机体提供能量，但对机体代谢有调节和整合作用。

（二）按原料来源分类

按原料来源分类法有利于对同类原料药物的制备方法、原料的综合利用等进行研究。

1. 人体组织来源的生物药物

以人体组织为原料制备的药物疗效好，无毒副作用，但受来源限制无法批量生产。现投产的主要品种仅限于：人血液制品、人胎盘制品和人尿制品。生物技术的应用解决了因原料限制而无法生产的药物，保障了临床用药需求（如基因工程生产的人生长素）。

2. 动物组织来源的生物药物

该类药物来源丰富、价格低廉，可以批量生产，缓解了人体组织原料来源不足的情况。但由于动物和人存在着较大的种属差异，有些药物的疗效低于人源的同类药物，严重者对人体无效。如人胰岛素和牛、猪胰岛素有不同的生物活性，人生长素对侏儒症有效而动物生长素对治疗侏儒症无效且会引起抗原反应。此类药物的生产多经提取、纯化制备而成。生物技术也在研究开发、生产此类药物中，发挥着重大作用。

3. 微生物来源的生物药物

来源于微生物的药物在种类、品种、用途等方面都为最多，包括各种初级代谢产物、次级代谢产物及工程菌生产的各种人体内活性物质，其产品有氨基酸、蛋白质、酶、糖、抗生素、核酸、维生素、疫苗等。其中以抗生素生产最为典型。

4. 植物来源的生物药物

该类药物为具有生理活性的天然有机化合物，按其在植物体的功能也有初级代谢产物和次级代谢产物之分。其中次级代谢产物又是中草药的主要有效成分。据不完全统计全世界大约有 40% 的药物来源于植物，我国有详细记载的中草药就近 5000 种，该类药物的资源十分丰富。随着生命科学技术的发展，转基因植物生产药物技术的进一步成熟，该类药物将会有更大的发展。

5. 海洋生物来源的生物药物

海洋生物来源的药物，又称海洋药物。海洋生物的种类繁多，是丰富的药物资源宝库，从中分离的天然化合物其结构多与陆地天然物质不同，许多物质具有抗菌、抗病毒、抗肿瘤、抗凝血等生理活性，是目前各国重资开发的领域。

（三）按功能用途分类

生物药物广泛用于医学的各个领域，在疾病的治疗、预防、诊断等方面发挥着重要作用，按功能用途分类有利于临床应用。

1. 治疗药物

治疗疾病是生物药物的主要功能。生物药物以其独特的生理调节作用，对许多常见病、多发病、疑难病、感染性疾病均有很好的治疗作用，且毒副作用低。如抗生素对感染性疾病的控制及对糖尿病、免疫缺陷病、心脑血管病、内分泌障碍、肿瘤等的治疗效果是其他药物无法替代的。

2. 预防药物

对于许多传染性疾病来说，预防比治疗更重要。预防是控制感染性疾病传播的有效手段，常见的预防药物有各种疫苗、类毒素等。在疾病的预防方面只有生物药物可担此任。随着生物技术应用范围的扩大，生物药物的疗效和品种都将大为改善和提高，它将对降低医疗费用，提高国民身体素质和生活质量起重要作用。

3. 诊断药物

疾病的临床诊断也是生物药物重要的用途之一，用于诊断，生物药物具有速度快、灵敏度高、特异性强的特点。现已应用的有：免疫诊断试剂、酶诊断试剂、单克隆抗体诊断试剂、放射性诊断药物和基因诊断药物等。

4. 其他用途

生物药物在保健品、食品、化妆品、医用材料、科学研究等方面也有广泛的应用。

五、生物药物发展过程

人类利用生物药物治疗疾病有着悠久的历史。古代的中国在此方面创造了光辉的成就，我国应用生物材料作为治疗药物的最早者为神农，他开创了用天然物质治疗疾病的先例，如用靥（包括甲状腺的头部肌肉）治疗甲状腺肿大，用紫河车（胎盘）作强壮剂，用鸡内金止遗尿及消食健胃。早在 10 世纪，我国民间就有种牛痘预防天花的实践。所谓种牛痘就是用降低了毒力的天花病毒接种到人体上，引起轻型感染，起到预防天花的目的。最值得一提的是用秋石治病。秋石是从男性尿中沉淀出的物质，这是最早从尿中分离类固醇激素的方法。其原理与近代 Windaus 等在 20 世纪 30 年代创立的方法颇为相似，我国的用法出自 11 世纪沈括所著的《沈存中良方》。明代李时珍的《本草纲目》记载药物 1892 种，除植物药外，有动物药 444 种（其中鱼类 63 种、兽类 123 种、鸟类 77 种、蚧类 45 种、昆虫百余种），书中详述了各种药物的用法、功能、主治等。

早期的生物药物多数来自动植物组织，有效成分不明确。随着生物化学、生理学等学科的发展，对生物体内各种生物物质功能的认识和了解，各种必需氨基酸、多种维生素及纯化的胰岛素、甲状腺素和必需脂肪酸等开始用于临床治疗和保健。20 世纪 40 年代以后开始了抗生素的工业化生产，相继又发现和提纯了肾上腺皮质激素和脑垂体激素；50 年代起开始应用发酵法生产氨基酸类药物；60 年代以后，从生物体分离、纯化酶制剂的技术日趋成熟，酶类药物很快获得应用。尿激酶、链激酶、溶菌酶、天冬酰胺酶、激肽释放酶等已成为具有独特疗效的常规药物；80 年代仅生化药品就有 350 多种；到 90 年代初，已有生化药品 500 多种，还有 100 多种临床诊断试剂。

自 1982 年人胰岛素成为用重组 DNA 技术生产的第一个生物医药产品以来，以基因重组技术开发研究的新药数目一直居首位。迄今已上市的新生物药物有人胰岛素（1982）、人生长素（1987）、α-干扰素（1987）、乙肝疫苗（1987）、人白介素-2（1989）、人组织纤溶酶原激活剂（1988）、超氧化物歧化酶（1990）、促红细胞生成素（1988）、集落细胞刺激因子（1990），以及尿激酶、降钙素、脑啡肽等。另外，还有上百种单克隆抗体已投入应用。单克隆抗体 OKT-3 是第一个用作治疗药物的单克隆抗体制剂，用于抗肾脏移植的急性排斥作用。诊断用酶已有 80 多种，经常使用的大概有 20 种。此外，应用酶工程、细胞工程和基因工程等生产抗生素、氨基酸和植物次级代谢产物也已步入产业化阶段。

20 世纪以来，随着病毒培养技术的发展，疫苗种类日益增加，制造工艺日新月异。20世纪 30 年代中期建立了小鼠和鸡胚培养病毒的方法，从而用小鼠脑组织或鸡胚制成黄热病、流感、乙型脑炎、斑疹伤寒等疫苗。50 年代，在离体细胞培养物中繁殖病毒的技术取得突破，从而研制成功麻疹、腮腺炎等新疫苗。80 年代后期，应用基因工程技术研制成功乙肝疫苗、狂犬病疫苗、口蹄病疫苗和 AIDS 病疫苗等。同时各种免疫诊断制品和治疗用生物制品也迅速发展，如各种单克隆抗体诊断试剂、甲肝诊断试剂、乙肝诊断试剂、丙肝诊断试剂、风疹病毒、水痘病毒诊断试剂等都已相继投放市场。

按照制品的纯度、工艺特点和临床疗效特征，生物药物的发展大致分三个阶段。

第一阶段：生物药的特点是低纯度、低产量。在这一阶段，抗生素生产因菌种生产能力低，生产技术落后，使产品的效价低，产量难以满足市场需求，产品售价高；生化药品大都是利用生物材料加工制成的含有某些天然活性物质混合成分的粗制剂。如脑垂体后叶制剂、肾上腺提取物、混合血清等。

第二阶段：第二代生物药物是根据生物化学和免疫学原理，应用近代生化分离技术从生物体制取的具有针对性治疗作用的特异生化成分，如猪、牛胰岛素、前列腺素 E、尿激酶、肝素钠、人丙种球蛋白、狂犬病免疫球蛋白等。抗生素生产也随着产生菌生产能力的提高、发酵工艺和分离技术的改进及半合成技术的发展，大大提高了疗效，降低了成本，扩大了产量，极大地满足了市场的需求。预防性疫苗也从死疫苗发展为减毒活疫苗、亚基疫苗等。

第三阶段：第三代生物药物是应用生物技术生产的天然生物活性物质以及通过蛋白质工程原理设计制造的具有比天然物质更高活性的类似物或与天然品结构不同的全新的药理活性成分，如用 PEG 修饰的腺苷脱氨酶（PEG-ADA）、抗高血压三肽 Captoproil（甲硫-丙脯酸）与口服脑啡肽等，疫苗作用也由预防拓展至治疗作用。

世界各国纷纷把现代生物技术研究开发的目标瞄准医药、医疗和特殊化学品领域的产业化。生物制药工业正在发生着巨大的变革。为了争夺生物制药工业市场，各国正在大力发展以生物技术制药产业为主的"生物技术产业群"。全球生物技术市场 2004 年内增长了10.9％，2005 年内增长了 17.1％。其中销售额超过 10 亿级的药品达到 94 个，比 2000 年多 58 个。在生物技术制药方面美国一直稳居榜首。2008 年处于各期临床试验的在研生物技术药物有 633 种（包括申请新适应证的已批准上市的药物，或同时进行多种疾病治疗的临床试验药物），这些产品代表了今后 5 年全球生物制药的主要发展方向。预计今后，制药工业将更广泛地应用现代生物技术，促进产品结构更新换代和发展。在肿瘤防治、老年保健、免疫性疾病、心血管疾病等疑难病的防治中，生物药物将起到独特作用，为保障人类健康做出更大贡献。

六、生物药物研究新进展

21 世纪，生物技术产业已走出初创阶段，生物技术在药物制造、基因治疗等方面获得广泛应用。众多生物技术医药产品进入了产业化阶段。生物技术药物的市场占有品种明显增加，主要有反义药物、凝血因子、抗血栓因子、集落刺激因子、歧化酶类、促红细胞生成素、基因治疗药物、细胞生长因子、人生长激素、干扰素、白细胞介素、单克隆抗体、重组可溶性受体、组织凝血酶原激活剂、疫苗等，广泛应用于治疗癌症、糖尿病、肝炎、多发性硬化症、贫血、发育不良、心力衰竭、血友病、囊性纤维变性及一些罕见的遗传性疾病。批准的生物药物 2000 年达 369 种，到 2006 年已达 418 种。由此可见生物技术在未来医药工业经济中占有重要地位。生物技术药物的研制将会得到更迅速的发展，预计发展比较迅速的有以下几个方面。

1. 与疾病相关基因的发现，将促进并加快新型生物药物开发

每个新基因的发现都具有商业开发的潜力，都可能产生作为人类疾病检测、治疗和预防的新药。1989 年 10 月，国际合作项目人类基因组计划（human genome project，HGP）开始实施，并于 2006 年 5 月公布了人类基因组谱图，科学家发现了与癌症、帕金森症、老年痴呆症和糖尿病等 350 余种疾病相关的基因，这一成果将有助于开发出更多新的医疗用途的新型药物及治疗方法。同时随着 HGP 的实施及基因组研究的深入，20 世纪 90 年代末由金塞特和科伯特提出了基于功能基因组学与分子药理学的药物基因组学（pharmacogenomics）这一新概念，其目的是研究药物疗效和安全性变化的分子遗传基础，指导合理用药，提高用药的安全性和有效性。它涵盖了人类基因组包括临床科研设计、衡量、评价（DME）、药物靶标和第二信使等基因在内的所有基因。人类基因组计划的深入研究和完成，以及药物基因组学在医药领域得到广泛的应用，必将给 21 世纪的医药学发展带来深刻的变革。

2. 新型疫苗的研制

无论在过去还是现在，疫苗在感染性疾病的防治中起着其他药物无法替代的重要作用，但随着人类疾病谱的改变和发展，目前仍有许多难治之症（如肥胖症、肿瘤、艾滋病等）和新型疾病（如甲型 H1N1 流感、SARS）的预防和治疗，需要进行更深入的研究。21 世纪，新生物技术的不断涌现，生物技术专利的有效利用将大大促进和缩短新型疫苗的研制进程。

3. 与血管发生有关的细胞因子的研制

肿瘤血管生长因子（tumor angiogenesis factors，TAF）包括研究较多的血管内皮生长因子（vascular endothelial growth factor，VEGF）、成纤维细胞生长因子（fibroblast growth factor，FGF）、血小板源生长因子（platelet-derived growth factor，PDGF）等，它们促进肿瘤新生微血管的生长。临床研究表明，阻断 VEGF 受体 2（VEGFR 2）和 PDGF 受体 β（PDGFR β）等，可达到通过抗血管生成来治疗肿瘤的目的。1998 年，美国科研人员发现两种用于治疗癌症的血管发生抑制因子（即抗血管生长因子）和内皮抑制素，以及一种抗血管生长蛋白，即血管抑制素（vasculostatin），都有较好的疗效。另外，VEGF、FGF 和血管生长素（angiopoietin）等能够通过刺激动脉内壁的内皮细胞生长来促进形成新的血管，从而对冠状动脉疾病和局部缺血产生治疗作用。

4. 基因工程活性肽的生产

用基因工程技术制备的具有生物活性的多肽称为基因工程活性肽。基因工程的应用，一方面使这些活性肽的生产成为可能，另一方面又发现了更多新的活性肽，如仅神经肽一类就已发现 50 多种，作用于心血管的活性肽和生长因子也发现了 10 多种。在人体内存在的维持正常生理调控机制和对疾病的防御机制中，可能存在着极其丰富的活性肽等物质，但我们了解的却很少。人体中可能还有 90% 以上的活性多肽尚待发现，因此发展基因工程活性肽药物的前景十分光明。

5. 蛋白质工程药物的开发

通过蛋白质工程可以改善重组蛋白产品的稳定性、提高产品的活性，延长产品在体内的半衰期、提高生物利用度、降低产品的免疫原性等。如天然胰岛素制剂在储存中易形成二聚体和六聚体，延缓了胰岛素从注射部位进入血液的速度，从而延缓了降糖作用。也增加了抗原性。这是胰岛素 B_{23}～B_{28} 氨基酸残基结构所致，改变这些残基则可降低聚合作用。另外，于 20 世纪 90 年代末提出的蛋白质组学旨在研究细胞内全部蛋白质的表达方式和作用方式，着重探索蛋白质在质量、功能、相互作用及关联网络系统等方面的整体性、时控性和调控性，据此揭示身体的生理及病理过程，因而能为发现和研制重组新药提供强有力的理论基础。

6. 新的高效表达系统的研究与应用

迄今为止，已上市的生物技术药物（DNA 重组产品）多数是在 *E.coli* 表达系统生产的（34 种）；其次是 CHO 细胞（14 种）、幼仓鼠肾细胞（2 种）及酿酒酵母（11 种）。正在进一步改进的重组表达系统有真菌、昆虫细胞和转基因植物和动物。转基因动物作为新的表达体系，因其能更便宜地生产高活性的复杂产品，而令人关注。

7. 生物药物新剂型的研究

生物药物多数易受胃酸及消化酶的降解破坏，其生物半衰期普遍较短，需频繁注射给药，给患者造成痛苦，使患者用药的依从性降低，且其生物利用度也较低。另外多数多肽与蛋白质类药物不易被亲脂性膜摄取，很难通过生物屏障。因此生物药物的新剂型发展得十分迅速。主要的发展方向是研究开发方便合理的给药途径和新剂型，主要有：①埋植型缓释注射剂，尤其是纳米粒给药系统具有独特的药物保护作用和控释特性。如采用界面缩囊技术制备胰岛素纳米粒不仅包封率高，还能很好地保护药物，其降糖作用可持续 24h。②非注射剂型，如吸入、直肠、鼻腔、口服和透皮给药等。

8. 医药产业的其他方面将不断被改造和发展

生物技术的应用使医疗技术得到了更大的发展，基因治疗已成为生命科学中的热点。其研究对象已从原先的遗传病扩展到肿瘤、感染性疾病和心血管疾病等。基因治疗的思路也正在不断开拓，不仅是正常基因的添加和替换，还可以对体内基因进行正调节或负调节，甚至导入体内原本不存在的基因。此外，对基因缺陷所导致的遗传病、免疫缺陷或肿瘤的潜伏期病人，可在家系调查、明确基因诊断的基础上，进行预防性基因治疗。因此可以说基因治疗是一个新的预防和治疗手段，对于严重危害人类健康的疾病的治疗具有潜在的应用价值和应用前景。2008 年，世界基因治疗产品的销售额已达 48 亿美元，目前在开发的这类产品主要治疗目标是癌症、艾滋病、心血管疾病、囊纤维变性、血友病 A 和高歇氏病。

生物技术的应用可加快传统中药的研究进程，阐明其作用机理，明确有效物质群，提升中药的科学性，加快现代中药的创制，实现中药现代化，促进中药早日走向世界。同时生物技术的应用可改变现存的传统药材的有效成分，使现存植物变为"转基因药材"。比如已使脑啡肽、表皮生长因子、促红细胞生成素、生长激素、人血清蛋白、血红蛋白和干扰素等的外源基因在转基因植物中得到表达；生物技术的应用还可改变药材的传统生产方式，如在人参、紫草、丹参等 40 余种传统药材中，已建立起用发根农杆菌（*Agrolacteriumrhizogenes*）感染的新的具有良好特性的毛状根培养系统，并用于一些根部药材有效成分的研究、生产；生物技术的应用，有可能彻底改变传统中药材和人类生物药物的生产加工，使之适合新时代的要求，实现中药资源的可持续性发展。如果 21 世纪，利用转血红蛋白基因的烟草植物大量生产人造血浆成为现实，将会彻底改变现行的供血状况。

七、生物制药业现状及发展前景

生物技术是全球发展最快的技术之一，目前生物技术最活跃的应用领域是生物医药行业，生物制药（多指重组药物）被投资者作为成长性最高的产业之一。从 1998 年开始，全球生物制药产业的年销售额连续 9 年增长速度保持在 15%～33%，成为发展最快的高新技术产业之一。2000 年现代生物药物市场额达到 300 亿美元，2003 年则达 600 亿美元，约占同期世界药品市场总销售额的 10% 以上。预计到 2020 年，生物医药占全球药品的比重将超过 1/3。而我国的生物制药行业在过去十年内以年均 30% 的速度增长，2005 年国内的营业额已达到 30 亿美元。

我国现代生物制药产业始于 20 世纪 80 年代末，随着中国第一个具有自主知识产权的基因重组药物 α-1b 干扰素（1989 年）在深圳科技园实施产业化，拉开了国内基因药物产业化大发展的序幕。我国基因药物的发展大致经历了两个阶段：第一阶段（1993～1996 年）为初创阶段，主要是以国家生物技术开发中心、国家科委以及六大国家级的生物制品研究所领头的事业单位，项目集中在疫苗类产品；第二阶段（1997～1999 年）为企事业齐头并进的大发展阶段。这一时期涉入的单位较多，项目上马重复状况严重。目前国外拥有的主要基因药物及世界上最畅销的十几种基因药物我国均能生产。近 10 年来国家加大力度支持生物医药创新体系建设和支持重要生物医药产品的产业化，国家发改委在生物技术的前沿领域，以推动现代生物技术产业发展为目标，建设了 30 个国家工程研究中心、19 个国家工程实验室、153 个企业技术中心、4 个 SARS 应急实验室和 3 个生物安全 4 级实验室。已有超过 27 种的自主创新生物技术药物实现了产业化，向市场提供生物医药制品 300 余种，产业规模持续高速增长，形成了生物制药创新发展的良好基础。同时我国已将生物产业作为高技术领域的支柱产业和国民经济的主导产业进行战略部署。国家发改委将生物产业列入国家"十一五"规划的八大重点产业之一，同时我国已经建成 22 个国家生物产业基地。按照《生物产业发展"十一五"规划》要求，形成 10 个销售收入超 100 亿元的大型生物企业；形成 8 个产值超过 500 亿元的生物产业基地。到 2010 年产业规模达 5000 亿元，占 GDP 的 2%。到 2020 年产业规模突破 20000 亿元，占 GDP 的 4%。科技部在国家"863"、"973"计划中将生物领域作为重点支持的方向之一，重大新药创制、重大传染病防治、转基因农作物等重大科技专项已开始实施。相信在未来的若干年内，中国生物医药产业的崛起必将成为 21 世纪国民经济的新增长点。

我国人口基数庞大，人均药品消费仅为日本的 1.6%，为美国的 2.3%，这些数据充分说明我国医药商品市场潜力十分巨大，但随着中国市场的对外开放，国外发达国家制药商和药品经销商看准了我国医药市场的巨大潜力，纷纷以直接向我国出口药品、独资办厂、合资办厂等方式，"进军"我国医药市场。目前世界前 20 名的跨国制药公司都已在中国投资办厂。据不完全统计，跨国药企迄今在我国设立研发中心的总投资额已超过 5 亿美元，这意味着巨大的市场份额将被国外公司瓜分。而当前我国生物医药面临的问题却是：具有自主知识产权的成熟品种少，重复生产重复开发严重；上下游技术开发研究不协调，研究投资力度小，下游工程技术人员缺乏；创新能力不足，人才缺乏，生物技术工程化程度低；知识产权纷争，导致大量建设投入损失；企业规模小，缺乏竞争力；生物医药企业实际税负高于一般工业企业，影响医药企业创新积极性。这些问题将是我们丧失大量医药市场的关键。为此，加快创新药物的研制，加快相关技术人才的培养，发展有中国特色的生物技术医药工业，才是根本出路。

第 二 章

生物药物的质量管理与控制

药物是用于预防、治疗人类疾病，有目的地调节人体生理功能，并规定有适应证和用法、用量的物质。因此药物必须达到一定的质量标准要求，确保病人用药的安全有效。

药物的质量可涉及研制、生产、贮运、供应、调配及临床使用各个环节，生物药物与化学药物相比，其质量控制的方法有很多不同，如生物药物多数为大分子药物，有的化学结构不明确，有的相对分子质量不是定值、稳定性差等，这给质量控制带来了一定的困难。在检查项目上生物药物与化学药物也有不同，例如，生化药物均需做热原检查、过敏试验、异常毒性等试验。对生物药物有效成分的检测，除应用一般化学方法外，更应根据制品的特异生理效应或专一生化反应拟定其生物活性检测方法。在定量方法上，生物药物除了常用的重量法、滴定法、比色法及 HPLC 法等理化分析方法外，还有电泳法、酶法、免疫法和生物检定法。

第一节 生物药物质量的评价

生物药物质量的优劣直接影响其临床疗效和安全性。评价一个生物药物质量的优劣，不仅要控制它的性状、鉴别、纯度检查、含量等质量指标，而且要掌握其在体内吸收、分布、排泄、生物转化、生物利用度及药物的体内过程等有效性与安全性，还需要有严格的科学管理作保障。

一、生物药物质量检验的程序与方法

生物药物检验工作的基本程序一般为取样、鉴别、检查、含量测定、写出检验报告。

1. 药物的取样

分析任何药品首先是取样，要从大量的样品中取出少量样品进行分析。应考虑取样的科学性、真实性和代表性，否则就失去了检验的意义。取样的基本原则应该是均匀、合理。

2. 药物的鉴别试验

鉴别就是依据生物药物的化学结构和理化性质，采用化学法、物理法及生物学方法进行某些特殊反应，或测试某些专属的物理常数，如紫外吸收系数或光谱图、红外吸收光谱等，来判断并确定生物药物及其制剂的真伪。通常需用标准品或对照品在同一条件下进行对照试验。药物的鉴别不是由一项试验完成，而是采用一组试验项目全面评价一种药物，力求使结论正确无误。常用的鉴别方法有：化学反应法、紫外分光光度法、色谱法、酶法、电泳法等。

3. 药物的杂质检查

药物在不影响疗效及人体健康的前提下，可以允许生产过程和贮藏过程中引入微量杂

11

质。药物的杂质检查主要是针对生产中引入的杂质，按照药品质量标准规定的项目，根据生产该药品所用的原料、制备方法、贮存容器与贮存过程可能发生的变化等情况，考虑可能存在的杂质，再根据这些杂质的毒性，经综合考虑进行检查。一般情况下，需对杂质规定限量，超过规定的限量，即不合格。判断药品的纯度是否符合限量规定要求，也称为纯度检查。药物的杂质检查分为一般杂质检查和特殊杂质检查，特殊杂质主要是指从生产过程中引入或原料中带入的对人体健康有潜在影响的杂质。

4. 药物的安全性检查

生物药物应保证符合无毒、无菌、无热原、无致敏原和降压物质等一般安全性要求，故《中国药典》2005 年版附录列出了下列安全性检查项目：异常毒性试验、无菌检查（许多生物药物是在无菌条件下制备的，且不能高温灭菌，因此无菌检查就更有必要）、热原检查、过敏试验、降压物质检查等，此外，某些生物药物还需要进行药代动力学和毒理学（致突变、致癌、致畸等）的研究。

5. 药物的含量（效价）测定

含量测定就是采用化学分析方法或物理分析方法，测定药品的有效成分的含量是否符合规定的含量标准。测定方法力求简便快速，易于推广和掌握。同时，还应考虑所用仪器是否容易获得。含量测定也可用于判定药物的优劣。生物药物的含量表示方法通常有两种：一种用百分含量表示，适用于结构明确的小分子药物或经水解后变成小分子的药物；另一种用生物效价或酶活力单位表示，适用于多肽、蛋白质、酶类及生物制品等药物。

所以，判断一个药品的质量是否符合药品质量标准的规定要求，必须全面考虑鉴别、检查与含量测定三方面的检验结果。只要有任何一项不符合规定要求者，根据药品质量标准的规定，这个药品即为不合格品。此外，药物的性状（外观、色泽、气味、晶形、物理常数等）也能综合地反映药物的内在质量。

6. 检验报告的书写

上述药品检验及其结果必须有完整的原始记录，实验数据必须真实，不得涂改，全部项目检验完毕后，还应写出检验报告，并根据检验结果作出明确的结论。药物分析工作者在完成药品检验工作，写出书面报告后，还应对不符合规定的药品提出处理意见，以便供有关部门参考，并尽快地使药品的质量符合要求。

二、药物的 ADME

药物在体内的整个过程通常用 ADME 表示。A 表示吸收（absorption），即药物在生物体的吸收；D 表示分布（distribution），即药物在生物体内的分布；M 表示代谢（metabolism），即药物在体内的代谢转化；E 表示排泄（excretion），即药物及其代谢产物自体内的排除。

在体内药物化学结构与存在状态都可能发生变化。化学结构的变化主要是药物在体内受代谢酶的作用产生一个或多个代谢物，存在状态的变化主要是药物及代谢物可与血浆蛋白结合。因此，除少数情况外，一般研究药物及其制剂的 ADME，都需先对药物进行分离、纯化、富集后测定。药物的代谢转化一般分为两类反应：第一类反应包括氧化、还原、水解、水合、脱硫乙酰化、异构化等；第二类反应为结合反应，主要包括葡萄糖醛酸化、硫酸酯化、谷胱甘肽结合、乙酰化、甲基化、氨基酸结合、脂肪酸结合以及缩合等。药物的两类转化反应均需要体内多种酶的参与。经过第一类反应后，药物分子上形成羧基、羟基、醇基、氨基等，便于进行第二类结合反应，形成极性更高、水溶性更大的代谢产物，利于从肾及胆道排出体外。药物经过机体的转化，可能发生相应理化性质的改变，从而改变其药理和毒理活性，如代谢失活、代谢活化，使药理活性减弱或增强，甚至形成毒物及致癌物等。因此研究药物及其制剂在体内的过程，阐明药物剂型因素、生物因素与疗效之间的关系，研究药物的代谢转化过程，明确药物的代谢转化途径，有助于理解药物的药理作用及毒副反应的机理，指导临床合理用药。

第二节　药物的质量标准

为了控制药品质量，对药品生产、贮存、供应及使用各个环节应有一个统一的质量标准要求，以便执法部门定期进行监控，使药品质量的监管工作有法可依。在卫生部的领导、组织和要求下，药品标准根据其使用和生产的广泛性和成熟程度，分别制定有《中华人民共和国药典》（简称《中国药典》）、《中华人民共和国卫生部药品标准》（简称《部颁标准》）以及地方各省、市、自治区的《地方药品标准》三级标准。药品的质量标准是药品生产和管理的依据，并具有法定的约束力。凡被药品标准收载的药品，其质量不符合标准规定的均不得出厂、不得销售、不得使用。其他未收载于药品标准中的药品的生产、销售和使用，必须具有经过严格审定并经过卫生部门批准的质量标准，且其质量必须符合规定标准。

一、药典的内容

1. 国家药典

国家药典的内容一般分为凡例、正文、附录三大部分。凡例部分是为正确理解和使用药典的阐述部分，它叙述了药典中的有关术语如溶解度、温度、度量衡单位等。正文部分的主要内容及其所收载药品或其制剂的质量标准，包括药品的性状、鉴别、检查、含量测定、作用与用途、用法与用量以及贮藏方法等。附录部分记载了制剂通则、一般杂质检查方法、一般鉴别试验、有关物理常数测定法、试剂配制法、分光光度法、化学分析法、色谱法、氧瓶燃烧法、乙醇测定法、电位滴定法、氮测定法、放射性药品检定法、试剂、指示剂、缓冲液和滴定液等配制法、生物测定法和生物测定统计法等。

药典中对每一个药品及其制剂都单独列为一个项目，每项之下包括性状、该药品的各种物理化学性质、鉴别、检查和含量测定（主要确定药品中有效成分的含量范围）等质量控制内容。

2. 部颁药品标准

部颁药品标准的性质与药典相同，亦具有法律的约束力。它收载了《中国药典》未收载的，但常用的药品及制剂。新批准的药物符合其质量标准，经过两年试行期后，方可直接转为部颁标准。其他国家如英国、美国则是编副药典以补国家药典的不足。

3. 地方药品标准

药典与部颁药品标准所收载的品种，往往不能完全满足各地区对药品生产、供销、使用和管理的需要，因此，对药典以外的某地区常用的药品、制剂的规格和标准，常制定地区性的标准。

国内生产药品的质量检验一般遵照以上三级质量标准，进口药品、仿制国外药品等需要按照国外药典标准进行检验。目前世界上已有数十个国家编制了国家药典。另外尚有区域性药典及世界卫生组织（WHO）编制的《国际药典》。

药典是记载药品标准和规格的国家法典，通常由专门的药典委员会组织编写，由政府颁布实施。药品标准应能完全地反映药品生产、贮藏、供应和使用各环节中有关质量变化情况。药典中所规定的指标都是该药物应达到的最低标准，各生产厂可制定出自己的高于这些指标的标准，以生产出高质量的药物。此外，药厂也完全可以使用自己认为合适的分析方法进行药品的质量控制，但是一旦产品质量出现问题，需要进行仲裁时，则要以药典收载的方法为准。

为了保证药品的质量，国家设立了各级药品检验的法定机构（各级药品检验所），并要求药厂、医药经销公司及医院等单位也必须建立药品质量检查部门，以专门负责药品质量的检验及全面管理。

二、各国药典简介

（一）《中华人民共和国药典》

由中华人民共和国卫生部聘请全国药政、药检、教学、科研和生产单位的专家，组成中华人民共和国卫生部药典委员会，编辑出版。它是中国历史上最大的一部药典，比较全面地记载了各类药品和制剂的性状、鉴别和检查方法，各类制剂的通则、一般检验法和测定法、试药、试液、指示剂、溶液的规格和配制方法等，并介绍了药品的主要作用与用途、用法与剂量、允许使用的最高剂量（极量）、禁忌证和副作用、药品的贮藏和保管的基本要求等。它是国家对药品质量标准和检定方法的技术规定，也是药品生产、使用、供应、检验和管理的法定依据。

《中国药典》自1953年首版以来，已先后编纂9版，最新版本即2010年版。2010年版《中华人民共和国药典》共分三部，收载品种共计4615种，其中新增加品种1358种。新版药典分为三部出版，一部为中药，二部为化学药，三部为生物制品。各部内容主要包括凡例、标准正文和附录三部分，其中附录由制剂通则、通用检测方法、指导原则及索引等内容构成。一部收载品种2136种，其中新增990种，修订612种；二部收载品种2348种，其中新增340种、修订1500种；三部收载品种131种，其中新增28种、修订103种；药用辅料标准新增130多种。附录药典一部新增14个，修订54个，药典二部新增15个、修订70个；药典三部新增18个、修订38个。

（二）《美国药典》及《美国国家处方集》

《The United States Pharmacopeia》简称USP（《美国药典》），《The National Formulary》简称NF（《美国国家处方集》或《美国药方集》）。

《美国药典》由美国药典委员会（The United States Pharmacopeial Convention，简称USPC）编纂，已有170多年历史。首版于1820年出版，其后，每10年左右修订1次，自1940年改为每5年修订一次。

《美国国家处方集》为《美国药典》补充资料，具有法律约束力。《美国国家处方集》，原由美国药学会编纂，从1884年发行第1版起，以后每隔10年修订一次，自1938年起改为每隔5年修订一次。以往各版编辑原则是：收载尚未在《美国药典》中收载的，确有疗效的药品和制剂。《美国国家处方集》与《美国药典》有非常密切的关系，两者互相配合，成为美国确保药品质量的依据。故《美国国家处方集》可看成是美国的副药典，它也经常为其他药学参考书所引证。

《美国药典》及《美国国家处方集》联合版，按照美国药典委员会1975年的决议，《美国药典》和《美国国家处方集》今后统由美国药典委员会负责修订编印。对收载品种的分工，做了大幅度的调整。美国药典委员会于1980年第一次将《美国药典》和《美国国家处方集》合并成一卷出版，即USA XX版和NF XV版的联合版，于同年7月1日颁布施行。

两部药品标准合并成一卷，但两者仍有区分，各有其独特性，主要是收载品种类别不同，内容分别编列。联合版本具有另一优点是，除了正文以外有很多章节，如凡例、附录、通则、试剂、参考表和索引等，两者均可交叉参阅使用，避免了大量重复。USP 部分约 1200 页，NF 部分约 300 页。

最新版的《美国药典》为 USP32 和 NF27 联合版（2009 年）。《美国药典》32 版和《美国处方集》27 版联合版是迄今为止《美国药典》史上最大的一部药典。目前，世界许多国家都以《美国药典》作为药品质量检验的标准，该药典具有一定的国际性。

另外，随药典出版的《美国药典·药物情报》（USP：The United States Pharmacopoeia Drugs Informatio）是《美国药典》的扩充与补充，每年出版一册，分两种版本，即"医务人员手册"和"病人用药须知"，均按药物名称字顺排列，书后附有药名索引。

《美国药典》及《美国国家处方集》补充版（Supplement to USP and NF），需隔 5 年才发行一版。在间隔期间，可以补充发行补充版。

（三）《英国药典》及《英国副药典》

《British Pharmacopeia》简称 BP（《英国药典》），《The British Pharmaceutical Codex》简称 BPC（《英国副药典》或《英国准药典》）

《英国药典》，由英国药典委员会编纂，经英国药品委员会推荐，由英国卫生部颁发施行，首次出版于 1894 年。以后，每隔数年修订一次，至今已有 130 多年历史。自 1953 年第 8 期改为每 5 年修订一次。1980 年 12 月 1 日起颁布实行第 13 版。从这版起又改成了每 5 年修订出版的固定期限，系根据需要不定期地修订出版。

《英国药典》（2008 年版）收载约 3100 种原料、制剂和其他医用物品。其中一部分是英国本国的，另一部分来自第 5 版《欧洲药典》。共分 5 卷。Ⅰ～Ⅱ卷原料药；Ⅲ卷为制剂及血液制品、免疫制品、放射性药品、外科用材料和顺势疗法药品；Ⅳ卷为红外光谱、附录、增补篇及索引；Ⅴ卷为兽药。本版药典新增 49 种英国国内的和 60 种《欧洲药典》第 5 版增补本中的新品种。分别新增原料药 54 种、制剂 44 种、血液制品 2 种、免疫制剂 3 种，删去 6 种。

《英国副药典》（BPC），收载《英国药典》以外的药品，还提供《英国药典》中所没有的原料药规格标准以及各种详细的处方。首版（1907 年版）由英国药学会编纂，以后由英国药学会所属英国副药典修订委员会负责修订改版工作，自 1907～1979 年共发行 11 版。最初 4 版所载的内容仅作为处方和配方的参考。第 5 版（1949 年）开始陆续增加了分析操作方法（见 1949 年版）、分析用标准品（见 1963 年版）及药物作用（见 1973 年版）等内容。

《英国副药典》的内容包括药物及药用辅料、免疫产品及有关制剂、人血液制剂、手术材料及缝合线、外科敷料、药方制剂、附录等。

《英国处方集》（The British National Formulary）收载非法定的常用的制剂处方。

（四）《日本药局方》及《日本药局方解说书》

《日本药局方》（Phamrrnacoplia Japonaca，简称 JP）是一部日本官方颁布的具有法律效力的药典，1892 年首版，至今有 120 余年历史。第 5 改正版以前，《日本药局方》只有一部，不分册，多以德国和瑞士药典蓝本制定。第二次世界大战后，受英、美药典影响，昭和 23 年（1948 年），日本出版的《国民药品集》，其性质相当于《美国国家处方集》。1960 年，日本厚生省决定将《日本药局方》和《国民药品集》合称《药局方》。在第 5 改正版《药局方》基础上，修订改版的称《第 6 版正版日本药局方第一部》；原来的《第 2 改正版国民药品集》改称《第 6 版正版日本药局方第二部》，以后，《日本药局方》都分两部出版。

第一部主要收载原料药及其基础制剂。第二部主要收载生药、家庭药制剂和制剂原料。1981 年发行的第 10 改正版，改为两部合订本。最新版为 2006 年发行的《第 15 改正日本药局方》。

此外还有《日本药局方注解》、《日本药局方解说书》、《日本药局方表解》等，分别对药局方收载的内容做进一步的解说，各有特点。

（五）《国际药典》

《Pharmacopoeia Internationalis》简称 Ph. Int（《国际药典》）。1974 年联合国世界卫生组织（World Health Organization，简称 WHO）设立了统一药典专家委员会（Expert Committee on the Unification of Pharmacopoeias）。1951 年正式出版《国际药典第 1 版》第一部，分英文版和法文版，以后又出版过西班牙文版。1955 年出版第二部，1959 年出补遗版。当时，制定国际药典的用意，是为了向各国提供制定药典的资料，统一毒、剧药的规格、选定国际通用名称，开展国际贸易和援助，供给并确定实验用的标准品等。各国都大力协作，但由于各国新药研究和科学技术进展甚快，制剂学的发展引起剂型的改良，以生物效应为主的制剂试验法的发展，使得建立一个指导各国药典体制的理想在力量和时间上都缺乏可能性，只能由各国根据各自的实际情况制定自己的国家药典。1967 年发行的《国际药典第 2 版》就改用了《Specification for the Quality Control of Pharmaceutical Preparations；2nd of the International Pharmacopoeia》这样的名称，正名为《药品质量控制规格》，副名为《国际药典第 2 版》，只突出药品质量管理标准的作用。也就是说，世界卫生组织只对各国设置药品生产质量管理部门（GMP）和培养 GMP 管理人员起指导作用，为此目的，1971 年又专门出了补充版（《Supplement 1971》）。修订中的《国际药典第 3 版》，分 5 部出版，1979 年出第 3 版第 1 部，其第 2、第 3、第 4 部分别于 1981 年、1988 年和 1994 年出版，2003 年出第 5 部。

第三节　生物药物的科学管理

根据生物药物的性质和特点，它除用于临床治疗和诊断以外，还用于健康人特别是儿童的预防接种，以增强机体对疾病的抵抗力。许多基因工程药物，特别是细胞因子药物都可参与人体机能的精细调节，在极微量的情况下就会产生显著的效应，任何性质或数量上的偏差，都可能贻误病情甚至造成严重危害。因此，在药品的研制、生产、供应以及临床使用过程中，必须对生物药物及其产品进行严格的全面质量控制和科学管理。

1985 年 7 月 1 日，我国颁布了《药品管理法》。根据《药品管理法》规定，我国自 1988 年开始实施《药品生产质量管理规范》制度。我国药品质量管理工作的目标为：形成能适应国民经济与社会发展需要的监督管理体系，实现对药品研制、生产、流通、使用、价格和广告等环节的法制化、科学化、规范化管理。根据规定，自 1998 年 7 月 1 日起，我国未取得药品 GMP 认证的企业，管理部门不予受理生产新药的申请；不批准药品的仿制、新药技术的转让和进口药品的分包装；对未取得药品 GMP 认证的新开办药品生产企业不发给其药品生产企业许可证。1969 年世界卫生组织推行《药品生产质量管理规范》，并将其作为药品、生物制品进行国际贸易的必备条件。我国 GMP 是以 WHO 提出 GMP 为基础，参考了日、美、英等国家 GMP 有关规定，结合我国医药工业实际，由中国医药工业公司于 1982 年起草制定，1985 年作为行业 GMP 颁布。任何产品的质量都是设计和生产出来的，只有在生产过程中实施全面质量管理防止不合格产品产生，才能保证生物药物的安全、有效及质量稳定。

GMP（good manufacture practice）即《良好药品生产规范》，在我国制药行业称之为《药品生产质量管理规范》，对生产实行全面管理，涉及人员、厂房设备、原材料采购、入库、检验、发料、加工、制品及半成品检验、分包装、成品检定、产品销售、运输、用户意见及反应处理等在内的全过程质量管理。目前国内大多数药厂或车间按照 GMP 规定要求组织生产。GMP 管理的核心是全员全过程的管理，人员是生物药物生产的第一要素，全体人员必须对产品质量负责。在 GMP 管理中值得强调的是生产企业必须建立一个独立的质量保证（QA）部门，它负责对产品做出评价并有进行产品质量否决的权利，不受行政干扰地执行其法定权力。

GLP（good laboratory practice）即《良好药品实验研究规范》，也称《药品非临床研究质量管理规范》。科研单位或研究部门为了研制安全、有效的生物药物，必须按照 GLP 的规定开展工作。GLP 从各个方面明确规定了如何严格控制药物研制的质量，以确保实验研究的质量与实验数据的准确可靠。

GCP（good clinical practice）即《良好药品临床试验规范》，也称《药品临床研究质量管理规范》。治疗用生物药物临床研究参照新药临床研究的要求，需在国家食品药品监督管理局确定的药品临床研究基地按《药品临床研究质量管理规范》（GCP）的要求进行。这项《规范》的制定有两个作用：一是为了在新药研究中保护志愿受试者和病人的安全和权利；二是有助于生产厂家申请临床试验和销售许可时，能够提供符合质量的有价值的临床资料。GCP 对涉及新药临床的所有人员都明确规定了责任，以保证临床资料的科学性、可靠性和重现性。

药品生产达到 GMP 的要求，药品研究和药品检验实验室达到 GLP 要求，药品临床实验达到 GCP 的要求，其目的是建立系统化、完整化的药品再评价机制，提高药品质量的标准。

第四节　生物药物常用的定量分析法

1. 酶法

酶法通常包括两种类型：一种是酶活力测定法，以酶为分析对象，目的在于测定样品中某种酶的含量或活性；另一种是酶分析法，以酶为分析工具或分析试剂，测定样品中酶以外的其他物质的含量，分析的对象可以是酶通过对酶反应速率的测定或对生成物等浓度的测定而检测相应物质的含量。

2. 电泳法

电泳法就是在电解质溶液中，带电粒子或离子在电场作用下以不同的速率向其所带电荷相反方向迁移，基于溶质在电场中的迁移速率不同达到分离的目的。电泳法具有灵敏度高、重现性好、检测范围广、操作简便并兼备分离、鉴定、分析等优点，已成为生物技术及生物药物分析的重要手段之一。常用的电泳法包括自由界面电泳、区带电泳和高效毛细管电泳。

3. 理化测定法

包括重量分析法、滴定分析法、分光光度法、高效液相色谱法等。

4. 生物检定法

生物检定法是利用药物对生物体（整体动物、离体组织、微生物等）的作用以测定其效价或生物活性的一种方法。它以药物的药理作用为基础，生物统计为工具，运用特定的实验设计，通过比较供试品与相应的标准品或对照品，在一定条件下产生特定生物反应的剂量比例，来测得供试品的效价。生物检定法的应用范围包括如下几项。

（1）药物的效价测定　对一些采用理化方法不能测定含量或理化测定不能反映临床生物活性的药物可用生物检定法来控制药物质量。

（2）微量生理活性物质的测定　一些神经介质、激素等微量生物活性物质，由于其很强的生理活性，在体内的浓度很低，加上体液中各种物质的干扰，很难用理化方法测定。而不少活性物质的生物测定法由于灵敏度高、专一性强，对供试品稍做处理即可直接测定。

（3）某些有害杂质的限度检查　如内毒素等致热物质和生化制剂中降压物质的限度检查等。

第五节　基因工程药物质量控制

一、基因工程药物质量标准

采用新的生物技术方法，利用细菌、酵母或哺乳动物细胞作为活性宿主，进行生产的作为治疗、诊断等用途的多肽和蛋白质类药物称为基因工程药物（或生物技术药物）。该类生物技术药物在整个生产过程中会产生许多杂质，如内毒素、宿主细胞蛋白、蛋白突变体、DNA、氨基酸替代物、内源性病毒、蛋白水解修饰物等。因此可能含有传统生产方法不可能存在的有害物质，所以这类产品的质量控制与传统方法生产的产品有本质的差别。鉴于这类产品生产工艺的特殊性，除需要鉴定最终产品外，还须从基因的来源及确证、菌种的鉴定、原始细胞库等方面提出质量控制的要求。对培养、纯化等每个生产环节严格控制，才能保证最终产品的有效性、安全性和均一性。为此，早在1983年11月，美国FDA制定了"重组DNA生产的药品、生物制品的生产和检定要点"，1987年6月欧洲共同体制定了"基因重组技术医药产品的生产及质量控制"，1988年补充了"生物技术医药产品临床前生物安全性试验要求"，1990年增加了"生物技术生产细胞因子的质量控制"，同年我国卫生部颁发了"人用重组DNA制品质量控制要点"、"基因工程人 α-干扰素制备及质量控制要点"。1991年世界卫生组织经生物鉴定专家委员会讨论后正式公布了"重组DNA生产的药品、生物制品的生产和检定要点"。2000年，经中国生物制品标准化委员会编修，国家食品药品监督管理局批准，10月1日起颁布执行《中国生物制品规程》。

二、基因工程药物的质量控制要点

基因工程药物的关键是其安全性和有效性。基因工程药物不同于一般药品，它来源于活的生物体（细胞或组织），具有复杂的分子结构。其生产过程涉及各种生物材料和生物加工程序，如细胞培养、发酵、分离纯化等。目标产品有其固定的易变性，但质量控制尚无非常成熟的经验和方法，生产企业必须严格遵守已批准的GMP标准，对生产全过程进行全程监控。

1. 原材料的质量控制

原材料的质量控制主要是对目的基因、表达载体以及宿主细胞（如细菌、酵母、哺乳动物和昆虫细胞）的检查，以及使用它们时的严格要求，否则将无法保证产品质量的安全性和一致性，并可能产生不希望产生的变化。

（1）目的基因 对于目的基因，要先弄清楚其来源和克隆的过程。对于加工过的基因，应说明被修改过的密码子、被切除的肽段及拼接的方法。对使用 PCR 技术的，应说明扩增的模板、引物及酶反应条件等情况，并通过酶切图谱和 DNA 测序等分析手段证明基因结构的正确无误。

（2）表达载体 应提供有关表达载体的详细资料，包括载体的生物学性质和来源、构建表达载体（如启动子、起始子、增强子和终止子等）各组分的来源及性能，说明载体的结构、遗传特性和抗生素抗性标志物，包括构建过程中的酶切图谱。

（3）宿主细胞 应提供宿主细胞的资料，包括细胞株（系）名称、来源、传代历史、鉴定结果及基本生物学特征等，应详细说明载体引入宿主细胞的方法及载体在宿主细胞内的状态，是否整合到染色体内及拷贝数等。应提供宿主和载体结合后的遗传稳定性资料。应提供插入基因和表达载体两侧控制区的核苷酸序列，所有与表达有关的序列均应详细叙述。同时要详细叙述在生产过程中，启动该克隆基因在宿主细胞中的表达所采用的方法及其表达的水平。质量控制往往采用细胞学方法，包括表型鉴定、抗生素抗性检测、限制性内切酶图谱测定、序列分析与稳定性监控等内容。为防止潜在性致癌基因的存在，还必须在特殊动物体内进行致癌连续性细胞学试验。为了确保无潜在内源性反转录病毒，还必须检测细胞系的反转录病毒。

2. 培养过程的质量控制

无论是用大肠杆菌或酵母发酵，还是用哺乳动物细胞进行生产，其最关键的质量控制在于保证基因的稳定性、一致性和不被污染。

（1）生产用细胞库 基因工程产品的生产采用种子批系统。从建立的原始细胞库中进一步建立生产用细胞库。在此过程中，在同一实验室工作区内，不得同时操作两种不同的细胞或菌种，一个工作人员亦不得同时操作两种不同的细胞或菌种。

在建立原始种子批时，一般应确证克隆基因的 DNA 序列，详细记录种子批的来源、培养方式、保存及使用期限，提供在保存和复苏条件下宿主载体表达系统的稳定性。克隆基因的 DNA 序列一般应在基础种子阶段予以证实，但是在某些情况下，例如，将基因的各个拷贝转入传代细胞系基因组，在基础种子阶段可能不适于进行克隆基因序列分析。

采用新的种子批时，应重新做全面鉴定。种子批不应含有可能的致癌因子、污染细菌、病毒、霉菌及支原体等外来因子。应特别注意某些细胞株或载体污染此类特定外源因子时，应能证明在生产的纯化过程可使之灭活或清除。有关所有传代细胞的致癌性应有详细报告。如采用微生物为培养种子，应叙述其特异表型特征。

（2）有限代次的生产 应对用于培养和诱导基因产物的材料和方法进行详细记录。在培养过程及收获时，应有灵敏的检测措施控制微生物污染。要提供培养生长浓度和产量恒定性方面的数据。根据宿主细胞/载体系统的稳定性资料确定最高细胞倍增或传代代次。在生产周期结束时，应检测宿主细胞-载体系统的特性，如质粒拷贝数、宿主细胞中表达载体存留程度（含插入基因载体的酶切图谱）。必要时应做一次基因表达产物的核苷酸序列分析。

（3）连续培养过程 基本要求同有限代次的生产。要求测定被表达的基因的完整性及宿主细胞长期培养后的表型和基因型特性。培养的产量变化应在规定范围内。

无论是有限代次生产或连续培养，都应确定废弃批次培养物的指标，提供最适培养条件的详细资料，规定连续培养的时间。如果属于长时间培养，应根据宿主/载体系统的稳定性及产物特性的资料，在不同时间间隔做全面检定。

3. 纯化工艺过程的质量控制

分离纯化过程，常用分级沉淀、超滤、电泳、色谱等技术，其质量控制要求能保证去除微量 DNA、糖类、残余宿主蛋白质、纯化过程带入的有害化学物质、致热原，或者将这类杂质减少至允许量。

纯化方法的设计应考虑到尽量除去污染的病毒、核酸、宿主细胞杂蛋白、糖及其他杂质。如用色谱柱技术应提供所用填料的质量认证证明（ISO 9001），并有能证明从色谱柱上不会掉下有害物质的资料。上样前，填料应清洗除去热原质等。若用亲和色谱技术，应有检测可能污染亲和色谱填料配体类外源物质的方法，并应有检测不出配体类外源物质的资料。色谱柱配制溶液用水一律用超纯水。

纯化工艺的每一步均应有纯度、提纯倍数、收获率等资料。纯化工艺过程中尽量不加入对人体有害的物质，若不得不加入时，应设法除净，并在最终产品中检测残留量，其最低限量的规定除应远远低于有害剂量，还要考虑到多次使用后的积蓄作用。

4. 最终产品的质量控制

最终产品的质量控制主要表现在以下几个方面。

（1）生物学效价测定 多肽或蛋白质药物的生物学活性是蛋白质药物的重要质量控制指标。效价测定必须采用国际上通用的办法，测定结果必须用国际或国家标准品进行校正，以国际单位表示或折算成国际标准单位。生物学效价的测定往往需要进行动物体内试验或通过细胞培养进行体外效价测定。这些方法的变异性较大，有时甚至高达 50%，因此试验中需要采用标准品或对照品进行校正。

（2）蛋白质纯度检查 是重组蛋白质药物的重要指标之一。测定目的蛋白质纯度的方案应根据蛋白质本身所具有的理化性质和生物学特性来设计。按世界卫生组织规定必须用 HPLC 和非还原 SDS-PAGE 两种方法测定，其纯度都应达到 95% 以上，才能合格。某些重组药物的纯度要求很高，要达到 99% 以上。

（3）蛋白质药物的比活性 比活性是每毫克蛋白质所具有的生物学活性，是重组蛋白质药物的一项重要指标。它不仅是含量指标，也是纯度指标。比活性不符合规定的原料药物不允许生产制剂。由于蛋白质的空间结构不能常规测定，而蛋白质空间结构的改变，特别是二硫键的错配对，可影响蛋白质的生物学活性，从而影响蛋白质药物的药效。比活性可以间接地反应这一情况。

（4）蛋白质性质的鉴定

① 非特异性鉴别。根据还原型电泳的迁移率和高效液相色谱的保留时间和峰型来进行分析。

② 特异性鉴别。免疫印迹实验（Western blot），确定蛋白质的抗原性。

③ 相对分子质量测定。采用还原型 SDS-PAGE 法测定，其结果应与理论值基本一致，但也允许有一定的误差范围，一般为 10% 左右。

④ 等电点测定。样品用等电聚焦电泳法测定等电点。重组蛋白质药物的等电点往往是不均一的，但是，重要的是在生产过程中，批与批之间的电泳结果应该一致，以此控制生产工艺的稳定性。

⑤ 肽图。肽图分析可以作为与天然产品或参考产品做精密比较的手段。与氨基酸成分和序列分析并用，可对蛋白质做精确鉴别。蛋白质一般经蛋白酶或 CNBr 及其他试剂裂解后用 HPLC 或 SDS-PAGE 法测定。不同批次同种产品的肽图的一致性是工艺稳定性的验证指标，因此，肽图分析在基因工程药物的质量控制中尤其重要。

⑥ 吸收光谱。对某一重组蛋白质来说，其最大吸收波长是固定的，在生产过程中每批的紫外线吸收光谱应当是一致的。

⑦ 氨基酸组成分析。采用微量氨基酸自动分析仪测定重组蛋白质的氨基酸组分，结果应与理论值一致。这项检测是在试生产的头三批或工艺改变时必须做的检测。

⑧ 氨基酸测序。此项是重组蛋白质的重要鉴别指标，一般要求对中试前三批产品至少应该测定 N 端 15 个氨基酸，C 端应根据情况测定 1～3 个氨基酸。

⑨ 免疫原性检查。这只能在人体内进行观察，低免疫原性是衡量重组多肽药物质量高低的一个重要指标。因为由大肠杆菌生产的多肽药物，即使其氨基酸序列与天然蛋白质一致，其免疫原性也可因空间结构不同而高于自然提取的多肽药物。个别氨基酸的改变也可增加其抗原性，采用大肠杆菌表达系统时，大肠杆菌的氨肽酶常常不能有效地去除其产物 N 端的甲硫氨酸，因而增加其免疫原性。所以在进行表达设计时要设法去除其 N 端的甲硫氨酸。

（5）杂质检测

① 蛋白质杂质。工程菌表达的目的蛋白约为菌体总蛋白的 10％～70％，因此去除杂蛋白的工作极其重要。精制后宿主细胞的残余蛋白应小于 1/1000。其测定主要采用高灵敏度的免疫分析法。由于存在漏检的可能，因此还需要辅助以电泳等其他检测手段对其加以补充验证。除了宿主细胞蛋白外，目的蛋白也可能发生某些变化，形成在理化性质上与原目的蛋白及其相似的杂质蛋白，例如由于污染了蛋白酶所造成的产物降解、冷冻过程中过分处理所引发的蛋白聚合或者错误折叠而形成的目的蛋白变构体等，在体内往往会导致抗体的产生，因此这类杂质在质量控制中也是严格限定的对象。

② 非蛋白类杂质。具有生物学作用的非蛋白类杂质主要有细菌、病毒、热原质和 DNA 这几种类型。由于它们往往在极低的水平时就可以产生严重的危害作用，因此必须加以特别控制。无菌性是对基因工程药物的最基本的要求之一。由于病毒和细菌等微生物比蛋白质产物要大得多，因此可以方便地采用各种过滤方法加以去除。

热原质是革兰阴性细菌细胞壁的组分——脂多糖，在细胞溶解和细菌生长时会释放出来，其性质相当稳定，即使高压灭菌也不失活，因此，整个生产过程应在无菌条件下进行。热原质的检测可用家兔法和鲎试剂法。

残余 DNA 尤其是哺乳动物表达系统中的 DNA，当它进入人体时，理论上存在着发生重组而导致肿瘤的可能性。因此，世界各国的药品管理机构都对基因工程药物中所允许的 DNA 残余量严加限定。WTO 和 FDA 将每一剂量中来自宿主细胞的残余 DNA 含量限定在小于 100pg。从理论上计算，即使宿主细胞 DNA 有致癌性，DNA 含量在 100pg 以下也是安全的。DNA 残余量的检测目前多采用核酸杂交，或是利用高亲和力的 DNA 结合蛋白进行测定，但是两者的效果不同。前者是针对有特异性序列的 DNA，而后者对所有序列的 DNA 都可以检出，可在建立产品纯化工艺过程中使用。而在最终产品的质量控制中，仍然较多地采用核酸杂交的方法，同时 PCR 的方法也被应用在质量控制中，PCR 用于特殊 DNA 序列的扩增，以检测是否存在某种特定的 DNA 杂质。

（6）安全性评价　生物药物除了要保证符合无病毒、无菌、无热原、无致敏原等一般安全性要求外，还需要根据基因工程产品本身的结构特性，进行某些药代动力学和毒理学研究。有的产品虽然与人源多肽或蛋白质密切相关，但在氨基酸序列或翻译后修饰上存在差异，因而还要求对之进行致突变、致癌和致畸等遗传毒理性质的考察。根据生物技术产品的结构特点，可分为与人类自身生理活性物质完全相同的药品（Ⅰ）；与人类自身生理活性物质相似的药品（Ⅱ）；与人类自身生理活性物质完全不同的药品（Ⅲ）三类。欧盟对这三类药品的安全性评价见表 2-1。

表 2-1　欧盟生物技术药品的安全性评价

分类	分组	证明一致性	药效	药代动力学	急毒	慢毒	胚胎毒	致畸	致突变	致癌	局部耐受	免疫毒
激素细胞分裂素	Ⅰ①	+			+							
	Ⅰ②		+		+	+	+	+	+	+		
	Ⅱ		+		+	+	+	+		+		+
	Ⅲ		+		+	+	+	+	+	+	+	+
血液制品	Ⅰ		+	+	+							
	Ⅱ		+	+	+							
单抗			+		+	+						
疫苗				+			+	+				

① 为体内存在。

② 为体内不存在。

第六节　新药研究和开发的主要过程

一、新药研究开发的主要过程

（1）确定研究计划　要综合考虑医疗、市场、化学评估、文献状况、专利检索、结构的选择、合成的前景等因素，确定研究的题目和计划。

（2）准备化合物　对要研究的目标需进行文献研究、合成、分离、结构鉴定、标准化、专利申请、目标物的复核等一系列工作。

（3）药理筛选　对目标物进行药效筛选。

（4）化学试验　活性成分的分析。

（5）临床前Ⅰ期（preclinical Ⅰ）　是指进一步药理研究，包括毒性（2 种动物）及活性成分的稳定性。

（6）临床前Ⅱ期（preclinical Ⅱ）　进一步药理研究包括亚急性毒性（2 种动物）、畸胎学研究、药物动力学、动物体内的吸收和排泄、剂型的研究与开发、包装与保存期的研究。

以上几个环节占用 2～3 年的时间。

（7）Ⅰ期临床（clinical Ⅰ）　继续进行更细致的动物药理实验，包括：亚急性毒性（不同种动物），畸胎学试验，药物动力学和动物体内的吸收、分布、代谢、排泄，药物的分析检定，保存期，临床样品的制备。进行Ⅰ期临床试验。

（8）Ⅱ期临床（clinical Ⅱ）　进一步的动物药理试验，包括：计划并开始慢性毒性试验，致癌性和对生殖与后代的影响，药物动力学（不同种动物），药物的分析检定，保存期，临床药品的制备。进行Ⅱ期临床试验。

（9）Ⅲ期临床（clinical Ⅲ）　进一步的动物药理试验并完成和提供文件，完成亚急性毒性试验，致癌性和对生殖与后代的影响，完成并提供药物动力学资料，提供分析总结文件，完成制剂的开发和生产方法的开发，进行Ⅲ期临床试验。Ⅲ期临床试验需要进行 3～5 年。

（10）注册申请上市　经政府要政部门批准后可进行生产，提供治疗应用。

（11）售后监测（post-marketing surveillance）　根据情况进行药理试验、毒性试验、特殊试验和药物动力学实验；对副作用的报告进行收集、评价和鉴别；对药品生产进行质量控制，制剂的生产和包装。

二、原料药的研究

新药，特别是创新药物，是一个未知化合物，人们对它知之甚少，因此，系统研究新药的性质十分必要。对一个未知化合物来说，工作做得越广、越深，越能说明新药的特征，但这是没有止境的。经济协作与开发组织（OECD）认为，在开始一个新化学物质毒性试验前，应取得被试物质的基础材料，包括新药的化学结构、物理化学性质、分析鉴别、纯度和稳定性几个方面。

（一）化学结构

创新药物，无论是人工合成品，还是从天然物种分离出的有效单体、半合成品和经发酵产生的纯化学物质，都应测定其化学结构。化学结构是新药研究最关键和最基本的资料。没有确切的化学结构，新药评价就成为无的放矢，特别是药学评价，如分析、鉴别、纯度等有关新药质量的研究更难以进行。应采取多种途径和方法，获得充分的数据资料，进行综合分析，证明评价的新药正是预想的化学结构。具有多晶型的药物，应测定是何种晶型和晶型的稳定性。含结晶水或结晶溶剂的药物，要测定结晶水或结晶溶剂的数目。仿制国外未批准生产的一类新药，应尽量收集有关结构测定的资料，并按创新药物对待。凡属国外已批准生产但未列入药典的二类新药，应获得国外的样品，与研究的新药进行全面平行对比，确证两者在化学结构上完全一致。测定化学结构一般采用的方法有元素分析、官能团分析、光谱分析。另外，还可针对新药特点进行其他的特殊分析，如氨基酸顺序分析等。随着科学技术不断进步，将有更多的方法用于结构分析。总之，要应用不同的技术手段，提供多种信息，相互补充、印证，彻底弄清新药的化学结构。以上的测定分析项目并不是每个新药都全部需要，根据不同的具体化合物，以能充分阐明其结构为原则，选择恰当的项目。

（二）理化性质

药物的物理化学性质范围较广，对新药研究可以从两方面考虑：一是它的属性部分，如药物的物理性状及有关的理化常数，可用以鉴别该化合物或检查它的纯净程度；二是可能影响药物作用的有关性质，如油水分配系数、解离度等。药物的化学结构决定药物的理化性质，而理化性质影响药物在体内的吸收、分布、排泄以及其他的代谢过程，而且是药物具有生理活性的重要因素。药物定量构效关系的研究，测定新药的理化性质是药学评价的一项基础工作。

1. 性状

性状是新药特性和质量的重要表征之一。包括药物的外观、色泽、嗅、味、结晶形状、粒度大小、吸湿性、风化性、挥发性等。可通过观察和相应的方法测定。

2. 理化常数

药物的理化常数是判断药物真伪、纯度、质量的重要依据之一。一般固体药物测定熔点、溶解度、吸收系数、晶型等，液体药物要测定沸点、相对密度、黏度、折射率等。具有手性中心的药物，如系天然物提取的单体或系合成拆分所得的单一旋光物，应测定比旋度并证明其光学纯度。上述各项理化常数可按药典规定的方法或有关物理学方法应用该药的精制品进行测定。新药的吸收系数应用5台不同型号的仪器测定，并统计处理其结果，仪器及所用量具均应事先经过校正。

（1）药物的溶解性能 可以从亲水性和疏水性两方面来反映。为了了解药物亲水性和疏水性的程度，需要测定药物在几种极性不同的溶剂中的溶解度，一般常用的溶剂有水、乙醇、乙醚、氯仿、甘油、无机酸和碱等。溶解度一般以 g/100g 表示，亦可按药典凡例中分等级的方式来表示。

（2）药物晶型 鉴于药物晶型的改变会对药品质量与临床疗效产生影响，为此新药如系固体化合物，应做 X 射线衍射图作为基础资料，以确定其晶型归属，并便于日后必要时进行追踪研究。

（3）油水分配系数　油水分配系数是指当药物在水相和油相（非水相）达平衡时，药物在非水相中的浓度和在水相中的浓度之比。药物在体内的溶解、吸收、转运与药物的水溶性和脂溶性有关，即和油水分配系数有关。药物要有适当的脂溶性，才能扩散并透过生物膜；而水溶性有利于药物在体液内转运，到达作用部位和受体结合，从而产生药物效应，所以药物需要有恰当的油水分配系数。药物定量构效关系研究中心经常广泛使用的系数之一是分配系数。Ariens 和 Simonis 指出，为便于药物迅速吸收，必须使它们的油/水溶解度处于某种平衡中。氯仿/水的分配系数为 10^2 的硫喷妥比氯仿/水分配系数为 1 的巴比妥吸收快得多。巴比妥类衍生物在胃中的吸收速率常数，与四氯化碳/盐（0.1mol/L）分配系数成比例关系。油水分配系数也影响药物的生物活性。Cube 等指出，某些镇痛药的作用强度与它们的油水分配系数呈相关性。因此，通过油水分配系数测定，往往可推测新药的一些药理作用。体外测定油水分配系数是为了模拟生物体内药物在水相和生物相之间的分配情况。许多有机溶剂曾被用来模拟生物相，如氯仿、橄榄油和正辛醇等，鉴于正辛醇的结构和理化性质的特点，更接近生物相，目前认为，正辛醇/水是一种良好的模拟系统，被广泛采用。测定油水分配系数的经典方法是摇瓶法，近年来多采用色谱法，如高效液相色谱法，也有用同位素标记法。

（4）解离值（pK_a 值）　药物的解离度是另一个影响药物在体内吸收和分布的重要理化性质。药物一般以非离子型（分子型）转运透过组织屏障，吸收进入血液循环。大多数药物为弱酸性或弱碱性物质，在体液中离子型与分子型混合存在，两者的比例由药物的 pK_a 值和吸收部位的 pH 值所决定。$pK_a=3$ 以上的弱酸性药物如阿司匹林（$pK_a=3.5$）在胃中大部分为分子型，易被胃吸收；而 $pK_a=5$ 以上的碱性药物如奎宁（$pK_a=8.4$）在胃中以离子型存在，不易被胃吸收，要到 pH 值高的肠内吸收。应当说明，这里讨论的是单因素解离度对药物吸收的影响，事实上，药物在胃肠道的吸收情况由多种因素决定，如药物的脂溶性和肠胃道的生理条件等。小肠黏膜由于吸收面积比胃大得多，所以小肠是大多数药物吸收的主要部分，弱酸性和弱碱性药物在小肠内均能被吸收，而强酸和强碱性药物不易被吸收。解离度与药物的生物活性也有密切的关系，磺胺类药物 pK_a 值在 $6.0\sim7.5$ 之间抑菌作用最强，胆碱酯酶重活化剂肟类的 pK_a 值以 $7.5\sim8.5$ 为宜。与药物的吸收一样，药物的生物活性受多种因素的影响。测定值可以作为推测药物在体内的吸收部位和药理作用强弱的参考数据。pK_a 值常用电导法和电位 pH 滴定法测定。

（5）立体异构现象　立体异构包括几何异构和光学异构。几何异构体不仅物理性质和部分化学性质不同，有时药理作用的差别也十分悬殊。例如，E-己烯雌酚具有雌激素作用，而 Z-己烯雌酚几乎无效，造成药物对映体生物活性不同的主要原因是手性药物分子中与受体结合部位有差异。所以，消旋体药物不能认为是单一化合物，也不能把其中活性较低或无活性作用的对映体的存在，看做仅是稀释了药物的生物活性。随着人们对光学异构体之间不同药理活性、代谢过程、药动学情况的深入了解，以及分离合成技术的提高，异构体药物的供药问题已引起各方的重视。欧盟委员会的规范提到，对已上市的外消旋体药物，申请销售其中一个对映体药物需要提供全部资料，视其为一个全新的药物；销售一个新的外消旋体药物，制造者必须提供包括异构体混合物和单个对映体两方面的资料。美国 FDA 对新药申请的政策性陈述中提到，需提供生物活性化合物的立体化学及立体选择性的全部信息资料，包括所需的立体选择性分析方法。故凡存在立体异构现象的药物，应尽可能分离出单一的异构体，确定不同异构体与药理作用和毒性之间的关系。

（6）其他理化性质　如药物的溶解速率、粒子大小等与药物剂型设计的关系密切。

（三）新药的鉴别

鉴别是对新药的定性试验，用以鉴别药物的真伪。根据新药的化学结构和理化性质，可以用化学的或物理的方法进行鉴别。实验方法要求专属性强、重现性好、灵敏度高和操作简便、快速等。专属性是指鉴别方法要针对新药结构的特异性部分，特别要能分辨具有相似结构的同类药物。当一种方法尚不足以充分显示新药的特性时，需同时采用几种方法相互补充。选择条目能足以证明其真实性即可。

（四）新药的纯度

药物的纯度是质量控制的一个重要方面，直接关系到药品的安全性和有效性。药物含量不足会影响疗效，有害杂质存在会增加毒性，必须充分保证新药的纯度。药物纯度的标准是多方面的，外观性状、物理常数、含量等均可表明药物的纯度。应当把药物的理化性质、含量、杂质的存在与否及其限量作为一个有联系的整体来判定药物的纯度，而对药物中杂质的检查又是表明纯度的一个非常重要的方面。药物中杂质来源于两方面：一是生产过程中引入的；二是贮存过程中因外界条件引起药物自身变化而产生的。杂质可分为一般杂质和特殊杂质：前者指自然界分布较广泛，在一般生产贮存中容易引入的，如水分、氯化物、硫酸盐、重金属及砷盐等，它们的检查方法与限量可按药典中有关的规定方法进行试验与确定；后者是指各类药物在其生产贮存过程中可能引入的，如起始原料、中间体、反应副产物、残留溶剂、异构体、贮存中产生的降解物等，它们可能是已知的或未知的，检查方法与限量须分别研究与确定。基于新药合成的化学反应，可基本了解在合成、生产过程中可能引入哪些杂质，通过对贮存产品的试验或对产品进行有益的降解研究（如加速试验）来了解可能产生的降解产物。采用灵敏度高、专属性强的色谱法或光谱法对新药中的有关杂质进行分离分析试验研究，通过多批次样品的检测结果，以了解新药中实际存在的杂质。对未知杂质，凡含量不小于 0.1% 的，均须判明其结构，因为通过所获得的结构信息，生产可设法避免该杂质的形成，或经纯化使之降至可接受的水平。对一些不可避免的杂质，则须设法提供足够的数量，以进一步确证其结构，作为杂质对照品，并进行药理、毒理研究。

（五）新药稳定性研究

一个药品从工厂生产到患者使用，几经周折，费时较长，有可能因一些外界因素而变质，含量下降，表现为有效性下降；如果产生毒性物质表现为安全性下降；有时即使主药的含量不变，但也可能因制剂中的附加剂发生变化而使刺激性增大，也使安全性下降。因此，对新药及其制剂进行稳定性研究，是确保其质量（保证安全有效）的一项重要内容。对新药（原料药）进行稳定性研究是设计适当的制剂处方及对其制订必要的稳定性措施的基础，是处方前研究的重要组成部分；新药制剂的稳定性研究则是关系到它能否投产上市的重要因素，弄清新药及其制剂在不同环境因素影响下质量是否经一定时间后改变，找出影响稳定性的因素，采取相应措施，以阻止或延缓其变化，是使疗效好、毒副作用小的药品能推广应用必不可少的条件。我国的《新药审批办法》中，稳定性实验资料列为必须报送的资料。

1. 定性的含义及分类

药物及其制剂的稳定性是评价它们经一定时间后质量变化的一种性质，有物理稳定性、微生物稳定性和化学稳定性三个方面。物理稳定性是指药品因物理变化而引起的稳定性改变，如片剂的硬度、崩解度的改变，包衣畸形或脱落，混悬剂的疏松性、粒度的改变，乳剂的乳析、破乳，软膏剂的分层等都能使药剂的质量不符合医疗使用。微生物稳定性是指因细菌、霉菌等微生物使药品变质而引起稳定性的改变，常见于未经灭菌处理的一些药剂的霉变、腐败变质等。化学稳定性是指药物因受外界因素的影响或与制剂中其他组分等发生化学反应而引起的稳定性改变，主要的化学变化有氧化、水解、还原、光解等。如维生素 C、肾上腺素等受空气中氧的影响引起分解；阿司匹林在贮存过程中与湿气生成刺激性大的水杨酸；四环素因生产或贮存不当降解生成多种有毒杂质，如差向四环素、脱水四环素等；抗抑郁药盐酸普罗替林遇光生成环氧化物，引起强烈的皮肤光毒作用等。这三类稳定性中，以化学稳定性较为重要、最为常见，也是稳定性研究的主要方面。

2. 化学稳定性及其研究方法

（1）影响因素　药物及其制剂稳定性一般易受光、热、水分（湿气）和氧气等影响，还和金属离子、pH 值、剂型、所处环境（如粉剂还是水剂，单方还是复方）甚至包装条件有密切关系。如盐酸苯那辛在水剂中不稳定，而在粉剂中是稳定的；维生素 B_1 C 复方片易变质变色，而单一原料药及片剂均无此现象。上述后一些影响因素，属剂型设计研究的范畴，通过剂型、处方选择和工艺条件予以解决；前一些影响因素属稳定性考察内容。

（2）稳定性考察　为确定药品在一定贮存条件下的稳定性，最可靠的方法是留样考察，这种方法能反映真实情况，但往往费时较长，而且不易及时发现和纠正出现的问题。因而，在尚未取得长期贮存稳定性考察结果前，必须进行影响因素及加速试验考察。

① 影响因素试验　为研究新药及其制剂对光、热、湿度和空气等敏感的特性，国家医药管理局《新药临床前研究指导原则汇编》中提出，新药及其制剂在申请临床试验前应在暴露空气中、经强光照射及高温、高湿度等环境下放置，在此期间做若干次取样，观测它们的外观、含量及某些有关质量指标的变化。试验中原料药应摊成规定厚度、制剂应除去包装，目的是了解该药品的固有性质，并为保存、处方和加工工艺条件提供资料。根据考察结果提出新药的适宜贮存条件。

② 加速试验　此法是对药品在短时间内施加强应力，促使药物加速发生反应，然后可按一定的方法，推测其有效期。由于多数药物的反应速率随温度升高而显著加快，所以通常以温度作为强应力。加速试验法又分为：低温观测法、恒温法和变温法。低温观测法（简易法）是美国 FDA 在 1979 年建议的。他们认为由加速试验所测定的有效期暂定为 2 年的药品，应在 37～40℃和 75％或更大的相对湿度下至少存放 3 个月。恒温法又分为几种，其中最准确的是经典恒温法。其原理是根据反应动力学方程和 Arrhenius 公式，将样品存放在四种较高湿度条件下，定时取样，观测其含量（或某种有关性质）的变化，判断反应级数，并求出各温度的反应速率常数。在根据 Arrhenius 关系图外推至室温，即可求出室温下的反应速率常数，计算出样品的室温有效期。变温法是对恒温法的一大改变，使药物在反应过程中的温度按预先设计好的速率循序上升，过程中定时取样观测，直到预定温度时停止。此法只需一次试验就能求出有效期。

《新药临床前研究指导原则汇编》中提出，新药在申请临床试验前，原料药及其制剂应在上市包装条件下，在高温、高湿的环境下保存，在此期间做若干次取样，观测它们的外观、含量及某些有关质量指标的变化。一般在 40℃、相对湿度 75％条件下进行加速试验，考察 3 个月若无明显改变，则可申报进行临床研究。如果在上述条件下不稳定，应分别降低湿度、温度继续试验，同时可考虑改良包装，如加干燥剂等。此项考察目的是在尚未取得室温留样考察结果前，在临床研究试生产期间能保证新药质量。

《人用药品注册技术要求国际协调会议 ICH——质量的技术要求》中提出，申请时需提交原料及制剂（各三批）在 $(40\pm2)℃/RH75\%\pm5\%$ 条件下试验 6 个月的稳定性数据，经加速试验有显著变化（与质量规格不符），则改为在 $(30\pm2)℃/RH60\%\pm5\%$ 条件下继续试验，提交 12 个月的试验数据。

（3）室温留样考察　在取得新药原料药及其制剂开始，即应将至少三个批号样品按上市时包装，置一般药品库中，按一定日期取样测定，观测其含量及其他有关质量指标的变化。此项研究目的是考察药品的使用期限（或有效期）。经三年考察无明显变化的，仍应继续考察，以提供稳定性详细资料。经考察研究，对不稳定的药品，应通过研究制定保存条件及有效期。

《人用药品注册技术要求国际协调会议 ICH——质量的技术要求》中也提出，申请时需提交原料药及制剂（各三批）在（25±2）℃/RH60%±5%条件下至少实验 12 个月的稳定性实验数据，并继续试验。

（4）稳定性测定方法 药物及其制剂因化学稳定性问题引起的化学变化，不一定造成外观的明显改变，需要通过分析才能观察到药物分解变质的情况。因此，新药稳定性研究中首先遇到的问题是要有评定稳定性的尺子，俗称"稳定性指标分析法"。开展这方面工作，首先要预测药物主要的降解途径及可能的降解产物。药物的化学稳定性与其结构密切相关，如一般酯类和酰胺类药物易水解；酚类、芳香胺类和含不饱和键的药物易被氧化；含羧基的药物易脱羧分解等。根据药物本身的结构特点或其结构类似化合物的资料，可初步推测其可能的降解方式及降解产物；或经加速试验（通常以温度作为强应力）后分离其主要产物，测定其结构，了解降解产物。稳定性指示分析通常是指存在降解产物情况下能对未分解的药物原形进行专一测定。由于一些药物可产生具有毒副作用的降解产物，当它们超过一定限量时，即使主药保持足够的含量，仍需限制其有效期。因此有人提出，稳定性指标分析除能在降解产物存在下定量测定未分解的主药外，还应能测定存在的降解产物。随着分析技术的进展，这已成为可能和现实。

选择合适的稳定性指标分析法，需对药物的降解反应机理及其降解产物的理化性质等有较充分的了解，方法要求专一、灵敏，精密度高。分光光度法、色谱法已被广泛用于药物的稳定性分析中。分光光度法简便、灵敏，但专属性较差，当药物与其降解产物的吸收光谱有明显差别时适用；另外有用导数光谱法或利用药物及其降解产物与某种试剂的选择性作用形成有色物质，以可见分光光度法测定药物的稳定性。色谱法中薄层色谱法与气相色谱法均有应用，前者较为简便，但有时灵敏度及重现性较差；后者虽然具有分辨率及灵敏度高的优点，但受到药物需有一定挥发性的限制，另外水溶液样品无法直接进样。高效液相色谱法（HPLC）已成为研究药物稳定性最广泛应用的方法，其优点是样品处理简单、水溶液样品可直接进样、方法灵敏、专属性好，可同时对主药及其降解产物进行分析。另外，HPLC/UV-DAD、HPLC/MS 联机使用不仅能容易地进行药物峰的纯度检验，而且对提示药物及降解产物结构之间的关系及阐明药物降解途径提供重要的信息和依据。近年来，有人应用热传导微量热法进行药物的稳定性测定，利用该法可对每年仅有 0.01% 分解的、极稳定的药物进行测定。固体制剂中主药的含量测定最方便的方法是漫反射光谱法，还有差热分析法和差示扫描量热法。

（5）对药物稳定性的评价 对药物及其制剂稳定性的评价是为确定药品的有效期限。有效期限标示法有：有效期、使用期和贮存期等，这些概念常混淆不清。有效期是指药品在一定的贮存条件下能保持质量的期限；使用期是指某特定品种的药品应按规定条件贮存，并在一定时间内使用，过期需经复检，合格方可继续使用；贮存期是指药品在规定贮存条件下不致变质的期限，过期复检合格，可继续贮存一段时间。卫生部统一规定用有效期。

新药及其制剂的有效期可通过初步稳定性试验或加速试验先定暂行期限。如在 37～40℃、相对湿度 75% 条件下保存 3 个月稳定，有效期可暂定为 2 年，然后在试产试用期中继续考察其稳定性，通过留样观察，积累充分数据后，再制定正式的有效期。有效期的计算是从药品出厂日期或按出厂期批号的下一个月的一日算起。药品的变化与包装、贮存条件、湿度、温度等有密切的关系，即使在有效期内，如果贮存不当也能变质，以致不符合质量标准规定。

三、基因工程药物的开发研制及申报程序

生物技术医药产品的研究开发，包括工程细胞的构建、一系列严格的试验、报批、获得试生产文号等过程，可将基因工程药物的开发和研制分为四个阶段。

1. 工程细胞（菌）的构建与实验室研究阶段

包括：①目的基因的确定、获取、克隆和鉴定，载体的选择，宿主细胞的选择，DNA重组、重组子筛选鉴定，重组细胞遗传稳定性研究；②工程细胞培养条件研究，工艺流程确定，培养过程中宿主/载体表达系统稳定性的研究，培养所用原材料及培养过程的质量控制方法的研究；③产物提取纯化工艺研究，表达产物的鉴定，生物效价检测，安全性检测及质量标准的研究。

2. 中试与质量检定阶段

中试是把已取得的实验室研究成果进行放大的研究过程。中试的结果对实验室的研究成果能否成功地进入规模化生产至关重要。中试研究的目的是考察在较为粗放的环境和条件下，在小试阶段难发现的或尚未解决的问题。中试研究是围绕着如何提高效率、改进操作、提高质量、形成稳定批量生产等方面进行。

主要包括以下内容：

① 工程细胞（菌）的稳定性考察；

② 培养用原料的质量标准及各种杂质限量研究；

③ 设备造型及其材质试验；

④ 反应条件限度实验；

⑤ 原辅料、中间体及终产品质量分析方法的研究；

⑥ 分离纯化工艺的研究（包括方法、条件、产品得率、工艺效率）；

⑦ 安全生产条件及三废处理；

⑧ 生产中试样品并以此样品进行临床前药理、药效、毒理学试验。

由此根据设计的生产规模作出物种衡算，消耗定额，原料成本，操作工时及用工计划。并制定详细操作规程和质量控制指标，中试研究结束，流程一旦确定之后，不得随意改动。

利用中试确定的工艺生产样品，进行临床前药效、药理、毒理学动物实验（有一般药理，主要药效、急毒、慢毒、药动学等）。此阶段是评价生物技术医药产品安全性与有效性的最佳时期。根据不同类型的基因工程药物，临床前安全性研究的项目和要求不同。国外没有批准上市的基因工程药物在我国属一类新药，对一类新药，要求做临床前研究。国外已经批准上市的属二类药，有些试验参考国外资料即可，如药代动力学等。这些临床前研究均要按照《临床前研究指导原则》（药学、药理学、毒理学等）进行试验和总结材料并申请临床研究。

3. 临床研究阶段

临床研究是评价药物安全性和有效性的最好手段。只有经过卫生部新药评审中心批准后才能实施，拿到"新药申请临床技术审评报告"，有临床研究编号后，进行临床试验才是合法的，该项研究要在卫生部指定的临床基地进行。

临床研究包括Ⅰ期和Ⅱ期临床研究，在完成Ⅱ期临床试验后，要对新药疗效作出初步的评价，确定Ⅲ期临床的使用剂量和选择性的适应证，为新药鉴定和申请试生产提供最后的临床研究依据。

Ⅰ期临床试验研究应在卫生部指定的临床基地或经其批准自选临床医院进行。新药经动

物毒性实验，证明药物安全，才开始Ⅰ期临床试验研究，一般只在10～20名健康志愿者身上进行，研制单位指派专人定期收集有关资料，分析评价，以求在新药安全性、有效性和用药剂量反应方面获得客观、可信的统计数据。

Ⅱ期临床试验研究以确定药物有效性和适宜治疗剂量为主要目的，并了解药物毒副反应与禁忌证，掌握病人对药物剂量的反应。为此，必须选择典型病例，采用双盲法或设阳性药物对照组。每组不得少于30例，总观察研究人数一般在300例以上。特殊稀有病治疗药物，经批准同意后，也可适当减少病例数。Ⅱ期临床试验研究期间，要做药物代谢动力学研究，阐明血药浓度与剂量、毒性、疗效的关系。临床结束后，要对新药疗效作出初步评价，已确定后期临床试验研究中使用的具体剂量与选择新的适应证，为新药鉴定与申请试生产，提供最后临床研究依据。

Ⅰ、Ⅱ期临床试验研究，重点是考察健康受试者和治疗病人对药物的耐受程度。据此，提出安全有效的用药剂量和给药方案。

4. 试生产与正式生产阶段

中试研制顺利，经卫生部批准如期完成Ⅰ、Ⅱ期临床，试验研究结果满意，申请并经卫生部批准，方可领到"新药证书"。如研制单位有GMP车间和生产许可证，可获得新药产品试生产文号，便可按制造与检定暂行规程，投入为期2年的试生产，产品可上市销售。在此期间应进行Ⅲ期临床试验研究，目的是对新药进行社会性考察与评价，重点了解新药广泛长期使用后出现的不良反应，以及继续考察新药的疗效和扩大新的适应证。试生产期满后，总结Ⅲ期临床资料报新药审评中心和卫生部药政局，申请转为正式生产。

第 三 章

抗生素概述

抗生素（antibiotics）是人类使用最多的一类抗感染药物，自从青霉素正式投入工业化生产以来，已有100多种抗生素进入商业化生产，为人类的防病治病作出了重要的贡献。

1. 抗生素的定义

抗生素是生物在其生命活动过程中产生的（或并用化学、生物或生物化学方法衍生的）、在低微浓度下能选择性地抑制他种生物机能的化学物质。抗生素的生产，主要是利用微生物发酵，通过生物合成生产的天然代谢产物。那些将生物合成法制得的天然代谢产物，再用化学、生物或生化方法进行分子结构改造，制成的各种衍生物，称为半合成抗生素，如氨苄西林（氨苄青霉素，ampicillin），即为半合成青霉素的一种。那些从植物及海洋生物中提取的抗生物质如小檗碱（黄连素）、海星皂苷等也属于抗生素的范畴。此外，在抗生素的定义中还包含一个很重要的限制条件，即低微浓度。因为在高浓度下，即使正常的细胞组分如甘氨酸和亮氨酸，也会对某些细菌的生长产生抑制作用。同理，一些厌氧发酵的产物，如乙醇、丁醇在高浓度下也有杀菌或抑菌作用，但不属于抗生素范围。而抗生素的生理活性非常高，只要在微摩尔甚至纳摩尔浓度时就会有显著的生理活性。

抗生素的主要来源是土壤微生物，它们不但数量巨大，而且种类繁多，包括各种细菌、真菌和放线菌等。微生物在其生命活动过程中会产生种类繁多的小分子代谢产物，这些代谢产物一般可以分为两类：初级代谢产物和次级代谢产物。初级代谢产物一般属于能量代谢或分解代谢的产物，如乙醇、有机酸、氨基酸等，因此初级代谢产物往往与细胞的生长代谢有密切关系。次级代谢产物是微生物在细胞分化过程中产生的，往往不是细胞生长所必需的代谢产物，对细胞生长并不具有明显的作用，而且通常由一簇结构相似的化合物组成。次级代谢产物的概念由 Bu Lockyu 在20世纪60年代初提出，至今已被广泛接受。抗生素属于低相对分子质量的次级代谢产物，相对分子质量一般不超过几千。溶菌酶（lysozyme）及其他复杂的蛋白质分子虽然也具有抗菌活性，但由于它们的相对分子质量很大，因而习惯上不将它们归入抗生素类。另外，那些只能用化学方法合成的抗菌药如抗真菌的克霉唑等抗菌类药也不属于抗生素范围。

随着抗生素研究工作的深入开展，对抗生素的认识也逐渐加深，抗生素的作用已超出了抗菌及抗肿瘤的范围，扩展到抑制或调解多方面生物机能的更大范围。如新霉素有降低胆固醇的作用、多西环素（强力霉素，doxycycline）有镇咳作用、单 β-环内酰胺的激素样作用等，此外，在抗真菌、杀虫、除草及抑制生物体中某些酶类等方面也有了新发现。

2. 医疗用抗生素应具备的条件

（1）难使病原菌产生耐药性 病原菌为了求生存而发挥其适应功能，产生能破坏抗生素的酶，或改变胞浆膜的通透性等。近年来某些病原菌耐药现象日趋严重，它们所引起的各种感染，常成为治疗上的难题，因此一个优良的抗生素应不易使病原菌产生耐药性。病原菌产生耐药性的原因有适应和基因突变两种，并可借传导、结合、转化等途径由耐药菌将其耐药性传给敏感菌。

（2）较大的差异毒力 所谓"差异毒力"是指药物对病原菌和宿主组织的毒力差异。医用的抗生素要具有较大的差异毒力，即在宿主体内，对组织不发生或较小发生损害作用，而对病原菌则有较大的毒害。如青霉素族、头孢菌素族抗生素能抑制细菌细胞壁的合成，但对人及哺乳动物，由于其细胞无细胞壁，故不产生影响。某些差异毒力较小的抗生素，尽管其抗菌能力很强，也只能用于局部治疗或非医疗方面。

（3）最小抑菌浓度要低 抗生素的抗菌活性用最小抑菌浓度（minimal inhibitory concentration，MIC）表示，单位是 $\mu g/mL$。MIC 可以在液体试管或固体平板上测量，在一系列含有培养基和实验微生物的试管或平板中，分别加入不同浓度的抗生素，能够抑制微生物生长的最低抗生素浓度即为 MIC 值。

（4）抗菌谱要广 抗生素对各种微生物的抗菌活性称为抗菌谱。抗生素应能在低浓度下对多种病原菌有效。一些抗生素只对 G^+ 菌（Gram positive）或 G^- 菌（Gram negative）具有抗菌活性，抗菌谱较窄；另一些称为广谱抗生素，其不但能作用于细菌，有些还能抑制霉菌的生长。

第一节　抗生素的发展简史

一、抗生治疗和抗生素的发现

抗生素学科的发展是劳动人民长期与疾病进行斗争的结果，也是随着人类对自然界中微生物的相互作用，尤其是对微生物拮抗现象的研究而发展起来的。人类早已知道利用某些生物来治病。在我国，用微生物或其产品来治病有悠久的历史和丰富的实践。相传 2500 年前，我们的祖先就用长在豆腐上的霉菌来治疗疮疖等疾病。《本草拾遗》记载，屋内坛下尘土和胡燕窠土能治疗疮痈等恶疾，可能就是利用土壤微生物所产生的抗生物质。在欧洲、墨西哥、南美等地，数世纪前也有用发霉的面包、玉蜀黍等来治疗溃疡、肠道感染和化脓性创伤等疾病。

在医用微生物发展的初期，即 19 世纪 70 年代，法国的 Pasteur 发现某些微生物对炭疽杆菌有抑制作用，提出了利用一种微生物抑制另一种微生物的现象来治疗传染病的设想。同一时期，俄国梅契尼科夫（мечников）也在实践中利用拮抗现象来同致病菌作斗争，他建议用乳酸杆菌来抑制人体肠道内寄居的有害腐生菌。这种"细菌治疗法"（也叫抗生治疗），在 19 世纪末和 20 世纪初曾有很大的发展，例如将细菌的培养物喷在结核病人的喉头后，在病人的痰里就找不到结核菌。所谓"抗生治疗"，大多是利用拮抗菌的活菌体来治疗传染病，但这种方法有许多缺点，因此未得到推广。1896 年有人从青霉菌中分离出一种结晶物质——霉酚酸，这种酸能抑制炭疽杆菌的生长。19 世纪末，又有人从绿脓杆菌的培养液中提出一种具有拮抗作用的物质，称为绿脓杆菌脂，可以用来治疗化脓的伤口。

1928 年英国细菌学家 Fleming 在研究葡萄球菌变异时发现，污染在培养葡萄球菌双碟上的一株霉菌，能杀死周围的葡萄球菌。将此霉菌分离后得到的纯菌株，经鉴定为点青霉（*Penicillium notatum*）。Fleming 将这种菌产生的抗生物质命名为青霉素。当时，他曾用这种霉菌的培养液做过一些初步试验，但因当时纯化技术的限制，其含杂质过多不适于临床应用而未引起重视。1939 年 Dubos 设计了系统的研究方法，有目的地从土壤中寻找能拮抗化脓性球菌的细菌，分离出短芽孢杆菌（*Bacillus brevis*），并从此菌株的培养物中提取出名为短杆菌素（tyrothricin）的抗生物质。1940 年 Florey 和 Chain 重新研究了 Fleming 的青霉菌，并从培养液中提出了青霉素粗制品，经过药理实验和临床试验，证明青霉素的毒性很小，对金黄色葡萄球菌及其他革兰阳性细菌所引起的许多严重疾病确有卓越的疗效。此后，1940～1945年间，发展了一个新的工业部门——抗生素发酵工业。

1944年Waksman发现了由链霉菌产生的链霉素，能有效地治疗细菌特别是结核杆菌引起的感染。这个发现使人们对从土壤中寻找放线菌产生的新型抗生素充满了信心。此后陆续发现了抗革兰阴性菌、抗革兰阳性菌及抗病毒的广谱抗生素如氯霉素、金霉素和土霉素（1946～1950年），抗真菌的制霉菌素，对青霉素耐药菌有效的红霉素及抗癌抗生素丝裂霉素（1956年）等。1929～1959年，是从土壤微生物寻找抗生素的时期。20世纪40年代发现的能用于医疗的抗生素有14种，20世纪50年代有20种。20世纪60年代，半合成抗生素迅速发展，1959年Batchelor获得了青霉素母核——6-氨基青霉烷酸（6-APA），并研究了半合成青霉素和头孢菌素C，得到耐酸、可口服及对青霉素耐药菌有效的广谱青霉素。这些工作为获得新的抗生素开辟了重要的途径，四环素类、卡那霉素类等半合成抗生素也相继取得成功。1970～1975年是抗生素工业飞跃发展的时期，在此期间有大量半合成抗生素进入临床。

自20世纪50年代起全世界有不少国家致力于农用抗生素的研究，如杀稻瘟素（blasti-cidin）A（1955年）、灭瘟素S、春雷霉素（春日霉素，kasugamycin）、多氧霉素（polyox-in）、有效霉素（validamycin）等高效低毒的新型农用抗生素相继出现。1940～1980年，全世界约有38个国家开展了新抗生素筛选方面的研究工作，从自然界发现和分离了约4300种抗生素，并以其中一些主要抗生素为原料，进一步进行化学结构改造，制备了约30000种半合成抗生素。目前世界各国实际生产和应用于医疗的抗生素大约有120种，各种半合成衍生物及盐类约230余种，其中以青霉素类、头孢菌素类、四环素类及氨基糖苷类、大环内酯类为最多。

二、我国抗生素研究及生产概况

新中国成立（1949年）前，我国抗生素药物完全依靠进口，曾有汤非凡、汪猷、童村等学者对抗生素做过一些自发性的垦荒研究。1949年北京生物制品研究所成立青霉素研究室，1950年上海建立青霉素实验所（上海第三制药厂的前身），1952年中国科学院在上海召开了抗生素座谈会。这是我国抗生素科研和生产的总动员大会，这次会议后，我国开始了有组织有领导的新抗生素筛选工作。1953年5月1日青霉素在上海第三制药厂正式投入生产，开创了中国抗生素工业。1950年沈家祥教授在大连、沈阳主持研制氯霉素，1955年东北制药厂投产。为了推进抗生素事业的发展，1955年中国医学科学院在原北京生物制品研究所青霉素室和原中央卫生研究院微生物系、药学系有关室组的基础上，建立了抗生素系。同年12月在北京召开第一届全国抗生素学术会议。

在第一个五年计划期间，1956年在上海召开了新抗生素座谈会，1958年1月中国医学科学院在抗生素系的基础上建立抗生素研究所、中国科学院药物研究所、微生物研究所、上海医药工业研究所。福建师范学院等单位也相继组建了抗生素研究室。亚洲最大的抗生素联合企业华北制药厂建成投产。为了进一步加强领导，国家科学技术委员会成立抗生素专业组。随后，全国各地又陆续建成一批抗生素厂。在此期间全国生产的抗生素除青霉素外，还有链霉素、双氢链霉素、土霉素、金霉素、四环素与化学合成的氯霉素等。

在第二个五年计划期间，1961年与1964年在上海与大连先后召开了全国第二次与第三次抗生素学术会议，研究领域陆续扩大，学术水平明显提高。1966年我国发现第一个全新抗生素——创新霉素。在此期间，投入生产的抗生素有红霉素、卡那霉素、新霉素、杆菌肽、制霉菌素、灰黄霉素、曲古霉素，半合成的甲氧西林、苯唑西林、萘夫西林、琥乙红霉素，以及全合成的环丝氨酸。为了适应抗生素研究和生产的需要，1976 年开始出版《抗菌素》杂志（1989 年改名为《中国抗生素杂志》），1977 年编辑出版了大型工具书《抗生素生物理化特性》第一册（第二册与第三册先后于 1981 年与 1984 年出版）。1967～1977 年间研制成功的新品种有庆大霉素等发酵产品 16 种、氨苄西林等半合成产品 17 种、全合成的产品 1 种（甲砜霉素）。1978 年至今，抗生素研究已陆续扩展为微生物药物研究，基因工程、细胞工程、酶工程等现代生物技术日益被广泛采用。在此期间研制成功的新产品有：发酵产品 17 种、半合成产品 25 种、全合成产品 2 种。发酵工业中的菌种生产能力与设备自动调控水平都有一定提高。我国新抗生素与微生物药物的研究虽有不少发展，但发现与开发出的新品种还不多，与先进国家相比仍处于落后状态。在工业生产方面，国外临床常用的主要品种，我国已陆续研制成功并投产，除少数生产菌种由国外引进外，大部分均由我国自行分离得到。尽管我国微生物药物工业发展较快，但在品种、质量、产量、技术等方面与国外先进水平比较，还有一定差距。有些半合成品种生产成本较高，缺乏竞争能力，有些品种仍靠进口。

今后我国抗生素应加强以下几方面工作。

① 加强基础理论研究和新技术的应用，基础理论的研究和新技术的应用有助于创立新的、微量的筛选方法，有助于降低抗生素生产总成本，提高产品质量。

② 选育抗性菌种和新型菌株，抓紧抗生素品种的更新换代，否则就不能适应日益增长的耐药性问题和许多特殊病症及严重病症的需要。

③ 应当大力发展农业抗生素，日本的抗生素已在农业上普遍使用，其产量已达到全部抗生素的 75％，这是抗生素工业的一个发展趋势。我国是农业大国，加强农业抗生素的研究，发展农用抗生素的生产，对我国的农业和国民经济可持续发展具有重大意义。

第二节　抗生素的分类

目前从自然界中获得了 4000 多种抗生素，其中微生物来源的就有 3000 种以上，为了便于研究需要将抗生素进行分类。但是，抗生素分类迄今亦无统一的方法，不同领域的科学家按不同的需要进行分类，提出了多种分类方法。各种分类方法虽有其一定的优点和适用范围，但某些分类方法的缺点也是很明显的。

一、根据抗生素的生物来源分类

微生物是产生抗生素的主要来源，其中以放线菌产生的为最多，真菌次之，细菌又次之。除此之外，还有来源于植物、动物和海洋生物的抗生素。

1. 放线菌产生的抗生素

放线菌中以链霉菌属（或称链丝菌属）产生的抗生素最多，诺卡菌属较少。近年来在小单胞菌属中寻找抗生素的工作也受到了重视。放线菌产生的抗生素主要有氨基糖苷类（链霉素、新霉素、卡那霉素等）、四环类（四环素、金霉素、土霉素等）、放线菌素类（放线菌素 D 等）、大环内酯类（红霉素、卡波霉素、竹桃霉素等）和多烯大环内酯类（制霉菌素、曲古霉素等）等。放线菌产生的抗生素有酸性的、碱性的、中性的和两性的，以碱性化合物为多。

2. 真菌产生的抗生素

真菌的四个纲中，藻菌纲及子囊菌纲产生的抗生素较少，担子菌纲稍多，而不完全纲的曲霉菌属、青霉菌属、镰刀菌属和头孢菌属则产生一些较重要的抗生素。真菌产生的抗生素是脂环芳香类或简单的氧杂环类，多数为酸性化合物。

3. 细菌产生的抗生素

细菌产生的抗生素的主要来源是多黏杆菌、枯草杆菌（芽孢杆菌）、短芽孢杆菌等。这一类抗生素如多黏菌素、枯草菌素（subtilin）、短杆菌素（tyrothricin）等，是由肽键将多种不同氨基酸结合而成的环状或链环状多肽类物质，具有复杂的化学结构，含有自由氨基，其化学性质一般为碱性。这类抗生素多数对肾脏有毒害作用。

4. 其他生物（动物、植物、海洋生物等）产生的抗生素

地衣和藻类植物产生的地衣酸（vulp inic acid）和绿藻素（chlorellin）；从被子植物如蒜和番茄等植物的组织或果实中制得的蒜素（allicin）和番茄素（tomatin）；裸子植物如银杏、红杉等也能产生抗生物质；中药中有不少能抑制细菌，已提纯的物质有常山碱、小檗碱、白果酸及白果醇等。植物产生的抗生素主要是杂环及脂环类物质。动物的多种组织能产生溶菌酶（lysozyme）或一些抗生素，如从动物的心、肺、脾、肾、眼泪、涎水中可提出鱼素（ekmolin），有抗菌及抗病毒等作用。

按照生物来源进行抗生素的分类，对寻找新抗生素有一定帮助。应注意的是某些抗生素能由多种生物产生，不但同一属的生物能产生同一抗生素，不同属甚至不同门的生物也能产生同一抗生素。例如，能产生青霉素的菌种很多，其中不少是属于青霉菌属的，也有属于曲菌属或头孢菌属的。此外，一种菌株可以产生许多不同的抗生素，如灰色链霉菌能产生链霉素，也能产生放线菌酮。

二、按医疗作用对象分类

按照抗生素的临床作用对象分类便于医师应用时参考。某些抗生素的抗菌谱较广，例如四环素和氯霉素等能抑制几类微生物，链霉素和新霉素等只能抑制几种细菌；而有些抗生素的抗菌谱较窄，如青霉素只对革兰阳性细菌有效。所以，了解不同抗生素的抗菌谱，便于合理用药、提高疗效。

（1）抗感染抗生素　此类抗生素又可按其作用的对象分为抗细菌抗生素，抗真菌抗生素，抗原虫、抗寄生虫抗生素，广谱抗生素，抗革兰阳性细菌抗生素，抗革兰阴性细菌抗生素。

（2）抗肿瘤抗生素　如丝裂霉素、博来霉素等。

（3）降血脂抗生素　如新霉素、洛伐他汀等。

三、按作用性质分类

按照抗生素作用性质分类，有助于掌握临床用药配伍禁忌，便于临床合理、安全用药。

（1）繁殖期杀菌作用的抗生素　如青霉素、头孢菌素等。

（2）静止期杀菌作用的抗生素　如链霉素、多黏菌素等。

（3）速效抑菌作用的抗生素　如四环素、红霉素等。

（4）慢效抑菌作用的抗生素　如环丝氨酸等。

四、按应用范围分类

（1）医用抗生素　如青霉素及其衍生物、头孢霉素及其衍生物、红霉素及其衍生物等。

（2）农用抗生素　如春雷霉素、庆丰霉素、放线菌酮等。

（3）畜用抗生素　如四环素、土霉素等。

（4）食品保藏用抗生素。

（5）工农业产品防霉防腐用抗生素。

（6）实验试剂专用抗生素。

按照抗生素应用范围分类，有利于对不同应用范围的抗生素进行监控质量。

五、按作用机制分类

经过化学家和药理学家多年的共同努力已经证明的抗生素的作用机制有以下五类。

（1）抑制或干扰细胞壁合成的抗生素　如青霉素类和头孢菌素类。

（2）抑制或干扰蛋白质合成的抗生素　如链霉素、红霉素等。

（3）抑制或干扰 DNA、RNA 合成的抗生素　如丝裂霉素、博来霉素、多柔比星（阿霉素）等。

（4）抑制或干扰细胞膜功能的抗生素　如多黏菌素、两性霉素 B、制霉菌素等。

（5）作用于能量代谢系统的抗生素　如 5-氟尿嘧啶、5-氟脱氧尿苷等。

按作用机制分类，对理论研究具有重要的意义。但此种分类的缺点是，作用机制已经清楚的抗生素还不多。一种抗生素可以有多种作用机制，而不同种类的抗生素也可以有相同的作用机制。例如氨基糖苷类抗生素和大环内酯类抗生素都能抑制蛋白质合成等。

六、按抗生素获得途径分类

（1）天然抗生素（发酵工程抗生素）　如四环类抗生素、大环内酯类抗生素等。

（2）半合成抗生素　如氨苄西林、头孢菌素等。

（3）生物转化与酶工程抗生素。

（4）基因工程抗生素。

此分类方法利于对制备工艺进行研究。

七、根据抗生素的生物合成途径分类

抗生素是微生物的次级代谢产物，而次级代谢过程较初级代谢复杂，因此抗生素的生物合成途径也是各种各样的。按生物合成途径分类，便于将生物合成途径相似的抗生素互相比较，以寻找它们在合成代谢方面的相似之处，引出若干抗生素生源学（即抗生素在产生菌菌体内的功能）的推论。这种分类方式与其他分类方式是有联系的。相同类型的微生物，通常能够产生由相同的代谢途径形成的化学结构相似的抗生素。因此，研究抗生素的结构、代谢途径和产生菌之间的关系，可为寻找新菌种提供方向。

根据生物合成途径，可将临床上使用的一些抗生素分为下列几个类群。

（1）氨基酸、肽类衍生物

① 简单的氨基酸衍生物　如环丝氨酸、偶氮丝氨酸。

② 寡肽抗生素　如青霉素、头孢菌素等。

③ 多肽类抗生素　如多黏菌素、杆菌肽等。

④ 多肽大环内酯抗生素　如放线菌素等。

⑤ 含嘌呤和嘧啶碱基的抗生素　如曲古霉素、嘌呤霉素等。

（2）糖类衍生物

① 糖苷类抗生素　如链霉素、新霉素、卡那霉素和巴龙霉素等。

② 与大环内酯连接的糖苷抗生素　如红霉素、卡波霉素（碳霉素）等。

（3）以乙酸、丙酸为单位的衍生物

① 乙酸衍生物　如四环类抗生素、灰黄霉素等。

② 丙酸衍生物　如红霉素等。

③ 多烯和多炔类抗生素　如制霉菌素、曲古霉素等。

这种分类方法的缺点是很多抗生素的生物合成途径还没有研究清楚。有时不同的抗生素可以有相同的合成途径。

八、按化学结构分类

根据化学结构，能将一种抗生素和另一种抗生素清楚地区别开来。化学结构决定抗生素的理化性质、作用机制和疗效，例如对于水溶性碱性氨基糖苷类或多肽类抗生素，含氨基愈多，碱性愈强，抗菌谱逐渐移向革兰阴性菌；大环内酯类抗生素对革兰阳性、革兰阴性球菌和分枝杆菌有活性，并有中等毒性和副作用；多烯大环内酯类抗生素对真菌有广谱活性，而对细菌一般无活性；四环素类抗生素对细菌有广谱活性。结构上微小的改变常会引起抗菌能力的显著变化。

由于抗生素的化学结构很复杂，几乎涉及整个有机化学领域，因此合理的分类方法，不仅应考虑化学构造，还应着重考虑活性部分的化学构造。研究者曾先后提出过多种按化学结构分类的方法，但都有一些缺点，其中以伯迪（J. Berdy）于 1974 年提出的分类方法比较详尽、合理，并为大家所接受。

此外，还有一种常用的非正式的按抗生素结构相似性、作用机理相似性进行的习惯的分类方法，按这种方法将抗生素分为以下五类。

1. β-内酰胺类抗生素

这类抗生素分子的结构特点是都有一个 β-内酰胺的四元环，它们的共同功能是抑制细菌细胞壁主要成分肽聚糖的合成。β-内酰胺类抗生素又可根据其化学特性分成几个子类，如青霉素类、头孢菌素类、碳青霉烯类及单环内酰胺类。

2. 氨基糖苷类抗生素

目前属于该类且在临床实际应用的共有 50 多种抗生素，其中包括链霉素、双氢链霉素、新霉素、卡那霉素、庆大霉素、春雷霉素和有效霉素等。它们的结构特点是都含有一个六元脂环，环上有羟基及氨基取代物，分子中既含有氨基糖苷，也含有氨基环醇结构，故称为氨基糖苷或氨基环醇类（aminoglycoside aminocyclitol）抗生素。这类抗生素都具有抑制核糖体的功能。

3. 大环内酯类抗生素

这类抗生素的结构特点是含有一个大环内酯的配糖体，以苷键和 1～3 个分子的糖相连。其功能是通过与细菌核糖体的结合抑制蛋白质的合成。其中在医疗上比较重要的有红霉素、竹桃霉素、麦迪霉素（midecamycin）、制霉菌素等。另外蒽沙霉素（ansamycin）虽然并不含有大环内酯，但由于它们含有的脂肪链桥，其立体化学结构和大环内酯很相似，故也并入此类，典型的有利福霉素类抗生素等。此外，还有一类分子结构中也有一个大的内酯环且环上有一系列的共轭双键，这类抗生素的作用是干扰真核细胞膜中甾醇的合成，如两性霉素 B（amphotericin B）。

4. 四环类抗生素

这类抗生素是以四并苯为母核，包括金霉素、土霉素和四环素等。由于含四个稠合的环也称为稠环类抗生素。其共同的功能是在核糖体水平抑制蛋白质合成。

蒽环酮类（anthracyclinones）抗生素的结构与此类似，也可归入四环类。典型的有柔红霉素、道弱红霉素等。但是它们的作用机制是在 DNA 水平，干扰拓扑酶（topoisomerase）功能，因此常用于抗肿瘤的治疗。

5. 多肽类抗生素

这类抗生素多由细菌，特别是产生孢子的杆菌产生。它们含有多种氨基酸，经肽键缩合成线状、环状或带侧链的环状多肽类化合物。其中较重要的有多黏菌素（polymyxin）、放线菌素（actinomycin）和杆菌肽（bacitracin）等。

第三节 抗生素的应用

一、抗生素剂量表示法

在临床应用中，合理使用抗生素的剂量是十分重要的。剂量不足，必然会使血药浓度偏低，杀菌或抑菌效力达不到要求，使疾病得不到控制；而剂量过高，往往会产生毒副反应，且易造成病原菌的耐药性，引起药源性疾病。另外，为了国际医学界的统一和商贸活动的需要，同一名称抗生素的计量在世界各国也必须一致，为此需要对抗生素的计量办法作出统一规定。和其他药物不同，抗生素在应用时剂量很小，因此除质量外，更常用特定的效价单位（简称单位）表示。

"单位"是衡量抗生素有效成分的一种尺度。目前国际上抗生素活性单位表示方法主要有两种：一是指定单位（unit）；二是活性质量（μg）。

指定单位主要用于初期的抗生素或新抗生素，这些往往是不纯的制品，不能直接用其活性质量来衡量抗生素的作用强度，只能人为地指定其活性单位。如最早为青霉素规定的单位是：50mL 肉汤培养基中恰能抑制标准金葡菌生长的青霉素量为一个青霉素单位。在制得青霉素纯品后，证明了一个青霉素单位相当于 $0.6\mu g$ 青霉素钠。因此便指定青霉素的质量单位为：$0.6\mu g$ 青霉素钠等于 1 个青霉素单位。由此，1mg 青霉素钠等于 1670 个青霉素单位（unit）。

活性质量（activity quality）仅以分子结构中活性部分的质量计算，主要用于分子结构清楚、构效关系明确的单一组分的纯净制品，如硫酸阿米卡星，其活性成分为阿米卡星碱，即 1mg 阿米卡星碱等于 $1000\mu g$ 阿米卡星单位。

根据硫酸阿米卡星与阿米卡星碱相对分子质量的换算可计算出每 1mg 硫酸阿米卡星中活性质量的理论值：

$$\frac{C_{22}H_{43}N_5O_{13}}{C_{22}H_{43}N_5O_{13} \times 2(H_2SO_4)} = \frac{585.61 \times 1000\mu g}{781.75} = 749\mu g$$

即 1mg 硫酸阿米卡星等于 749 阿米卡星单位。

按活性成分的质量（μg）计的表示方法已得到国际抗生素界的共识，目前各类新开发的单组分抗生素无论其盐还是前药（pro-drug）均以活性质量计。

此外，对多组分抗生素活性单位的确定有两种方法。

① 参照单组分抗生素中活性质量表示方法，以其中某一活性组分的质量作为该抗生素的活性单位。如庆大霉素是含有庆大霉素 C_1、庆大霉素 C_{1a}、庆大霉素 C_{2a}、庆大霉素 C_2、庆大霉素 C_{2b} 等多个组分的氨基糖苷类抗生素，而庆大霉素活性单位是以庆大霉素 C_1（$C_{21}H_{43}O_7N_3$）的质量计的。

$$1mg 庆大霉素 C_1（C_{21}H_{43}O_7N_3）= 1000 个庆大霉素单位$$

② 人为指定单位。这种人为随意指定的活性单位，大多是 20 世纪 50～60 年代发现的品种，而今后新开发的多组分抗生素基本上不再会采用。

二、抗生素的应用

1. 抗生素在医疗上的应用

（1）控制细菌感染性疾病　抗生素的应用使细菌感染已基本得到控制，死亡率大幅度下降，人类寿命明显延长。

（2）抑制肿瘤生长　抗肿瘤抗生素如多柔比星、博来霉素、丝裂霉素等，在肿瘤化疗中占有重要地位。

（3）调节人体生理功能　除杀菌、抗肿瘤作用外，某些抗生素的其他生理活性功能正在临床医疗中日益发挥作用，如 HMG-CoA 还原酶抑制剂、洛伐他汀等的应用，可有效地降低心血管病人的血脂。

（4）器官移植　免疫抑制剂环孢素的使用，使异体器官移植得以顺利进行。

目前，感染性疾病仍然是发病率较高并且是造成死亡的重要疾病之一。虽然目前临床上绝大多数的感染性疾病可被控制，但深部真菌感染的治疗仍缺乏毒副反应低的有效杀菌药物，更需要确切有效的防治病毒感染的抗生素。

（5）控制病毒性感染　抗病毒类抗生素，1990～1999 年已报道研究的有 258 个，占同时期所报道微生物活性化合物（5824 个）的 4.43%。在各种抗病毒抗生素的化学结构中，以核苷类、醌类及大环内酯类较多，其他糖苷类及芳香族衍生物类也不少，说明微生物是筛选抗菌物质的主要来源。

2. 在农业上的应用

（1）用于植物保护　抗生素越来越广泛地应用于植物保护，防止粮、棉、蔬菜、水果的病害，处理种子，促进生产，并可减少因使用化学农药造成的环境污染。我国在研究抗生素防治作物病害方面取得了一定的成绩，如：用链霉素防治柑橘溃疡病；链霉素与代森锌（一种化学农药）合用防治白菜软腐病、霜霉病和孤丁病；链霉素和硫酸铜混合使用防治黄瓜霜霉病，同时对白菜和黄瓜有刺激生长的作用，产量显著提高。抗生素比有机合成农药喷撒浓度低而疗效高，并易被土壤微生物分解，不致污染环境，对食品的危险性小，不会在人体内积累，所以很有发展前途。

（2）促进或抑制植物生长　有些抗生素可用作植物生长激素，如赤霉素（gibberellin）等；有些具有选择性除草作用，如茴香霉素（anisomycin）、东洋卡霉素（丰加霉素，toyocamycin）等。

我国已能生产的农用抗生素有效霉素（井冈霉素，validamycin）、春雷霉素（kasugamycin）、杀稻瘟霉素 S（blasticidin S）、多氧霉素（polyoxin）、杀粉蝶素（piricidin）、沙利霉素（salinomycin）、庆丰霉素（gougeroton）和赤霉素等。世界各国都十分重视研究开发高效低毒的农用抗生素与植物生长激素。

3. 在畜牧业上的应用

（1）用于禽畜感染性疾病控制　绝大部分医用抗生素也能有效地用于治疗禽畜的感染性疾病，如青霉素、链霉素、金霉素、土霉素、四环素、杆菌肽、多黏菌素、卡波霉素与红霉素等用于治疗细菌、立克次体性疾病。

（2）用作饲料添加剂　可刺激禽畜生长（如四环素与大环内酯类等抗生素），沙利霉素还用作抗鸡球虫病的饲料添加剂。为了防止人畜交叉感染，耐药菌的散播和畜、禽以及水产品中抗生素残留量过高，20 世纪 70 年代国际上已规定不允许将医用抗生素用作饲料添加剂。理想的饲料添加抗生素应具有下列条件：①与医用抗生素结构类型不同，作用机制相似；②体内不吸收，在肉、乳、蛋中没有蓄积残存。

4. 在食品保藏中的应用

用于肉、鱼、蔬菜、水果等食品的保鲜；用作罐装食品的防腐剂。为避免耐药菌产生，现已趋向于少用或不用医用抗生素作为食品的保鲜和防腐。

在食品保藏中，用作保鲜剂与防腐剂的条件为：①非医用抗生素；②易溶于水，对人体无毒；③不损害食品外观与质量。

5. 在工业上的应用

（1）工业制品的防霉　防止纺织品、塑料、精密仪器、化妆品、图书、艺术品等发霉变质。

（2）提高特定发酵产品的产量　如向谷氨酸发酵液中，加入适量青霉素，可提高细菌细胞膜的渗透性，有利于胞内谷氨酸的渗出，提高谷氨酸发酵的产酸水平。

6. 在科学研究中的应用

（1）用作生物化学与分子生物学研究的重要工具　如用于干扰或切断蛋白质、RNA、DNA 等在特定阶段的合成；抑制特定的酶系反应等。

（2）用于建立药物筛选与评价模型　如利用链佐星（链脲菌素，streptozotocin）建立糖尿病动物试验模型等。

（3）其他试验应用　用于防止细胞培养、组织培养的污染；用于动物精液、组织液等的保存等。

总之，微生物药物不仅是人类战胜疾病的有力武器，而且在国民经济的许多领域中都有重要用途，随着微生物药物科学的不断发展，它将发挥越来越大的作用。

第四节　抗生素工业生产及工艺

一、抗生素工业的性质

抗生素生产包括发酵和提取两部分，抗生素发酵一般是在通气下进行的纯种培养。所用的设备和培养基都必须经过灭菌，与培养液接触的罐体、管件都应密封无泄漏，通入的空气应为除菌后的无菌空气，以避免杂菌污染。由于抗生素生物合成和自身结构稳定性的特点使抗生素的生产具有以下特性。

① 理论产量很难从物料衡算中计算出来，初级代谢产物是菌体进行初级代谢所产生的物质，代谢途径清楚，代谢过程较为简单，其理论产量可从化学计量式中求出。而抗生素是次级代谢产物，由于目前对次级代谢了解得不够，所以抗生素的理论产量很难从化学关系式中求出。

② 抗生素的产量存在着"生物学变量"，抗生素发酵产量与菌种的性能有关，也和培养条件有关。通常各批发酵所得的抗生素产量是不同的，即存在着所谓的"生物学变量"，一般为 10%。

③ 发酵液中有效成分浓度低，某些抗生素不太稳定，加之有时会出现染菌的罐批等，这些情况对提取精制工艺提出了更高的要求。

二、抗生素生产工艺过程

现代抗生素工业生产是通过下列过程完成的。

```
                        无菌空气
                          ↓
菌种→孢子制备→种子制备→发酵→发酵液预处理→提取精制→产品检验→成品包装
                          ↑
                       消泡剂、补料
```

1. 菌种

用微生物发酵方法生产抗生素，首先要有一个性能良好的菌种，从自然界分离到的野生菌种由于生产能力低，往往不能满足工业上的需求。因为在正常生理条件下微生物的代谢调节系统，趋向于快速生长和繁殖，但是生产菌种却需要能够大量积累所需的代谢产物，为此常需采用各种措施来打破微生物的正常代谢，人为控制微生物的代谢，从而大量积累所需要的代谢产物。所以工业上常用的菌种都是经过人工选育，具备工业生产要求，性能优良的菌种。一个优良的生产菌种应具备以下条件：

① 生长繁殖快，发酵单位高；

② 遗传性能稳定，在一定条件下能保持持久的、高产量的抗生素生产能力；

③ 培养条件粗放，发酵过程易于控制；

④ 合成的代谢副产物少，生产抗生素的质量好。

2. 孢子制备

对特定菌种来说，抗生素的产量和成品质量与孢子和种子制备的情况有密切关系。生产用的孢子须经过纯种和生产性能的检验，符合规定的才能用来制备种子。生产上为了获得数量足够的孢子，常采用较大表面积的固体培养基进行扩大培养。培养时需控制适宜的湿度、温度及通风量等条件。

3. 种子培养

种子培养的目的是使孢子发芽、繁殖获得足够数量的菌丝，以便接种到发酵罐中。种子制备有的是从摇瓶培养开始，再接入到种子罐进行逐级扩大培养；有的直接从种子罐开始进行逐级扩大培养。摇瓶培养过程是否需要和种子扩大培养级数的多少，决定于菌种的性质、生产规模的大小和生产工艺的特点。一般情况下，种子制备是在种子罐中进行，扩大培养级数通常为二级。先制备孢子悬浮液，通过微孔压差法或打开接种口在火焰保护下接种，加孢子悬浮液接入一级种子罐，也可采用菌丝接种。二级种子罐接种量一般为 $5\%\sim10\%$。在培养过程中需对菌丝形态和生化指标进行分析，确保种子质量后方可移种。

4. 发酵

发酵的目的主要是使微生物分泌大量的抗生素。发酵开始前，有关设备和培养基必须经过严格的灭菌，然后接入合格的种子。接种量一般为 $5\%\sim20\%$，发酵周期一般为 $4\sim5$ 天。在发酵过程中需不断通入无菌空气和搅拌，维持一定的罐温和罐压，并定时取样进行生化分析和无菌试验。观察代谢变化、抗生素产生情况和有无杂菌污染。发酵中可供分析的主要参数有菌丝形态、残含糖量、氨基氮、溶解氧浓度、pH 值和抗生素含量。国外也有把排气中的 CO_2 含量和发酵液黏度作为常规分析项目。发酵过程中主要控制罐温、通气量和搅拌转速、补料、加酸碱、消泡剂及某些专用前体、促进剂或抑制剂的用量。每种抗生素发酵都有其自己的控制点和最适的参数控制值。影响抗生素发酵的因素是错综复杂的，各种因素相互影响又相互制约。因此要得到预期的效果，除了要有性能优良的菌种外，还需要各方面密切配合和严格的操作管理。

5. 提取和精制

发酵结束之后，需对发酵液进行预处理，利于以后的提取。提取抗生素的方法可依所提取抗生素的性质来选择。

6. 成品检验

根据药典的要求需逐项对所生产的产品进行分析检验，项目包括效价检定、毒性试验、无菌试验、热原质试验、水分测定、水溶液酸碱度及浑浊度测定、结晶颗粒的色泽及大小的测定等。

第五节　抗生素质量控制

抗生素类药物的质量分析主要是利用生物学、物理学、药理学和化学等相关学科的经典的或现代的新技术、新方法按照国家药典、部颁标准或企业标准进行依法检验。无论哪一级标准，基本都由四个方面组成：①性状描述；②鉴别试验；③一般项目检查；④含量测定。

一、性状

性状是对抗生素原料或制剂的物理外观的一种描述，是抗生素表观质量的一个重要指征，外观发生变化时，往往意味着抗生素内在质量已有所改变。例如头孢哌酮钠应为白色或类白色粉末，曾发现一批头孢哌酮钠的外观微呈浅红色，为此海关不同意其进口，后经厂方检查发现乃是由于在生产过程中使用的活性炭来源改变所致。由此可见，生产工艺的改变或贮存条件不当都会影响到抗生素的性状。

二、鉴别试验

鉴别的目的是验证某一抗生素或其制剂确系其本身而并非是其他替代物。鉴别常分为两部分：一为抗生素本身的鉴别；二为抗生素成盐后的酸根或金属离子的鉴别。后者鉴别较为简单，如硫酸庆大霉素鉴别其硫酸盐反应，青霉素钾则鉴别其钾盐反应即可。抗生素本身的鉴别则要求专属性强、灵敏度高的方法，目前最常用的鉴别方法是红外光谱法、色谱法（薄层色谱或高效液相色谱）。由于红外光谱与晶型有关，因此对于同一抗生素的不同晶型受压后易转晶型的抗生素在应用本法进行鉴别试验时应按照标准规格中规定的操作程序进行。例如氨苄西林钠由于最终成品的结晶工艺不同使红外光谱各异，但为了确证为氨苄西林，则在《中国药典》2005 年版和 BP1998 年版中都把氨苄西林钠首先加酸转化为氨苄西林酸后再进行红外鉴别，这样就可避免误判。对于受压易转晶型的化合物，则常用石蜡糊法，而不采用 KBr 压片法。红外光谱法可以与标准图谱比较或与对照品同时进行比较试验，而色谱法则必须要与对照品同时进行比较试验。

三、一般项目检查

为了保证抗生素在有效期内，临床使用的安全、有效和稳定，常见检查项目如下。

1. 酸碱度

规定的酸碱度范围应满足两方面的要求：一方面要适合临床使用的要求；另一方面要使该抗生素处于最稳定状态。例如，乳酸红霉素的酸碱度控制在 pH6.0～7.5 之间，因为 pH<6，红霉素将被破坏；pH>7.5，红霉素将会被析出而影响澄清度。

2. 熔点

鉴别药物的一项物理常数，也是判断药物纯度的重要依据。纯物质由固态变为液态是在某一温度完成的，若产生了熔距（熔程），表明该物质纯度不够。因抗生素大部分系微生物发酵产物，即使反复精制也仍可能含有少量结构相似的同系物，因此抗生素一般熔距都较宽，并常发生熔融时即分解的情况。因此药典对抗生素类药品很少控制熔点。

3. 比旋度

比旋度是检查抗生素纯度的一个重要指标，特别对于各个组分比旋度不同的多个组分抗生素尤为重要。像红霉素中红霉素 A 是主要活性成分，其比旋度为 $-78°$，国产红霉素中主要杂质为红霉素 C，其比旋度为 $-65°～-62°$，因此《中国药典》2005 年版中规定红霉素的

比旋度为 $-78°\sim71°$，可有效地控制红霉素 C 的含量。

4. 溶液的澄清度与颜色

抗生素溶解后的澄清度和颜色是产品质量优劣的一个综合性指标，既表示了生产过程的GMP执行情况，同时也反映了该品种处方组成和生产工艺的合理性和先进程度。关于澄清度中澄清的定义，《中国药典》规定为与浊度标准液比较不得超过 0.5 号，而《英国药典》规定为不超过 1 号，因此在做进出口检品的此项检验时应注意两者间的区别。

5. 干燥失重或水分

抗生素含水量的规定应根据其化学本质和稳定性而定，氨苄西林钠的水分控制在 2.0%以下，因实验证明含 1.0%水分的产品存放 12 日其含量仅下降 0.22%，而含 3.0%水分者存放 12 日其日含量下降可达 4.45%，因此产品的水分以控制在 2.0%以下为好。但像头孢氨苄因其分子结构中含有 1 分子结晶水，理论含水量为 4.93%，因此《中国药典》规定水分为 4.0%～8.0%，而并非是水分越低越好。

6. 炽灼残渣及重金属

炽灼残渣主要考察抗生素先经炭化，然后加硫酸灰化后残留的无机杂质。重金属是检查能与硫化氢或硫化钠作用生成有色硫化物的重金属，重金属可加速抗生素药品分解失效，如铜和锌可促使青霉素开环失效，链霉素中微量分解产物麦芽酚可与三价铁离子反应使水溶液显紫红色。由于在实际产品中重金属含量是极微的，因此抗生素质量标准中检查重金属不多，但当抗生素的色级或溶液的颜色有异常时可考虑有重金属污染的可能性。

7. 异常毒性

抗生素的异常毒性是用指定的溶剂配成规定剂量的药液经口服、静脉注射或腹腔注射于实验动物（一般用小白鼠），通常在 48h 内观察其因非药品本身引起的毒性反应，以死亡或存活作为观察终点。如实验动物发生死亡，则反映该制品中含有的异常毒性物质超过了正常水平，不能供药用。《美国药典》自 1990 年版起因保护动物等原因，已取消了抗生素的异常毒性检查。但《中国药典》2005 年版及《英国药典》1998 年版都仍保留异常毒性检查。在对国外的注射用头孢哌酮钠和头孢曲松钠进口检验中，曾发现过有异常毒性不合格的样品。因此尽管异常毒性是一个专属性不强的限度试验，但在相同条件下试验还是可以反映出不同来源的同一抗生素的质量差异，异常毒性的剂量一般按 LD_{50} 的 70%折算。

8. 热原

热原是指在药品中污染有能引起动物及人的体温升高的物质，目前一般都认为热原反应主要是由细菌内毒素引起的。细菌内毒素是革兰阴性菌细胞壁外层上特有的结构，由脂多糖组成，具有强烈的致热活性。由于抗生素大部分由微生物发酵产生，工艺较复杂，很容易被热原污染，因此注射用抗生素都需做热原检查。

热原检查法系将一定剂量的药液静脉注入家兔体内，以其体温升高的程度判断该药品中所含热原是否符合规定，是一种限度实验法。剂量一般为人用剂量的几倍，剂量太低则有漏检现象的发生，像氨苄西林钠，《中国药典》规定的剂量为 25mg/kg，而《英国药典》1998年版以前都只规定为 6mg/kg，因此在国内曾发生按 BP 标准检查合格的氨苄西林钠在临床发生热原反应的现象。现《英国药典》自 1992 年起已提高到 20mg/kg。但当剂量过大，有时又会引起家兔降温，像乳糖酸红霉素 50000U/kg 会引起家兔严重降温，且有掩盖细菌内毒素升温现象，当剂量调整为 30000U/kg 则基本上可消除此降温现象。

9. 降压物质

采用猫颈动脉血压法检查制品中是否有降低血压的物质。本试验为限度试验，以一定剂量的组胺作血压下降程度的对照标准，从而估计某供试品是否符合规定。

10. 无菌试验

无菌实验是检查制品中是否染有活菌，抗生素能抑制或杀死对其敏感的微生物，但并不一定能将所有的微生物杀死，这些污染的微生物在抗生素存在时不能生长繁殖，而当除去抗生素后，在适当的条件下又可重新生长。因此抗生素的无菌试验与一般直接接种培养法不同，必须采用特殊的方法使抗生素分解失去抗菌活性，但杂菌不受影响，或用其他物理方法使抗生素与污染的杂菌分离，再经增菌培养，检出杂菌。据此原理，有青霉素酶灭活青霉素法及微孔滤膜法，尤以后者有广泛的应用性。无菌试验的成功与否关键在阳性与阴性对照管的生长情况。另外，无菌试验存在很大的随机性，仅以抽取极少数量样品对大量产品作出无菌的估计，只有在生产过程保证严格无菌的条件下才有意义。根据理论公式计算，对染菌率为 1‰ 的制品，必须抽验 500 瓶（$P=0.99$）才能保证检出。因此首要条件是严格控制生产工艺过程的无菌与无菌操作，消除一切染菌的隐患，才能保证制品无菌。

以上各项中，降压物质、热原检查和无菌试验只是供注射用的抗生素制品才进行的项目。

11. 杂质

主要根据各种抗生素的特性、生产工艺路线及制品的稳定性而制定的与该抗生素有关的杂质检查。

（1）非毒性杂质 抗生素中的非毒性杂质是指那些在生产过程中产生的或分解后形成的，难以完全去除但基本上无毒的杂质。对这类杂质一般在保证疗效的前提下允许的限度较宽，有的可高达 8%，一般均控制在 5% 以内。如头孢拉定系由双氢苯甘氨酸与 7-氨基脱乙酰氧头孢烷酸（7-ADCA）缩合而成，成品中有可能混有这两种未反应完全的起始物质，故药典中规定用薄层色谱法检查 7-ADCA 和双氢苯甘氨酸，其限度分别控制为 1.0%～2.0%。此外，由于头孢拉定的侧链为双氢苯甘氨酸，很容易被氧化成苯甘氨酸而变成头孢氨苄，尽管头孢氨苄也是一种抗生素，但在头孢拉定中还是作为一种杂质被控制，因此《中国药典》2005 年版、USP24 版、BP1998 年版都采用 HPLC 法控制头孢拉定中头孢氨苄的量不得超过 5.0%。

（2）毒性杂质 指在生产过程中带入或产生的对人体有害的生理活性物质，因此各国药典都严格加以控制。如四环素中的 4-差向脱水四环素（EATC）是四环素在 pH=2～6 条件下差向化后再脱水的产物，毒性较大，能引起 FANCONI 症候群（糖尿、蛋白尿），各国药典均有严格控制，《中国药典》2005 年版用 HPLC 法控制 EATC 不得超过 0.5%。总之，抗生素中的微量毒性或过敏性的杂质已日益受到人们的重视，只有改进生产工艺，提高产品质量，同时选择专属性强、灵敏度高的检测方法才能真正有效地控制这类毒性杂质。

12. 溶出度

溶出度是指药物从片剂或胶囊等固体口服制剂，在规定的介质中在一定条件下，溶出的速度和溶出程度，是一种模拟口服固体制剂在胃肠道中的崩解和溶出的体外试验法。有效成分的溶出与药物生物利用度间并无绝对的关系，主要是作为制剂质量控制的一种手段，可以反映不同生产厂家抗生素的晶型、粒度、处方组成、辅料品种和性质以及制剂工艺的差异。

13. 注射用抗生素中不溶性微粒

不溶性微粒系指抗生素粉针剂经溶解后的溶液中含有可移动的不溶性外来物质，这些微粒物质如被注入血管后，能引起血管肉芽肿、静脉炎及血栓，对心肌和肝脏等其他器官也有损害。因此各国药典对此均有限度控制：《美国药典》采用光阻法；《英国药典》采用电导法及光阻法；中国目前采用显微镜计数法和光阻法。由于光阻法仪器的灵敏度所限，仅适用于

$50\mu m$ 以下微粒，而对于大于 $100\mu m$ 的颗粒或毛块等异物却反应不出来。因此，即使采用仪器测定不溶性微粒也不能完全代替目测的澄明度检查。

四、含量（效价单位）测定

含量（或效价单位）是指按规定的测定方法测得本品含"有效物质"的限度，为了正确反映药品含量，测定时均以干燥品的含量表示。凡用理化方法对药物有效成分的定量测定称为含量测定；凡以生物学方法或酶化学方法对药品有效成分的定量测定称为"效价"测定。

由于抗生素在低微浓度下即对一些特异微生物有杀灭作用，临床上使用时都是以其抗菌活性即用生物效价来计算剂量的，因此抗生素药品有效成分的定量测定主要用生物检定法和根据抗生素化学结构特点设计的理化测定法。

1. 生物检定法

利用抗生素对敏感菌的杀死或抑制程度作为客观指标来衡量抗生素的效力。常用的方法有管碟法和比浊法。国外药典两种方法均收载，而我国药典仅收载管碟法。

为了对实验的精密度有一个客观的评价，还要计算实验结果的可信度，要求可信度在5％以内。值得注意的是《中国药典》与《英国药典》在报告测定结果时有区别，《中国药典》采用实测值，而《英国药典》则采用实测值加上可信限率的上限，其允许的可信限率为5％以内，因此其报告的生物效价就相应的较试验结果提高约5％。曾经发生过进口红霉素原料质量报告单的效价为920U/mg，而进口分装后按《中国药典》检验只有880U/mg而不合格，其原因乃是由于进口时按可信度上限计算之故。这样的例子发生过多次，给经济造成不小的损失，所以必须引起抗生素工作者的注意。

2. 理化测定法

随着现代分析技术的发展和各类抗生素化学结构的揭晓，许多原来以微生物法作为含量测定的抗生素已逐渐被高效液相色谱（HPLC）等理化分析方法所取代，如盐酸林可霉素、盐酸克林霉素、头孢羟氨苄、盐酸四环素等在《中国药典》2000 年版中就都已由原来的生物测定法修改为 HPLC 法。一些新的半合成头孢菌素（如头孢哌酮、头孢他啶及酶抑制剂舒巴坦、克拉维酸等）都采用 HPLC 进行测定。另外，根据青霉素类抗生素碱水解后可与硝酸汞定量反应的原理，设计出了铂电极为指示电极、硫酸亚汞电极为参比电极的硝酸汞电位滴定法定量测定青霉素的新方法。总之，随着 HPLC 法的普及，一些结构清楚并且在紫外区有吸收的单组分抗生素基本上都可以采用 HPLC 法进行含量测定，但对于多组分抗生素或结构上不清楚的抗生素则仍应用微生物检定法，因该法能直接显示总体的抗菌效力。

五、抗生素质量的综合分析

抗生素质量的优劣直接关系到使用者的安全与健康，实践证明对抗生素类药品的质量除了以纯度分析、微观的杂质检查以及常规分析进行质控以外，还必须经常与临床的安全性和有效性相结合进行综合分析。

氨苄西林钠是临床上常用的 β-内酰胺类抗生素，但在临床上经常发生皮疹反应，究其原因可能与氨苄西林钠中的聚合物有关，通过用 HPLC 分析，发现各厂家氨苄西林钠中的二聚物含量差异很大，用喷雾干燥或冷冻干燥生产的氨苄西林钠中二聚物含量较高，有的高达8％；而用溶剂结晶法生产的氨苄西林钠，其中二聚物含量较低，一般不超过 1.0％。另外发现氨苄西林钠聚合速度与 pH 值和浓度有关，浓度越高聚合越快，pH 值越高聚合速度也越快。因此，提示临床上使用时应注意配置药液的条件，在静脉滴注时浓度最好不要超过2％，pH 值控制在 6～7 之间，就能减少聚合物的形成；对肌内注射来说，由于一般浓度都在 20％～25％，此时 pH 值在 8.5～9.0。在这样条件下，氨苄西林钠既容易聚合又容易发生降解反应，因此一定要临用新配，而不要配好放置后再用，以减少临床上不良反应的发生。

综上所述，抗生素的综合分析，是促进抗生素质量不断提高的一个重要手段，只有坚持抗生素的综合分析，才能保证给临床提供高质量的安全有效的抗生素类药品。

第六节　抗生素生物效价测定方法

抗生素效价的测定方法一般分为物理学方法、化学方法、生物学方法以及两种方法配合等四大类，可根据具体情况选择。

生物学方法是药典规定的测定方法，它是以抗生素的杀菌力作为衡量效价的标准，其原理恰好和临床应用的要求一致，同时又具有灵敏度高、检品量小的优点，是药典规定的测定方法。

抗生素的生物效价测定法，常用的有稀释法、比浊法和扩散法（或称渗透法）。在此仅介绍扩散法。

扩散法是使用固体培养基，在培养基凝固以前与"试验菌种"混合，在这样的培养基表面，可以采用各种设计，使检品液或含有抗生素的物质与有试验菌的培养基接触。经过培养后因抗生素的扩散，在抑菌浓度所能达到之处，细菌不能生长形成透明的抑菌范围，此范围一般都呈圆形，称为抑菌圈。扩散法有几种，其中一种叫管碟扩散法（简称管碟法），为国际上常用的方法，在我国也作为法定的抗生素效价检定法。

一、管碟法测定的设计原理与计算方法

1. 用具及操作

（1）管子　系用瓷、铝、玻璃或不锈钢制成。内径为（6.0±0.1）mm、外径为（8.0±0.1）mm、高为（10±0.1）mm的圆形管子。

（2）双碟　也可用平底玻璃盘。

（3）操作步骤　将固体培养基融化，倒在碟上待其凝固，然后在上面再倒一层混有试验菌种的融化培养基。凝固后，在其表面放置管子，向管子中加满抗生素的稀释液，于37℃培养16～18h，然后量取抑菌圈并进行计算。

2. 设计原理与计算公式

在培养过程中，小管中的抗生素向培养基中呈球面扩散，与此同时试验菌也开始生长。抗生素浓度高于最小抑菌浓度之处，试验菌不生长，出现抑菌圈，其圈之边缘处就是最低抑菌浓度。抑菌圈的半径与抗生素在管中的量（M）、抗生素的扩散系数（D）、细菌生长达到肉眼可见的时间（T）、培养基的厚度（H）有关。其定量关系可用分子扩散定律推导，得出如下公式：

$$\lg M = \left(\frac{1}{9.21DT}\right)r^2 + \lg(c \cdot 4\pi DTH) \tag{3-1}$$

式中，D 为扩散系数，mm^2/h；T 为抗生素扩散时间，h；M 为在管中的抗生素总量，U；r 为管中心到抑菌圈边缘的距离，mm；H 为培养基的厚度，mm；c 为最低抑菌浓度，U/mL。

由式(3-1)可知抗生素总量的对数值与抑菌圈半径的平方值（或抑菌圈直径）成直线关系，因此可做定量测定。但由于抑菌圈的大小还受 c、H、D、T 的影响，只有消除这些影响才能被准确测定出，要消除这些影响因素，可设计样品与标准品在相同条件下进行对照测

定（即相对效价设计法），计算方法如下。

设：标准品的高单位抑菌圈半径为 S_H；标准品的低单位抑菌圈半径为 S_L；样品的高单位抑菌圈半径为 U_H；样品的低单位抑菌圈半径为 U_L。

小管中标准品高单位总量（M）与样品高单位总量（M'）的对数值分别为：

$$\lg M=\left(\frac{1}{9.21DT}\right)S_H^2+\lg(c\cdot4\pi DTH) \tag{3-2}$$

$$\lg M'=\left(\frac{1}{9.21DT}\right)U_H^2+\lg(c\cdot4\pi DTH) \tag{3-3}$$

因 $\lg(c\cdot4\pi DTH)$ 为截距，在同一双碟上其数值是相等的，因此式(3-3)与式(3-2)相减就可消除截距的影响：

$$\lg\frac{M'}{M}=\left(\frac{1}{9.21DT}\right)(U_H^2-S_H^2) \tag{3-4}$$

$\frac{M'}{M}$ 为样品与标准品的效价比，令其为 θ，$\left(\frac{1}{9.21DT}\right)$ 为直线的斜率，则：

$$\lg\theta=\left(\frac{1}{9.21DT}\right)(U_H^2-S_H^2) \tag{3-5}$$

式(3-5)即为管碟法标准曲线法的基础。式(3-5)中的 D、T 仍对测定结果有影响，采用二剂量法，即标准品用二剂量（S_H 及 S_L），样品也用二剂量（U_H 及 U_L），设计实验，即可消除斜率的影响。设标准品低单位总量为 m，样品低单位总量为 m'，计算方法如下：

$$\lg m=\left(\frac{1}{9.21DT}\right)S_L^2+\lg(c\cdot4\pi DTH) \tag{3-6}$$

$$\lg m'=\left(\frac{1}{9.21DT}\right)U_L^2+\lg(c\cdot4\pi DTH) \tag{3-7}$$

同理，式(3-7)减去式(3-6)得：

$$\lg\theta=\left(\frac{1}{9.21DT}\right)(U_L^2-S_L^2) \tag{3-8}$$

将式(3-5)、式(3-8)相加，则：

$$2\lg\theta=\left(\frac{1}{9.21DT}\right)(U_H^2-S_H^2+U_L^2-S_L^2) \tag{3-9}$$

若[式(3-2)+式(3-3)]减去[式(3-6)+式(3-7)]，可得：

$$\lg\frac{M}{m}+\lg\frac{M'}{m'}=\left(\frac{1}{9.21DT}\right)(S_H^2+U_H^2-S_L^2-U_L^2) \tag{3-10}$$

设 M 与 m 之比为 K，$\frac{M}{m}=\frac{M'}{m'}=K$，则：

$$2\lg K=\left(\frac{1}{9.21DT}\right)(S_H^2+U_H^2-S_L^2-U_L^2) \tag{3-11}$$

将式(3-9)与式(3-11)相除，得：

$$\frac{2\lg\theta}{2\lg K}=\left(\frac{U_H^2-S_H^2+U_L^2-S_L^2}{S_H^2+U_H^2-S_L^2-U_L^2}\right)$$

设 $(U_H^2-S_H^2+U_L^2-S_L^2)$ 为 V；$(S_H^2+U_H^2-S_L^2-U_L^2)$ 为 W，则：

$$\lg\theta=\frac{V}{W}\times\lg K \tag{3-12}$$

采用二计量法设计实验，即可消除 T、D、H、c 对测试结果的影响，式（3-12）即为管碟法的二剂量法的计算公式。由于 U_H^2、S_H^2、U_L^2、S_L^2 计算太麻烦，经实验证明也可以近似地用抑菌圈直径来计算。

3. 二剂量法试验设计方法

材料：培养基、菌种、标准品及双碟的制备，同标准曲线法。

方法：取备妥的双碟，用记号笔在碟底作 U_H、S_H、U_L、S_L 四个标志。将标准液稀释为每毫升含某一浓度和此浓度的 1/2 或 1/4 两个浓度（此浓度应取在标准曲线的直线范围内）。样品液按估计效价配成同标准液相同的两个浓度。于碟内 S_H 管加入高单位标准液，S_L 管加入低单位标准液，U_H 管加入高单位的样品液，U_L 管加入低单位的样品液。经培养后量取抑菌圈直径。

样品效价的计算，可用式（3-12）求得 θ 值，然后按下式计算样品的效价：

$$样品效价 = \theta \times 估计效价$$

二、管碟法精确测定抗生素效价的基本条件

要精确测定抗生素效价必须满足下列几项条件：①抑菌圈要圆且边缘清晰；②抗生素浓度与抑菌圈直径的直线范围应宽；③标准品与样品所作的直线应互相平行；④直线的斜率、直线的截距应小（$\lg M$ 为纵坐标，抑菌圈直径为横坐标）。

1. 抑菌圈的条件

抑菌圈常有破裂、无圈、不圆等现象，其原因有以下几种。

① 在向小管中加抗生素时，溶液溅出或小管底部不平漏出，或工作服上有抗生素粉末飞入，以及双碟未洗去残余的抗生素或小管污染了抗生素均会发生抑菌圈破裂及畸形现象，所以务必建立无抗生素操作的观念。

② 菌种太老、污染杂菌或在倒上层培养基时温度太高或温度正常而放置时间太久等均可使抑菌圈破裂或甚至完全无抑菌圈等现象产生。特别是霉菌及细菌做试验菌时，很容易因上层培养基温度过高而烫死，以致造成抑菌圈破裂或无抑菌圈现象。

③ 当双碟上的小管彼此间隔太小，而抑菌圈较大时，则圈与圈之间彼此影响，形成馒头形抑菌圈。

④ 当抗生素中含盐浓度太高或是 pH 值太低时有的抗生素如链霉素等就无抑菌圈或抑菌圈呈鸡蛋形。

⑤ 有时因双碟接近温箱底部，温度较高细菌生长较快，也会使温度较高处的抑菌圈变小而不圆。

⑥ 因培养基薄厚不均也会有影响抑菌圈不呈圆形。

抑菌圈边缘不清晰会影响测定结果，抑菌圈不清晰的原因很多，概括起来可认为是抑菌圈形成时的动力学现象不均一引起的。例如当有两种最低抑菌浓度不同的菌种时，则会形成双圈。耐药菌菌种的抑菌圈较小，敏感菌菌种的抑菌圈较大，并使抑菌圈边缘形成不清晰的锯齿形，其范围的大小可由前述的动力学公式推出。设一种菌株的最低抑菌浓度为 c，另一种菌株的最低抑菌浓度为 c'，则代入动力学公式为：

$$\left(\frac{r^2}{9.21DT}\right) = \lg M - \lg(c \cdot 4\pi DTH) \tag{3-13}$$

$$\left(\frac{r_1^2}{9.21DT}\right) = \lg M - \lg(c' \cdot 4\pi DTH) \tag{3-14}$$

上述二式相减，得：

$$r^2 - r_1^2 = 9.21DT(\lg c' - \lg c)$$

由此即能求出两种菌种所形成的抑菌圈不清晰地带的宽度为：$9.21DT(\lg c' - \lg c)$。此式中的 $9.21DT$ 为斜率的倒数，为已知数。培养基中含有杂质会影响扩散，其扩散系数不止一个而是两个或两个以上，则同理可计算出抑菌圈不清晰地带为：$9.21DT(\lg D' - \lg D)$。

又如抗生素有两种组分，含量较多的组分具有抑菌作用（无杀菌作用），含量较少的组分具有杀菌作用，则能形成两圈，外圈模糊，呈模糊边缘。这种模糊边缘的宽度也可以同理算出为：$9.21DT(\lg M' - \lg M)$。

抗生素抑菌圈边缘不清晰还与抗生素种类有关。有的抗生素（如竹桃霉素），对不少试验菌为抑菌作用（不是杀菌作用），其抑菌边缘因杀菌作用弱、抑菌作用强而不清晰，也即最低抑菌浓度 (c) 不均一，其中以抑菌作用为主，杀菌作用为次，同理可以动力学公式计算其不清晰边缘的宽度。

由抑菌圈边缘不清晰的原因，即可找出使抑菌圈清晰的方法。为了避免有两种最低抑菌浓度的菌种，则可用分离单菌落的方法纯化试验菌种使其成为只有一种最低抑菌浓度的菌种。为了避免培养基不均一，特别是琼脂不均一，则应把琼脂适当纯化。为了避免抗生素的抑菌作用大于杀菌作用，则可更换试验菌，因为若某个抗生素对某个试验菌有较高的杀菌作用时，抑菌圈就非常清晰。抗生素的杀菌作用与抑菌作用也可因培养基的成分不同而异。但培养基中含有 B 族维生素时，则杀菌作用增强，抑菌圈就较清晰。总之，抑菌圈不清晰的问题可通过纯化试验菌种、改进培养基、更换试验菌种、改变稀释抗生素用缓冲液的 pH 值及浓度来解决。

2. 抗生素浓度与抑菌圈的直线关系

在利用抗生素浓度的对数值与抑菌圈半径的平方值之间的线性关系测量抗生素浓度时，如果为了计算简便而以抑菌圈直径来计算，其直线关系的范围就较窄，但不妨碍一般成品的测定。若样品的效价很难估计，则最好以抑菌圈半径的平方值来计算较为合适，因这样处理其直线范围较宽。另外有时也会出现抗生素直线范围较窄的情况，其原因是抗生素受到破坏或者被菌种或培养基所吸附，应考虑去除这种影响因素，使线性范围增长。

3. 标准品与样品所作的直线平行问题

标准品与样品所作的直线应互相平行，计算公式是在假定两者平行而斜率相等的前提下推算出来的，若斜率不相等就不能这样计算。所以得出相互平行的直线才能得到精确的测量数据。

直线不平行除操作误差外，主要是标准品的"质"不相同造成的。若标准品中有生物活性的物质或影响生物活性的物质与样品中所含不同时，直线就不平行；若用来稀释标准品的缓冲液（如 pH 值、浓度）与样品不同时，直线也不平行。所以要直线平行，就要考虑这些因素，并尽可能使两者的"质"一致、条件一致。若样品中含有维生素 C，则在标准品中也应加入等量的维生素 C。若样品（如四环素等）稀释液放置过程中能转化成差向异构体（只有原抗生素 5% 活性），则标准品稀释液也应放置相同时间。

4. 直线的斜率与截距问题

标准品的 $\lg M$ 为纵坐标、抑菌圈直径为横坐标时，斜率愈小愈好。因为斜率愈小，则效价差别很小时抑菌圈大小的差别却很大，这样测定结果就较为精确。

斜率减小的条件可从动力学公式中斜率为 $\dfrac{1}{9.21DT}$ 来推论：若扩散快，即扩散系数 D 值大，则斜率小；若细菌生长时间 T 值大，则斜率小。则斜率大小主要是 D、T 这两个因素决定的，加大 D 值或增长 T 值，斜率就可减小。

D 值与抗生素的分子大小及培养基或菌种是否吸附抗生素有关。抗生素分子的大小不能改变，只能在吸附上多加考虑。吸附与培养基及稀释用的缓冲液的 pH 值及盐浓度有关系。改变缓冲液的 pH 值及盐浓度，常可解决扩散太慢的问题。如加吐温-80 等扩散剂，可使有些多肽类抗生素的扩散速度增加。

有的菌种生长慢，有的菌种（如蜡状芽孢杆菌）生长虽快，但当培养基的 pH 值调整到 4.5 时则生长减慢，有利于直线斜率减小。增加 T 值的方法较易，培养基的营养差、培养温度低等，均可使 T 值增加。但 T 值太大，得出的结果太慢，抑菌圈的清晰程度也受到影响。快速法时间较短，但斜率很大，精密度较差，这一对矛盾要正确处理。

直线的截距应小，因为同样浓度的抗生素其截距小的所显示的抑菌圈大。截距的大小决定于动力学公式中 $\lg(c' \cdot 4\pi DTH)$ 的数值。如培养基的厚度减少一半时，截距就减小，抑菌圈就增大，计算方法为：

$$r_1^2 = 9.21DT \cdot \lg 2 + r^2$$

即培养基厚度减少一半时，增大的抑菌圈半径的平方值为原抑菌圈半径的平方值加上斜率的倒数乘 lg2 的值。

由于微量抗生素即可显示很大的抑菌圈，样品可高度稀释，这样，杂质影响就大大减小。若杂质在高度稀释后仍有抑菌性能，此杂质也为抗生物质。

5. 实验操作时应注意的事项

影响抗生素管碟法测定的因素很多，且这些因素彼此又相互影响。但是只有那些能引起标准品和样品产生差异的因素，才对测定结果影响较大。而这样的因素并不多，但却要特别引起注意，它们是：

① 加小管的时间及量不同；

② 双碟的底部不平而使培养基厚度不均匀；

③ 小管的深浅不同；

④ 标准品与样品的"质"不同（如样品中有影响效价的辅料，则与标准品有质的差异），pH 值、盐浓度及稀释液放置的时间的不同。

另外，有些抗生素很易吸水，有时会使抗菌活性降低。如四环素类吸水后很易差向异构化，因此条件不一样，就会造成误差。测量抑菌圈及稀释用量器也应一致。标准品若在冰箱放置时冻结，则一定要完全融化后再稀释使用，否则融化部分的单位较高，会使测定结果不准。链霉素标准品稀释液在 pH=6 保存（因在此 pH 值时较稳定），而用于测定的稀释缓冲液 pH 值为 7.8～8.0（因在此 pH 值时其抗菌作用强）。若链霉素标准液浓度太稀，则用缓冲液稀释后，pH 值达不到 7.8～8.0，测定结果就偏低。

管碟法是国际上常用的方法，也是所有生物测定中最简单、最有效的方法。但由于其原理是以扩散为基础的，所以只要有影响扩散的因素存在，就会出现假单位，这是该法的缺点。其次，有的抗生素的分解产物对治疗无意义而对实验菌却有更强的抑制作用，例如环丝氨酸的分解产物能抑制蜡状芽孢杆菌，应予以注意。

第四章

β-内酰胺类抗生素

β-内酰胺类抗生素是分子中含有 β-内酰胺环的一类天然和半合成抗生素的总称。由于它们的毒性是已知抗生素中最低的，且容易化学改造，产生一系列高效、广谱、抗耐药菌的半合成抗生素，因而受到人们的高度重视，成为目前品种最多、使用最广泛的一类抗生素。

第一节 概　　述

一、β-内酰胺类抗生素的特性和作用机制

1. 结构特性

β-内酰胺类抗生素包括青霉素、头孢菌素、头霉素（cephamycin）、硫霉素（thienamycin）、克拉维酸（clavulanic acid）、单环 β-内酰胺类（sulfazecins）等，其中仅前两者广泛用于临床，故本章仅讨论青霉素和头孢菌素。它们的结构见图 4-1。

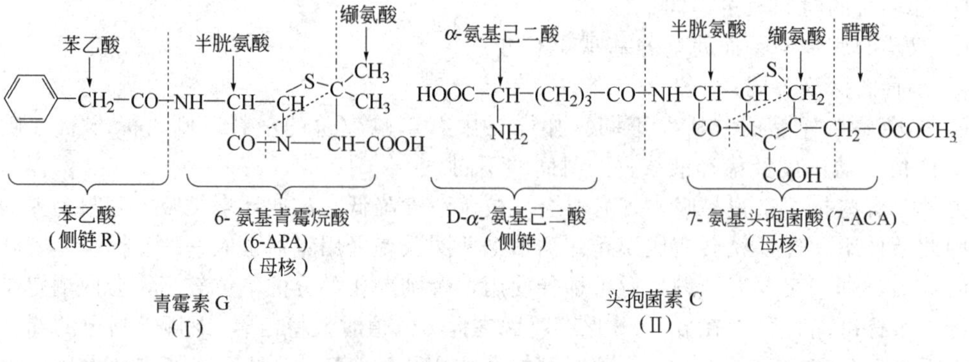

图 4-1　青霉素与头孢菌素结构

这类抗生素都含有一个四元内酰胺环，并通过氮原子和相邻的碳原子与另一个杂环相稠合，这两个杂环可以是五元环也可以是六元环。它们结构上的共同特点是：①与内酰胺环中氮原子相邻的碳原子上有一氨基；②与内酰胺环中氮原子相对的碳原子上有一氨基。按一种简化的方法可将未取代的两个稠环系统，分别称为青核（penam）与头核（cepham），于是青霉素可称为 6-酰胺-2-二甲基青核-3-羧酸。头孢菌素可称为 3-乙酰氧甲基-7-酰胺头核-4-羧酸。

2. 物理性质

这类抗生素大都是白色或黄色无定形或结晶性固体。通常熔点不明显，温度升高时分解。结构中含有三个不对称碳原子，故具有旋光性。分子中的羧基有相当强度的酸性，能和一些无机或有机碱形成盐。其盐易溶于极性溶剂，特别是水中。当以游离酸形式存在时，易溶于有机溶剂。据此性质可用溶剂法提取此类抗生素。

另外，β-内酰胺类抗生素最重要的物理性质是 β-内酰胺环内羰基（$C_7=O$）的红外光谱

有较高的伸缩振动频率 $1770\sim1815cm^{-1}$；二级酰胺为 $1504\sim1695cm^{-1}$，酯中羰基为 $1720\sim1780cm^{-1}$，这种较高频率的振动特征反映了 β-内酰胺环的整体性，可用于此类抗生素的鉴别（见表 4-1）。

表 4-1 青霉素和头孢菌素的物理性质

名　称	熔点/℃	pK_a	β-内酰胺环红外伸缩振动频率/cm^{-1}	紫外吸收峰/nm	核磁共振谱				比旋度	
					$\delta(H_a)$[①]	$\delta(H_b)$[②]	J_{ab}	t/℃		$[\alpha]_D^t$
氨基青霉烷酸	209～210（分解）	2.29 4.90	1775		4.64d	5.54d	4.0	31		+273(c=1.2g/mL) 0.1mol/L(HCl)
青霉素钠盐	215（分解）	2.76	1775		5.56d	5.44d	4.0	24.8		+301(c=2.0g/mL) 水
氨苄西林	199～202（分解）	2.53 7.24	1770		5.515	5.515		23		+287.0 水
氨基头孢霉烷酸	＞200（分解）	1.75 4.63	1806	261（ε8500）	50%5.53d 50%4.83d	5.13d	4.5	20		+114
头孢菌素 C		＜2.6 3.1,9.6	1780	265（$E_{1cm}^{\%}200$）	5.66d	5.75d	4.7	20		+103
头孢噻吩钠盐			1760	265（$E_{1cm}^{\%}204$）	5.70d	5.14d	4.5			+130(c=5g/mL) 水
头孢菌素 N		5.2 7.3	1775	260（ε7750）	6.10d	5.45d	4.2			+153(c=1g/mL) 水

① （H_a）指在内酰胺环上与 N 原子相邻的碳原子上的氢。
② （H_b）指与 N 原子隔开一个碳原子上的氢。

3. 化学性质

β-内酰胺类抗生素通常很活泼，它们的化学性质大都和 β-内酰胺环有关，由于为稠环系统，故环的应力增加，因而反应性能更强。在很多情况下，内酰胺环中羰基的反应性能和羧酸酐相似，很易被亲核试剂和亲电试剂作用，使内酰胺环打开而失去活性。与青霉素相比头孢菌素较不易发生开环反应，故可以把甲醇作为重结晶的溶剂。头孢菌素对酸也较稳定。

4. 作用机制

β-内酰胺类抗生素的作用机制是通过抑制肽聚糖转肽酶及 D-丙氨酸羧肽酶的活性抑制肽聚糖合成，从而干扰细胞壁合成。这种干扰是不可逆的，且杀菌浓度和抑菌浓度很接近。由于动物细胞没有细胞壁，更不含肽聚糖结构，因而对动物细胞的合成没有影响。这种优良的选择性毒性，使 β-内酰胺类抗生素成为一类高效、安全的抗细菌感染药物。

二、发展概况

在 1929 年，由于英国的 Fleming 发现了青霉菌的分泌物可抑制葡萄球菌生长，从而导致世界上第一个 β-内酰胺抗生素——青霉素的发现。但在 Fleming 时期限于当时培养技术、分离技术和当时磺胺类抗菌药物的兴起，使其在发现后的相当长一段时间内未能引起足够重视。直到 1940 年，Florey 和 Chain 等分别自青霉菌发酵液中提取得到青霉素结晶，并证明其能够控制严重的革兰阳性细菌感染而对机体没有毒性，使其在临床上开始广泛应用，从而开创了抗生素用于抗感染化疗的新时代。

1945 年，意大利的 Brotzu 发现一株顶头孢霉（*Cephalosporium acremonium*），并证明它的代谢产物具有广谱抗细菌作用。1953 年，Abraham 从这一霉菌的发酵液中分离得到化学结构不同于青霉素的第二类 β-内酰胺抗生素——头孢菌素 C。但这一原始化合物由于活性低，而未能直接用于临床。

1958 年青霉素母核 6-氨基青霉烷酸（6-APA）和 1960 年头孢菌素 C 母核 7-氨基头孢霉烷酸（7-ACA）的发现，使青霉素和头孢菌素的侧链改造成为可能，随之许多具有不同特色的半合成青霉素和半合成头孢菌素不断涌现并应用于临床。

在发现头孢菌素 20 多年之后，又先后发现了头霉素（cephamycin）、克拉维酸（clavulanic acid）、硫霉素（thienamycin）、单环 β-内酰胺等一系列具有不同于青霉素和头孢菌素母核的新型 β-内酰胺抗生素（见表 4-2）。与霉菌产生的青霉素及头孢菌素不同的是，这些新型 β-内酰胺抗生素都是由放线菌或细菌产生的，但具有共同的 β-内酰胺环，也可以进行侧链改造，从而为开发新的具有多种特色的半合成 β-内酰胺抗生素开辟了更多的途径。

表 4-2　天然存在的典型 β-内酰胺抗生素

类　名	名　称	化学结构式	产生菌	发现年限
青霉烷	青霉素		青霉菌 *Penicillium* sp.	1929 年
头孢烯	头孢菌素 C		顶头孢霉 *Cephalosporium acremonium*	1945 年
头孢烯	头霉菌		克拉维链霉菌 *Streptomyces clavuligerus* 内酰胺诺卡菌 *Nocardia lactamdurans*	1971 年 1972 年
氧青霉烷	克拉维酸		克拉维链霉菌 *Streptomyces clavuligerus*	1976 年
碳青霉烯	噻纳霉烯		*Streptomyces cattleya*	1976 年
单环 β-内酰胺	sulfazecins		噬酸假单胞菌 *Psedomonas acidophila*	1981 年
碳青霉烷	17927D		暗黄绿链霉素 *Streptomyces fulvoviriais*	1983 年

由于 β-内酰胺抗生素的多样性，目前可以毫不夸张地说，除了分枝杆菌等极少数病原菌外，β-内酰胺抗生素对其他所有细菌的感染都能提供安全及有效的治疗。

三、临床应用的主要 β-内酰胺抗生素及其生物活性

临床应用的 β-内酰胺抗生素分为青霉素、头孢菌素和新型 β-内酰胺三类，它们绝大多数都是由天然 β-内酰胺抗生素半合成得到的。

苄青霉素（青霉素 G）和青霉素 V（苯氧甲基青霉素）是仅有的直接用于临床的天然 β-内酰胺抗生素。它们对革兰阳性细菌有很强的抗菌活性，而对革兰阴性细菌无活性，容易受 β-内

酰胺酶作用而失活，因而对耐药菌株无效。通过侧链的化学改造，可获得一系列广谱甚至对绿脓杆菌有效或耐 *β*-内酰胺酶的半合成青霉素。目前在临床上应用的主要有氨苄西林（广谱）、替卡西林（抗绿脓杆菌）、甲氧西林（耐青霉素酶）、氯唑西林（耐青霉素酶）等。

典型的天然头孢菌素为头孢菌素 C 和 7*α*-甲氧头孢菌素 C（头霉素 C）。它们都具有广谱抗细菌作用，且对青霉素酶稳定；后者还能耐受头孢菌素酶。由于天然物的抗菌活性不高，或抗菌谱不够理想，故临床上应用的都是它们的半合成衍生物，如头孢力行（口服）、头孢克洛（口服）、头孢唑啉（注射）、头孢西丁（注射，耐 *β*-内酰胺酶）、头孢他啶（注射，耐 *β*-内酰胺酶，抗绿脓杆菌）等。

许多天然存在的碳青霉烯对革兰阳性和阴性细菌有广谱抗菌活性，并对 *β*-内酰胺酶高度稳定。但和其他 *β*-内酰胺不同，它们易被哺乳动物肾脏中的二肽酶水解失活。硫霉素是这类抗生素的最优秀代表，它具有极强及极广泛的抗菌活性。它的亚氨基衍生物亚氨青霉烯（imipenem）与二肽酶抑制剂（cilastatin）的复合制剂已广泛用于重症细菌感染的临床治疗中。

单菌胺（monobactam）是由细菌产生的单环 *β*-内酰胺抗生素的总称。所有天然存在的单菌胺都是 3-氨基-2-氧-1-氮杂环丁烷磺酸的 *N*-酰基衍生物，一般抗菌活性不强，通过侧链改造可以使活性显著增强。第一个临床应用的单菌胺衍生物是注射用氨曲南（aztreonam），它对革兰阴性细菌有很强的活性，对 *β*-内酰胺酶高度稳定，但对革兰阳性细菌和厌氧菌的活性较弱。单菌胺一般由氨基酸合成得到。

克拉维酸是链霉菌的代谢产物，它本身的抗菌活性很弱，但有很强的 *β*-内酰胺酶抑制活性，与对 *β*-内酰胺酶敏感的 *β*-内酰胺抗生素合用有很好的协同作用。克拉维酸与阿莫西林（羟氨苄青霉素）或替卡西林（羧噻吩青霉素）的复合制剂已被广泛用于临床。

第二节 青 霉 素

一、天然存在的青霉素

青霉素是一族抗生素的总称，当发酵培养基中不加侧链前体时，会产生多种 *N*-酰基取代的青霉素混合物，它们合称为青霉素族抗生素。它们的共同结构如图 4-1 所示，由式（Ⅰ）可见，青霉素可看做是由半胱氨酸和缬氨酸结合而成。式（Ⅰ）中 R 代表侧链，不同类型的青霉素有不同的侧链。用不同的菌种，或培养条件不同，可以得到各种不同类型的青霉素，或同时产生几种不同类型的青霉素。其中以苄青霉素（青霉素 G）疗效最好，应用最广。如不特别注明，通常所谓青霉素即指苄青霉素。青霉素 V 对酸稳定，在胃酸中不会被破坏，可口服给药。目前已知的天然青霉素的结构和生物活性见表 4-3。

表 4-3 天然青霉素的结构和生物活性

$$RCONH \underset{O}{\overset{H\ H\ S}{\underset{}{\big|}}} \overset{CH_3}{\underset{COOH}{\underset{H}{\big|}}} CH_3$$

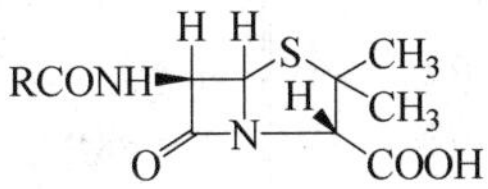

青 霉 素	侧链取代基（R）	相对分子质量	生物活性/（U/mg 钠盐）
青霉素 G	$C_6H_5CH_2—$	334.38	1667
青霉素 X	$(p)HOC_6H_4CH_2—$	350.38	970
青霉素 F	$CH_3CH_2CH=CHCH_2—$	312.37	1625
青霉素 K	$CH_3(CH_2)_6—$	342.45	2300
双氢青霉素 F	$CH_3(CH_2)_4—$	314.40	1610
青霉素 V	$C_6H_5OCH_2—$	350.38	1595

二、青霉素的理化性质

1. 稳定性

固体青霉素盐的稳定性与其含水量和纯度有很大的关系。干燥纯净的青霉素盐很稳定，国产青霉素钾盐和普鲁卡因盐的有效期都规定在三年以上。并且对热稳定，如结晶的青霉素钾盐在150℃加热1.5h，效价也不降低。因此，利用此性质，结晶青霉素可进行干热灭菌。但青霉素的水溶液则很不稳定，受pH值和温度的影响很大。

由表4-4可见，水溶液pH值在5～7较稳定，最稳定的pH值为6～6.5。一些缓冲液，如磷酸盐和柠檬酸盐对青霉素有稳定作用，柠檬酸盐的稳定能力比磷酸盐更好。这是由于磷酸盐对酸的缓冲能力较差，且其缓冲能力随pH值下降而显著下降，而柠檬酸盐的缓冲能力则随pH值下降有显著增加。在无水的非极性溶剂中青霉素很稳定，如在无水氯仿中，经350h，活性无损失。

表 4-4　pH 值和温度对结晶青霉素 G 钠盐半衰期的影响/h

pH 值	温度/℃				pH 值	温度/℃			
	0	10	24	37		0	10	24	37
1.5	1.3	0.5	0.17	—	6.0	—	—	336.0	103.0
1.7	2.0	0.7	0.2	—	6.5	—	—	281.0	94.0
2.0	4.25	1.3	0.31	—	7.0	—	—	218.0	84.0
3.0	24.0	7.6	1.7	—	7.5	—	—	178.0	60.0
4.0	197.0	52.0	12.0	—	8.0	—	—	125.0	27.6
5.0	20000.0	341.0	92.0	—	9.0	—	—	31.2	—
5.5	—	—	—	62.0	10.0	—	—	9.3	—
5.8	—	—	315.0	99.0	11.0	—	—	1.7	—

2. 溶解度

青霉素游离酸在水中溶解度很小，易溶于有机溶剂如醋酸乙酯、苯、氯仿、丙酮和醚中。而青霉素钾、钠盐易溶于水和甲醇，可溶于乙醇，在丙醇、丁醇、丙酮、醋酸乙酯、吡啶中难溶或不溶。普鲁卡因青霉素G易溶于甲醇，难溶于丙酮和氯仿，不溶于水。青霉素G钠盐和普鲁卡因青霉素G在各种溶剂中的溶解度见表4-5。

表 4-5　青霉素 G 钠盐和普鲁卡因青霉素 G 的溶解度（20℃）/（mg/mL）

溶　剂	青霉素 G 钠盐	普鲁卡因青霉素 G	溶　剂	青霉素 G 钠盐	普鲁卡因青霉素 G
水	＞20	＞6.8	醋酸异戊酯	0.22	1.2
甲醇	＞20	＞20	丙酮	0.19	14.95
乙醇	10.0	＞20	甲乙酮	0.147	13.7
异丙醇	0.75	6.5	乙醚	0.06	0.60
异戊醇	2.1	2.6	二氯乙烷	0.30	2.0
环己烷	0.105	0.075	1,4-二氧六环	1.9	9.8
苯	0.047	0.075	氯仿	0.05	＞20
甲苯	0.02	1.05	二硫化碳	0.083	0.51
石油醚	0.0	0.12	吡啶	1.15	＞20
异辛烷	0.032	0	甲酰胺	＞20	＞20
四氯化碳	0.042	0.12	乙二醇	＞20	＞20
醋酸乙酯	0.40	3.35	苯甲醇	11.2	＞20

当溶剂中含有少量水分时，则青霉素的碱金属盐在有机溶剂中的溶解度就大大增加。

3. 降解反应

青霉素是很不稳定的化合物，遇酸、碱或加热都易分解而失去活性，并且分子很容易发生重排，有时甚至在很温和的条件下，也会发生重排。分子中最不稳定的部分是β-内酰胺环，而其抗菌能力取决于β-内酰胺环，故青霉素的降解产物几乎都不具有活性。

青霉素在水溶液中，当 pH>7 时，β-内酰胺环水解而形成青霉噻唑酸（Ⅱ，penicilloic acid），它含有两个羧基和一个碱性的亚氨基。在青霉素酶（β-内酰胺酶）、亚硫酸氢盐和各种重金属离子的作用下，也会生成青霉噻唑酸。青霉噻唑酸在弱酸溶液中，会放出二氧化碳而形成失羧青霉噻唑酸（Ⅲ，penilloic acid），若再加热，反应将加快。青霉素和稀酸一起加热，也能生成失羧青霉噻唑酸，反应见图4-2。

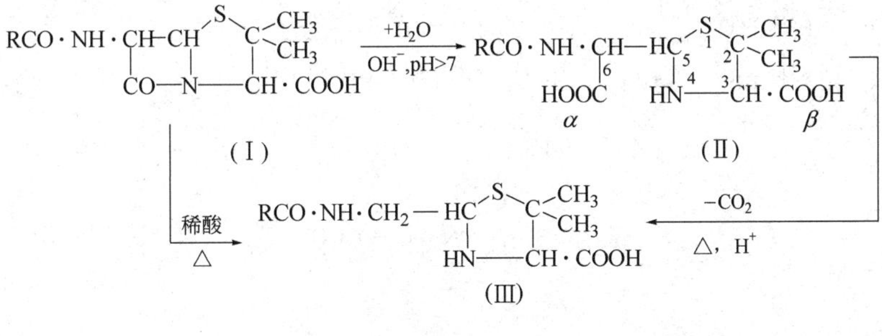

图 4-2　青霉素水解反应

青霉素在醇溶液中较稳定，但有微量重金属离子存在，则会很快分解。如当有 Cu^{2+}、Zn^{2+}、Sn^{2+} 等离子存在时，低级醇和青霉素作用生成青霉噻唑酸相应的酯。

青霉噻唑酸或其酯在醇溶液中或有 $HgCl_2$ 存在时，会异构化成为青霉胺缩醛酸（Ⅳ）或其相应的酯，见图4-3。后者在 280nm 附近有特征吸收峰。

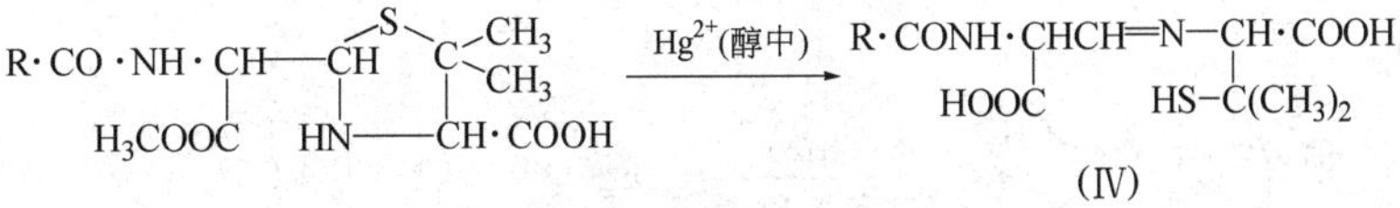

图 4-3　青霉噻唑酸异构化反应

青霉素的碱性降解产物青霉噻唑酸能和4分子碘起作用，见图4-4。

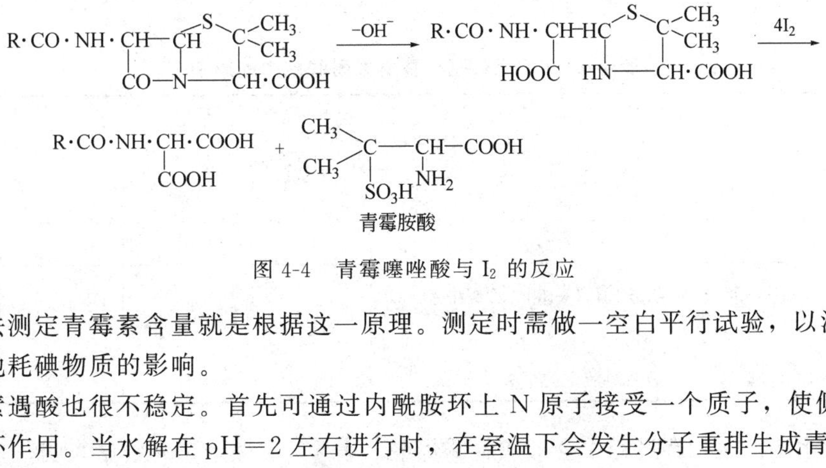

青霉胺酸

图 4-4　青霉噻唑酸与 I_2 的反应

碘量法测定青霉素含量就是根据这一原理。测定时需做一空白平行试验，以消除存在的产物和其他耗碘物质的影响。

青霉素遇酸也很不稳定。首先可通过内酰胺环上 N 原子接受一个质子，使侧链上羰基和内酰胺环作用。当水解在 pH=2 左右进行时，在室温下会发生分子重排生成青霉酸（Ⅴ，penillic acid），后者在碱性下〔如和 $Ba(OH)_2$ 水溶液作用〕，会进一步发生分子重排生成异青霉酸（Ⅵ，isopenillic acid）。如果水解在 pH＝4 左右进行，则会发生另一种分子重排生成青霉烯酸（Ⅶ，penicillenic acid），它具有噁唑酮结构，在 320nm 有特征吸收峰。微量铜盐和汞盐的存在，会催化加速上述反应。青霉烯酸在室温下，在 95％乙醇溶液中会转变成青霉酸。反应过程见图 4-5。

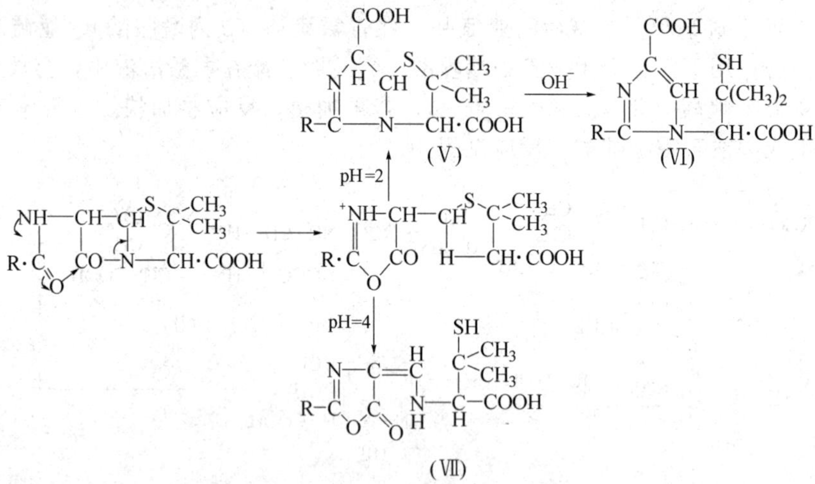

图 4-5　青霉素在酸性条件下的分子重排

　　根据上述反应，显然如果 6-酰基 α 位上有吸电子基团则会阻碍降解反应，因而青霉素 V 和氨苄西林对酸较稳定，宜于口服。α 位取代基对青霉素耐酸能力的影响见表 4-6。

　　在激烈的水解条件下，例如在稀酸溶液中，加热至 100℃，则青霉素最终分解为青霉胺（Ⅷ，penicillamine）和青霉醛酸（Ⅸ，penaldic acid），后者失去 CO_2 变成青霉醛（Ⅹ，penilloaldehyde）。

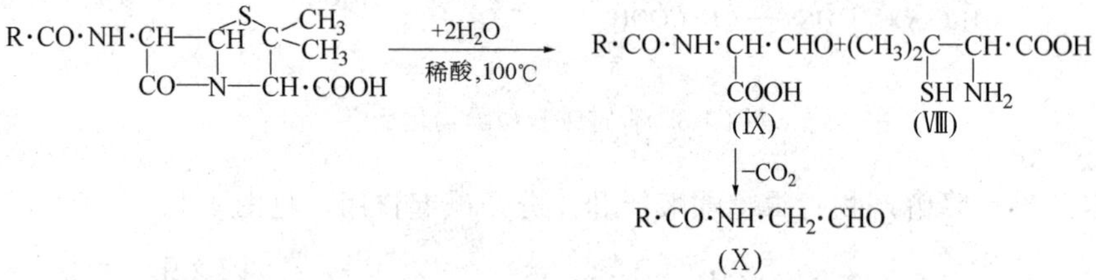

表 4-6　α 位取代基对青霉素耐酸能力的影响

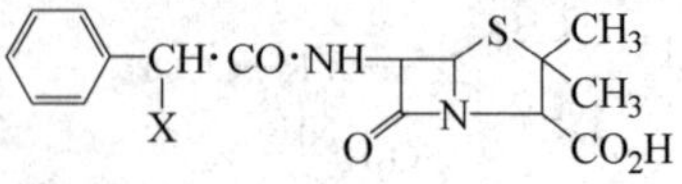

X	H	OCH$_3$	Cl	NH$_3$
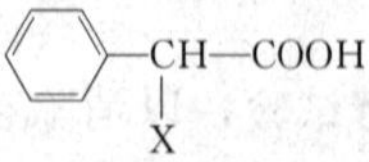 ⬡—CH—COOH 酸的 pK 值（在 50％乙醇中） 　　　｜ 　　　X	5.5	4.6	4.0	3.2
在 pH＝1.3，35℃，50％酒精溶液中的半衰期/min	3.5	77	300	660

　　青霉素水溶液在贮存过程中会形成青霉烯酸。表 4-7 和表 4-8 的数据表明，在贮存过程中，青霉素效价降低，而青霉烯酸含量则相应增加。

| 表 4-7　青霉素(20×10^4 U/mL)水溶液 |
| 在贮存中效价下降的百分比/% |

时间 条件	4h	8h	24h
冰箱	0	0	0
19.5℃	1.53	2.56	5.77
30℃	2.59	5.30	55.89
37℃	6.11	30.0	93.90

| 表 4-8　青霉素(20×10^4 U/mL)水溶液中青霉烯 |
| 酸含量的变化(原始含量 0.037%)/% |

时间 条件	4h	8h	24h
冰箱	0.052	0.073	0.16
19.5℃	0.10	0.22	1.01
30℃	0.31	1.25	7.7
37℃	1.04	8.01	37.1

青霉烯酸易吸潮，如青霉素成品中混有青霉烯酸，在贮存中容易发黄变质（成品中混有青霉噻唑酸也是原因之一）。据试验，青霉素钾盐成品在 320nm 的消光系数 $E_{1cm}^{0.188\%}$ 如超过 0.08 则易引起发黄变质，故规定优级品的该消光系数值应在 0.05 以下。

青霉素转变为青霉烯酸的反应也可用来测定发酵液中青霉素含量。方法：将青霉素溶解于 pH＝4.6 的磷酸盐-柠檬酸盐缓冲液中（含有 0.07mg/mL 的 $CuSO_4$），沸水浴加热 15min。测定 322nm 的光密度，以未经加热的样品作为空白，可求得青霉素的含量。发酵液中其他杂质如苯乙酰胺、6-APA、青霉噻唑酸、青霉酸等都没有干扰，因为它们在 322nm 的光密度都很低。

青霉素在高度真空下加热会发生分子重排，生成青霉咪唑酸（penillonic acid）。青霉素在青霉素酰胺酶的作用下，能裂解为青霉素的母核——6-氨基青霉烷酸（6-APA），即半合成青霉素的原料。大肠杆菌产生的青霉素酰胺酶对青霉素的作用是可逆的，按 pH 值不同，可发生分解或缩合反应，为便于了解，现将青霉素主要降解反应示于图 4-6 中。

上述反应在相当低的温度下和通常青霉素提取与精制的条件下都能发生，而且反应速率很快，因此这些降解产物都有可能在成品中存在。故在提取纯化时应加强控制。

4. 紫外吸收光谱

青霉素 G 钠盐的紫外吸收光谱见图 4-7，在 252nm、257nm、264nm 有弱的吸收峰，这三个吸收峰由苯乙酰基所引起。钠盐水溶液在室温放置时，由于可分解生成青霉烯酸，因此在 320nm 呈吸收峰。而对羟基苄青霉素和青霉素的降解产物青霉噻唑酸的同分异构体——青霉胺缩醛酸（penamaldic acid）在 280nm 呈吸收峰。所以规定青霉素 G 钾（钠）盐的优级品在 280nm 和 320nm 处的消光系数 $E_{1cm}^{0.188\%}$ 不能高于 0.05。

5. 过敏反应

引起青霉素过敏的物质现在还不十分明了，可能是由于青霉素的降解产物（如青霉烯酸、青霉噻唑酸等）或它们与蛋白质结合的产物（即毒霉噻唑蛋白），也可能是青霉素分子本身的聚合物。曾用葡萄糖凝胶从青霉素钾盐成品中分离出青霉噻唑蛋白等聚合物。对于青霉素致敏原因目前正大力开展研究，以期采取措施，消除过敏。

三、青霉素的发酵生产

（一）青霉素生产菌种

最早发现产生青霉素的原始菌种是 Fleming 分离的点青霉（*Penicillium notatum*），生产能力很低，表面培养只有几十个单位，沉没培养只能产生 2U/mL 青霉素，远远不能满足工业生产的要求。后来找到另一种适合深层培养的产黄青霉菌（*P. chryso-genum*）MinnR-B（生产能力 120U/mL）及 NRRL1951（生产能力 100U/mL），后者经 X 射线、紫外线诱变处理得到生产能力较高的变种，如 NRR1951 变异系谱的 Q-176 菌株，生产能力可达1000～1500U/mL。但是由于该系菌株可分泌黄色素，影响成品质量，仍不宜用于生产。故再将此菌株通过一系列的诱变处理，得到不产生色素的变种 51-20，才成为各国采用的生产菌种。

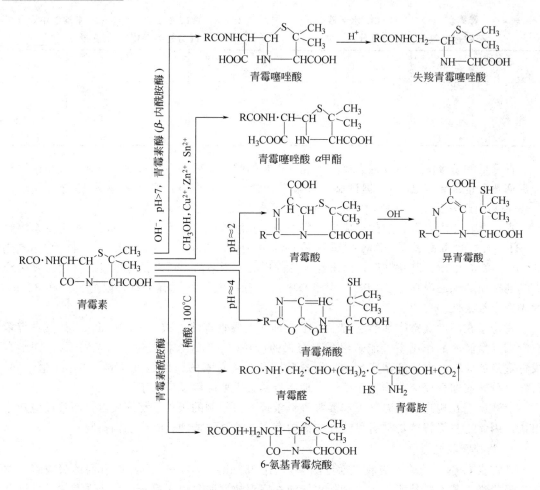

图 4-6　青霉素主要降解反应过程

1970 年以前，育种是采用诱变和随机筛选的方法。生物合成途径阻断突变株的获得，导致对生物合成途径的了解，反过来又促进了理性化筛选技术的产生和发展。产黄青霉准性循环的发现，推动了准性重组和原生质体融合技术的应用。现代基因工程的研究成果，使基因克隆技术进入青霉素产生菌育种领域。持续的菌株改良，结合发酵工艺的改进，使当今世界青霉素工业发酵水平已达 85000U/mL 以上。

随着菌株生产能力的提高，在固体培养基上生长的菌落有变小和变得更加隆起的趋势，在沉没培养基中呈现菌丝变短及分枝增加的倾向。目前青霉素生产菌种有形成绿色孢子和黄色孢子两种产黄青霉菌株。

（二）菌种保存

青霉素生产菌种一般在真空冷冻干燥状态下，保存其分生孢子。也可以用甘油或乳糖溶液作悬浮剂，在 -70℃ 冰箱或液氮中保存孢子悬浮液或营养菌丝体。对冷冻营养菌丝体进行保存可避免分生孢子传代时可能造成的变异，一般来说，分生孢子传代比菌丝传代更容易发生变异。

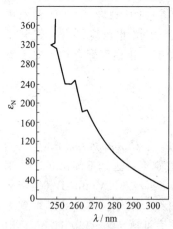

图 4-7　青霉素 G 钠盐的紫外
吸收光谱 0.905mg/mL 水

（三）青霉素的发酵生产

1. 发酵生产流程

青霉素发酵生产的一般流程如图 4-8 所示。

种子制备阶段包括孢子培养和种子培养两个过程，孢子培养以产生丰富的孢子（斜面和孢子培养）为目的，而种子培养以繁殖大量健壮的菌丝体（种子罐培养）为主要目的。孢子和菌丝的质量对青霉素的产量有直接的影响，必须对其生产过程的每一环节严格控制。

青霉菌在固体培养基上具有一定的形态特征。开始生长时，孢子先膨胀，长出芽管并急速伸长，形成隔膜，繁殖成菌丝，产生复杂的分枝，交织为网状而成菌落。菌落外观有的平坦，有的皱褶很多。在营养分布均匀的培养基中，菌落一般都是圆形的，其边缘或整齐、或呈锯齿状、或呈扇形。在发育过程中，气生菌丝形成大梗和小梗，于小梗上着生分生孢子，排列成链状，整个形状似毛笔，称为青霉穗〔青霉菌属（*Penicillium*）的名称就是这样来的〕。分生孢子呈黄绿色、绿色或蓝绿色，老了以后变为黄棕色、红棕色以至灰色等。分生孢子有椭圆形、圆柱形和圆形，每

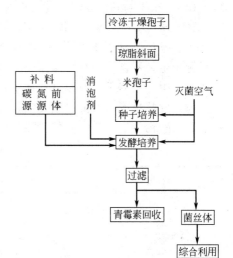

图 4-8　青霉素发酵生产的一般流程

种菌种的孢子均具有一定形状，多次传代也不改变。在沉没培养时一般不产生分生孢子。

在沉没培养条件下，青霉素产生菌在生长发育过程中，其细胞会明显的变化，按其生长特征可以划分为六个生长期：

第Ⅰ期——分生孢子发芽，孢子先膨胀，再形成小的芽管，原生质未分化，有小空胞；

第Ⅱ期——菌丝增殖，原生质的嗜碱性很强，在Ⅱ期末有类脂肪小颗粒；

第Ⅲ期——形成脂肪粒，积累贮藏物，没有空胞，原生质嗜碱性仍强；

第Ⅳ期——脂肪粒减少，形成中小空胞，原生质嗜碱性减弱；

第Ⅴ期——形成大的空胞，其中含有一个或数个中性红染色的大颗粒，脂肪粒消失；

第Ⅵ期——细胞内看不到颗粒，并出现个别自溶的细胞。

上述六个生长期中Ⅰ～Ⅳ期是年轻的菌丝，一般不合成青霉素或合成的青霉素较少，适于作发酵罐的种子；Ⅳ～Ⅴ期合成青霉素的能力最强。

研究表明，青霉素发酵开始时青霉素产量低，与菌丝发育阶段并无关系。年轻菌丝之所以无合成青霉素能力，主要由于以葡萄糖为碳源的培养基中存在着抑制青霉素合成酶形成的物质，而当青霉素合成酶已经形成后，葡萄糖及其代谢产物对青霉素的合成则不起抑制作用，如将以乳糖为碳源的培养基中培养的菌丝，移种在以葡萄糖为碳源的培养基中就能保持高的产量。曾经试验过在含有纤维二糖的培养基中用孢子接种进行发酵，菌丝处在Ⅰ～Ⅲ阶段时，青霉素产率平均可达 13.5U/mg 干菌，而当菌丝有一半以上转到Ⅳ阶段时青霉素的产率不变。

2. 工艺要点

（1）生产孢子的制备　将砂土孢子用甘油、葡萄糖和蛋白胨组成的培养基进行斜面培养后，移到大米或小米固体培养基上，于 25℃ 培养 7 天，孢子成熟后进行真空干燥，并以这种形式低温保存备用。

（2）生产种子的制备　种子制备时以每吨培养基不少于 200 亿孢子的接种量，接种到以

葡萄糖、乳糖和玉米浆等为培养基的一级种子罐内，于（27±1）℃培养40h左右，控制通气量为1:3m³/(m³·min)，搅拌转速为300～350r/min。

一级种子长好以后，按10%接种量移种到以葡萄糖、玉米浆等为培养基的二级种子罐内，于（25±1）℃培养10～14h，便可作为发酵罐的种子。培养二级种子时，通风比为（1:1）～（1:5）m³/(m³·min)，搅拌转速为250～280r/min。

种子质量要求：菌丝稠密，菌丝团很少，菌丝粗壮，有中小空胞，处在第Ⅲ～Ⅳ期。在最适生长条件下，到达对数生长期时菌体量的倍增时间约为6～7h。菌种保存时间过长、上一级种子生长不良、原材料质量发生波动等，都将影响菌体生长速度，使倍增时间延长。在工业生产中，培养条件及原材料质量均应严格控制，以保持种子质量的稳定性。

（3）发酵生产 发酵以葡萄糖、花生饼粉、麸质水、尿素、硝酸铵、硫代硫酸钠、苯乙酰胺和碳酸钙为培养基。发酵阶段的工艺要求如表4-9所列。

表4-9 青霉素发酵的一般工艺要求

操作变量	要求水平	操作变量	要求水平
发酵罐容积	150～200m³	发酵液pH值	6.5～6.9
装料率	80%	初始菌丝浓度	1～2kg(干重)/m³
输入机械功率	2～4kW/m³	补料液中葡萄糖浓度	约500kg/m³
空气流量①	30～60m³/(m³·h)	葡萄糖补加率	1.0～2.5kg/(m³·h)
空气压力(表压)	0.2MPa	发酵液中铵氮浓度	0.25～0.3kg/m³
发酵罐压(表压)	0.035～0.07MPa	发酵液中前体浓度	1kg/m³
液相体积传氧系数(K_{1a})	200h⁻¹	发酵液中溶氧浓度	>30%饱和度
发酵液温度	25℃	发酵周期	180～220h

① 标准状态下的空气流量。

对于分批发酵来说，这一过程又分为菌体生长和产物合成两个阶段。前一阶段是菌丝的快速生长。进入生产阶段的必要条件是降低菌丝生长速度，这可以通过限制糖的供给来实现。研究结果表明，在生产阶段维持一定的最低比生长率，对于抗生素的持续合成十分必要。因此，在快速生长期末所达到的菌丝浓度应有一个限度，以确保生产期菌丝浓度有继续增加的余地；或者在生产期控制一个与所需比生长率相平衡的稀释率，以维持菌丝浓度保持在发酵罐传氧能力所能允许的范围内。

发酵时的接种量约20%，发酵温度先期为26℃后期为24℃，通气量分别为1:(0.8～1.2)m³/(m³·min)，搅拌转速为150～200r/min。

为了使发酵前期易于控制，可从基础料中抽出部分培养基另行灭菌，待菌丝稠密不再加油时补入，即为前期补料。发酵过程中必须适当加糖，并补充氮、硫和前体。加糖主要控制残糖量，前期和中期约在0.3%～0.6%范围内，加入量主要决定于耗糖速度、pH值变化、菌丝量及培养液体积。

发酵过程的pH值，前期60h内维持pH=6.8～7.2，以后稳定在pH=6.5左右。而产黄青霉绿色孢子77-5-327，在发酵过程中不出现pH值高峰，最适pH值为6.4～6.5，如pH值高于7.0或低于6.0则代谢异常，青霉素产量显著下降。

泡沫控制：前期泡沫主要是花生饼粉和麸质水引起的，在前期泡沫多的情况下，可间歇搅拌，不能多加油；中期泡沫可加油控制，必要时可略为降低空气流量，但搅拌应开足，否则会影响菌的呼吸；发酵后期尽量少加消泡剂。

发酵时间的长短应从以下三个方面考虑：①累计产率（发酵累计总亿产量与发酵罐容积及发酵时间之比值）最高；②单产成本（发酵过程的累计成本投入与累计总亿产量之比值）

最低；③发酵液质量最好（抗生素浓度高，降解产物少，残留基质少，菌丝自溶少）。这三个方面在发酵的变化往往不同步，须根据生产全局的综合考虑，进行适当的折中。

3. 影响发酵产率的因素及发酵过程控制

一种典型的青霉素发酵过程的代谢变化曲线如图 4-9 所示。

影响青霉素发酵产率的因素包括环境变量和生理变量两个方面。前者如温度、pH 值、基质浓度、溶氧饱和度等；后者包括菌丝浓度、菌丝生长速度、菌丝形态等。这些变量都必须严格控制在所要求的范围内，不适当的偏差，都将降低发酵产率。其中环境变量比较直观，容易控制；而生理变量在许多情况下不能直接测定和定量，控制也较困难。

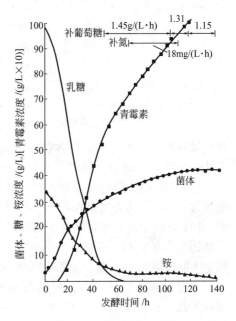

图 4-9 青霉素发酵过程
的代谢变化曲线

（1）基质浓度的影响 青霉菌能利用多种碳源如乳糖、蔗糖、葡萄糖、阿拉伯糖、甘露糖、淀粉和天然油脂等。乳糖是青霉素生物合成的最好碳源，葡萄糖次之，但必须控制其加入浓度，因为它的分解代谢物会抑制抗生素合成酶形成而影响青霉素的合成。可以采用连续添加葡萄糖的方法来代替乳糖。在分批发酵中，常常因为前期基质浓度过高，对生物合成酶系产生阻遏（或抑制）或对菌丝生长产生抑制（如葡萄糖和铵的阻遏或抑制，苯乙酸的生长抑制），而后期基质浓度低，限制了菌丝生长和产物合成。为了避免这一现象，在青霉素发酵中通常采用分批补料操作法，即对容易产生阻遏、抑制和限制作用的基质（葡萄糖、胺、苯乙酸等）进行缓慢流加，以维持一定的最适浓度。需特别注意的是葡萄糖的流加，因即使是超出最适浓度范围的微小波动都将引起严重的阻遏或限制。大于最适浓度，将使抗生素生物合成速度减慢或停止；小于最适浓度，导致呼吸急剧下降，甚至引起自溶，同样使生物合成速度减慢或停止。目前，糖浓度的检测尚难在线进行，故葡萄糖的流加不是根据糖浓度控制，而是间接根据 pH 值、溶氧或 CO_2 释放率予以调节。

（2）前体的影响及控制 苯乙酸或其衍生物苯乙酰胺、苯乙胺、苯乙酰甘氨酸等均可作为青霉素 G 的侧链前体。青霉菌可将前体直接结合到产物分子中，也可作为养料和能源利用，即氧化为二氧化碳和水。前体究竟通过哪个途径被菌利用，主要取决于培养条件以及所用菌种的特性。例如早期采用的 Q176 菌株，将大部分前体（71%～94%）氧化消耗掉，只有 2%～10% 转化为青霉素。而现代工业生产所用的菌种，前体转化率为 46%～90%，为了避免前体加入浓度过大而对菌体产生不利影响，除基础料中加入 0.07% 外，其余按需要同氮源一起补入。

前体对青霉菌的生长发育有毒性，其毒性大小取决于培养基的 pH 值和前体的浓度。苯乙酰胺在碱性时毒性较大，pH=8 时即抑制菌体生长；苯乙酸在酸性（pH=5.5）时毒性较大，碱性时不抑制菌丝体生长；pH 值在中性时苯乙酰胺的毒性大于苯乙酸。前体用量大于 0.1% 时（除苯氧乙酸外），青霉素的生物合成均会下降，尤以苯乙酰胺更甚。一般认为发酵液中前体浓度始终维持在 0.1% 为宜。

前体的氧化速率除与培养基的 pH 值有关外也与菌龄有关，苯乙酸被菌体氧化的速率，随培养基的 pH 值上升而增加。年轻的菌丝不氧化前体，而仅利用它来构成青霉素分子。随着菌龄的增大，氧化能力渐渐增加。

培养基成分对前体的氧化程度有较大影响，合成培养基比复合培养基对前体的氧化量少。这可由前体氧化的中间产物——邻羟基苯乙酸在培养基中的积累得到说明（见图 4-10）。摇瓶试验中发现，在通气条件差的情况下，菌氧化前体的能力显著降低。另外将培养在含有葡萄糖或乳糖培养基上的菌丝与不含糖的培养基上的菌丝转移到缓冲液（三天菌龄）中，对青霉菌氧化前体的能力进行测试比较发现，前者比后者减弱一半。为了尽量减少苯乙酸的氧化，生产上多用间歇或连续添加低浓度苯乙酸的办法，以保持前体的供应速率仅略大于生物合成的需要。也有人研究用蔗糖和苯乙酸钠盐压成的片剂来给青霉素摇瓶发酵进

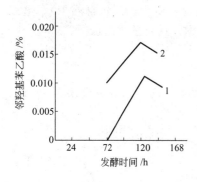

图 4-10　邻羟基苯乙酸在合成
过程中的积累曲线
1—合成培养基；2—复合培养基

行间歇补料，这种片剂的内含物在溶液中缓慢释放，可控制其释放的时间和速率。采用这一方法进行的摇瓶试验，发酵 9 天单位高达 16150U/mL，而对照的单位仅为 6700U/mL。

（3）pH 值的影响及控制　青霉素发酵的最适 pH 值，一般认为是 6.5～6.9，应尽量避免超过 7.0，因为青霉素在碱性条件下不稳定，容易加速水解。在缓冲能力较弱的培养基中，pH 值的变化是葡萄糖流加速度高低的指征。但在缓冲能力较强的培养基中，这种控制方法因 pH 反应不灵敏而不十分可靠。在青霉素发酵过程中 pH 值是通过下列手段控制的：如 pH 值过高，可加糖、硫酸或无机氮源；pH 值较低可加入 $CaCO_3$、氢氧化钠、氨或尿素，也可提高通气量。也有利用自动加入酸或碱的方法，使发酵液 pH 值维持在最适范围，以提高青霉素产量。

据报道，用补糖来控制 pH 值比用酸、碱来调节好。一种是恒速补糖，用酸或碱来控制pH 值；另一种是根据 pH 值来补糖，即 pH 值上升得快就多补，pH 值下降时少补，以维持pH＝6.5～6.9 范围。如图 4-11 所示，采用后一种方法对青霉素合成更有利，既能满足青霉菌在不同阶段对糖的需要，又控制 pH 值在最适范围。前一种方法虽然也能控制 pH 值，但往往会超过控制范围，满足不了菌的代谢和合成抗生素的需要，可能导致菌的代谢向不利于抗生素合成的方向变化。

（4）温度的影响及控制　青霉素发酵的最适温度随所用菌株的不同可能稍有差异，对

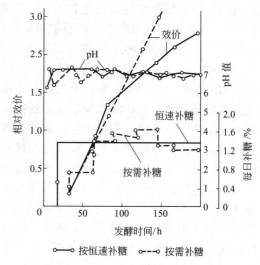

图 4-11　不同方式控制 pH 值
对青霉素合成的影响

菌丝生长和青霉素合成来说，最适温度是不一样的。一般生长的适宜温度为 27℃，而分泌青霉素的适宜温度是在 20℃ 左右。如温度过高将明显降低发酵产率，同时增加葡萄糖的维持消耗，降低葡萄糖至青霉素的转化得率。生产上采用变温控制法，使之适合不同发酵阶段的需要。如采用从 26℃ 逐渐降温至 22℃ 的发酵温度，可延缓菌丝衰老，增加培养液中的溶氧度，延长发酵周期，有利于发酵后期的单位增长。康斯坦丁尼德斯（Constantinides）等对青霉素分批发酵进行了研究和计算，并以所得数据进行发酵试验：开始56h 维持在 27.2℃，然后直线下降到 18.7℃ 维持到 184h，最后 24h 回复到 27.2℃ 培养。

采用这种变温培养方法比常温 25℃ 培养，可增加 16% 产量。

（5）溶氧的在线控制　对于青霉素发酵来说，溶氧浓度是影响发酵过程的重要因素。当溶氧浓度降到 30% 饱和度以下时，青霉素产量急剧下降；低于 10% 饱和度时，则造成不可逆转的损失。发酵液中溶氧浓度过高，说明菌丝生长不良或加糖率过低，使呼吸强度下降同样影响生产能力的发挥。

溶氧浓度是氧传递与氧消耗的动态平衡点，而氧消耗与糖消耗成正比，故溶氧浓度也可作为葡萄糖流加控制的参考指标之一。

（6）补料的影响及控制　发酵过程中除以中间补糖控制糖浓度及 pH 值外，补加氮源亦可提高发酵单位。经试验证实，在发酵 60～70h 开始分次补加硫酸铵，则在 90h 后菌丝氮几乎不下降，维持在 6%～7%，且 60%～70% 的菌丝处于年轻阶段，菌丝呼吸强度维持在近 $30\mu LCO_2/$（mg 菌丝·h），抗生素产率为最高水平的 30%～40%；而不加硫酸铵的对照罐，在发酵中期菌丝氮为 7%，以后逐渐下降，至发酵结束时为 4%，Ⅱ～Ⅳ 阶段的年轻菌丝只有 40%，Ⅴ～Ⅵ 阶段的菌丝增多，并出现自溶菌丝，发酵结束时呼吸强度降至 $16\mu LCO_2/$（mg 菌丝·h），且抗生素产量下降至零，总产量仅为试验罐的 1/2。因此，为了延长发酵周期，提高青霉素产量，经常供给氮源亦是很好的措施。在基础料中加入 0.05% 尿素，并在补糖时再补加二次尿素，可以扭转发酵液浓度转稀、pH 值低和单位增长慢的情况。

在发酵过程中与料液一起补入表面活性剂如新洁尔灭 50×10^{-6}，或聚氧乙烯、山梨糖醇酐、单油酸酯、单月桂酸酯和三油酸酯等非离子表面活性剂也能增加青霉素的产量。

在青霉素发酵过程中加入少量可溶性高分子化合物如 40×10^{-6} 聚乙烯醇、聚丙烯酸钠、聚二乙胺或聚乙烯吡咯烷酮（PVP）能使青霉素产率增加 38%。这些物质能够提高产量的原因是：①当发酵罐使用较大的搅拌功率和较快的搅拌速度时，这些高分子化合物能使邻近搅拌液的液体速度梯度降低，避免打断菌丝，而且在促进氧在培养基中充分溶解的同时还有利于除去二氧化碳；②菌丝生长时，由于高分子化合物起分散剂的作用，菌丝不致成团，比表面积得以增加，因而增加了氧、基质传递到菌丝体内的总速度。

（7）铁离子的影响及控制　三价铁离子对青霉素生物合成有显著影响，一般发酵液中铁离子超过 30～40μg/mL，则发酵单位增长缓慢。铁离子对产黄青霉菌绿色孢子合成青霉素的影响见表 4-10。因此在铁质容器罐壁涂以环氧树脂等保护层，使铁离子控制在 30μg/mL 以下。

表 4-10　铁离子对产黄青霉菌绿色孢子合成青霉素的影响

$Fe^{2+}/(\mu g/mL)$	相对发酵效价/%	$Fe^{2+}/(\mu g/mL)$	相对发酵效价/%
0（对照）	100	30	94.8
10	98.5	40	81.5
20	102.5	50	60.5

四、青霉素的生物合成与理论产量

在青霉素发酵中，已知产黄青霉利用葡萄糖和氨，经由 α-氨基己二酸、半胱氨酸和缬氨酸组成的三肽，环化生成异青霉素 N，再与苯乙酸或苯氧乙酸进行转酰基反应，产生青霉素 G 或青霉素 V。通过对青霉素生物合成途径的分析，可以计算出青霉菌从葡萄糖、氨等原材料合成青霉素的理论产量。这可为降低青霉素发酵的原料消耗及提高青霉素产率提供一定的依据。

1. 前体氨基酸的生物合成

（1）α-氨基己二酸的生物合成　真菌代谢体系中 α-氨基己二酸是赖氨酸生物合成的中间体，由其合成途径（如图 4-12 所示），可列出如下 α-氨基己二酸生物合成的化学计量式：

$$1.5\text{葡萄糖}+NH_3+0.5ADP+0.5Pi+6NAD^+ \longrightarrow$$

$$\alpha\text{-氨基己二酸}+3CO_2+0.5ATP+6NADH \tag{Ⅰ}$$

（2）缬氨酸的生物合成　由缬氨酸生物合成途径得到其化学计量式为：

$$\text{葡萄糖}+NH_3+0.5ATP \longrightarrow \text{缬氨酸}+CO_2+0.5ADP+0.5Pi \tag{Ⅱ}$$

（3）半胱氨酸的生物合成　由半胱氨酸生物合成途径得出如下化学计量式：

$$0.5\text{葡萄糖}+NH_3+SO_4^{2-}+12.5ATP+4NADH+FAD \longrightarrow$$

$$\text{半胱氨酸}+AMP+PAP+10.5ADP+9.5Pi+2PPi+4NAD^++FADH_2 \tag{Ⅲ}$$

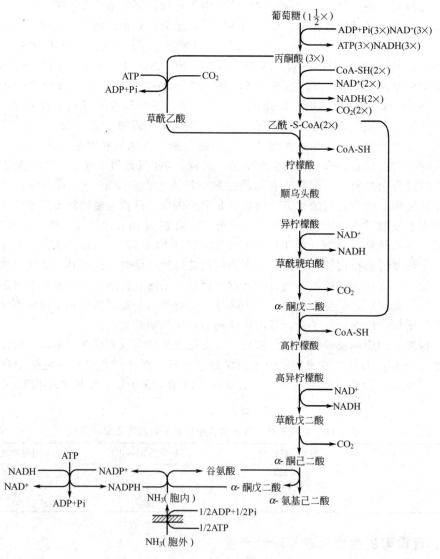

图 4-12　α-氨基己二酸的生物合成途径

图中"×"表示倍数关系

2. 青霉素的合成

由 3 个前体氨基酸及侧链前体苯乙酸生物合成青霉素 G 的途径如图 4-13 所示。

由此得出这一过程的化学计量式为：

$$\text{半胱氨酸}+\text{缬氨酸}+\alpha\text{-氨基己二酸}+\text{苯乙酸}+4ATP+NADP^++FAD \longrightarrow$$

青霉素 G＋6-氧氢化吡啶-2-羟酸＋4AMP＋4PPi＋NADPH＋FADH₂　　　（Ⅳ）

由 1mol NADH 合成 1mol NADPH，要消耗 1mol ATP，则式（Ⅳ）变为：

半胱氨酸＋缬氨酸＋α-氨基己二酸＋苯乙酸＋ADP＋Pi＋3ATP＋NAD⁺＋FAD ——→

青霉素 G＋6-氧氢化吡啶-2-羟酸＋4AMP＋4PPi＋NADH＋FADH₂　　　（Ⅴ）

将式（Ⅰ）、（Ⅱ）、（Ⅲ）、（Ⅴ）相加，得青霉素 G 生物合成的总化学式：

3 葡萄糖＋3NH₃＋SO₄²⁻＋苯乙酸＋15.5ATP＋3NAD⁺＋2FAD ——→

青霉素 G＋6-氧氢化吡啶-2-羟酸＋4CO₂＋PAP＋5AMP

＋6PPi＋9.5ADP＋8.5Pi＋3NADH＋2FADH₂　　　（Ⅵ）

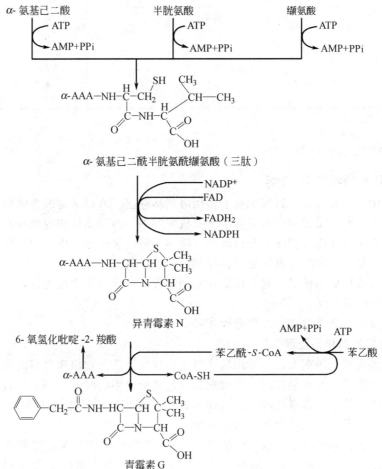

图 4-13　青霉素 G 的生物合成途径

3. 青霉素的理论生产得率

在真菌代谢中，考虑到：①1mol NADH 转化为 1mol NAD⁺，消耗 0.5mol O₂，伴随 3mol ATP 生成；②1mol FADH₂ 转化为 1mol FAD，消耗 0.5mol O₂，生成 2mol ATP；③1mol AMP 与 1mol ATP 作用，转化为 2mol ADP；④2mol ATP 与 1mol PAP 作用，生成 1mol ATP 和 2mol ADP，即净消耗 1mol ATP；⑤1mol 葡萄糖完全氧化，消耗 6mol O₂，生成 38mol ATP。于是，式（Ⅵ）可转换为：

3.22 葡萄糖＋3NH₃＋SO₄²⁻＋苯乙酸＋3.84O₂ ——→

青霉素 G＋6-氧氢化吡啶-2-羟酸＋5.34CO₂　　　（Ⅶ）

这里，假定转酰基反应脱落的 α-氨基己二酸不被循环使用，而是环化生成副产物 6-氧氢化吡啶-2-羟酸，并认为这种环化反应不发生能量转移。事实上，这一副产物在青霉素 G 和青霉素 V 发酵中都已大量检出，检出量约为青霉素的 $30\%\sim40\%$（摩尔分数）。这一数据提示，可能有超过 60% 的 α-氨基己二酸被循环使用。由此得出相对于葡萄糖、氨、苯乙酸和氧的两种可能的青霉素理论生产得率如表 4-11 所列。

表 4-11　青霉素的理论生产得率

相对的基质	符　号	表　示　单　位			备　注
		mol/mol	g/g[①]	U/mg	
葡萄糖	Y_{ps}	0.31	0.61	1022	②
		0.39	0.77	1284	③
氨	Y_{pn}	0.33	6.99	11649	②
		0.42	8.87	14789	③
氧	Y_{po}	0.26	2.94	4893	③
苯乙酸	Y_{pp}	1.0	2.62	4364	②，③

① 以青霉素 G 钠盐表示。

② α-氨基己二酸不循环使用。

③ 64% 的 α-氨基己二酸循环使用。

五、青霉素的提取和精制

从发酵液中提取青霉素，目前工业上多用溶剂萃取法。青霉素与碱金属所生成的盐类在水中溶解度很大，而青霉素游离酸易溶解于有机溶剂中。溶剂萃取法提取即利用青霉素这一性质，将青霉素在酸性溶液中转入有机溶剂（醋酸丁酯、氯仿等）中，然后再转入中性水相中。经过这样反复几次萃取，就能达到提纯和浓缩的目的。

由于青霉素的性质不稳定，整个提取和精制过程应在低温下快速进行，并应注意清洗和保持在稳定的 pH 值范围。

下面分别讨论溶剂萃取法各工序的操作要点。

1. 发酵液的过滤和预处理

青霉素发酵液菌丝较粗大，一般用鼓式过滤机过滤。除菌丝出现自溶的情况外，一般过滤较容易。但发酵液达最高单位时，常常也是菌丝开始自溶的时候。当菌丝自溶时，菌丝在鼓式过滤机表面不能形成紧密的薄层，因而不能自行剥落，使过滤时间增长，滤液量降低，且滤液发浑。因此最好控制在菌丝自溶前放罐。

从鼓式过滤机得到的滤液，其 pH 值在 $6.2\sim7.2$ 之间，略发浑，棕黄色或棕绿色（用三氯醋酸法测定）。蛋白质含量一般在 $0.5\sim2.0\mathrm{mg/mL}$（个别情况下可达到 $7.0\mathrm{mg/mL}$），这些蛋白质的存在对后续各步提取有很大影响，必须去除。通常用硫酸调 pH＝$4.5\sim5.0$，加入 0.07%（质量体积分数）的溴代十五烷吡啶 PPB（配成 5% 的溶液），同时再加入硅藻土（0.07%，质量体积分数）作为助滤剂，通过板框过滤机过滤，得二次滤液。二次滤液一般澄清透明，可进行提取。发酵液和滤液应冷至 $10℃$ 以下，贮罐、管道和滤布等应定期用蒸汽消毒。

酸化过滤工序青霉素的损失主要是由于滤液的流失和过滤时青霉素的破坏，一般该工序的收率为 90% 左右。

2. 萃取和精制

青霉素在各种溶剂和水之间的分配系数值见表 4-12。反萃取时分配系数 K'（水相浓度与醋酸丁酯相浓度之比）与 pH 值的关系如图 4-14 所示，且可用下面的方程式来描述：

$$\lg K' = -0.06 + 0.35 \ (\text{pH}) \qquad \text{pH} > 6$$

表 4-12　青霉素的分配系数

溶　剂	pH＝2.5（溶剂/水）	pH＝7.0（溶剂/水）	溶　剂	pH＝2.5（溶剂/水）	pH＝7.0（溶剂/水）
醋酸戊酯	45/1	1/235	氯　仿	39/1	1/220
醋酸丁酯	47/1	1/186	三氯乙烯	21/1	1/260
醋酸乙酯	39/1	1/260	乙　醚	12/1	1/190

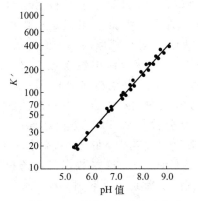

图 4-14　青霉素自醋酸丁酯反
萃取到水相时，表现分配系数
K' 与 pH 值的关系

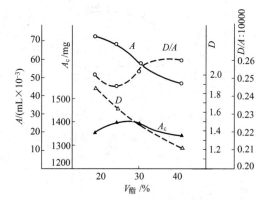

图 4-15　萃取时醋酸丁酯的相对
用量对萃取液选择性的影响
A_c—萃取液单位干渣中青霉素含量，U/mL；
D—萃取液色级；A—萃取液中青霉素浓度；
D/A：10000—萃取液浓度缩小 10000 倍的比消光系数

除分配系数外，选择溶剂时尚需考虑下列条件：在水中溶解度较小，不和青霉素起作用，在 5～30℃ 间的蒸气压较低，回收温度不超过 120～140℃，价格低廉，来源方便等。目前工业生产所采用的溶剂多为醋酸丁酯和醋酸戊酯。

在萃取和反萃取过程中只有酸性和青霉素相近的有机酸随着青霉素转移，很难除去。杂酸的含量可用污染数来表示。污染数表示醋酸丁酯萃取液中杂酸与青霉素含量之比。总酸量可用 NaOH 滴定求得，青霉素含量可用旋光法测定，两者之差即表示杂酸含量。

从醋酸丁酯相进行反萃取时为避免 pH 值波动，常用缓冲液。可用磷酸盐缓冲液、碳酸氢钠或碳酸钠溶液等。反萃取时，因分配系数之值较大，浓缩倍数可以较高，一般为 3～4。反萃取时达平衡速度远较萃取速度为慢。试验表明，反萃取时，两相接触 10min，不能达到平衡，但在相同条件下，青霉素在酸性条件下自滤液萃取到醋酸丁酯相，仅需 1min 就能达到平衡。反萃取时主要阻力在水相。

青霉素在酸性环境下很不稳定。当发酵滤液酸化萃取时，如用 10% 硫酸调 pH 值，加入硫酸青霉素就会因局部过酸而破坏。实验数据表明，酸化至 pH＝2 时，原液中青霉

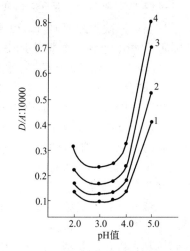

图 4-16　色素转移到反萃取液
与萃取时 pH 值的关系
1,2,3,4—反萃取时 pH 值分别为
6.0,7.0,8.0,8.5；反萃
取时水：有机相＝1:3；
其他符号同图 4-15

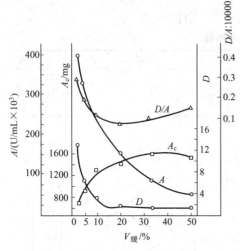

图 4-17 反萃取时，缓冲液的相对
用量对萃取选择性的影响
符号同图 4-15、图 4-16

反萃取时 pH=6.0。

素效价损失平均达 7.1%，而酸化至 pH=3 时，损失为 2.0%。

正确选择萃取和反萃取时的 pH 值和浓缩倍数有很重要的意义。pH 值不仅影响分配系数，且影响选择性，浓缩倍数对选择性也有很大影响，见图 4-15～图 4-17 和表 4-13。

由图 4-15 可见，萃取时醋酸丁酯用量（$V_{酯}$）为原液的 25%～30% 时，色素相对含量最少，而萃取液干渣中青霉素含量最高。由图 4-16 可见，反萃液中色素与萃取时 pH 值有关。如萃取时 pH=3 时，反萃取液中色素最少。如反萃取 pH 值降低，则色素也减少。由图 4-17 可见，当 $V_{缓}$（缓冲液的相对用量，占一次醋酸丁酯萃取液体积百分数）从 50% 减至 20% 时，对 D 和 A_c 影响较小；而当 $V_{缓}$ 低于 20% 时，D 急速增大，而 A_c 急速减小。这些数据可供选择萃取操作条件时作为参考。萃取时 pH=3.0。

表 4-13   不同 pH 值下萃取和反萃取时，反萃取液中青霉烯酸含量 G_c

序号	反萃取 pH 值	萃 取 pH 值		
		2.0±0.2	3.0±0.2	4.0±0.2
		G_u[①]（相对单位）		
1	6.0	1.30	1.00	0.14
2	7.0	1.63	1.20	0.35
3	8.0	2.50	1.75	0.43

① 萃取时 pH 为 3.0，反萃取时 pH 为 6.0，得到的反萃取液中青霉烯酸含量作为 1。

在第一次丁酯萃取时，由于滤液中有大量蛋白质等表面活性物质存在，易发生乳化，故需加入去乳化剂。通常用 PPB，加入量为 0.05%～0.1%。由于蛋白质的憎水性质，形成 W/O 型乳浊液，即在丁酯相乳化，加入 PPB 后，由于其亲水性较大，乳浊液发生转型而破坏，同时使蛋白质表面成为亲水性，而被拉入水相，而且 PPB 是碱性物质，在酸性下留在水相，这样可使丁酯相含杂质较少。

整个萃取过程应在低温下进行（在 10℃ 以下），在保证萃取效率的前提下，尽量缩短操作时间，减少青霉素的破坏。青霉素在水溶液中固然不稳定，在丁酯中也要发生破坏。从试验结果得知青霉素在丁酯中于 0～15℃ 放置 24h，几乎不损失效价，在室温放置 2h 损失 1.96%，4h 损失 2.32%，8h 损失 2.78%，24h 损失可达 5.32%。

萃取方式一般采用多级逆流萃取（常为二级）。混合可用机械搅拌混合罐、管道混合器或喷射混合器等。机械搅拌混合罐系借机械搅拌将两相在罐内混合而进行萃取，一般停留时间较长，操作时要随时注意不使液体自罐中溢出。管道混合器系两种液体在管道内高速流动，成湍流状态（Re 可高达 66000）而达到混合、萃取的目的，一般停留时间较短，操作方便。喷射混合器和水流泵原理相似，以一种液体作为工作流体，以高速自喷嘴射出，产生真空而吸入另一种液体，达到混合、萃取的目的。

分离采用离心机。一次丁酯萃取时采用碟片式离心机，缓冲液萃取和二次丁酯萃取时如处理量较小，则可采用管式离心机。管式离心机分离效果优于碟片式离心机，但处理量较小。近来也有将混合和分离同时在一个设备内完成的，称为离心萃取机。二次丁酯萃取液在结晶前要求有较低的水分（应低于 0.9％）。因为青霉素钾盐或钠盐在水中溶解度较大，降低二次丁酯萃取液的水分，可使结晶后母液的单位降低。脱水可以用无水硫酸钠等脱水剂，但工业上常用冷冻脱水法。

3. 结晶

结晶是提纯物质的有效方法。例如在二次丁酯萃取液中，青霉素的纯度只有 50％～70％，但结晶后纯度可提高至 90％以上。青霉素结晶方法很多，而且普鲁卡因盐和碱金属盐的结晶方法也有所不同，现分述于下。

（1）青霉素钾盐结晶　青霉素钾盐在醋酸丁酯中溶解度很小，利用此性质，在二次丁酯萃取液中加入醋酸钾乙醇溶液，青霉素钾盐就结晶析出，反应如下：

$$R \cdot CO \cdot NH \cdot CH \underset{CO-N-CH \cdot COOH}{\overset{S}{-}} CH \underset{CH_3}{\overset{CH_3}{C}} \quad + CH_3COOK \longrightarrow R \cdot CO \cdot NH \cdot CH \underset{CO-N-CHCOOK}{\overset{S}{-}} CH \underset{CH_3}{\overset{CH_3}{C}} \quad + CH_3COOH$$

醋酸丁酯中含水量过高会影响收率，但可提高晶体纯度。水分在 0.9％以下对收率影响较小。得到的晶体要求颗粒均匀，有一定的细度。颗粒太细会使过滤、洗涤困难。晶体经丁醇洗涤，醋酸乙酯顶洗，真空干燥或固定床气流干燥即可得成品。

这样得到的青霉素钾盐最好再经过重结晶，或转成青霉素普鲁卡因盐，以减少过敏原等杂质，进一步提高纯度。以醋酸钾作为反应剂制得的青霉素钾盐，有可能在成品中带有微量醋酸钾，使成品质量降低，并且吸湿性较强，有效期缩短。较好的重结晶方法是将钾盐溶于 KOH 溶液中，调 pH 值至中性，加无水丁醇，在真空下，进行共沸蒸馏结晶。

（2）青霉素普鲁卡因盐结晶　普鲁卡因青霉素在水中溶解度很小，因此在青霉素钾盐的水溶液中（pH 值中性的磷酸盐缓冲液）加盐酸普鲁卡因溶液，普鲁卡因青霉素就结晶析出。

（3）青霉素钠盐结晶　青霉素钾盐在使用过程中，病人反映很痛。研究表明，其致痛原因是药品中的钾离子。而青霉素钠盐并不引起疼痛。青霉素钠盐的生产方法有多种，究竟哪一种方法较优，需进一步试验。一般说来，钠盐生产工艺较复杂，收率要比钾盐低 10％左右。现举几种方法为例来说明。

① 从二次丁酯萃取液直接结晶。在二次丁酯萃取液中加醋酸钠乙醇溶液反应，直接结晶得钠盐。此法和钾盐生产完全一样，只不过以醋酸钠代替了醋酸钾。

② 从钾盐转钠盐。在青霉素二次丁酯萃取液中先结晶出钾盐，而后将钾盐溶于水，提取至丁酯中，加醋酸钠乙醇溶液结晶得钠盐。

③ 从普鲁卡因盐转钠盐。一次丁酯萃取液加普鲁卡因丁酯溶液反应，结晶得青霉素普鲁卡因盐。将普鲁卡因盐悬浮在水中，加丁酯，再以硫酸调 pH＝2.0，则普鲁卡因盐分解成青霉素游离酸而转入丁酯中。然后再加醋酸钠乙醇溶液结晶出钠盐。

④ 共沸蒸馏结晶法。二次丁酯萃取液以 0.5mol/L NaOH 溶液萃取，在 pH＝6.4～6.8 下得到钠盐水浓缩液，浓度为 $(15 \sim 25) \times 10^4$ U/mL，加 2.5 倍体积的丁醇，在 16～26℃、5～10mmHg（1mmHg＝133.3Pa）下蒸馏，水分与丁醇成共沸物而蒸出，当浓缩到原来水浓缩液体积，蒸出馏分中含水量达到 2％～4％时，即可停止蒸馏。共沸点温度较低，水分的蒸发在较温和的条件下进行，因而可减少青霉素的损失。当水分和大部分丁醇蒸掉后，钠盐就结晶析出。

必须注意，钠盐比钾盐容易吸潮，因此分包装车间的湿度和成品的包装条件要求也较高。钠盐在相对湿度 72.6％时开始显著吸水，称为临界湿度，而钾盐吸潮的临界湿度为 80％。

六、质量检定

按药典规定项目及方法进行检定，各项均应符合要求。

第五章

大环内酯类抗生素

第一节 概 述

大环内酯类抗生素是以一个大环内酯为母体，通过羟基，以苷键和1～3个分子的糖相联结的一类抗生物质。

大环内酯类抗生素能抑制许多革兰阳性菌和某些革兰阴性菌，不同类型的大环内酯类抗生素呈现的生物活性差异较大，一般来说碱性大环内酯类抗生素的抗菌活性较强，十六元大环内酯类抗生素抗菌活性最强。许多大环内酯类抗生素对耐青霉素的葡萄球菌和支原体有效，某些大环内酯类抗生素对螺旋体、立克次体和巨大病毒有效。个别品种还有抗原虫作用。它们之间易产生交叉耐药性，毒性低。大环内酯类抗生素中红霉素最早被应用于临床，竹桃霉素、螺旋霉素、柱晶白霉素、麦迪霉素、交沙霉素等也相继广泛应用于临床。

根据大环内酯结构的不同，这类抗生素又分为三类：多氧大环内酯（polyoxo mactolide），多烯大环内酯（polyene macrolide），蒽沙大环内酯（ansamacrolide）。

1. 多氧大环内酯抗生素

按大环内酯环的碳元素数，又分为12、14和16元环三类。它们都是多功能团的分子，大部分都联结有二甲氨基糖，因而显碱性。有的不含二甲氨基糖，只含中性糖，因而显中性。作为医疗使用的多数是碱性大环内酯类抗生素，重要的有14元环的红霉素（erythromycin）、竹桃霉素（oleandomycin），16元环的柱晶白霉素（leucomy-cin）、交沙霉素（josamycin）、螺旋霉素（spiramycin）等。后又发现麦迪加霉素（medeca-mycin）、普拉特霉素（platenomycin）、针棘霉素（espinomycin）和麦里多霉素（maridomycin）等抗生素。至于12元环抗生素，目前都没有用于临床。自1950年至今已经确定化学结构的约有100多种，在大环内酯类抗生素中，与大环内酯相联结的氨基糖和糖的结构都是自然界不常见的结构（图5-1）。

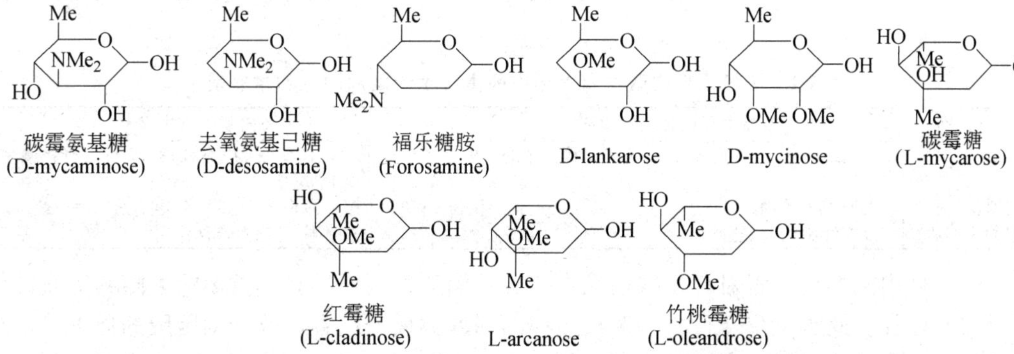

碳霉氨基糖 (D-mycaminose)	去氧氨基己糖 (D-desosamine)	福乐糖胺 (Forosamine)	D-lankarose	D-mycinose	碳霉糖 (L-mycarose)

红霉糖
(L-cladinose) 　　L-arcanose 　　竹桃霉糖
(L-oleandrose)

图 5-1 大环内酯类抗生素中的氨基糖和糖类

各种大环内酯类抗生素的化学结构式见图 5-2、图 5-3 和表 5-1。

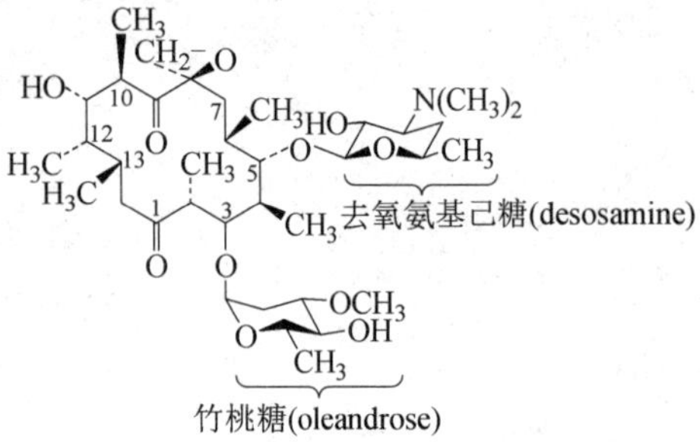

图 5-2　竹桃霉素的结构

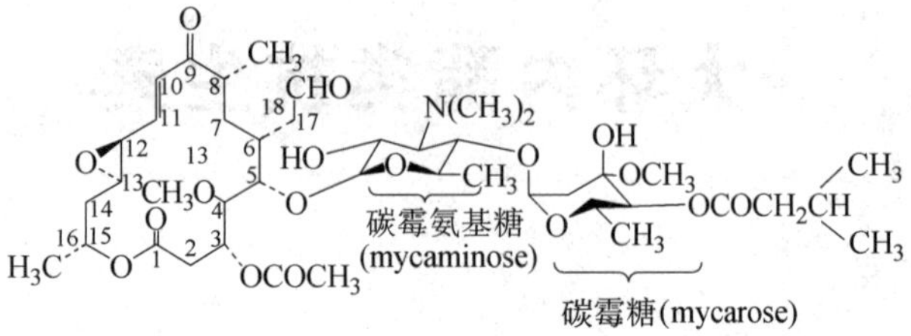

图 5-3　碳霉素 A 的结构

表 5-1　16 元环大环内酯类抗生素的结构

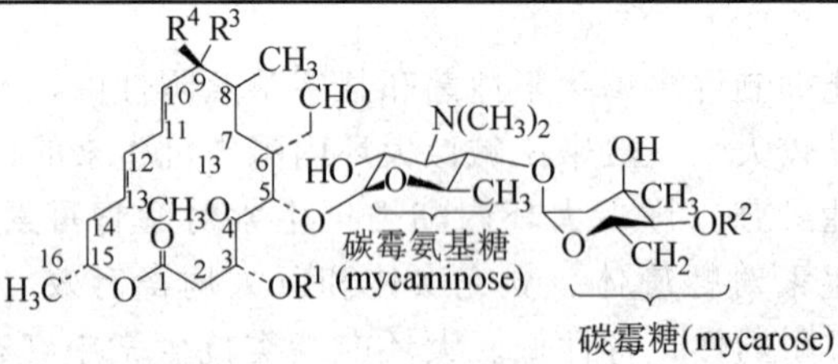

名　　　称	R^1	R^2	R^3	R^4
碳霉素 B	$COCH_3$	$COCH_2CH(CH_3)_2$	H	H
螺旋霉素 Ⅰ	H	H	福乐糖氨基	H
螺旋霉素 Ⅱ	$COCH_2CH_3$	H	福乐糖氨基	H
柱晶白霉素 A_1	H	$COCH_2CH(CH_3)_2$	OH	H
麦迪加霉素	$COCH_2CH_3$	$COCH_2CH_3$	OH	H

此类抗生素的作用机理是与核糖蛋白体 50 亚基的特殊部位结合，选择性抑制原核细胞蛋白质合成。对病原性细菌有选择性抑制效应，因而其毒副作用较低。

2. 多烯大环内酯类抗生素

自 1950 年发现制霉菌素以来，已报道 100 多种，其分子结构特征是具有 26-28 元大环内酯，在多元环内酯环中，含有 4～7 个共轭双链。按照所含共轭双键的数目，可分为四烯（tetraene）（两性霉素 A）、五烯（pentaene）、六烯（hexaene）（如制霉菌素）、七烯（heptae ne）（两性霉素 B）等类。这几类抗生素因分子中双键数目的不同，会表现出不同特征的紫外吸收光谱，该类抗生素多数同氨基糖相结合，由于结构的不同，表现出不同的生物活性，见表 5-2。

表 5-2　多烯大环内酯类和大环内酯类抗生素之间的生物学差别

生物学特性	多烯大环内酯类抗生素	大环内酯类抗生素
抗菌谱	无抗细菌活力,有抗酵母、霉菌和丝状真菌的活力	有抗革兰阳性细菌、嗜血杆菌属、布氏杆菌属和奈氏球菌属的活力
作用部位	细胞膜内的固醇	70S 核糖核蛋白体
作用方式	改变细胞的渗透性	抑制肽酰基合成酶和转移作用

多烯大环内酯类抗生素对许多致病性真菌有不同的抑制作用，其抗菌活力随共轭双键数目的增加而增加。此类抗生素可与真菌细胞膜的固醇类成分结合，改变细胞膜的通透性，真菌和哺乳动物细胞膜中都含有固醇，而细菌细胞膜中则不含固醇。故此类抗生素可引起真菌细胞膜透性改变，导致致病菌死亡，而对细菌无效。

3. 蒽沙大环内酯类抗生素

又叫环桥类抗生素（Ansamycins），严格说来，不应属于大环内酯类。它们有着一个共同的结构形态，都是一个脂及链桥经过酰胺键与平面的芳香基团的两个不相邻位置相联结的环桥状化合物，其结构模型示意见图5-4。由于其脂肪链的结构和立体化学与大环内酯类很相似，所以把这一类抗生素归在这一章中。此类抗生素的抗菌谱较广，还有抗癌活性。属于该类的抗生素有10种以上。这10种抗生素又分为两小类；一类是含有萘醌的抗生素，如利福霉素（rifamycins）、颗粒霉素 Y（tolypomycin Y）、链变菌素（streptovari cin）等；另一类是含有苯醌的抗生素，如土块霉素（geldanamycin）。其中以含萘醌的数目较多，临床上最重要的是利福霉素。

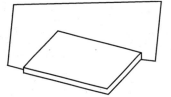

图 5-4 环桥类抗生素结构模型示意图

利福霉素是地中海诺卡氏菌（*Nocardia mediterranei*，以前误分类为链霉菌）产生的一类抗生素。该菌在普通培养基上至少产生五个组分，即利福霉素 A、B、C、D 和 E，其中以 B 易于分离精制，又最有价值。它具有很强的抗菌作用，特别是对革兰阳性的金黄色葡萄球菌及阴性的结核杆菌的抗菌活性显著地高于青霉素 G 钾盐与苯甲异唑青霉素。

由上可见，属于大环内酯类的抗生素品种很多，由于这类抗生素中研究得较多并且在临床上应用较为广泛的是红霉素和利福霉素，故本章以红霉素和利福霉素为代表讨论其结构、生产工艺及其影响因素。

第二节　红霉素

红霉素（erythromycin）是 1952 年从红霉素链霉菌（*Streptomyces erythreus*）的培养液中分离出来的一种碱性抗生素。后来从发酵液中又分离出红霉素 B、C、D、E 等组分。其中以红霉素（即红霉素 A）为主要组分，而 B 及 C 在发酵液中也有一定数量。它们的抗菌谱相同，但抗菌活力不同，其中以 A 为最强，其他几种组分都比 A 小。红霉素 B 的体外抗菌活力只有红霉素 A 的 75%～85%，红霉素 C 和 D 约为 50%，红霉素 E 仅有 10%～15% 的活性，因此在临床上，所使用的是红霉素 A 及其各种盐类。

一、红霉素的结构与理化性质

1. 结构

红霉素是由红霉内酯（erythronolide）与去氧氨基己糖（desosamine）和红霉糖（cladinose）缩合而成的碱性苷。红霉内酯环含有 13 个碳原子，内酯环的 C3 通过氧原子与红霉糖相联结，C5 通过氧原子与去氧氨基己糖相联结。红霉糖本身不含氮，是含有一个甲氧基的己糖，去氧氨基己糖是 3-二甲氨基去氧己糖。红霉素各组分的结构见表 5-3。

2. 物理性质

红霉素是一个碱性化合物，能和无机或有机酸类形成在水中溶解度较大的盐类，如临床上使用的乳糖酸红霉素等。

红霉素碱可以有三种不同的结晶形式，它们的结晶水含量和熔点都各不相同，其中有两个晶形的熔点为 130～132℃，另一个为 190～192℃。虽然晶形不同，但生物活性和其他性质都未改变。风干红霉素含水量为 7%～10%。当晶体完全失水后，就变成无定形粉末，但仍不失去活性。红霉素各组分的一般理化性质见表 5-4。

表 5-3 红霉素的结构

组　　分	R^1	R^2	组　　分	R^1	R^2
红霉素 A	CH$_3$	OH	红霉素 C	H	OH
红霉素 B	CH$_3$	H	红霉素 D	H	H

表 5-4 红霉素族抗生素的一些性质

抗生素	分子式	相对分子质量	熔点/℃	$[\alpha]_D^{25}$	pK_a	λ_{max}
红霉素 A	C$_{37}$H$_{67}$O$_{13}$N	733.91	135～140	−73.5°(甲醇)	8.6	280
红霉素 B	C$_{37}$H$_{67}$O$_{12}$N	717.91	198	−78°	8.5	289
红霉素 C	C$_{36}$H$_{65}$O$_{13}$N	719.88	121～125		8.6	292
红霉素 D	C$_{36}$H$_{65}$O$_{12}$N	703.45				
红霉素 E	C$_{37}$H$_{65}$O$_{14}$N	735.88	160～165	−49.7°(甲醇)		285

红霉素碱易溶于醇类、丙酮、氯仿和醋酸乙酯，易溶于醚和醋酸戊酯，不甚溶于水，在水中的溶解度与一般化合物不同，如 60℃，1.14mg/mL；40℃，1.28mg/mL；19℃，3.10mg/mL；7℃，14.20mg/mL；1℃，15.00mg/mL。红霉素在水中的溶解度是随温度增高而减少，以 55℃时为最小，因此工业上利用此性质加温至 45～55℃并保温，使红霉素碱从水中析出结晶。

3. 稳定性

红霉素在干燥状态下是稳定的，结晶在室温下可保藏一年，效价并不降低。在 pH6～8 的水溶液中也很稳定，在 4℃下放置 3 个星期，效价并不降低。如在室温下，一个星期后略有损失，但再经七个星期，其效价并不再继续降低。红霉素溶液在 60℃保持 5min 并不破坏，但在 pH6～8 范围以外的水溶液，经 24h 即失效。

4. 化学性质

红霉素在碱性条件下，内酯环易破裂，加酸后，也不再成环。在酸性条件下，苷键易水解，经 1mol/L 盐酸甲醇溶液的温和水解，其中的一个苷键即破裂，得到一种碱性物红霉糖胺（erythralosamine）和红霉糖。红霉糖胺再经 6mol/L 盐酸水解，就得到去氧氨基己糖。

红霉素中的红霉内酯环有一个活泼的酮基，它能和红霉素分子的其他功能基团起反应，用各种不同试剂解离出红霉糖和去氧氨基己糖都必然会改变这个环的结构，因此，得不到游离的红霉内酯。如用硼氢化钠将红霉素的酮基还原，红霉素就失去原有的酮基，转变为二氢红霉素（没有抗菌活性），再水解去掉其中的二糖，就能得到二氢红霉内酯（dihydroerythronolide）。

红霉素发酵液中，除了红霉素 A 外，还含有红霉素 B 及 C。红霉素 B 在提炼过程中和红霉素一起结晶析出。红霉素在酸性溶液中不稳定，而红霉素 B 则比较稳定，因此可利用稳定性的差别来精制红霉素 B。红霉素 B 与红霉素一样，受温和的酸性水解产生红霉糖，但受强烈酸性水解，就不像红霉素那样产生丙醛，而是产生巴豆醛（crotonaldehyde）的衍生物。这两个红霉素性质的区别，就在于此。

二、红霉素的生物合成

红霉素是红霉内酯、红霉糖和去氧氨基己糖三部分以苷键相连接而成的。应用同位素法和对阻断突变株产物进行分析，弄清了生物合成的主要步骤，但对其中所涉及酶的性质，了解得还很少，尚待进一步深入研究。

1. 红霉内酯的生物合成

红霉内酯是 21 个碳原子组成的 14 元内酯环。参照四环类抗生素生物合成的研究，分析红霉内酯的结构特点，认为它是由 7 个丙基单位构成的。使用碳标记的醋酸盐、丙酮酸盐、丙酸盐或琥珀酸盐等化合物进行红霉素发酵试验，发现它们中的标记碳原子都分别进入红霉内酯环中，完全没有进入红霉糖和去氧氨基己糖。证明红霉内酯的碳架来源于丙酸盐。同时，试验结果表明，红霉内酯是由一分子的丙酰 CoA 和 6 分子的甲基丙二酰 CoA 通过丙酸盐头部（—COOH）至中部（C_2）的价键重复缩合构成的，其合成过程见图 5-5。

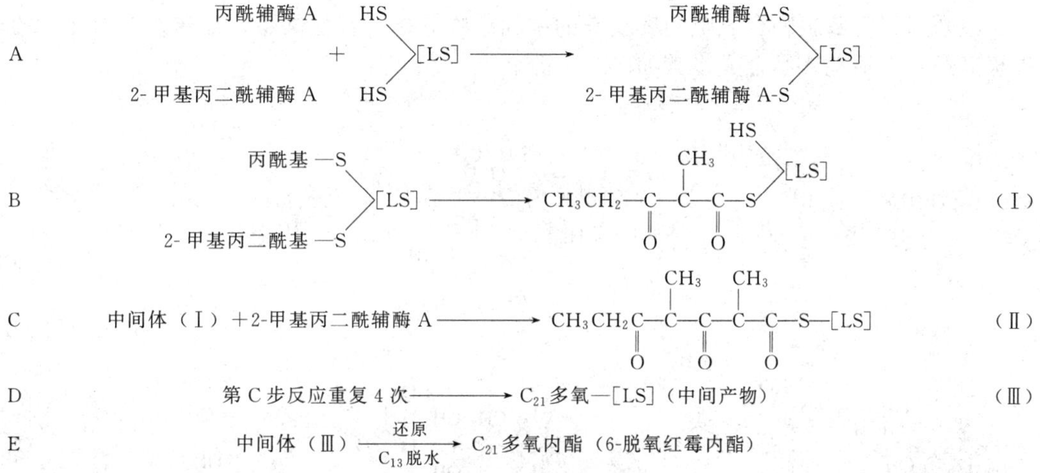

图 5-5 红霉内酯合成过程

[LS]＝内酯合成酶

产生菌无细胞抽提液的酶活性实验表明，丙酸激酶的活性与红霉素产量呈直线关系。

2. 糖的生物合成

同位素法研究表明红霉素中的红霉糖和去氧氨基己糖的碳架来源于完整的葡萄糖或果糖。转化过程如图 5-6 所示，其中反应的中间体可能是胸腺苷二磷酸酯（TDP）结合的糖。

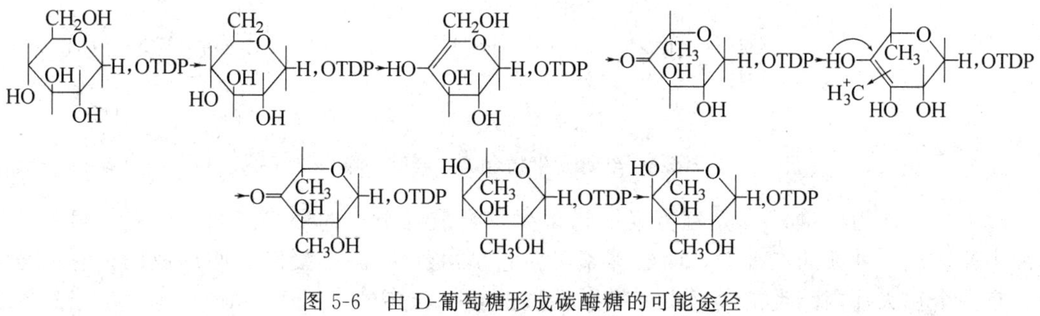

图 5-6 由 D-葡萄糖形成碳霉糖的可能途径

TDP—胸腺核苷二磷酸酯

至于糖上的 C—CH$_3$、O—CH$_3$ 和 N—CH$_3$ 都来源于蛋氨酸，而去氧氨基己糖上的 N 来源于谷氨酸。综上所述，红霉素的碳架来源如图 5-7 所示。

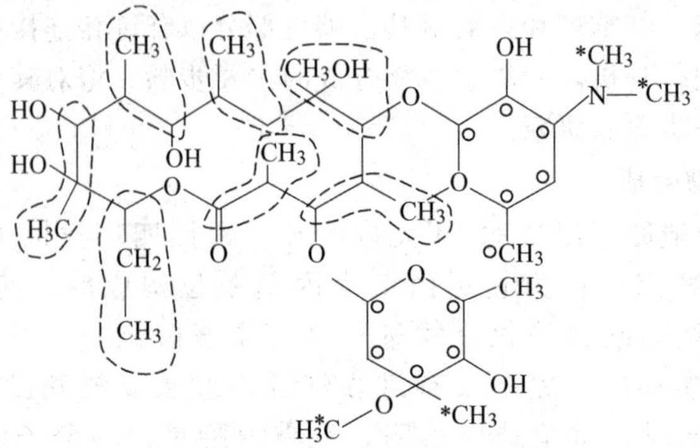

图 5-7　红霉素碳架的来源

3. 红霉素生物合成的最后步骤

经采用红霉菌生物合成阻断突变株的中间产物分析和转化试验，红霉素生物合成的最后步骤已经基本清楚。其合成步骤如图 5-8 所示。

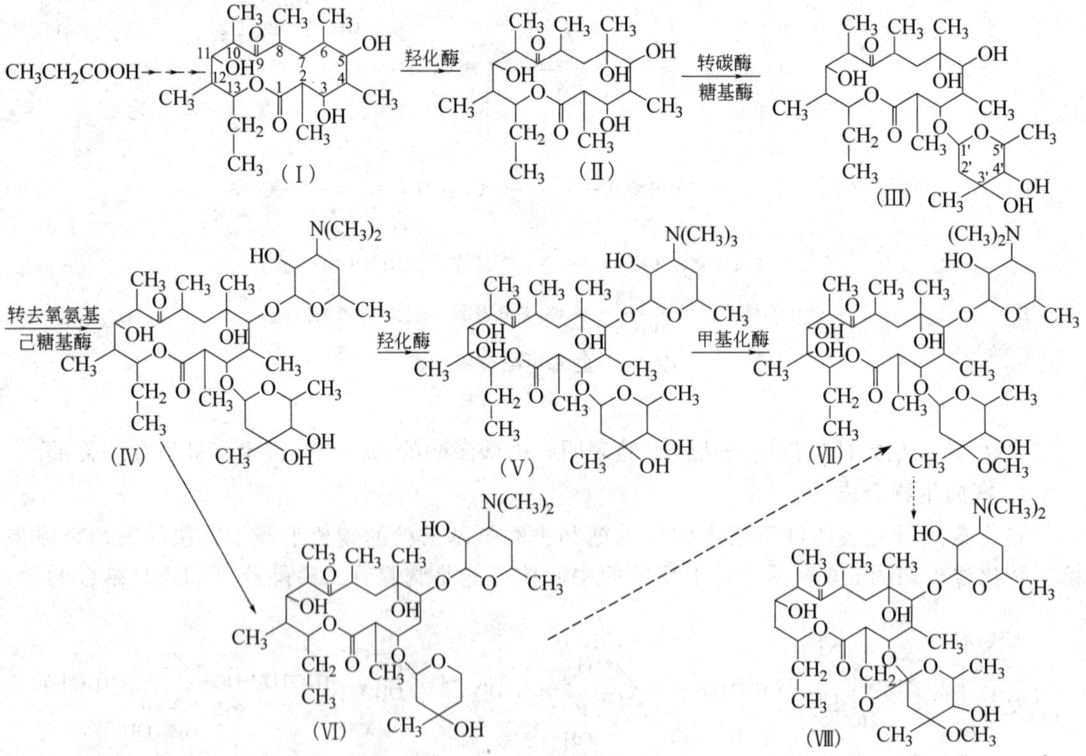

图 5-8　红霉素生物合成的最后步骤

过去一直认为红霉素 A 是红霉素链霉菌生物合成红霉素的最终产物，但是，最近在发酵液中又发现一种新的红霉素，叫红霉素 E。它是由红霉素 A 缓慢代谢形成的，它的分子中含有一个在大环内酯类抗生素中未曾报道过的新型原酸酯（orthoester）基。由于红霉素 E 的抗菌活性很低，因此它不是所希望有的产物，若选育出能封闭这步反应的变株，有可能提高红霉素 A 的产量。

三、红霉素的生产工艺

红霉素是 1952 年由麦夸尔（McQuire）等于菲律宾群岛找到的红霉素链霉菌（*Strepto-my-ceserythreus*）所产生的代谢产物。目前仍然采用该菌的变株来生产红霉素游离碱，再由其制成各种盐类或酯类，如乳糖酸红霉素、红霉素硬脂酸酯、红霉素碳酸乙酯和无味红霉素等。

（一）生产菌种

红霉素链霉菌在合成琼脂培养基上生长的菌落，是由淡黄色变为微带褐色的红色，色素不渗透到培养基中，气生菌丝为白色，孢子丝呈不紧密的螺旋状，约 3～5 圈，孢子呈球状。常用砂土管或冷冻管保存，以冷冻管保存的孢子质量好。

提高红霉素链霉菌生产红霉素的能力，仍以诱变育种为主要手段。常用的诱变因素有紫外线、X 射线、快中子和乙烯亚胺、硫酸二乙酯、氮芥等。以快中子的效果最好。快中子的剂量为 10～30krad[❶]，正变株的频率显著增加，产量提高的幅度最大。红霉素链霉菌的形态变异与产量之间有一定的相关性，常见的有产生孢子和不产孢子两类，前者有产红霉素的能力，而后者产量很低或完全不分泌红霉素；红霉素链霉菌孢子的颜色特征也与产量之间有一定的相关性，一切颜色特征不同于亲本的突变株已完全丧失产生红霉素的能力，而颜色与亲本相似的菌株在不同水平上仍保持产生抗生素的能力。因此红霉素的生物合成似乎与亲本菌株的培养特征有关。

在红霉素的生产中，不少国家都出现过噬菌体污染问题。因此，在菌种选育上，侧重抗噬菌体菌株的研究。另外，研究发现提高丙酸激酶活性或基因拷贝数有利于红霉素产量的提高。

（二）发酵工艺及控制要点

红霉素发酵一般采用孢子悬液接入种子罐，经二级种子扩大培养后移入发酵罐，利用分批补料的方式，进行发酵生产。

1. 孢子制备及控制要点

孢子培养一般采用淀粉、玉米浆、硫酸铵等琼脂斜面培养基，37℃，培养 7～8 天，即生长成熟。

孢子培养基中的配比适当与斜面孢子的质量和菌种的发酵单位有重要的关系；琼脂本身的质量对孢子质量和数量也有重要的影响，而这一点常常为人们所忽视。为了减少因琼脂产地、加工方法不同而引起斜面质量的差异，可用水洗琼脂，除去某些可溶性杂质，以提高和稳定孢子质量。光对斜面孢子生长有抑制作用，应该避光培养。

2. 种子培养及控制要点

种子培养是采用淀粉、葡萄糖、黄豆饼粉、硫酸铵和碳酸钙等组成的培养基。直接用红霉菌孢子悬液亦可用摇瓶种子培养液做种子罐接种。各级种子于 28～35℃进行培养，经一定时间后，种子生长成熟，即可移入发酵罐。

种子培养基的成分和质量与孢子发芽和种子质量有重要关系，种子质量还与种子培养时消耗功率的大小有明显关系，在不损害菌丝的情况下，增加种子培养的输入功率，能使红霉素的发酵单位直线上升。

---

❶ 1rad＝10mGy，全书余同。

3. 发酵生产及控制要点

红霉素发酵一般都使用复合培养基：淀粉、葡萄糖为碳源；黄豆饼粉、硫酸铵为氮源；以碳酸钙作缓冲剂；丙酸作为前体。接种量为 10%，培养温度为 28～35℃，pH 值为 7.0。

（1）培养基 发酵培养基最适碳源是蔗糖，在蔗糖浓度为 7.0% 时，红霉素产量和菌丝干重为最大，各种碳源的效果大小的顺序为：蔗糖＞葡萄糖＞淀粉＞糊精。从红霉素的生物合成途径来看，葡萄糖是直接进入分子中的，而蔗糖需经分解为葡萄糖和果糖后才能被利用，蔗糖之所以比葡萄糖适合，可能是蔗糖的分解速率正适合菌体对糖的利用速率，不会因单独使用葡萄糖而积累中间产物或使 pH 下降。采用葡萄糖和淀粉的混合碳源，其效果与使用蔗糖是相似的。

由于糖类是用于构成红霉素分子的碳原子，当糖耗尽时，由于缺乏合成红霉素的原料，合成就会停止，因此在发酵过程中通过补料形式进行控制。

丙酸是红霉内酯的前体物质，但因丙酸对菌丝体生长有抑制作用，所以在基础培养基中的用量需要控制，一般认为 0.2% 的用量比较好。其余的量最好是采用连续或间隙添加的方法，以调节正丙醇在培养基中的量，保证生物合成达到最高水平。近期研究表明，正丙醇除了起前体作用外还是红霉素链霉菌合成乙酰 CoA 羧化酶的诱导物。这种诱导作用可能发生在转录水平。关于各种醇类对红霉素生物合成的影响，曾以红霉菌 IBI-355 进行试验，其结果见表 5-5 所示。

表 5-5 各种醇类对红霉素生物合成的影响

醇类	化 学 结 构	用量/%	对照效价的百分比	醇类	化 学 结 构	用量/%	对照效价的百分比
对照	—	—	100	巴豆醇	$CH_3CH=CHCH_2OH$	2	
正丙醇	$CH_3CH_2CH_2OH$	2	150	异丙醇	$(CH_3)_2CHOH$	2	
烯丙醇	$CH_2=CHCH_2OH$	2	92.5	仲丁醇	$CH_3CH_2CH(CH_3)OH$	2	
戊醇	$CH_3CH_2CH_2CH_2CH_2OH$	2	129.1	异丁醇	$(CH_3)_2CHCH_2OH$	2	
异戊醇	$(CH_3)_2CHCH_2CH_2OH$	2	123.2	苯甲醇	⬡—CH_2OH	2	菌体不生长
正丁醇	$CH_3CH_2CH_2CH_2OH$	2	127.8				

红霉素生产中一般多用有机氮源，其中以黄豆饼粉、玉米浆为最佳。通过单独氮源实验表明，缬氨酸的影响最大，氮源的代谢对红霉素合成是一个重要因素，无论在合成培养基或复合培养基中，仅当适于菌体生长的氮源用尽时，菌体量停止增长，才开始迅速合成红霉素。这就表明红霉素的生物合成和菌体生长本身无关，适合菌体生长的氮源，还可能是抑制红霉素合成的因素。在研究发酵培养基的碳氮比与红霉素生物合成关系时发现，不同菌株合成红霉素所要求的碳氮比是不同的，有的在碳氮比为 20 时，发酵单位最高，有的在碳氮比为 12 时，发酵单位达最大值。因此依据产生菌的要求，在发酵过程中控制培养液的碳氮比是提高发酵水平的关键。

在无机盐中，铁盐可以降低红霉素的产量，如培养基含有 $400\mu g/mL$ 的铁，培养液中的效价就会降到零，见表 5-6。

表 5-6 铁盐对红霉素生物合成的影响

铁浓度/($\mu g/mL$)	效价/mL	铁浓度/($\mu g/mL$)	效价/mL
对照	383	20	279
5	357	40	0

（2）发酵条件控制 在稀薄培养基中，通气效率较好，能够满足菌的需氧量，所以红霉素的生物合成不受通气的影响。但在丰富培养基中，红霉素的产量则随通气速率的增加而

提高。

菌体在代谢过程中产生的二氧化碳对红霉素的生物合成是有影响的，据报道，二氧化碳的分压增加时，对红霉素的合成有明显的抑制作用。自发酵 15h 后开始导入二氧化碳（按进气量 11％），直到发酵结束，红霉素的合成量减少至 40％，合成率从 0.2 单位/（h·mL）降到 0.07 单位/（h·mL）。但二氧化碳分压的增加并不影响红霉素链霉菌的生长。二氧化碳对红霉素合成的抑制作用可能是由于二氧化碳与丙酸盐反应形成的甲基丙二酸所产生的反馈抑制，使红霉内酯的合成受到抑制而降低发酵单位。

红霉素链霉菌生长的最适 pH 为 6.6～7.0，而红霉素合成的最适 pH 为 6.7～6.9。pH 的改变对红霉素生物合成的影响很大。因此，应调整好培养基中生理酸性和生理碱性物质的用量，以保证发酵过程中 pH 在适当范围。

（三）提取和精制

红霉素是一个碱性化合物，碱性时可溶于有机溶剂中，而在酸性时则能溶于水中。因此，目前主要采用溶剂萃取法来提取，所用溶剂有醋酸丁（戊）酯、二氯甲烷、丙酮等。进行反萃取时酸的提取液，有醋酸缓冲液、磷酸缓冲液，也有用柠檬酸缓冲液。红霉素提取的步骤如下：

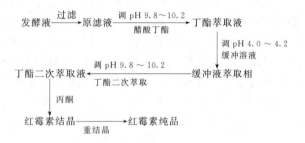

比较醋酸丁酯、醋酸戊酯、二氯乙烷、氯仿和二氯甲烷等不同萃取剂的提取效果发现，它们的分配系数几乎相同，但用于发酵滤液的分配系数（31～39）要比用于水溶液的（50～54）低，所得红霉素的质量没有明显差别（都在 890～895μg/mg 之间）。通过对从有机溶剂相转入水相所用的反萃取剂提取效果的比较（曾比较了 0.25mol/L 醋酸、2.0mol/L 硼酸、0.1mol/L 草酸、0.05mol/L 柠檬酸以及用气态 CO_2 酸化过的水等）发现，醋酸缓冲液具有最大的反萃取能力，对成品质量无甚影响，硼酸缓冲液虽有较大的分配系数，但它能与红霉素形成稳定的硼酸盐络合物，所以不能用作反萃取剂。

溶液 pH 对萃取物质量有一定的影响。试验结果表明，在 pH9.0～10.0 间，用醋酸丁酯进行萃取，在 pH4.0～5.0 用磷酸缓冲液进行反萃取，这样的萃取选择性最高，所得红霉素提取物最纯。萃取中所形成的乳浊液的稳定性随着 pH 的升高而增加。为了克服乳化现象，国外报道，用不含胰酶的肽酶（pacreatin freeprotease）（如无花果肽酶、菠萝肽酶、木瓜肽酶一类）及酯酶进行保温消化处理发酵液，就可减轻或避免提炼过程中的乳化现象，并能提高原发酵液的单位。

为了进一步纯化红霉素，将红霉素制品溶于丙酮中，再加入两倍体积的水，即得红霉素纯品，干燥后其纯度可达 970 单位/mg。符合药典要求。

在萃取溶剂中用直接成盐的方法可制备红霉素盐化合物，其中包括丙烯基红霉素十二烷基硫酸盐（propionylerythromycinlaurylsulfate）、红霉素氨基碘酸盐、红霉素乳酸盐及红霉素硫氰酸盐。如制造红霉素乳酸盐，可用醋酸丁酯（用量为发酵液体积的 15％～20％）在 pH8～10 时多次提取发酵液，得到的高浓度萃取液，用无水硫酸钠干燥，过滤，于滤液中慢慢加入乳酸的醋酸丁酯溶液，直到 pH 达 5.1，同时搅拌，就形成白色乳酸盐结晶沉淀。结晶物可在不超过 55℃下进行真空干燥。收率可达理论值，纯度为 $830\mu g/mg$，熔点为 110～112℃。其他的盐，可用相似的方法制得。

红霉素是碱性化合物，在中性和酸性条件下呈阳离子，所以还可用离子交换法来提取。从不同阳离子交换树脂吸附红霉素的结果来看，用低交联度磺酸型阳离子交换树脂（聚苯乙烯型）是有效的，交联度愈高，孔率愈低，吸附红霉素的能力愈差。可采用交联度约为 1%～5.5%的多孔性阳离子交换树脂，在 pH5.5～7.0（pH 小于 5.5，红霉素十分不稳定）条件下进行吸附，用水、3%及 60%甲醇液洗涤，有效地除去有色杂质，再用碱性醇溶液（0.25mol/L 氨的 90%甲醇溶液）洗脱树脂上的红霉素，洗脱液于 50℃进行真空蒸发，得浓缩萃取液。总收率按发酵滤液计可达 70%。亦可用低交联度的钠型羧酸阳离子交换树脂从中性滤液中吸附红霉素。还可采用吸附法提取红霉素，用苯乙烯-二乙烯苯大网格吸附剂来吸附，有机溶剂洗脱，收率和纯度均较好。

第三节　利福霉素类抗生素

利福霉素（rifamycin）类抗生素是 1975 年由意大利米兰 Lepetit 研究室从法国南部拉斐尔植物园的土壤中分离获得的地中海拟无枝酸菌（*Amycolatopsis mediter ranei*）所产生的代谢产物。天然产的利福霉素类抗生素包括 5 个组分，称为利福霉素 A、B、C、D 和 E，其中利福霉素 B 活性较强，性质较稳定，但临床药效不够理想。后经人工对天然产的利福霉素 B 做各种化学结构的改变，得到一系列药效更强的半合成利福霉素类抗生素，如利福霉素 SV、利福平、利福定、利福喷丁等。利福霉素 SV 首先在临床应用，于 1961 年投入生产。

一、利福霉素类抗生素的结构

利福霉素 B 及半合成利福霉素类抗生素——利福霉素 SV、利福平、利福定、利福喷丁、罗哌啶利福霉素的化学结构如图 5-9 所示。

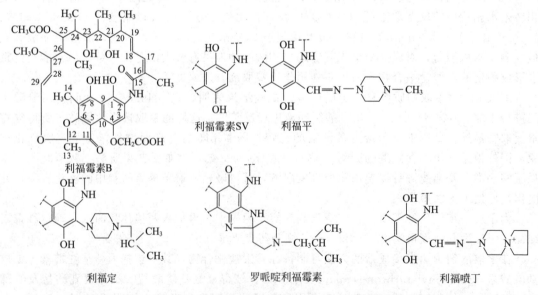

图 5-9　主要的利福霉素类抗生素的化学结构

二、利福霉素类抗生素的抗菌特性

利福霉素类抗生素具有广谱抗菌作用，对结核杆菌、麻风杆菌、链球菌、肺炎球菌等革兰阳性细菌，特别是耐药性金黄色葡萄球菌的作用都很强。对某些革兰阴性菌也有效。临床多与其他抗结核病药物合用治疗各型结核病和治疗耐药金黄色葡萄球菌的严重感染，还用于治疗麻风病。

利福霉素 SV 注射剂能高效地抗革兰阳性菌及结核分枝菌，但口服后排泄快，血药浓度不高。

利福平（rifampin 或 rifampicin），它是由利福霉素 SV 的 3 位上导入一醛基，然后和 1-甲基-4-氨基哌嗪缩合形成的腙化合物，其化学名为 3-（4-甲基-1-哌嗪亚氨甲基）利福霉素 SV（结构见图 5-9）。利福平主要用于治疗结核分枝杆菌感染，其次是治疗革兰阳性菌所致胆道感染、脑膜炎球菌带菌者、麻风病和沙眼。它常和 TMP、异噁唑青霉素、庆大霉素、黏菌素、万古霉素联合治疗非结核性细菌感染。利福平对耐甲氧苯青霉素钠的金葡菌所引起的感染疗效显著，它和万古霉素联合治疗能起协同杀灭葡萄球菌的作用，但单独使用都易引起耐药性。利福平和两性霉素 B 联合已广泛地应用于治疗霉菌感染。利福霉素 SV-Na 针剂亦用于治疗各种急性严重细菌感染，疗效很好，但应严格控制使用，防止产生耐药性。

利福定即异丁基哌嗪利福霉素，此药具有抗结核作用强及血药浓度比利福平高两倍的优点。

环戊哌利福霉素即利福喷丁，是一个长效利福霉素，其半衰期为 32.8h，和利福平相比，每周用药只 1～2 次，抗菌活性为利福平 2～10 倍，LD_{50} 比利福平低 2～5 倍。和氧氟沙星联用治疗麻风病效果极佳。目前我国都已大量生产。

罗哌啶利福霉素不仅抗结核菌强于利福平，ED_{50} 比后者小 7 倍，而且对耐药菌效果好。在肺中浓度比血液中高 10～20 倍。

三、利福霉素 SV 的生产工艺

（一）生产菌种

在开始鉴别利福霉素产生菌的分类时，该菌命名为地中海链霉菌。后来确定该菌应属于诺卡菌属，称为地中海诺卡菌。1986 年，放线菌分类学家 M. P. Lechevalier 依据化学分类法从诺卡菌属中分离出两个新属 *Amycolatopsis* 和 *Amycolata*，这两个属的菌虽具有诺卡菌的形态特征——菌丝分隔断裂，但在它们的细胞化学组成中不含诺卡枝菌酸。最后，鉴定该菌属 *Amycolatopsis* 称为地中海拟无枝酸菌（*Amycolatopsis mediterranei*）。

在研究利福霉素 B 的生物合成途经时，发现利福霉素 SV 是利福霉素 B 的前体，目前工业生产利福霉素 SV 的菌株是用高效诱变剂 N-甲基-N-亚硝基胍处理菌丝断片得到的阻断突变株 RS20，该菌发酵生产利福霉素 SV 的能力为 2000μg/mL。

（二）发酵工艺及控制要点

1. 发酵生产流程

菌种冷冻管 $\xrightarrow[\text{28℃, 8 天}]{\text{孢子培养}}$ 母斜面 $\xrightarrow[\text{28℃, 6～8 天}]{\text{孢子培养}}$ 子斜面 $\xrightarrow[\text{28℃, 48～60h}]{\text{种子瓶培养}}$ 摇瓶种子

$\xrightarrow[\text{28℃, 55～65h}]{\text{一级种子罐}}$ 一级种子液 $\xrightarrow[\text{28℃, 40～55h}]{\text{二级种子罐}}$ 二级种子液 $\xrightarrow[\text{28℃, 136h}]{\text{发酵}}$ 发酵液

2. 发酵生产及控制要点

（1）培养基

斜面培养基：用 Bennet 培养基或 5％麸皮的琼脂斜面。

种子培养基：葡萄糖 1.5％、淀粉 1.5％、黄豆饼粉 1.0％、蛋白胨 1.0％、KNO_3 0.05％、$CaCO_3$ 0.2％、pH7.0。

发酵培养基：葡萄糖 10％、黄豆饼粉 1.0％、蛋白胨 1.0％、鱼粉 0.5％、KNO_3 0.8％、KH_2PO_4 0.015％、氯化钴 $1\mu g/mL$、$CaCO_3$ 0.5％。

发酵用碳源以甘油和葡萄糖最佳，工业生产为了降低成本，可用酶法水解淀粉，所得糖液代替工业葡萄糖进行发酵和补糖，淀粉经酶法水解后，绝大部分转化成葡萄糖，总糖含量大于 60％，DE 值大于 90％，发酵效价跟用工业葡萄糖相同；氮源采用黄豆饼粉、蛋白胨和鱼粉等，有报道可用 0.83％花生饼粉代替 0.625％蛋白胨，可增加菌丝浓度，并提高发酵单位25％～30％，黄豆饼粉用量由 1.0％增至 1.41％亦可增加菌丝浓度和提高发酵单位25％～30％；无机氮源以硝酸盐最好，硝酸钾比硝酸钠更佳些；磷酸盐不宜多加，以防止形成大量无活性的利福霉素 Y 副产物，特别在前期，多加磷会严重影响利福霉素 SV 的合成，发酵液中磷酸盐的含量应控制在 0.0005％ ～0.007％；碳酸钙用量随培养基中葡萄糖用量而变，用量为 0.2％～1.3％；丙酸盐可促进利福霉素的合成，最佳浓度为 10mmol（0.07％），过量的氨盐能阻遏丙酸盐激活酶系统以及利福霉素的合成；添加丙酸盐使受氨盐抑制的利福霉素的合成部分恢复，促进了活化三碳单位的供应，有报道加入 0.2％尿嘧啶于培养基中可刺激产生利福霉素 B。

（2）培养条件控制　斜面在 28℃培养 6～8 天，基质菌丝生长丰满，色泽橘红，经摇瓶试验，效价合格后供生产使用或制成冷冻管冰箱保存。

摇瓶在 28℃摇床生长 48～60h，菌丝生长浓厚逐渐变色，pH7.0～7.3。

一级种子罐 28℃培养 55～65h，pH7.0～7.2，残糖 1.5％，菌丝含量 20％。

二级种子罐 28℃培养 40～55h，pH7.1～7.3，残糖 2.5％，菌丝含量 35％～40％（2000r/min 离心 5min），效价 300U/L。

发酵温度 28℃，培养 136h。要求培养 48h 内菌浓上升至 35％左右，以保证发酵起步单位高。有报道发酵 45～85h，罐温降至 27℃，85h 到放罐降至 23℃培养。在发酵 48h 和 72h 可进行中间补料 2～3 次。发酵过程中还原糖残量控制标准定为：80h，3.5％；90h，3.0％；100h，2.5％。菌丝生长的最佳 pH 值为 6.5～6.8，为控制 pH 值，可在培养基中加入生理碱性盐硝酸钾 0.45％～0.8％，亦可以在中间补糖液时改变硝酸钾用量，使发酵 80h 后至放罐的发酵液 pH 值自动调节在 7.0～7.5。发酵末期时特别要注意 pH 值不可超过 7.5，否则发酵液会有大量细小泡沫产生，颜色由棕黄变为紫红，生物效价由 5000U/mL 突降至 700U/mL，菌浓由 52％降至 40％转稀，菌丝自溶。这种效价明显下降，除 pH 升高的影响外，还可能是由自溶的菌丝体释放出某种能改变利福霉素 SV 化学结构、破坏其生物活性的物质所致。很可能这种物质本身就是一种碱性物质，在碱性条件下稳定，具有使发酵液 pH 值升高、颜色变紫红及使产物效价丧失的双重作用。

利福霉素发酵至 50～80h 时，对溶解氧的需要较高，此时期若缺氧将造成利福霉素代谢异常。整个发酵过程如平稳地保持溶氧在 50％的饱和浓度，有利于保持较高水平发酵单位。

（三）利福霉素 SV 的提取和精制

1. 工艺流程

从发酵液中提取利福霉素 SV，目前工业上多用溶剂萃取法。利福霉素 SV 易溶解于有机溶剂中。将利福霉素 SV 在酸性溶液中转入有机溶剂（醋酸丁酯、氯仿等）中，除去水溶性杂质，再经浓缩、结晶、成盐、干燥，就能得到利福霉素 SV 钠盐。

利福霉素 SV 发酵液 $\xrightarrow[\text{加絮凝剂 PAMC 或 SL-3}]{\text{板框过滤}}$ 滤液 $\xrightarrow[\text{HCl 调 pH2.5 加 1231 破乳剂}]{\text{BA 抽提}}$ 利福霉素 SVBA 抽提液 $\xrightarrow[\text{1\%NaHCO}_3]{\text{洗涤}}$

$\xrightarrow[\text{pH2 酸性水洗}]{\text{水洗}}$ 洗后 BA 抽提液 $\xrightarrow[]{\text{薄膜浓缩}}$ 浓缩液 $\xrightarrow[\text{加碱调 pH8.5}]{\text{结晶}}$ 湿晶 $\xrightarrow[\text{用饱和碳酸氢钠水溶液洗}]{\text{洗涤}}$ $\xrightarrow[]{\text{干燥}}$ 利福霉素 SV 钠盐

2. 提取工艺控制要点

发酵液预处理要求去除蛋白质等易乳化杂质，可加入有机絮凝剂阳离子聚丙烯酰胺（PAMC）或 SL-3，板框过滤。滤液加破乳剂十二烷基三甲基溴化铵（简称 1231），稀 HCl 调 pH2.5，用乙酸丁酯（BA）萃取。萃取液用 1% 碳酸氢钠溶液和 pH2 盐酸水溶液分别洗涤萃取液，经薄膜浓缩至 12 万～14 万单位/mL，回收 BA，根据萃取液∶碳酸氢钠∶氢氧化钠＝1∶0.13∶0.15，于 20～25℃分别加入碳酸氢钠溶液和氢氧化钠溶液，结晶出利福霉素 SV 钠盐。分离晶体经洗涤、干燥即得成品利福霉素 SV 钠盐。生物效价 760～830U/mg，此成品即可用于合成利福平、利福定或利福喷丁。

第六章

四环类抗生素

第一节 概 述

四环类抗生素是以四并苯为母核的一类有机化合物。其中有应用价值的品种有金霉素（aureomycin）、土霉素（terramycin）、四环素（tetracycline）、地美环素（去甲金霉素）及其半合成衍生物如多西环素（强力霉素）、美他环素（甲烯土霉素）、米诺环素（二甲胺四环素）等。它们的结构见图 6-1。

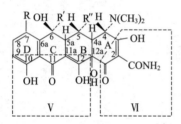

四环素（Ⅰ） $C_{22}H_{24}N_2O_8$，R＝R″＝H，R′＝CH_3
土霉素（Ⅱ） $C_{22}H_{24}N_3O_9$，R＝H，R′＝CH_3，R″＝OH
金霉素（Ⅲ） $C_{22}H_{22}ClN_2O_8$，R＝Cl，R′＝CH_3，R″＝H
地美环素（Ⅳ） $C_{21}H_{21}ClN_2O_8$，R＝Cl，R′＝R″＝H

图 6-1 四环类抗生素的结构式

四环类抗生素可与微生物核糖核蛋白体 30S 亚基接合，通过抑制氨基酰-tRNA 与起始复合物中核蛋白体的结合，阻断蛋白质合成时肽链的延长。因而这类抗生素都有宽广的抗菌谱，不但对很多革兰阳性及阴性细菌有较强的抑杀作用，对某些立克次体、大型病毒和某些原虫也有抑制作用。其中四环素，因在血液中能维持一定浓度，毒性低、疗效好，在医疗上应用较广。金霉素副作用较大，可以引起严重肠胃道反应和呕吐等。但金霉素对一些耐青霉素的金葡菌所引起的各种严重感染有相当疗效，而这些感染却不能为四环素或土霉素所控制。土霉素对呼吸道感染及肠道感染均有相当疗效。土霉素控制阿米巴肠炎及肠道感染的效果胜过四环素、多西环素、美他环素、米诺环素等。畜用土霉素需要量很大，治"猪瘟"及"猪喘气症"的疗效比四环素为好。该类抗生素在防治某些畜禽疾病、促进动物生长方面获得良好效果。

一、四环类抗生素的理化性质

从四环类抗生素的结构式可知，其含有下列功能团：二甲氨基 N（CH_3）$_2$，酰氨基 $CONH_2$，酚羟基（C-10）和两个含有酮基和烯醇基的共轭双键系统（Ⅴ和Ⅵ）。这两个系统（Ⅴ、Ⅵ）决定了抗生素的颜色和在紫外光区的特征吸收峰。系统Ⅴ的 λ_{max} 在 350nm 左右，系统Ⅵ的 λ_{max} 在 265nm 左右。四环素类抗生素是两性化合物。三羰基甲烷系统Ⅵ具有酸性（$pK_a＝3.3$），酚二酮系统Ⅴ也具有酸性（$pK_a＝7.5$），但酸性较弱。碱性是由于二甲氨基（$pK_a＝9.5$）的存在。因此它能和各种酸、碱形成盐，其中以盐酸盐最重要，广泛用于医疗上。游离的四环素（即成偶极离子形式）习惯上称为四环素碱或游离碱。

四环素、金霉素的理论效价均以盐酸盐为标准，土霉素以游离碱为标准，每毫克定为1000单位（U）。

由上述 pK_a 的数值，可得等电点的 pH 值为 5.4。在等电点时，四环素呈游离碱的形式，在水中的溶解度最小。四环素、土霉素在不同 pH 值的溶解度见图 6-2、图 6-3。

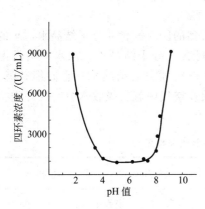

图 6-2　四环素-水平衡曲线

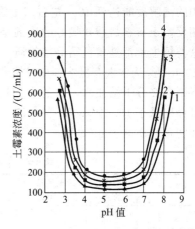

图 6-3　土霉素-水平衡曲线
1—5℃；2—10℃；3—15℃；4—20℃

由图和表可见，四环类抗生素在 pH＝4.5～7.2 之间难溶于水，且在此 pH 值范围内，其溶解度几乎一定。在较酸或较碱的溶液中，溶解度增加。当 pH 值低于 4 或高于 8 时，可得高浓度的四环素水溶液。其盐类在水中易水解，过剩的酸能防止水解和析出游离碱。四环类抗生素在各种溶剂中的溶解度见表 6-1。

表 6-1　四环类抗生素的溶解度 [（28±4)℃] /（mg/mL）

溶　剂	金霉素盐酸盐	土　霉　素			四　环　素	
		碱	盐酸盐	钠盐	碱	盐酸盐
水	13.0	0.60	500		1.7(0.35)	160(10.9,132)
甲醇	17.4	18.5(20.0)(7.5,20℃)	16.3(30.0)	1.5	20.0	20.0
乙醇	1.7	8.1(12.0)	11.9(12.0)	8.0	20.0	7.9
乙醇95%		0.2	33			
异丙醇	0.45	0.30	7.3		16.1	1.2
丁醇		0.19	3.3		29.5	
异戊醇	0.17	0.087	7.45		14.2	1.4
苯甲醇	1.8	0.70	>20		14.35	10.8
乙二醇	3.0	>20	>20		>20	17.75
醋酸乙酯	0.35	0.85	2.05		17.3	0.75
丙二醇			54.0			
醋酸异戊酯	0.12	0.15	1.0		11.6	0.35
乙醚	0.1	0.1	0.1		3.7	0.6
二氧六环	1.45	4.1(9.1)	6.3(5.3)	8.0	14.6	7.7
丙酮	0.12	1.6(7.0)	10.8(2.5)	2.0	17.6	0.75
丙酮90%		0.43	53	21		
甲基乙酮	0.18	1.35	4.4		>20.0	0.7
甲酰胺	5.9	>20	>20		12.75	>20
吡啶	>20	>20	>20		>20	>20
二硫化碳	0.023	0.066	0.063		0.50	0.35
氯仿	0.02	0.0	0.40		13.8	2.9
四氯化碳	0.132	0.055	0.072		0.315	0.10
二氯乙烷	0.25	0.25	0.35		11.2	0.80
石油醚	0.05(0.005)	0.0	0.01		0.06(0.005)	0.0
异苯烷	0.010	0.027	0.025		0.027	0.027
环己烷	0.45	0.055	0.055		0.095	0.075
苯	0.1	0.04	0.03		1.0	0.3
甲苯	0.03	0.005	0		0.595	0.21
醋酸			300			

注：括号内表示不同来源的数据。

在极性弱的溶剂中，如酯、醚、芳烃或脂肪烃等，溶解度较小或不溶解。在有机溶剂中，其盐酸盐和游离碱的溶解度是相近的。无水土霉素和四环素在四氢呋喃和1,2-二甲基乙烷中的溶解度能达到10%左右。土霉素碱在含水溶剂中的溶解度低于纯溶剂，而其盐酸盐则相反。土霉素盐酸盐最好的溶剂是醋酸和90%丙酮。

这类抗生素都是黄色结晶性物质。从水中结晶得到的四环素含6分子结晶水，水的含量达到19.6%。从含水有机溶剂中结晶得到的四环素可含3分子结晶水。从水中结晶得到的土霉素则含2分子结晶水，水的含量达到7.5%。加热时就失去结晶水。它们都有吸湿性，含水量分别低于19.6%和7.5%的四环素和土霉素放在空气中就会吸收水分。四环类抗生素的一些物理性质见表6-2。

表 6-2　四环类抗生素的一些物理性质

抗 生 素	相对分子质量	理论效价/(U/mg)	熔点/℃	$[\alpha]_D^{25}(c=0.5\text{g/mL})$	$\lambda_{max}/\text{nm}(\varepsilon)$
四环素	444.4	1082	170～173(分解)	$-239°$[5]	
四环素盐酸盐	480.9	1000	215(分解)	$-257.9°$[1]	220,268,355(13000,18040,113320)[3]
4-差向四环素氨盐(1分子H_2O)			170	$-325°$[2]	216,255,270,355(14100,16700,15600,14800)[3]
金霉素	478.7	1076	172～174(分解)	$-245°$[2]	
金霉素盐酸盐	515.3	1000	234～236(分解)	$-296°$[5]	228,265,368(17600,8300,10700)[3]
土霉素	460.43	1000	184.5～185.5	$-199°$[2]	267,357(21200,12300)[4]
土霉素盐酸盐	496.90	927	204	$-196.6°$[1]	
地美环素(1.5H_2O)			174～178	$-258°$[3]	227,268(17500,17700,12200)[3]

① 0.1mol/L HCl。

② 0.03mol/L HCl。

③ 0.05mol/L H_2SO_4。

④ 0.01mol/L 盐酸乙醇溶液。

⑤ 甲醇。

固体四环类抗生素较稳定。例如金霉素在20℃时贮存3～5年效价并不降低。土霉素在真空下，105℃加热140h，活性仅损失20%。四环素在37℃贮存时，生物活性虽不见降低，但其中4-差向脱水四环素含量增加，后者对人体有毒。低温贮存可避免此现象。

四环类抗生素的水溶液在不同pH值下的稳定性差别很大。例如，金霉素在碱性条件下很不稳定，在pH值为14.0、9.8、7.6时的半衰期分别为40s、3.5h和12h。在酸性条件下四环素较稳定。不同温度下酸、碱性溶液中四环类抗生素的半衰期见表6-3、表6-4。

四环类抗生素对各种氧化剂，包括空气中的氧气在内，都是不稳定的。其碱性水溶液特别容易氧化，颜色很快变深形成黑色。成品在贮存中颜色变深也和空气中氧的作用有关。

二、化学性质和降解反应

1. 脱水化合物

四环类抗生素在弱酸性溶液中很稳定。在较酸的溶液中（pH<2），四环素因6位上的叔羟基易脱落，在5a～6位上形成双键而破坏。由于这个新双键的影响，C-11、C-11a、C-12上双键发生转移，而使环C芳构化（如图6-4）。

表 6-3　在酸性和碱性溶液中四环类抗生素的半衰期

抗生素	时　间	温度/℃	条　件
四环素	101min	60	0.1mol/L NaOH
	15.5h	24	0.5mol/L H$_2$SO$_4$
4-差向四环素	225min	60	0.1mol/L NaOH
	24h	24	0.5mol/L H$_2$SO$_4$
	154min	29	pH＝8.8
	134h	50	0.5mol/L H$_2$SO$_4$
金霉素	53min	29	pH＝8.8
	7h	50	0.5mol/L H$_2$SO$_4$
土霉素	10h	23	0.1mol/L NaOH
	6h	50	0.5mol/L H$_2$SO$_4$
地美环素	40min	100	0.1mol/L NaOH
	7h	100	0.5mol/L H$_2$SO$_4$

表 6-4　在不同 pH 值四环类抗生素的半衰期/h

抗生素	pH 值					
	2	4	5.5	17	8.5	10
金霉素	577.5	888.5	979.4	18	14	4.3
土霉素	288.75	105	96.25	72	60	43.2
四环素	577.5	1050	888.5	167	82.5	44

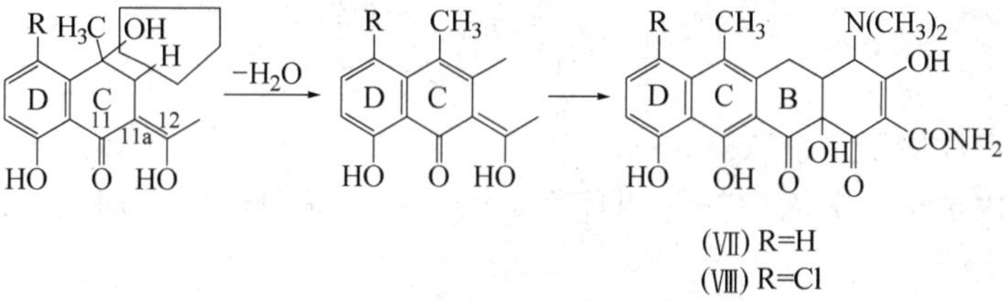

图 6-4　四环类抗生素形成脱水化合的反应

新生成的物质称为脱水四环素（Ⅶ）。同样，金霉素也能形成脱水金霉素（Ⅷ）。在脱水四环素和金霉素的分子中，因共轭双键的数目增多，色泽加深，呈稳定的黄色。此反应可用于四环素和金霉素的化学鉴定。脱水衍生物的抗菌活性很低，但在酸性或碱性溶液中都很稳定。地美环素在 6 位上不含有叔羟基而含有仲羟基，因此在酸性溶液中较稳定，它的脱水反应要在较激烈的条件下才能发生。

2. 差向化合物

四环素、金霉素和地美环素很易差向化，而土霉素由于 C5 上的羟基和二甲氨基形成氢键，因而较稳定。在弱酸性（pH＝2～6）溶液中，不对称碳原子 C4 可逆地发生异构化，形成差向四环素（图 6-5），生物活性大大降低。当 pH＜2 或 pH＞9 时，差向化速度很小。

差向化速度和很多因素有关。溶液中阴离子的性质影响很大。当有高价有机酸根存在时，差向化速度增加很快。例如 2％四环素在 0.01mol/L HCl 溶液中，在 25℃，经过 20h后，差向四环素的含量从 1％增加到 3％，而在 0.005mol/L 草酸溶液中，在相同条件下，差向四环素的含量增加到 9％（相对于溶液中四环素含量）。醋酸盐、柠檬酸盐存在时也会加速差向化。阴离子的浓度也有很大影响。例如在 pH＝4.0 的柠檬酸盐溶液中，当浓度从0.01mol/L 增加到 0.1mol/L 和 1 mol/L 时，差向化速度常数相应增加 6 倍和 32 倍。某些高价无机酸，如磷酸（但硫酸不会）也会使差向化速度增大。差向化合物在酸和碱中都很稳定

（见表 6-3）。

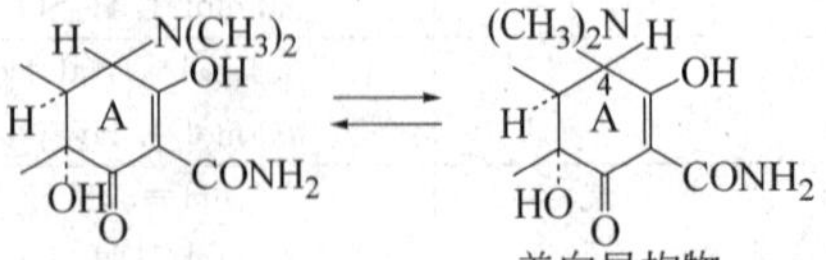

差向异构物

图 6-5　四环类抗生素在酸性溶液中的异构化

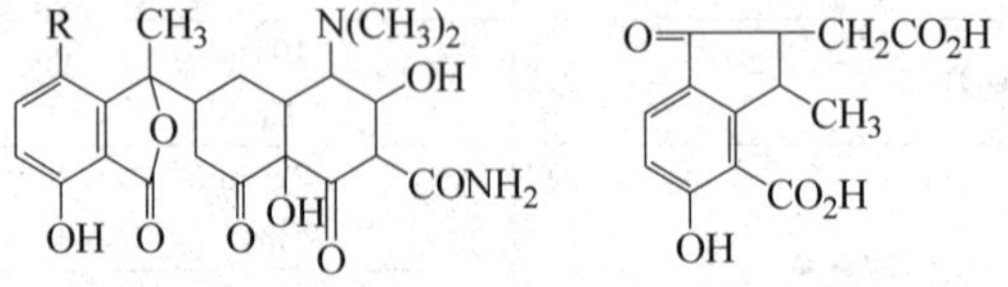

异四环素(Ⅸ) R=H

异金霉素(Ⅹ) R=Cl

土霉酸(Ⅺ)

图 6-6　四环类抗生素在碱性溶液中的降解产物

3. 降解反应

在弱碱性（pH＝8）溶液中，四环素和金霉素的C环打开，转变成无活性的异构化合物（Ⅸ和Ⅹ）。土霉素在碱性条件水解生成的异土霉素，进一步水解生成土霉酸（Ⅺ，terracinoic acid）（如图 6-6 所示）。

4. 螯合物与复合物

四环类抗生素还能和其他很多高价金属离子形成螯合物，主要的螯合位置是 11,12β-二酮系统：

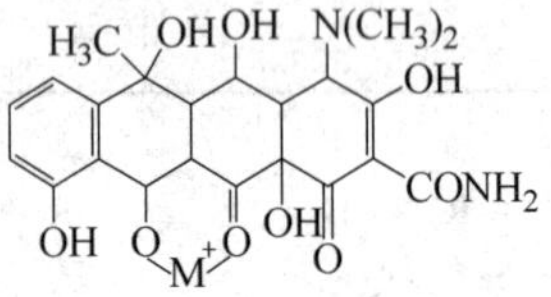

螯合物的稳定性次序为：$Fe^{3+}>Al^{3+}>Cu^{2+}>Co^{2+}>Mn^{2+}>Mg^{2+}$。

这一性质常用来从发酵液中提取四环素。因二酮系统是酸性基团，故沉淀应在碱性中（pH＝8.5～9.0）进行。

四环类抗生素还能和其他很多物质形成复合物，如硼酸、磷酸、六聚偏磷酸盐、氯化钙等，因此四环类抗生素在制备过程中容易夹带杂质。

四环素和尿素能形成等摩尔复合物 $C_{22}H_{24}N_2O_8CO(NH_2)_2$，不溶于水（在水中溶解度约为 300U/mL）。当溶于有机溶剂时，复合物即分离成四环素和尿素。四环素与尿素的反应具有特异性。尿素和金霉素、土霉素、差向四环素、脱水四环素等都不能形成沉淀而自水中析出，这一性质常用来精制四环素。

在四环类抗生素成品中，可能存在 2-乙酰-2-去酰胺衍生物：2-乙酰-2-去酰胺四环素、2-乙酰-2-去酰胺金霉素和 2-乙酰-2-去酰胺土霉素，分别简称为 ADT、ADCT 和 ADOT。ADT、ADCT 和 ADOT 是金色链霉菌和龟裂链霉菌的代谢产物，它们都是黄色结晶物质，紫外光谱和化学反应都和相应的抗生素很接近，但抗菌活性很低。

四环类抗生素在紫外光下都能产生荧光，这个性质可用于纸上层析和薄板层析中。将层析谱用氨气熏，经过几秒钟后，四环类抗生素和其差向物以及乙酰去酰胺衍生物呈黄绿色荧光，而脱水化合物呈橙色，异四环类抗生素呈紫色荧光。

第二节　四环素的发酵工艺

四环素生产采用合成金霉素的金色链霉菌菌种，通过在特定的培养条件下，控制产生菌的生物合成方向，使其产生 95%以上的四环素。用沉淀法提取产品。

一、生产菌种

最早的金霉素生产菌种是由杜加尔（Duggar）于 1948 年发现的金色链霉菌（*S. aureofa-ciens*）。当时该菌株发酵水平仅为 165U/mL，以后发现培养基中加入抑氯剂和氯的竞争剂时，则能合成 95％左右的四环素。此后，各国对该菌株进行了一系列的诱变处理，并将获得的高产菌株用于生产。除链霉菌外，诺卡菌属（*Nocardia*）、马杜拉放线菌属（*Actinomadura*）等也能产生四环类抗生素。

我国在金霉菌的诱变育种中，曾采用了多种诱变因素，如紫外线、氮芥、乙烯亚胺、放线菌素 K 等。经验表明，紫外线是金霉菌选育中有效的诱变因素之一，紫外线与放线菌素 K 结合处理具有更大的诱变效应。刘颐屏等于 1959 年开始对金霉菌基因重组进行了研究，并结合诱变因素处理，获得了金霉菌"重组 2U-84"，发酵水平比出发菌株 Uk-81 提高 40％，并发现重组体菌株对诱变因素的敏感性增加，这样更有利于获得高产变种的机会。

金霉菌在马铃薯、葡萄糖等固体斜面培养基中生长时，营养菌丝能分泌金黄色色素，但其气生菌丝却没有颜色。孢子在初形成时是白色的，在 28℃培养 5～7 天，孢子从棕灰色转变为灰黑色。孢子形状一般呈圆形或椭圆形，也有的呈方形或长方形，孢子在气生菌丝上排列成链状，这些培养特征随菌株的不同而异。

沉没培养过程中金色链霉菌的变化特征可划分为四个生长期。

第 I 期（原生菌丝期）孢子吸水膨胀，发芽，长出分枝，分枝旺盛而生长成一个菌丝团。美蓝着色呈深蓝色，原生质充实，分布不明显。

第 II 期（次生菌丝期或营养菌丝期）菌丝团散开，主体菌丝两侧的次生菌丝生长延长，交织成网状（称为网状菌丝），菌丝分枝明显，美蓝呈深蓝色。后期菌丝美蓝着色趋浅，主体菌丝趋短而淹没在网状次生菌丝中。

第 III 期（分泌期）菌丝趋短或中长状，菌丝侧枝有中短分枝，菌丝中出现空胞，美蓝着色力减弱或呈浅蓝色，愈往后期着色愈浅（若用美蓝-复红复合染色，菌丝可染成红色）。中后期菌丝更短，分枝减少，成短枝芽状。

第 IV 期（自溶期）菌丝形态趋模糊，最终自溶。

培养条件不利，往往造成菌丝变老或畸形。金色链霉菌在麸皮斜面上培养，产孢子能力较强。

二、种子制备及控制要点

1. 孢子制备

金色链霉菌在保存与繁殖过程中较易发生菌落形态上的变异，虽经纯化，还会出现多种菌落形态。菌落形态不同，生产能力也有差异。为了避免发酵单位波动，除了稳定各种条件外，往往在将砂土孢子接种斜面时进行一次自然分离，挑选菌落形态正常者接种在第二代斜面上，其流程如下：

砂土管 —→ 母斜面 —→ 子斜面 —→ 种子罐 —→ 发酵罐

这种方法一方面便于进行简单的自然分离，同时还可以节约砂土管的用量。有的工厂亦有不经挑选菌落而将母斜面孢子直接进入种子罐的。

配制孢子培养基用的水的质量和麸皮的质量对孢子质量影响较大，因此生产上多用合成水配制培养基。加工麸皮用的小麦品种、产地与加工方法要稳定。另外温度和培养环境也应严格控制。

2. 种子培养

种子培养基，一般以蛋白胨、花生饼粉、淀粉等为主要成分，于 $30\sim32℃$，经 $24\sim27h$ 培养即可成熟，其标志是：菌丝形态处在第 II 期末或第 III 期初；菌体处于代谢旺盛阶段，碳、氮源明显被利用；pH 值下降后又上升，达到 pH＝6.0 左右；培养液因菌丝增加而黏稠，色泽逐渐带黄色，并在其中出现少量四环素。

种子培养时通气、搅拌对种子的生长有很大的影响。如通气效果差时，种子生长缓慢，pH 值下降（最低达 pH＝5.0），若不改善通气、搅拌效果，而增加氮源（或磷酸盐）或提高培养温度，则发酵情况会更趋恶化，甚至增加碳酸钙也不能使 pH 值趋于正常。进入罐内的无菌空气温度过低，使生长迟缓，以致培养周期延长。

三、影响发酵的因素及工艺控制要点

四环素生产一般采用二级或三级发酵方式。

1. 培养基

目前四环素发酵培养基采用的氮源有花生饼粉、黄豆饼粉、棉籽饼粉、$(NH_4)_2SO_4$、NH_4Cl、NH_4NO_3、尿素等，很少用价格昂贵的蛋白胨。据奥斯门（Osman）等（1969 年）报道，脯氨酸、蛋氨酸、谷氨酸、丙氨酸、苯丙氨酸、组氨酸、苏氨酸及胱氨酸均能刺激金色链霉菌生产四环素或金霉素。添加玉米浆到合成培养基中，在适当浓度内也能增加四环素的产量，色谱法证明玉米浆中含有上述氨基酸。培养基内氨基酸的浓度增加，导致菌丝大量增殖。但在发酵中添加过量的氮源，则抑制四环素的合成。培养基中大致含有 $100\sim200mg/L$ 氨基氮的氨基酸浓度对四环素的生物合成较为适宜。

常用的碳源有淀粉（也可用玉米淀粉、燕麦粉、土豆粉等代替一部分）、可溶性淀粉、葡萄糖、糖蜜及油脂等。采用玉米淀粉作为培养基时，可在灭菌前预先用酶进行水解，对提高发酵单位有利。

用金霉菌生产四环素，多通过加入竞争性的抑氯剂-溴化钠和抑氯剂-促进剂 M（2-巯基苯并噻唑），阻止金霉素的合成，促进四环素合成，使金霉素在总产量中低于 5％。表 6-5 和表 6-6 列出了几种抑氯剂的分子结构和抑氯剂的使用剂量与效果。

表 6-5　各种抑氯剂的分子结构通式

结 构 通 式	X	Y	Z
X—◯(N=N)—Y-Z	卤素，H	S,SO_2	H,CH_3,苯基
—C—N—C—Y（X上）	SH,S,NH_2	S,O,N,NH_2	
Y—N—C—Z（X,S上）	H,低烃基	H,苯基	SCH_2COOH 等
R_1—C(N—N)C—R_2（X上）	S,O,NH	$(R_1)SH,Br,Cl$	$(R_2)SH,H,SO_2-NH_2$
X—S—◯(N,N,N,Y)	H,烃基	羟基	

表 6-6　几种抑氯剂的使用剂量与效果

抑　氯　剂	用量/10^{-6}	金霉素/(U/mL)	四环素/(U/mL)	四环素/%
2,5-巯基-1,3,4-噻二唑	0	7350	927	13
	25	440	7200	94.2
	50	255	6980	96.5
2-(二呋喃基)-5-巯基 1,3,4-噁二唑	0	7550	280	7.1
	5	435	6450	93.6
	10	160	6805	97.7

这些抑氯剂对改变金霉素的合成方向均有一定作用，但浓度较大时对产生菌都有不同程度的毒性，使用时应注意。将抑氯剂与 NaBr 并用，可克服由于抑氯剂引起的毒性作用。为了使产生菌更能适应抑氯剂，把抑氯剂加到种子罐内，可使金霉素比例进一步下降。

培养基中的无机盐以磷酸盐最重要。无机磷浓度是控制菌丝生长率的重要因子，也是金色链霉菌从生长期转入抗生素生物合成期的关键因素。经模拟试验研究指出：磷含量从 $10\mu g/mL$ 增至 $45\mu g/mL$，则菌体的比生长速率 μ 从 0.007/h 增加至 0.029/h，如继续增加磷至 $270\mu g/mL$，其生长比速率并不发生变化。磷含量在 $25\sim30\mu g/mL$ 时，菌丝生物合成四环素的能力最大，此时比生长速率 μ 为 0.022/h。培养基中磷含量与菌体的比生长速率及生物合成四环素能力的关系见表 6-7。

表 6-7　磷对金色链霉菌比生长速率和四环素比生产速率的影响

培养基中磷含量/($\mu g/mL$)	比生长速率/h^{-1}	比生产速率/[$\mu g/$(mg 干菌体·h)]	培养基中磷含量/($\mu g/mL$)	比生长速率/h^{-1}	比生产速率/[$\mu g/$(mg 干菌体·h)]
10	0.07	2.36	45	0.029	2.24
15	0.15	3.58	270	0.028	2.14
25	0.022	4.25			

研究结果表明，高浓度的磷酸盐能抑制产生菌体内的戊糖循环途径中的 6-磷酸葡萄糖脱氢酶的活性，同时促进糖酵解速度（当通气受到干扰时，也会出现类似情况），使菌体内能产生还原性辅酶Ⅱ（NADPH）的戊糖循环途径受阻。已知还原性辅酶Ⅱ是四环素生物合成中的氢供体，另外磷酸盐对合成四环素前体丙二酰 CoA 的合成有较强的抑制作用，所以生产中要控制发酵培养液中的磷酸盐含量，保证通气效果，以提高发酵水平。

铁离子及其他无机离子对生物合成四环素亦有影响。如培养基中含铁达 70mg/mL，则发酵单位只有对照的 40%。其他无机离子如硼、钴、锂、锌、钼、钨、铝等有抑制四环素生物合成的作用，而镁盐、钙盐有促进四环素生物合成的作用。培养基中的碳酸钙能与菌体合成的四环素结合成水中溶解度很低的四环素钙盐，从而降低了水中可溶性四环素的浓度，促进菌丝体进一步分泌四环素。正常发酵液中（未经草酸酸化）水溶性四环素的浓度不超过 1000U/mL。

消沫剂——植物油或动物油的质量对发酵单位有很明显的影响，特别是油中酸价及过氧化物过多时，对四环素生物合成的影响更为明显，质量差的油，用量愈大，这种影响愈明显。

培养基灭菌的质量，对四环素种子培养和发酵都有很大的影响，过度的灭菌条件如在高温下长时间的灭菌，可以引起四环素发酵单位的下降。如某厂将实罐灭菌的温度由 135℃ 降低到 123℃，时间由 30min 缩短到 18min，则放罐时发酵单位提高一倍。高温长时间的灭菌在培养基配方不变的情况下，经常出现溶解磷和氨基氮较高、培养基发红或发黑、有焦糊味等，导致发酵前期 pH 值上升、氨基氮不利用、发酵液变稀等。

2. 培养温度

培养温度不仅影响四环素的产量，而且会改变金色链霉菌生物合成的方向。据佩蒂

（Petty）的研究报道，某菌株在 30℃以下合成金霉素的能力较强，如提高温度，则产四环素的比例也随之增大，在 35℃时只产生四环素，金霉素的合成几乎停止。一般发酵温度采用 28～32℃。

3. pH 值的影响

金色链霉菌生长的最适 pH 值为 6.0～6.8，而生物合成四环素的最适 pH 值为 5.8～6.0，在发酵不同阶段，可用加入葡萄糖或淀粉和氨水等来控制所需的 pH 值。

4. 溶氧的影响

四环素发酵过程中，菌种对溶解氧极为敏感，特别是在培养 12～60h 的阶段内。因为此阶段中菌丝量显著增加，菌丝的摄氧率达到高峰，所以培养液中的溶解氧水平为发酵全程中的最低值。此阶段一旦出现任何导致溶解氧降低的因素，例如停止通气或搅拌、闷罐等，或者一次大量加入消沫油、提高罐温及补料等，都能明显改变菌体的正常代谢，影响四环素的生物合成。

发酵培养液中二氧化碳的浓度对四环素的生物合成也有影响。据报道，二氧化碳的浓度在 2～8mL/100mL 范围内四环素产量较高，如二氧化碳浓度超过 15%，则将使菌体的呼吸率降低 45%～50%。

第三节　四环素的提取和精制

根据四环类抗生素的理化性质，可以采用沉淀法、溶剂萃取法或离子交换法，从发酵液中提取四环素。生产上较多用沉淀法提取四环素。在提炼过程中应特别注意防止四环素的破坏，防止其降解产物（差向、脱水衍生物和氧化产物等）污染成品。

一、发酵液的预处理

因四环素能和钙盐形成不溶性化合物，故发酵液中四环素浓度不高，仅有 100～300 U/mL 的浓度。预处理时，应尽量使四环素溶解。通常用草酸或草酸和无机酸的混合物将发酵液酸化到 pH=1.5～2.0，四环素转入液体中。用草酸的优点是能去除钙离子，析出的草酸钙能促使蛋白质凝固，提高过滤速度；缺点是价格较贵和加速四环素的差向化。为减慢差向化，预处理过程必须在低温、短时进行。例如用草酸酸化时，在 26℃，操作时间 13～14h，原液中差向四环素含量达到 15%～16%；如温度降低至 20℃，操作时间缩短到 3h，差向四环素含量可降低到 7%。

二、四环素提取

1. 沉淀法

四环素发酵滤液，调 pH=9.0 左右，加入一定量氯化钙，使其形成钙盐沉淀。将沉淀以草酸溶液溶解，草酸钙析出，过滤得滤液。滤液调 pH=4.6～4.8，析出四环素粗碱，粗碱再溶于草酸水溶液中，经活性炭脱色，然后调 pH=4.0，即得四环素碱成品。也可用碳链为 C_{10}～C_{30} 的季铵碱来沉淀四环类抗生素。

由于发酵单位的提高，也可以直接将滤液调 pH 值至四环素等电点析出游离碱。发酵液先用酸酸化，然后加黄血盐、硫酸锌，过滤得滤液。滤渣以草酸溶液洗涤，滤液和洗涤液合并，控制滤液单位在 7000U/mL 左右，送去结晶。结晶液必须非常澄清，因此，滤液常需复滤。滤液在结晶前也有用氢型弱酸 122 树脂脱色。采用 122 树脂脱色后，预处理时黄血盐和硫酸锌用量可以减少，从而提高了收率。通过该树脂后，单位损失不大。

采用联罐结晶，可使操作连续化，提高设备利用率。结晶温度控制在 10℃ 左右，温度升高，会使母液单位增大。搅拌转速以 90～120r/min 为宜，太高会造成粒子过细，分离困难。

结晶时加些尿素能使得到的晶体比较紧密，含水量较低，晶体容易过滤。析出的结晶碱可用 40～45℃热水洗涤，如不易结晶时，也可加些晶种。

从四环素精碱制造盐酸盐，系利用其盐酸盐在有机溶剂中、在不同温度下有不同的结晶速度的性质。温度升高，结晶速度增大。为此将四环素精碱悬浮在丁醇中，加入化学纯浓盐酸，温度不能超过 18℃，迅速过滤掉不溶解杂质，然后加热，即有盐酸盐析出。析出的盐酸盐用无水丙酮洗涤，干燥，得四环素盐酸盐成品。

2. 离子交换法

四环类抗生素在酸性下（当 pH$<$pK_a＝3.3），成一价阳离子；在等电点附近（pH＝5.4），成偶极离子；在碱性下，成一价阴离子，当碱性增加时，最终形成二价阴离子。因此磺酸型树脂在酸性条件下能吸附四环素：

$$RSO_3-H^+ +（四环素）^+ \rightleftharpoons RSO_3^- ·（四环素）^+ + H^+$$

实验表明，交换系按化学物质的量关系进行。适用于提取四环素的树脂，需要有一定的膨胀度，通常用强酸1×3树脂（含 3％二乙烯苯）。用离子交换法提取四环类抗生素，目前还存在很多困难，如：生产周期较长；由于树脂本身的酸性很强，而使其形成脱水四环素，因此质量、收率都较低。另外，强酸1×3树脂的机械强度较差，容易破损，因此生产上还是用沉淀法提取四环素。

3. 四环素纯化方法

为减少成品中差向四环素的含量，可通过四环素与尿素生成复合物而纯化。例如四环素粗品溶液加入 1～2 倍量尿素，调至 pH＝3.5～3.8，就沉淀出四环素-尿素复合物。此复合物可转变为四环素盐酸盐，与从碱转变为盐酸盐的方法相同。如上所述，制备盐酸盐时用丁醇作为溶剂。但也可用丁醇：乙醇（3：1）混合溶剂，加入乙醇可使浓度提高到 $20×10^4$ U/mL，降低母液中四环素损失，提高设备生产能力和能更有效地去除差向四环素和 ADT 等杂质。ADT 是四环素生物合成中的副产物，在提炼中很难除去。只有在制备四环素盐酸盐时能去除相当数量（不超过 50％）的 ADT。降低成品中 ADT 含量的最有效方法是筛选不产生 ADT 的菌株。

第 七 章

氨基糖苷类抗生素

第一节 概　述

一、氨基糖苷类抗生素的应用

氨基糖苷类（aminoglycosides）抗生素是由氨基环醇（aminocyclitol）、氨基糖（aminosuger）和糖组成的抗生素的总称。自 1944 年 Waksman 发现链霉素以来，氨基糖苷类抗生素经历了半个多世纪的发展，至今经各种途径得到的新化合物多达 300 余种，其中有临床价值的 70 多种，已经临床应用的有 50 多种，还有一些品种应用于农业生产，如越霉素、潮霉素等。目前各国临床应用的氨基糖苷类抗生素主要有以下几种。

（1）具有抗结核杆菌作用的氨基糖苷　天然产物：链霉素（streptomycin）、卡那霉素（kanamycin）。

（2）具有抗绿脓杆菌活性的氨基糖苷　天然产物：庆大霉素（gentamicin）、妥布霉素（tobramycin）、小诺米星（micronomicin）、西索米星（sisomicin）。半合成品：阿米卡星（amikacin）、地贝卡星（dibekacin）、异帕米星（isepamicin）、依替米星（etimicin）、奈替米星（netilmicin）。

（3）抗革兰阳性菌与阴性菌，不抗结核杆菌与绿脓杆菌的氨基糖苷　天然产物：核糖霉素（ribostamycin）、卡那霉素 B（kanamycin B）、阿司米星（astromicin，福提霉素）。

（4）具有特定用途的氨基糖苷　天然产物：大观霉素（spectinomycin，淋病用）、新霉素（neomycin，局部用）、巴龙霉素（paromomycin，肠道用）、阿贝卡星（arbekacin，抗 MRSA 用）。

氨基糖苷类抗生素，一般由链霉菌产生，也有小单胞菌和细菌产生的。因具有水溶性好、性质稳定、抗菌谱广、抗菌杀菌能力强、吸收排泄良好、不需做皮肤过敏试验、用药方便、与 β-内酰胺类抗生素有协同作用等特点，自问世以来一直是临床上重要的抗感染药，尤其是作为治疗革兰阴性菌感染和结核病不可缺少的药物。

近期我国氨基糖苷类抗生素的市场需求和信息分析显示，氨基糖苷类抗生素的产量和用药量虽然不如 β-内酰胺类、氟喹诺酮类等那么多，但用药量一直比较稳定。针对此类药存在着不同程度的耳肾等毒副作用及长期使用所出现的耐药问题，专家们从不同角度提出研究对策和发展方向，致力于研制对钝化酶稳定、对产酶菌和耐药菌具有良好抗菌作用且耳肾毒性低的氨基糖苷类新品种。近年来有一些高效、低毒抗耐药菌的氨基糖苷类抗生素新品种陆续面世。如我国自行研制开发成功的一类新药——硫酸依替米星，已取得新药证书和正式生产批文，获得中国发明专利（ZL93112412.3）。

另外，通过对氨基糖苷类新剂型、新载体的研究，改变用药方式，以提高药物的靶向性，减少此类药物的毒副作用。如用脂质体作为抗生素载体，利用其与生物膜亲和的特性，将水溶性抗生素包封成脂质体，改善细胞膜通透性，提高体内药物浓度，减少用药剂量，也相应降低了毒性；又因药物包封在脂质体内，有可能使一些钝化酶不能渗入而使抗生素免受钝化。国内外已进行研究和开发的品种有庆大霉素脂质体、阿米卡星脂质体和链霉素脂质体，其中阿米卡星脂质体经小鼠体内分布试验表明其在靶部位——肺部的药物浓度明显提高，而在毒性部位——肾脏的药物浓度明显降低，故显示阿米卡星脂质体有提高疗效、降低毒性的作用。随着理性化的寻找和高效、低毒、抗耐药菌的氨基糖苷类抗生素新衍生物和新剂型的研制成功，氨基糖苷类抗生素仍将具有强大的生命力。

二、氨基糖苷类抗生素的分类

氨基糖苷类抗生素可根据氨基环醇与氨基糖的种类与结合方式分类，如表 7-1 所示。

表 7-1　氨基糖苷类抗生素的分类

氨基环醇/糖	名　称	取代数与位置	组别与代表抗生素
1,3-二氨基环醇	链霉胍	一取代	链霉素组：链霉素、双氢链霉素、甘露糖链霉素
	去氧链霉胺	4,5-二取代	新霉素组：新霉素 B、巴龙霉素、利维霉素（青紫霉素） 核糖霉素组：核糖霉素、丁胺菌素 A、丁胺菌素 B
		4,6-二取代	卡那霉素组：卡那霉素 A、卡那霉素 B、卡那霉素 C、妥布霉素 庆大霉素 A 组：庆大霉素 A、庆大霉素 B 庆大霉素 C 组：庆大霉素 C_1～庆大霉素 C_2 西索霉素组：西索米星、突变霉素
		一取代	越霉素、潮霉素 A、阿帕拉霉素
	大观霉胺	4,5-二取代	大观霉素
1,4-二氨基环醇	福提霉胺	一取代	阿司米星
1-氨基环醇	有效霉胺	1,4-二取代	有效霉素
1,3-二氨基糖	春日糖胺	一取代	春日糖素
1,2-二氨基糖	D-古洛糖胺	1,2-二取代	链丝菌素 A～F

1. 链霉胍衍生物组

这组抗生素都是含有链霉胍结构的衍生物，如链霉素小组，其结构见表 7-2。

表 7-2　链霉素组抗生素

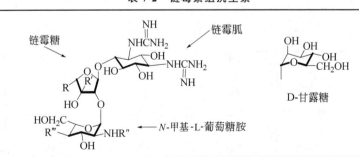

抗　生　素	产　生　菌	R	R′	R″	R‴
链霉素	*Streptomyces griseus*	Me	CHO	Me	H
双氢链霉素	*Streptomyces humidus*	Me	CH₂OH	Me	H
羟基链霉素	*Streptomyces griseocarneus*	HOCH₂	CHO	Me	H
甘露糖链霉素	*Streptomyces griseus*	Me	CHO	Me	D-mannose
甘露糖羟基链霉素	*Streptomyces griseus*	HOCH₂	CHO	Me	D-mannose
N-去甲基链霉素	*Streptomyces griseus*	Me	CHO	H	H

2. 2-去氧链霉胺衍生物组

这组抗生素是以 2-去氧链霉胺（Ⅱ）为母体所衍生的一类抗生素，根据糖在 2-去氧链霉胺上的取代位置和取代数目，此组又分为一取代衍生物，如越霉素、潮霉素 A 等；4,5-二取代衍生物，如新霉素小组，结构见表 7-3；4,6-二取代衍生物如庆大霉素 A 小组，结构见表 7-4 等。

表 7-3　新霉素-巴龙霉素组抗生素

抗 生 素	产 生 菌	R¹	R²	R³	R⁴	R⁵
新霉素 B	*Streptomyces fradias*	OH	NH₂	CH₂NH₂	H	H
新霉素 C	*Streptomyces fradias*	OH	NH₂	H	CH₂NH₂	H
巴龙霉素	*Strptomyces rimosus forma*	OH	OH	CH₂NH₂	H	H
巴龙霉素 Ⅱ	*paromomycinus*	OH	OH	H	CH₂NH₂	H
利维霉素 A	*Streptomyces lividus*	H	OH	CH₂NH₂	H	D-mannose
利维霉素 B	*Streptomyces lividus*	H	OH	CH₂NH₂	H	H

R^1, R^2, R^3, R^4, R^5

表 7-4　庆大霉素 A 小组抗生素

抗 生 素	R¹	R²	R³	R⁴	R⁵
庆大霉素 A	H₂N	OH	MeNH	HO	H
庆大霉素 A1	H₂N	OH	MeNH	H	OH
庆大霉素 A2	H₂N	OH	HO	HO	H
庆大霉素 B	HO	NH₂	MeNH	Me	OH
庆大霉素 X2	H₂N	OH	MeNH	Me	OH
抗生素 JI-20A	H₂N	NH₂	MeNH	Me	OH

3. 其他氨基环醇衍生物组

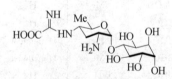

图 7-1　春雷霉素抗生素结构

① 有效霉胺类型。如有效霉素组为单氨基环醇衍生物，可分离出 A～F 6 个组分，共同的主体称为有效胺（结构见表 7-5）。此类抗生素体外抗菌活性微弱，但对稻纹枯病有强力的防治作用，已广泛应用。

② 春日糖胺类型。如春雷霉素是由二氨基糖-春日糖胺与 D-肌醇结合而成的抗生素，结构见图 7-1。春雷霉素

主要抗革兰阴性细菌，对绿脓杆菌有效，作为稻瘟病防治药物，也广泛应用。氨基酸与氨基糖组成的抗生素类型如链丝菌素组抗生素，结构见表7-6。

表 7-5 有效霉素组抗生素

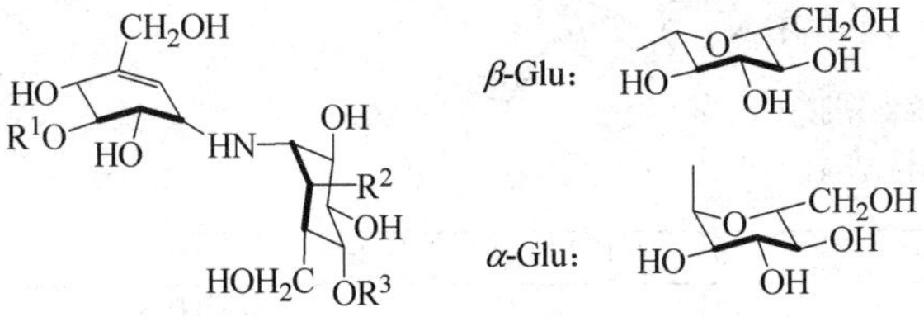

抗生素	R^1	R^2	R^3	抗生素	R^1	R^2	R^3
有效霉胺 A	H	H	H	有效霉素 D	H	H	-β-Glu
有效霉素 A	H	H	-β-Glu	有效霉素 E	H	H	-β-Glu-3 或 α-Glu-4
有效霉素 B	H	OH	-β-Glu	有效霉素 F	α-Glu	H	-β-Glu
有效霉素 C	α-Glu	H	-β-Glu				

表 7-6 链丝菌素组抗生素

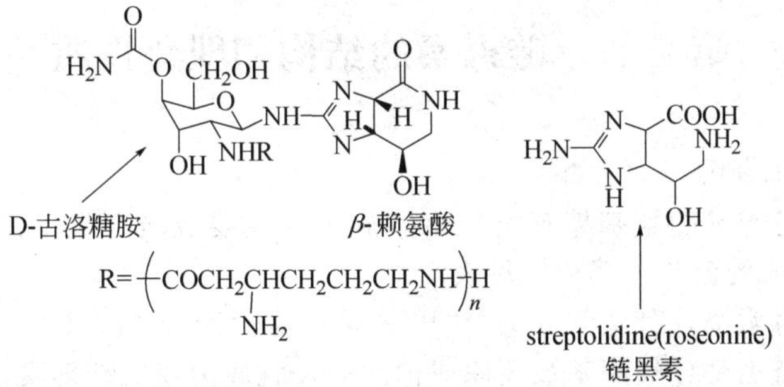

$$R=\left(\underset{\underset{NH_2}{|}}{COCH_2CHCH_2CH_2NH}\right)_n H$$

抗 生 素	n	抗 生 素	n
链丝菌素 F	1	链丝菌素 B	5
链丝菌素 E	2	链丝菌素 A	6
链丝菌素 D	3	链丝菌素 X	7
链丝菌素 C	4		

③ 福提霉胺类型。是1,4-二氨基环醇衍生物，如福提霉素组抗生素，其结构见表7-7，福提霉素A抗菌谱广，活性强，毒性低，对产生 3′-磷酸转移酶、2′-核苷酸转移酶、6′-乙酰转移酶与2′-乙酰转移酶的氨基糖苷耐药菌也有效。这组抗生素抗菌谱广，活性强，但由于延迟性毒性问题，不能用于临床。

氨基糖苷类抗生素都是无色，溶于水，含多羟基、多氨基的化合物。因含有氨基或其他碱性基团，故都显碱性，可与无机酸或有机酸形成结晶性的盐，具有亲水性。大部分氨基糖苷类抗生素是含水的无定形物质，无特征性熔点，无紫外和红外的特异吸收峰。游离碱常具有不同程度的吸收二氧化碳的能力。该类抗生素的相对分子质量较小，均在300~800之间。链霉素是第一个被发现的氨基糖苷类抗生素，研究的也最多。现以链霉素为例，说明该类抗生素的化学特性和生产工艺。

表 7-7　阿司米星组抗生素

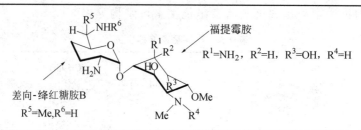

抗 生 素	R^1	R^2	R^3	R^4	R^5	R^6
福提霉素 A	NH_2	H	HO	$COCH_2NH_2$	Me	H
福提霉素 B	NH_2	H	HO	H	Me	H
福提霉素 C	NH_2	H	HO	$COCH_2NHCONH_2$	Me	H
福提霉素 D	NH_2	H	HO	$COCH_2NH_2$	Me	H
福提霉素 KE	NH_2	H	HO	H	H	H
SF-1854	NH_2	H	HO	$COCH_2NHCHO$	Me	H
dactinomicin	NH_2	H	HO	$COCH_2NHCH=NH$	Me	H
sporaricin A	H	H_2N	H	$COCH_2NH_2$	Me	H
sporaricin B	H	H_2N	H	H	Me	H
istamycin A	NH_2	H	H	$COCH_2NH_2$	H	Me
istamycin B	H	H_2N	H	$COCH_2NH_2$	H	Me
sannamycin B	NH_2	H	H	H	H	Me

第二节　链霉素的结构和理化性质

一、链霉素的结构

链霉素是含有链霉胍的氨基糖苷类抗生素族中的主要成员，是由链霉胍、链霉糖、*N*-甲基-L-葡萄糖胺构成的糖苷。其结构见表 7-2。

链霉素又称链霉素 A，其化学名为 *N*-甲基-*α*-L-葡萄糖胺-(1→2)-*α*-L-链霉糖-(1→4)链霉胍。链霉素中链霉糖部分的醛基被还原成伯醇后，就成为双氢链霉素，它的抗菌效能和链霉素大致相同，目前临床上使用的是链霉素或双氢链霉素的硫酸盐。将链霉素还原为双氢链霉素时，如改变还原条件，还会生成去氧双氢链霉素（dihydrodeoxystreptomycin）。甘露糖链霉素又叫链霉素 B，它可能是链霉素生物合成中的支路产物，其生物活性比链霉素低得多，只有链霉素的 20％～25％。

链霉素或双氢链霉素的效价标准，系以 1μg 链霉素碱为 1 个单位。由此可以算出链霉素各种盐类的理论效价，链霉素和双氢链霉素的理论效价如表 7-8 所示。

表 7-8　链霉素和双氢链霉素的理论效价

名　称	化　学　式	相对分子质量	理论效价/mg
链霉素硫酸盐	$C_{21}H_{39}O_{12}N_7 \cdot \frac{3}{2}H_2SO_4$	728.7	789
链霉素盐酸盐	$C_{21}H_{39}O_{12}N_7 \cdot 3HCl$	691	842
链霉素氯化钙复盐	$C_{21}H_{39}O_{12}N_7 \cdot 3HCl \cdot \frac{1}{2}CaCl_2$	746.5	780
链霉素碱	$C_{21}H_{39}O_{12}N_7$	581.6	1000
双氢链霉素硫酸盐	$C_{21}H_{41}O_{12}N_7 \cdot \frac{3}{2}H_2SO_4$	730.7	798
双氢链霉素盐酸盐	$C_{21}H_{41}O_{12}N_7 \cdot HCl$	693.0	842
双氢链霉素碱	$C_{21}H_{41}O_{12}N_7$	583.6	1000

二、链霉素主要理化性质

1. 物理性质

链霉素游离碱为白色粉末。大多数盐类也是白色粉末或结晶，无臭，味微苦。链霉素分子中有三个碱性基团，其中两个是链霉胍上的强碱性胍基（pK＝11.5），第三个是葡萄糖胺上的弱碱性的甲氨基（pK＝7.7）。所以，链霉素在水溶液中随 pH 值不同可能有四种不同形式存在。当 pH 值很高时，链霉素成游离碱（Str）形式；当 pH 值降低时，可逐渐电离成一价正离子（Str-H$^+$）、二价正离子（Str-H$_2^{2+}$）；在中性及酸性溶液中，成为三价正离子（Str-H$_3^{3+}$）。根据链霉素碱性基团的 pK 值，已求得在 pH＝6.0～14.0 范围内的各种形式的链霉素的平衡含量，如图 7-2 所示。链霉素在中性溶液中能以三价阳离子形式存在，所以，可用离子交换法进行提取。

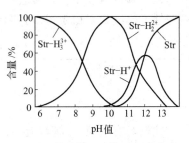

图 7-2　在不同 pH 值下各种形式的链霉素平衡含量

2. 稳定性

链霉素比较稳定，空气和阳光对干燥粉末的影响不大。含水量为 3% 的成品，在室温下放置，至少两年无显著变化。但链霉素的游离碱或其盐均易吸收空气中的水分而潮解，潮解后含水量增加，容易分解破坏，稳定性显著下降。此外，成品中含有的杂质对链霉素的稳定性也有影响。

链霉素的水溶液比较稳定，但其稳定性受 pH 值和温度的影响较大。其硫酸盐的水溶液在 pH＝4～7、室温下放置数星期，仍很稳定；如在冰箱中保存，则 3 个月内活性无变化。短时间加热，如在 70℃ 加热 30min，对活性无明显影响。100℃ 加热 10min，活性约损失一半。链霉素水溶液的失活程度与 pH 值、温度和时间有关，可参见图 7-3、图 7-4。

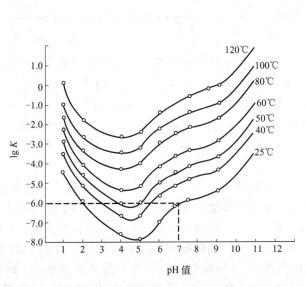

图 7-3　链霉素失活速率常数与溶液 pH 值和温度的关系

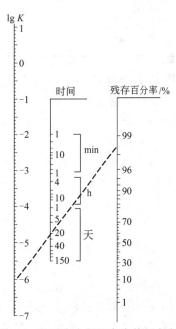

图 7-4　链霉素失活速率常数与溶液放置时间和残存百分率之间的关系

由图 7-3，可求得链霉素在一定温度和 pH 值下的失活速率常数的对数值 lg$K$（如 25℃、

pH＝7 时的 lg$K$ 为－6.0），再由 lg$K$ 和时间就可从图 7-4 求得残存链霉素的百分率（如 lg$K$ 为－6，放置 10 天的残存率为 98.4％）。由图 7-3 可知链霉素水溶液最稳定的 pH 值为 4.0～4.5。酸与碱对链霉素都有破坏作用。

双氢链霉素在中性及偏酸性条件下的稳定性与链霉素相似。因分子没有游离醛基，所以在碱性下比链霉素稳定得多。两者稳定性的比较见表 7-9。

表 7-9　链霉素与双氢链霉素稳定性比较（室温）

抗生素活力	0.5mol/L H_2SO_4(24h)	0.1mol/L NaOH(20h)
链霉素活力	16％	0
双氢链霉素活力	25.6％	96.2％

此外，有些氧化剂和还原剂均可以减低链霉素的效力，其中氧化剂有高锰酸钾（$KMnO_4$）、硝酸、高碘酸钾（KIO_4）、过氧化氢等，还原剂有次亚磷酸二氢钠（NaH_2PO_3）、亚硫酸氢钠（$NaHSO_3$）和硫代硫酸钠等。

3. 溶解度

由于链霉素分子中含有很多亲水性基团（羟基和氨基），故易溶于水，而难溶于有机溶剂中。链霉素盐酸盐易溶于甲醇，难溶于乙醇，而硫酸盐即使在甲醇中也很难溶解，链霉素硫酸盐在各种溶剂中的溶解度见表 7-10。

表 7-10　链霉素硫酸盐的溶解度（28℃）

溶　剂	溶解度/(mg/mL)	溶　剂	溶解度/(mg/mL)	溶　剂	溶解度/(mg/mL)
水	＞20	石油醚	0.015	二氯乙烷	0.30
甲　醇	0.85	异辛烷	0.0015	二氧环己烷	0.60
乙　醇	0.30	四氯化碳	0.035	氯　仿	0.0
异丙醇	0.01	醋酸乙酯	0.30	二硫化碳	0.25
异戊醇	0.30	醋酸异戊酯	0.10	吡　啶	0.135
环己烷	0.04	丙　酮	0.0	甲酰胺	0.107
苯	0.027	甲乙基酮	0.05	乙二醇	0.25
甲　苯	0.03	醚	0.035	苯甲醇	505

4. 光学性质

各种链霉素盐的分子，均含有许多不对称碳原子，故都具有旋光性。链霉素硫酸盐的比旋度为 $[\alpha]_D^{25}=-79$（1％水溶液），盐酸盐的为 $[\alpha]_D^{25}=-86.1$（1％水溶液），氯化钙复盐的为 $[\alpha]_D^{25}=-7.6$（1％水溶液），双氢链霉素硫酸盐的为 $[\alpha]_D^{25}=88.5$（1％水溶液）。由此可绘制一定范围的比旋度与链霉素浓度的关系曲线，利用这种关系就能直接迅速测得链霉素的浓度，该法在工业生产控制上很有意义。

5. 链霉素盐类的性质

链霉素是一种有机碱，可以和很多无机酸和有机酸形成盐类，医疗上使用的是硫酸盐。有些盐类不溶于水，如链霉素和一些磺酸、羧酸、磷酸酯等形成的盐类，不溶于水，可溶于有机溶剂中，利用此性质可用溶剂萃取法提取链霉素，所用的溶剂有：对甲苯磺酸、月桂酸、硬脂酸、二异辛基磷酸酯等。也可利用此性质，将链霉素从发酵液中直接沉淀出来。可用的沉淀试剂有二号橙、对-（α-羟基萘基偶氮）、苯磺酸钠、甲基橙、萘酚蓝黑等。不纯的链霉素通过形成某些盐类，在适当条件下再将盐分解，就能得到高纯度的链霉素。可用于沉淀的酸有：磷钨酸、苦味酸、甲基橙、雷纳克酸（reinekate）等。磷乌酸与链霉素形成白色沉淀的反应，在生产上，还可用于定性鉴别试验。

链霉素还能和某些盐类形成复盐，这些复盐对链霉素的精制有一定用途。例如，在链霉素盐酸盐的甲醇溶液中，加入氯化钙甲醇溶液，再加少量浓盐酸，就能析出链霉素盐酸盐-氯化钙复盐（$C_{21}H_{39}O_{12}N_7 \cdot 3HCl \cdot 1/2CaCl_2$）。将复盐溶于水中，再通过阴离子交换树脂（$SO_4^{2-}$ 型），就能将复盐转变为硫酸盐。某些杂质、甘露糖链霉素和双氢链霉素等都不能和氯化钙形成复盐，因而用此法可得到较纯的链霉素。链霉素还能和一些表面活性剂，如3,9-二乙基-十三醇-6-磺酸钠（tergitol-7）等形成沉淀。

6. 链霉素的降解反应

在链霉素分子中，连接链霉胍和链霉糖之间的苷链要比连接链霉糖和氨基葡萄糖之间的苷键弱得多。因此在温和的酸性条件下，链霉素可水解为链霉胍（streptidine，Ⅰ）及链霉二糖胺（strep-tobiosamine，Ⅱ）——链霉糖和氨基葡萄糖以苷键相连的双糖。其反应为：

$$链霉素（C_{21}H_{39}O_{12}N_7）\xrightarrow{H^+, H_2O} 链霉胍（C_8H_{18}O_4N_6）+ 链霉二糖胺（C_{13}H_{23}O_9N）$$

链霉素在酸性甲醇溶液中，也发生类似反应，生成链霉胍和甲基链霉二糖胺苷二甲醇缩醛（methylstreptobiosamine dimethyl acetal，Ⅲ）。将后者继续与稀硫酸作用，则缩醛又分解为醛及甲基链霉二糖胺苷（methyl streptosaminide，Ⅳ）。这个产物如再与浓盐酸共热则产生链霉糖及 N-甲基-L-葡萄糖胺。链霉二糖胺是一个弱碱。已经确定，链霉素浓缩液的颜色就是其中含有的链霉二糖胺或其衍生物所引起的。链霉胍是无光学活性的强碱性物质，能形成盐，其中某些盐（硫酸盐、苦味酸盐）难溶于水。链霉胍的碱性是它的两个胍基所产生的。胍基可用坂口反应检出。

在稀碱溶液中，链霉素也降解为链霉胍和链霉二糖胺，后者进一步水解为链霉糖和 N-甲基-L-葡萄糖胺，而链霉糖则经分子重排而形成麦芽酚（maltol，Ⅴ）。其反应式如下：

$$链霉素 \xrightarrow{NaOH} 链霉胍＋N-甲基-L-葡萄糖胺＋麦芽酚$$

麦芽酚遇氯化高铁溶液显紫色，利用这个反应可测定链霉素的效价。双氢链霉素无此反应，因此对链霉素的这种测定方法不产生干扰。上述链霉素降解产物结构见图7-5。

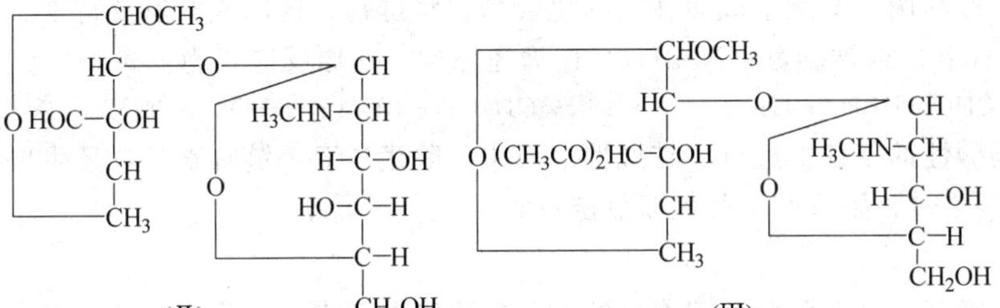

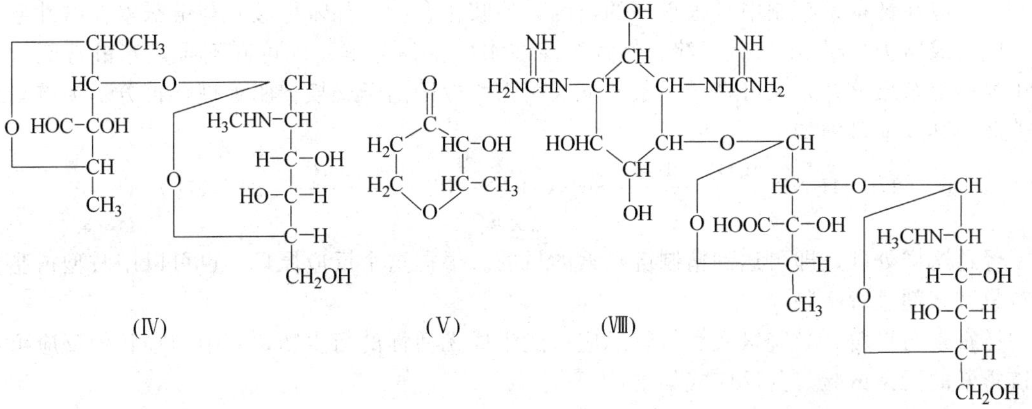

图 7-5　链霉素降解、氧化产物的结构式

链霉素的化学检定也可以利用胍基产生的反应。例如：在链霉素或双氢链霉素的水溶液中，加入硝普钠（sodium nitroprusside）和铁氰化钾的碱性溶液，即显出橙红色，利用所显的颜色可进行比色分析。

链霉胍在温和碱性条件下，如与 $Ba(OH)_2$ 作用，水解成中性链霉脲（strepturea，Ⅵ）。链霉胍经 6mol/L NaOH 溶液水解后，则生成强碱性物质链霉胺（streptamine，Ⅶ）。其反应式如下：

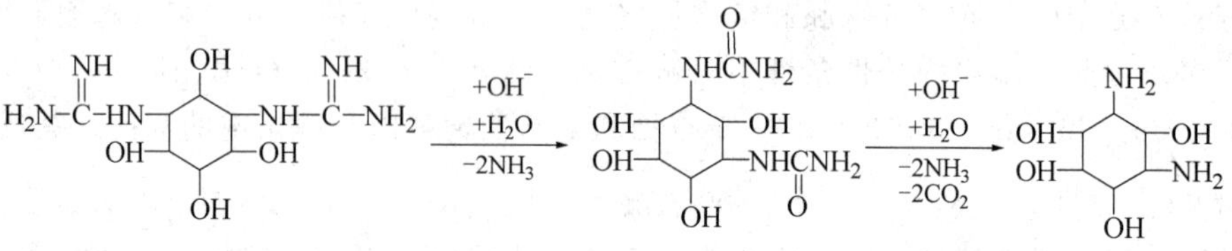

7. 氧化和还原反应

链霉素经温和的氧化或还原作用，分子一般都不会发生裂解。链霉糖是链霉素分子中比较脆弱的一部分，所以，其中所含的醛基受某些氧化剂或还原剂的作用，容易发生反应。

链霉素被溴水氧化后，就能形成链霉素酸（streptomycinic acid，Ⅷ），其结构见图7-5。它无生物活性。链霉素水溶液在碱性下放置，也会形成此酸。成品中有时也混有链霉素酸。

链霉糖中的醛基被还原后生成双氢链霉素。以链霉素为原料，制备双氢链霉素的工业生产方法，主要有下列三种。

（1）直接还原法 以活性镍铅合金或氧化镉为催化剂，在高压下通入氢气，对硫酸链霉素进行氢化，即可制得双氢链霉素。

（2）电解还原法 即将链霉素溶液放在电解阴极槽中，通入适量电流，就可达到还原作用。

（3）化学还原法 即利用某些能生成活性氢的化合物，将链霉素还原成双氢链霉素。工业上常采用钾硼氢（KBH_4）或钠硼氢（$NaBH_4$）作为还原剂。还原反应式为：

$$4Str-CHO+KBH_4+4H_2O \longrightarrow 4Str-CH_2OH+KOH+H_3BO_3$$

反应需在中性或弱碱性的条件下进行。在酸性溶液中，除生成双氢链霉素外，还生成脱氧双氢链霉素，在 pH＝2 时，则只产生脱氧双氢链霉素。

8. 醛基反应

链霉素分子中含有醛基，凡能和醛基起作用的试剂，都能和链霉素起反应。其中醛基和伯胺的反应在链霉素精制中是很重要的，因为伯胺化合物（如苯甲胺）与链霉素在碱性条件下，能形成席夫（Schiff）碱沉淀。这种沉淀在水中不易分解，既可同不含醛基链霉胍（杂质1号）等杂质分开，又可在酸性条件下或用强酸性阳离子交换树脂处理，再分解为链霉素和伯胺。其反应过程如下：

$$Str-CHO+H_2NR \xrightarrow{H_2O,\ (OH^-)} \underset{\text{席夫碱}}{Str-CH=N-R} \xrightarrow{H_2O,\ (OH^+)} \underset{\text{链霉素}}{Str-CHO+H_2NR}$$

经过这样处理，即可达到精制链霉素的目的。根据这个反应原理，也可以用胺型树脂代替有机胺试剂进行精制。

链霉素与羟胺、半胱氨酸和氨脲反应，能生成无活性的衍生物，其中与羟胺的反应可用于链霉素的无菌试验。其反应式如下：

$$Str-CHO+H_2NOH \xrightarrow{-H_2O} Str-CH=N-OH$$

在中性或弱碱性溶液中，链霉素能和 NH_3 或 NH_4^+ 作用，生成二链霉胺。二链霉胺对小白鼠的毒性比链霉素约大 30～40 倍。所以，毒性较高的链霉素成品中可能含有二链霉胺。二链霉胺的硫酸盐在酸性溶液中，很易水解而形成链霉素硫酸盐和氨。二链霉胺可用纸层析分离法检出。

第三节 链霉素发酵生产工艺

一、生产菌种

早期发现产链霉素的生产菌种是灰色链霉菌（*S. griseus*）。后来又找到了产链霉素或其他类型链霉素族抗生素（如羟基链霉素或双氢链霉素）的菌种。如比基尼链霉菌（*S. bikinien-sis*）、灰肉链霉菌（*S. griseocarneus*）等。

灰色链霉菌除产生链霉素族抗生素外还产生其他族抗生素，如抗细菌的多肽类抗生素和杀假丝菌素、放线酮（Actidione）等物质。放线酮对酵母和其他真菌有很强的作用，但由于毒性大，不能用于治疗人或动物疾病。

灰色链霉菌的孢子柄直而短，不呈螺旋形。孢子量很多，呈椭圆球形。气生菌丝和孢子都呈白色。单菌落生长丰满，呈梅花形或馒头形，直径约为 3～4mm。基内菌丝透明，在斜面背后产生淡棕色色素。

链霉素产生菌诱变育种常用的诱变剂有：紫外线、γ 射线、氮芥、乙烯亚胺、亚硝酸和硫酸二乙酯等。一些化学诱变剂又经常和紫外线等进行复合处理。近年来采用亚硝基胍、快中子和激光等，诱变选育出营养缺陷型或再回复突变型高产菌株。杂交育种与诱变育种相结合的方法，对提高菌种的生产能力收到了较好的效果。采用高浓度链霉素逐步处理链霉素产生菌，也获得了高产突变株。由于高浓度无机磷对链霉素生物合成有抑制作用，因此培育耐高浓度磷酸盐的新菌种，亦是选育高单位菌种的一个方向。

高产菌株退化后，合成链霉素的能力下降，生长能力退化，菌落变成光秃型或半光秃型，气生菌丝减少，颜色改变，孢子数量减少，代谢也发生变化。菌种退化，有的是外界培养和保存条件所引起的，如培养温度、培养基保存温度和时间等；有的是菌种自身的原因造成的，如 DNA 和 RNA 在其复制过程中发生的变化，引起各种变异或回复突变。生产上为了防止菌种变异，常采取的措施有以下几种。

① 菌种采用冷冻干燥法或砂土管法保存。过去都用砂土管保存，但砂土质量会有影响，如红砂（pH＝3.39～4.48）能使产生抗生素的能力很快消失，而且制备砂土管的操作烦琐，所以目前多采用冷冻干燥管保存，但仍需严格控制操作条件，并限制使用期限，否则仍会引起变异。时间长者需进行分离，挑出高产者用于生产。

② 严格掌握保存生产菌种的条件。所有生产用菌种或斜面都要保存在冰箱或冷库中（0～4℃），原始斜面的使用期限不超过 5 天，生产斜面不超过 3 天。

③ 严格控制生产菌落在琼脂斜面上的传代次数，一般以 3 次为限，并采用单菌落传代和新鲜斜面。

④ 定期进行纯化筛选，淘汰低单位的退化菌落。

⑤ 不断选育出高单位的新菌种，保证稳产高产。

二、发酵工艺及控制要点

链霉素发酵生产采用三级或四级发酵培养，离子交换法分离精制产品。其过程一般包括斜面孢子培养、摇瓶种子培养、二级或三级种子罐扩大培养、发酵培养及提取精制等。

（一）斜面孢子培养

将砂土管（或冷冻管）菌种接种到斜面培养基上，经培养后即得原始斜面。

斜面培养基的主要成分有葡萄糖、蛋白胨和豌豆浸汁等，其中蛋白胨和豌豆浸汁的质量对斜面孢子质量影响很大。蛋白胨是最关键的原材料，对产孢子数量的影响不容忽视。豌豆的品种和产地以及培养基的 pH 值（以中性或偏酸性为宜）对产孢子质量亦有影响，需特别注意。

原始斜面的质量要求：菌落分布均匀，密度适中，颜色洁白，单菌落丰满。再由原始斜面的丰满单菌落接种至子斜面上，长成后即得生产斜面，斜面上的菌落应为白色丰满的梅花型或馒头型，背面为淡棕色色素，排除各种杂型菌落。经过两次传代，可以达到纯化的目的，排除变异的菌株。

生产斜面孢子的质量需要用摇瓶试验进行控制。合格的孢子斜面贮存在冰箱（0～4℃）内备用。

（二）摇瓶种子培养

生产斜面的菌落接种到摇瓶培养基中，经过培养即得摇瓶种子。链霉素发酵经常使用摇瓶种子来接种种子罐。

种子质量以菌丝的阶段特征、发酵单位、菌丝黏度或浓度、糖氮代谢、种子液色泽和无杂菌检查为指标。摇瓶种子（母瓶）可以直接接种子罐，也可以先扩大培养，用培养所得的子瓶接种。摇瓶种子检查合格后，贮存于冷藏库内备用，冷藏时间最多不超过 7 天。摇瓶培养基的成分为黄豆饼粉、葡萄糖、硫酸铵、碳酸钙等，其中黄豆饼粉的质量和葡萄糖的用量对种子质量都有影响。葡萄糖用量多少对菌种的氨氮代谢和菌丝黏度有影响。在配制摇瓶培养基时，应调整好配比。

（三）种子罐扩大培养

种子罐培养是用来扩大种子量的。种子罐培养为 2～3 级，可根据发酵罐的体积大小和接种量来确定。第一级种子罐一般采用摇瓶种子接种，2～3 级种子罐则是逐级转移，接种量一般都为 10% 左右。种子质量对后期发酵的影响甚大，因此种子必须符合各项质量要求。故在培养过程中，必须严格控制好罐温、通气搅拌和泡沫控制，以保证菌丝生长良好，得到合格的种子。

（四）发酵罐培养及控制要点

发酵罐培养是链霉素生物合成的关键步骤，各个环节必须紧密配合、互相协作，严格控制操作条件和质量标准，方能得到高单位发酵液。

1. 链霉素的发酵培养基

培养基主要由葡萄糖、黄豆饼粉、硫酸铵、玉米浆、磷酸盐和碳酸钙等所组成。

葡萄糖是链霉素发酵的最适碳源，葡萄糖的用量，视补料量的多少而定，总量一般在 10% 以上，以保证在发酵过程中有足够量的碳源供菌体代谢和合成链霉素之用。也可使用葡萄糖结晶母液和工业葡萄糖代替结晶葡萄糖。

链霉菌利用葡萄糖的主要代谢途径是糖酵解途径及单磷酸己糖支路途径。葡萄糖的代谢速率受氧传递速率和无机磷酸盐浓度的调节，高浓度的磷酸盐可加速葡萄糖的利用，合成大量菌丝并抑制链霉素的生物合成。同样通气受到限制时，也会增加葡萄糖的降解速率，造成乳酸和丙酮酸在培养基内的堆积，因此链霉素的发酵需要在高的氧传递水平和适当的低无机磷酸盐浓度下进行。

链霉素发酵使用的氮源，为有机氮源和无机氮源。有机氮源包括黄豆饼粉、玉米浆、蚕蛹粉、酵母粉和麸质水，其中以黄豆饼粉为最佳，其他可作为辅助氮源。无机氮源以硫酸铵和尿素为最常用，氨水既可作为无机氮源使用，又可用于调节发酵 pH 值。可溶性氮比不溶性氮易于利用，对缩短周期有好处。采用有机氮源时，必须注意其品种、来源、质量等，如黄豆饼粉的产地和加工方法对质量都有影响。玉米浆的质量对链霉素发酵影响也较大，因此除采用化学分析方法控制外，还得在进行摇瓶试验后方可应用。

链霉菌能产生高活力的蛋白酶，所以能分解利用各种复杂的有机氮源。游离的氨基酸对链霉菌的生长和生物合成有促进作用。谷氨酸和天冬氨酸主要是促进菌丝生长；脯氨酸、组氨酸、精氨酸等主要是促进链霉素生物合成；甘氨酸、丙氨酸等对链霉菌的生长和生物合成都有促进作用。

无机元素中的磷颇为重要，灰色链霉菌生产链霉素的无机磷浓度范围一般为 $46.5\sim465\,mg/L$，具体用量需根据菌种和培养基成分确定。磷酸盐抑制链霉素合成的实际浓度与所用的糖的种类有关，在复合培养基中，用果糖时磷酸盐的抑制作用比用葡萄糖或麦芽糖时更明显。据报道，在加有淀粉的复合培养基内加入 $4\times10^{-2}\,mol/L$ 磷酸钾，能刺激链霉素合成，使用葡萄糖却产生抑制作用。生产上采用葡萄糖和较低浓度的磷酸盐。

其他无机离子，在复合培养基中已经存在，一般不需再添加。需注意的是 Fe^{2+} 浓度超过 $60\,\mu g/mL$ 以上，就产生毒性，显著影响链霉素的产量，而对菌丝体生长影响较小，因此生产中需进行控制。为了调节 pH 值，生产过程中可加入 $CaCO_3$。

2. 链霉素的发酵条件及中间控制要点

(1) 溶氧的影响及控制　灰色链霉菌是一种高度需氧菌。在黄豆粉培养基内，增加通气量能提高发酵单位，又能使 pH 值升高，这可能是由于蛋白质分解速率提高的缘故。链霉素的产量也与输入功率、空气流速有关，产量随着功率增加而增加。在试验罐中，提高搅拌速率有利于提高链霉素发酵单位，但超过一定转速，菌丝的生长和单位的增长都受到影响，降低转速，对链霉素的合成影响很大，其结果见表 7-11。

表 7-11　搅拌转速与链霉素的合成（100L 罐）

菌　株	转速/(r/min)	效价	菌　株	转速/(r/min)	效价
773 号	600	90.7%	973 号	500	61.3%
	500	99.6%		350	100%
	350	100%		130	20.7%
	130	3.3%		50	9%

链霉菌的临界溶氧浓度 (critical value of dissolved oxygen concentration) 约为 10^{-5} mol/L，溶氧在此值以上，则细胞的摄氧率达最大限度，也能保证有较高的发酵单位。由于发酵前期泡沫较多，应避免长期停止搅拌和闷罐（即发酵罐处于密闭状态），以保证前期菌丝生长良好。

(2) 温度的影响及控制　灰色链霉菌对温度敏感。据报道，Z-38 菌株对温度高度敏感，25℃时发酵单位为 10mg/(L·h)，27℃时为 17.3mg/(L·h)，29℃时为 21.1mg/(L·104h)，而 31℃ 则为 5.75mg/(L·h)。试验研究表明，链霉素发酵温度以 28.5℃ 左右为宜。

(3) pH 值的影响及控制　链霉菌菌丝生长的 pH 值约为 6.5～7.0，而链霉素合成的 pH 值约为 6.8～7.3，pH 值低于 6.0 或高于 7.5，对链霉素的生物合成都不利。因此很多国家为了准确控制 pH 值，使用 pH 值自动控制装置。这样，可提高发酵单位，又可以减少培养基中碳酸钙的用量，在发酵液预处理时，还可减少中和用酸量。

（4）中间补料控制　为了延长发酵周期、提高产量，链霉素发酵采用中间补碳、氮源，通常补加葡萄糖、硫酸铵和氨水，这样还能调节发酵的 pH 值。根据耗糖速率，确定补糖次数和补糖量。发酵各阶段的最适糖浓度，系根据菌种的特性确定，以解除葡萄糖对甘露糖苷酶的分解阻遏作用，提高链霉素的产量。放罐残糖浓度最好低于 1%，以有利于后续的提取精制。

补硫酸铵和氨水的控制指标，是以培养基的 pH 值和氨基氮的含量高低为准。如氨基氮含量和 pH 值都较低，可加入氨水；如 pH 值较高，就补硫酸铵溶液。需要把 pH 值和氨基氮水平结合起来考虑，以确定补加氮源的种类。

第四节　链霉素的提取和精制

链霉素的提取，目前均采用离子交换法。离子交换法的提取过程一般包括：发酵液的过滤（或不过滤）及预处理、吸附和洗脱、精制及干燥等过程。

根据所采用的树脂性能和精制方法的不同，可以有不同的工艺流程。现以硫酸链霉素的一种提炼工艺流程，说明离子交换法提炼链霉素的生产过程及控制要点。

$$
\text{发酵液} \xrightarrow{\text{过滤}} \text{原液} \xrightarrow{\text{吸附}} \text{饱和树脂} \xrightarrow{\text{洗脱}} \text{洗脱液} \xrightarrow{\text{脱色、中和、精制}} \text{精制液} \xrightarrow{\text{脱色、浓缩}} \text{成品浓缩液} \begin{cases} \xrightarrow{\text{无菌过滤}} \text{水针剂} \\ \xrightarrow{\text{无菌过滤,干燥}} \text{粉针剂} \end{cases}
$$

国外报道，从培养液中提取和精制链霉素，是先将发酵滤液通过强碱性阴离子交换树脂（Amber lite IRA401S）进行脱色和精制，然后用弱酸性阳离子交换树脂吸附和解吸，再脱盐精制，其成品效价可达 732U/mg，提取总收率达 72%。

1. 发酵液的过滤及预处理

发酵终了时，所产生的链霉素，有一部分是与菌丝体相结合的。用酸、碱或盐做短时间处理后，与菌丝体相结合的大部分链霉素就能释放出来。工业上，常采用草酸或磷酸等酸化剂处理，以草酸效果较好，可用草酸将发酵液酸化至 pH＝3 左右，直接蒸汽加热（70～75℃），维持 2min（这样能使蛋白质凝固，提高过滤速率），迅速冷却、过滤或离心分离。过滤后，所得酸性滤液也可进行碱性处理，进一步除去蛋白质，或者直接用 NaOH 调 pH 值至 6.7～7.2，即得原滤液。原滤液的质量标准一般是：①外观澄明；②pH＝6.7～7.2；③温度在 10℃ 以下；④高价离子含量很少；⑤链霉素浓度为 5000U/mL 左右。

根据链霉素的稳定性、解离度和树脂的离解度，选择原滤液 pH 值为中性附近，即 pH＝7 左右，既可保证链霉素不受破坏，又能使链霉素和钠型羧基树脂全部解离，有利于离子交换。为防止链霉素破坏，温度应适当降低，维持在 10℃ 左右。

原液中高价离子（Ca^{2+}，Mg^{2+}）对离子交换吸附影响很大，因此必须在发酵液预处理时将这些离子除掉。草酸能将 Ca^{2+} 去除掉。一些配合剂如三聚磷酸钠（$Na_5P_3O_{10}$），能和 Mg^{2+} 形成络合物，减少树脂对 Mg^{2+} 的吸附。

链霉素的离子价比其他离子高，而高价离子在稀溶液中优先被吸附，为了提高树脂吸附链霉素的量，应将原滤液稀释，以 5000U/mL 左右较好。若采用反吸附，则不需过滤，稀释程度还应增大，一般稀释到 3000U/mL 左右。

2. 吸附和解吸

链霉素在中性溶液中呈三价的阳离子，可以用阳离子交换树脂吸附。试验表明，磺酸型树脂虽能吸附链霉素，但二者的亲和力太强，不易用酸洗脱下来。羧酸型树脂吸附链霉素后，很容易洗脱。因此，目前生产上都用羧酸树脂的钠型来提取链霉素。其交换吸附和洗脱的反应可用下列方程式表示：

吸附　　$3RCOONa + Str^{3+} \xrightarrow{pH6.7 \sim 7.2} (RCOO)_3Str + 3Na^+$

洗脱　　$(RCOO)_3Str + 3H^+ \xrightarrow{H_2SO_4} RCOOH + Str^{3+}$

正确选择树脂，对生产有很重要的意义。选择对链霉素交换容量高、选择性好和洗脱率高的树脂，可得到杂质少、链霉素浓度高的洗脱液。此外还应考虑树脂的机械强度。对链霉素大分子来说，还要注意树脂的膨胀度，它对链霉素的交换容量和树脂本身均有影响。膨胀度小，机械强度虽大，但链霉素大分子不能进入树脂内部，影响交换容量；膨胀度过大，树脂的选择性和机械强度都要降低，因此树脂要有适当的膨胀度。生产上应用的有两种树脂：①弱酸101×4（724号）；②弱酸110×3。后者对链霉素交换容量较大，但机械强度较差。两种树脂的性能见表7-12。

表7-12　弱酸101×4树脂和弱酸110×3树脂性能之比较

型　号	外　观	粒　度	水　分	交换容量/g	膨胀率	链霉素吸附量
101×4	白色半透明小球体	$20 \sim 50$目95%以上	$40\% \sim 50\%$	>9(干H型)	$15\% \sim 170\%$	$15min > 65 \times 10^4 U/g$(干H型) $24h > 120 \times 10^4 U/g$(干H型)
110×3	白色或微黄色小球体	$20 \sim 50$目90%以上	$75\% \sim 80\%$(Na型)	$>11.5mg$(干H型)	$100\% \pm 20\%$	$15min > 120 \times 10^4 U/g$(干H型) $24h > 175 \times 10^4 U/g$(干H型)

为了防止链霉素损失，一般都采用三罐或四罐串联吸附，依原滤液流向分别称为主、副、次等交换罐，应使最后一罐流出液中的单位在$100U/mL$以下。当主罐流出液中的链霉素浓度达到进口浓度的95%左右时，就认为已达饱和，可以解吸。将副罐升为主罐，次罐升为副罐，依此类推，最后补上一个新罐，继续吸附。待解吸的罐，先用软水洗净，然后用7%左右的硫酸解吸。为了得到较浓的洗脱液，一般采用三罐串联解吸，流速应较慢，通常为吸附流速的$1/10$。解吸液中出现链霉素单位时，就串入脱色树脂罐和中和树脂罐，开始出现的低单位液可并入原滤液中，重新吸附，当出口液达一定浓度时，可作为高单位液开始收集。待出口液的pH值明显下降、浓度降至一定程度时，可作为酸性低单位，调pH值后，供重新吸附。

为了完全除去树脂上的Mg^{2+}，可用含链霉素和氨羧配合剂（三聚磷酸钠）的溶液来洗涤树脂，以排出树脂上吸附的镁离子。补充吸附一些链霉素。当溶液中含有三聚磷酸钠时，Mg^{2+}的解吸速率增快（见图7-6）。

国外广泛采用一种大网格羧酸阳离子交换树脂Amber lite IRC-50来提取链霉素。进行吸附的方式有正吸附和反吸附两种，前者是链霉素原滤

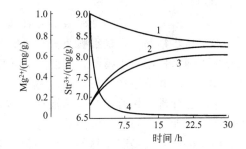

图7-6　在丙烯酸-二烯苯羧基树脂上，Str的补充吸附和Mg^{2+}的解吸速率

溶液中Str浓度为$0.05mol/L$，三聚磷酸钠浓度以c表示 1—Mg^{2+}，$c=0$；2—Str^{3+}，$c=0.04mol/L$；3—Str^{3+}，$c=0$；4—Mg^{2+}，$c=0.04mol/L$

液由上而下通过离子交换罐，后者为由下而上。这两种方式随具体条件而各有优缺点。国外对离子交换罐的构造进行了改革，据介绍，利用上述的大网格结构的树脂时，在交换罐内都装有搅拌装置（搅拌棒、螺旋桨等），以防止离子交换树脂沉降和堵塞，原滤液与树脂的接触时间不超过$7min$，三罐串联。反吸附时，可采用上部扩大成圆锥形的交换罐，使液体流速降低，避免带走树脂。

3. 精制

洗脱液中尚含有许多无机和有机杂质，这些杂质对产品质量影响很大，特别是与链霉素理化性质近似的一些有机阳离子杂质毒性较大，如链霉胍、二链霉胺、杂质1号（由链霉胍和双氢链霉糖两部分所组成的糖苷）等，采用羧酸型阳离子交换树脂难于排除，致使洗脱液中链霉素含量只能达到 $75\% \sim 90\%$。形成阳离子的无机杂质和小分子的有机杂质，也影响产品质量。可采用下列精制方法。

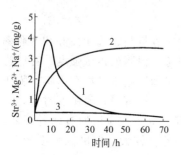

图 7-7 氢型磺酸树脂
（20%DVB）吸附 Na^+、
Mg^{2+} 和 Str^{3+} 离子的速度
1—Na^+；2—Mg^{2+}；3—Str^{3+}

（1）高交联度树脂精制 高交联度的氢型磺酸树脂的结构紧密，金属小离子可以自由地扩散到孔隙度很小的树脂内部与阳离子交换，而有机大离子就难于扩散到树脂内部进行交换。用这种树脂来精制链霉素溶液，因溶液中的小离子与链霉素有机大离子在树脂上的吸附速率不同，从而起到离子筛的作用，达到分离的目的。含 Na^+、Mg^{2+} 和 Str^{3+} 的溶液，用氢型磺酸树脂交换后的吸附曲线见图 7-7。由图可见 Na^+ 离子很快被吸附在树脂上而被除去，Mg^{2+} 离子被吸附的速度不快，仍能被部分除去，而 Str^{3+} 离子的吸附量则很小（交换容量在 10000U/g 干树脂以下）。经过高交链度树脂交换后，交换液变酸，需经弱碱羟型树脂中和，就得精制液。其反应方程式如下。

精制：

$$R \cdot SO_3^- H^+ + \begin{matrix} Na_2SO_4 \\ CaSO_4 \\ MgSO_4 \\ Fe_2(SO_4)_3 \end{matrix} \Longleftrightarrow RSO_3^- \begin{cases} Na^+ \\ Ca^{2+}/2 \\ Mg^{2+}/2 \\ Fe^{3+}/3 \end{cases} + H_2SO_4$$

中和：

$$2R-NH_3^+ + H_2SO_4 \Longleftrightarrow (R \cdot NH_3)_2SO_4 + 2H_2O$$

经过这步精制后，链霉胍小分子也能被除去，链霉素的毫克单位得到提高，灰分降低。弱碱性大网格树脂用于精制，可使成品质量有明显提高，目前已用于工业生产。

（2）浓缩和活性炭脱色精制 为了干燥要求，精制液尚需蒸发浓缩。在浓缩之前还要用活性炭脱色处理。将所得的精制液用硫酸或氢氧化钡调 pH 值至 $4.3 \sim 5.0$，并按精制液透光度的不同加入不同量的活性炭，进行常温脱色，得透光度在 95% 以上的滤出液。

由于链霉素是热敏感物质，受热易破坏，故宜低温快速浓缩。控制在链霉素最稳定的 pH=$4.0 \sim 4.5$，进行真空薄膜蒸发浓缩，温度控制在 35℃ 以下，浓缩液应达到 35×10^4 U/mL 左右。所得浓缩液，还含有色素和热原，需经酸性脱色和中性脱色，才能达到成品液的质量要求。浓缩液经硫酸调 pH=2.5（也可不调），加入一定量活性炭脱色，得酸性脱色液。再用 $Ba(OH)_2$ 的热饱和溶液调 pH=$5.5 \sim 6.0$，加入一定量活性炭脱色，得成品浓缩液。经验表明，在较高温度下（70℃），活性炭处理后能除去大部分热原。

成品浓缩液中，加入如柠檬酸钠、亚硫酸钠等稳定剂，经无菌过滤，即得水针剂。如欲制成粉针剂，将成品浓缩液经无菌过滤喷雾干燥后，即可制得成品。

第 八 章

现代生物技术在抗生素工业中的应用

目前在生物制药的生产中，用传统的发酵法生产的药品仍占有较大的比例，其中以抗感染的抗生素最为突出。传统的抗生素发酵，采用经典方法育种，盲目性高，且无法集合不同菌株的优良性状。而基因重组技术可以定向地改造菌种，且能集多个菌株的多种优良性状于同一菌株，达到简化工艺、提高产品质量和产量的目的。因此，积极采用现代生物技术，加速传统发酵工业的改造，提高生产技术水平，以增加新品种，提高产品产量和质量，节约能源和原料，减少污染，是我国生物制药产业当前的重要任务。

第一节 重组 DNA 技术在抗生素生产中的应用

随着已知抗生素数量的不断增加，用传统的常规方法来筛选新抗生素的概率越来越低。为了能够获得更多的新型抗生素和优良的抗生素产生菌，20 世纪 80 年代人们就开始把重组 DNA 技术应用于结构比较复杂的次级代谢产物的生物合成上，使得重组技术在筛选新微生物药物资源和药物的微生物代谢修饰中得到了应用。随着链霉菌分子生物学的研究深入和发展，利用重组 DNA 技术对链霉菌在筛选新微生物药物资源和药物的微生物代谢修饰方面，已经取得较大进展，利用基因工程技术使微生物产生新型抗生素和新的代谢产物已成为现实。

生物技术对抗生素的改造主要体现在：利用基因重组技术，提高现有菌种的生产能力和改造现有菌种使其产生新的代谢产物。抗生素生物合成基因重组的主要内容包括生物合成酶基因的分离、质粒的选择、基因重组与转移、宿主表达等。随着对一些抗生素的生物合成基因和抗性基因的结构、功能、表达和调控等的较深入了解，利用重组微生物来提高其代谢物的产量和发现新产物的研究和应用受到了更多地重视，目前克隆的抗生素合成基因已经有23 种之多。

一、克隆抗生素生物合成基因的方法

抗生素生物合成基因的克隆和分析是运用基因工程技术提高抗生素产量和寻找新型抗生素的一个必不可少的步骤。

（一）抗生素生物合成基因的结构特点

对已经克隆的 23 种抗生素生物合成基因簇进行分析，发现它们具有以下特点。

① 链霉菌抗生素生物合成基因结构的典型特征之一是高 G-C 碱基组成，（G-C）的百分含量达 70％以上。三联体密码子中的第 3 个碱基的 G、C 比例极高，由于密码子有简并性，因而并不改变氨基酸的种类。这种密码子内部的碱基选择的不对称性具有一定的实用价值，可用于可靠地预测开放阅读框架和 DNA 序列的编码链。Bibb 等正是利用了这一特性，成功地预测了抗生链霉菌（*S. antibioticus*）的酪氨酸脱羧酶基因及红霉素链霉菌（*S. erythreus*）的红霉素抗性基因的转录方向。

② 根据对不同化学类别的抗生素生物合成基因的定位研究，发现参与每种抗生素生物合成的基因约为 10～30 个，几乎总是成簇存在的，如次甲霉素、新霉素、红霉素、紫霉素、卡那霉素、土霉素、链霉素、嘌罗霉素、氯霉素的生物合成基因都在一个基因簇中。不仅包括生物合成酶结构基因，也包括抗性基因、调节基因、抗生素分泌和与胞外处理功能有关的基因（表 8-1）。

表 8-1 抗生素基因簇的组成

抗生素	产生菌	基因族	抗生素	产生菌	基因族
放线紫红素	S. coelicolor A3(2)	B,R,P,T	次甲霉素	S. coelicolor	B,R,T
阿维菌素	S. avermitilis	B	无活霉素	S. griseus	B,P
卡波霉素	S. thermotolerans	B,R,P,T	nosiheptide	S. actuosus	B,R
头孢菌素 C	S. clavuligerus	B	土霉素	S. rimosus	B,P,T
氯霉素	S. venezuelae	B	phosphinothricin	S. hygroscopicus	B,R,P
cytorhodin	S. purpurascens	B	嘌罗霉素	S. alboniger	B,R,P,T
金霉素	S. aureofaciens	B,P,T	螺旋霉素	S. ambofaciens	B,R,P,T
道诺霉素	S. peuceticus	B,R,P	链霉素	S. griseus	B,R,P,E,T
红霉素	Sacch. Frythrea	B,R,P,T	5'-羧基链霉素	S. glaucesens	B,R,P,E,T
阿司米星	M. olivastereospora	B,P	tetracenomycin	S. glaucascens	B,R
榴菌素	S. violaceorapora	B	泰洛星	S. fradiae	B,R,P,T
林可霉素	S. lincolnensis	B,P,T			

③ 抗生素生物合成基因除定位在染色体上外，还发现有的定位在质粒上。

（二）克隆抗生素生物合成基因的方法

在对抗生素生物合成基因的结构研究的基础上，近年来已总结出 7 个利用质粒和噬菌体克隆抗生素生物合成基因簇的方法：①阻断变株法；②突变克隆法；③直接克隆法；④克隆抗生素抗性基因法；⑤寡核苷酸探针法；⑥同源基因杂交法；⑦在标准系统中克隆检测单基因产物法。

1. 阻断变株法

该法是通过一系列阻断变株的互补结果来确定被克隆 DNA 片段的性质。首先经诱变获得一系列生物合成阻断变株，通过互补共合成来确定这些变株在生物合成途径中的相互位置。从野生型菌株中分离 DNA，与载体连接后转入阻断变株，以抗生素表型的恢复作指标，克隆生物合成不同阶段的酶基因。用该法已克隆了放线紫红素（actionorhodin）、十一烷基灵红菌素、tetracenomycin C 等生物合成基因。

2. 突变克隆法

突变克隆技术是指利用整合质粒或噬菌体，将原株 DNA 转入到抗生素产生菌中。由于基因有同源性，有可能发生基因重组，一旦某 DNA 片段的插入干扰了原株某个生物合成基因的转录，即得到这个生物合成基因的阻断变株，其相应的 DNA 片段就是这个阶段的生物合成基因。这种方法具有普遍意义。

若利用噬菌体，这一方法有一定局限性，因为要获得一个突变克隆的合适载体比较困难，而且有 50% 的放线菌不能被噬菌体感染；另外，获得噬菌体 DNA 要比获得质粒 DNA 相对困难。

3. 直接克隆法

由于抗生素生物合成基因往往成簇存在，使得有可能克隆整套生物合成基因。这种方法主要用于基因簇相对较小（＜30kb）的抗生素生物合成基因。

例如头霉素 C 的生物合成基因簇就是通过此法直接克隆的。将头霉素 C 产生菌牲畜链

110

霉菌（*S. cattleya* NRRL8057）总 DNA 部分酶切的 20～40kb 的片段连到质粒 PIJ943 的 Bgl Ⅱ 位点上，转化变青链霉菌 1326，选择不产黑色素、硫链丝菌素抗性的转化子。将其全部培养在固体发酵培养基上，并通过对 *C. terrigena* M2 的抗菌活性来直接筛选，最后从大约 30000 多个转化子中得到一个有抗菌活性的转化子 PF15-1。通过液体发酵，并用薄层色谱、高压液相色谱、抗菌谱、理化性质测试和光谱分析，证明产生的抗生素确实是头霉素 C。头霉素 C 是第一个生物合成基因簇被克隆的 β-内酰胺抗生素。

直接克隆生物合成基因大片段，前段工作虽然比较简单，但后面筛选阳性转化子的工作量比较大。而且较大的生物合成基因簇片段在宿主菌中不够稳定，在受体菌中还可能不具备原株中某些重要的调控因素，或在生理代谢上有显著的差异，所以在受体菌中表达的抗生素产量往往很低，不容易检测出来。

4. 克隆抗生素抗性基因法

许多例子表明，抗生素生物合成基因和抗性基因是连锁的，这是因为微生物首先自身必须对所产生的抗生素具有抗性，才能产生抗生素。一般抗性基因只有 1～2kb，较易检测和克隆。所以先将抗性基因克隆到标准宿主或产生菌的敏感突变株中，再分析与之紧密连锁的 DNA，就可能找到生物合成基因。也可以利用已克隆的抗性基因作为探针，从产生菌基因文库中分离与之同源并带有生物合成基因的 DNA 片段。这是一种比较简便可行的克隆策略，克隆的目的性大大加强，其关键是需要有对所要克隆的抗生素敏感的受体菌。

红霉素生物合成基因的克隆就是利用此方法得到的。在克隆红霉素生物合成基因簇时，首先用 MboⅠ酶切红霉素产生菌（*S. erythruea* NRRLC2338）的总 DNA，然后与穿梭黏粒 pKC462a 连接，转导大肠杆菌 SF8 形成转导子菌落。以含有红霉素抗性基因的质粒 pIJ43 为探针与其进行菌落原位杂交，得到阳性菌落，分析表明其中的黏粒含有 35kb 的插入片段，该片段不仅含有红霉素抗性基因，而且含有整套红霉素生物合成基因。这一点已被完全的克隆片段转化苄青链霉菌后产生的红霉素证明。

5. 寡核苷酸探针法

有些抗生素生物合成酶被分离纯化后，就可能获得这些酶的部分氨基酸序列。根据氨基酸序列推导设计出较低简并性的基因序列，人工合成寡核苷酸作为探针，从基因文库中就可克隆生物合成基因。

利用此方法成功地克隆了弗氏链霉菌产生的泰洛星生物合成基因。首先分析了催化泰洛星最后一步合成的大菌素（macrocin）-O-甲基转移酶氨基端的 35 个氨基酸，并合成了一段 44bp 的寡核苷酸探针。该探针与用噬菌体 λcharon4 建立的弗氏链霉菌基因文库杂交，证明 10 个重叠的重组子包含了 27kb 的弗氏链霉菌 DNA；该探针与用黏粒 pKC462a 建立的黏粒文库杂交，证明 4 个重叠的重组子包含了 58kb 的弗氏链霉菌 DNA，并且还包含了前面的 27kb 的片段。将重组子与阻断变株进行互补及进一步分析，定出了克隆基因簇的位置及其在泰洛星生物合成中的功能，其中 4 个基因（tylD、tylE、tylF、tylH）是丛集在 6kb 的 DNA 片段上的，基因 tylF 能与 O-甲基转移酶基因缺陷变株互补。现已发现在泰洛星产生菌中有 4 个抗性基因 tlrA、tlrB、tlrC、tlrD，其中 tlrB 和 tlrC 与生物合成基因连锁，泰洛星生物合成连锁基因如图 8-1 所示。tylG 参与泰洛内酯合成，可能由 7 个重复单元组成；tllA、tllB、tylL、tylM 与氨基糖苷合成有关；tlrI 编码 C-20 位 P450 羟化酶；tylH 与 C-23

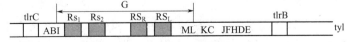

图 8-1　泰洛星连锁基因图谱

位羟化酶有关；tylD、tylJ 与 6-脱氧-D-阿洛糖合成与连接有关；tylE 与去甲基大菌素-O-甲基转移酶基因有关；tylF 参与大菌素甲基化。

然而，由于许多参与抗生素生物合成的酶在离体状态时是不稳定的，分离纯化比较困难，因而这一方法的应用有一定的局限性。

6. 同源基因杂交法

利用一种克隆的抗生素生物合成基因片段作为探针，探测相关抗生素同源基因，最后分离及克隆抗生素生物合成基因。由于基因保守序列的同源性，利用同源基因杂交法克隆化学结构类似的抗生素生物合成基因是比较快速准确的方法。如应用放线紫红素 actⅠ和 actⅢ 为探针与 24 种产生抗生素的链霉菌 DNA 进行杂交，发现可与绝大多数聚酮体类抗生素产生菌的 DNA 产生特异性杂交带。

7. 在标准宿主系统克隆检测单基因产物的方法

如果有单酶基因表达产物的检测方法，可以利用鸟枪克隆法，把抗生素产生菌的 DNA 克隆到最常用的宿主——变青链霉菌中，通过检测宿主菌中的个别基因产物，筛选克隆子从而分离到相应的基因。克念菌素（candicidin）是由灰色链霉菌产生的抗真菌抗生素，与其生物合成有关的对氨基苯甲酸（para-aminobenzoic acid，PABA）合成酶基因（pab）就是用此法获得的。通过下述两种方法可以筛选 pab 基因：一是以灰色链霉菌野生型为供体、pab 营养缺陷型为受体，筛选对氨基苯甲酸的原养型克隆；二是以过量产生 PABA 的磺胺抗性的灰色链霉菌为供体，在硫链丝菌素抗性转化子中筛选磺胺抗性克隆。表 8-2 列出了克隆抗生素生物合成基因所用的方法。

表 8-2　克隆抗生素生物合成基因所用的方法

抗生素生物合成基因	克隆所用的方法	抗生素生物合成基因	克隆所用的方法
1. β-内酰胺		milbemycin	利用 actⅠ基因作探针
棒酸	与突变株互补	杀假丝菌素	通过检测在 S. lividans 中表达的对氨基苯甲酸酶活性
异青霉素 N	环化酶序列,寡核苷酸探针		
头孢菌素 C	整个途径克隆到异源受体	阿维霉素	与突变株互补
2. 芳香多聚体		4. 氨基糖苷类	
放线紫红素	与突变株互补	链霉素	与突变株互补
榴菌素	利用 actⅠ基因作探针	fortimicin	与突变株互补
tetracenomycin C	与突变株互补	西索米星	克隆抗性基因
土霉素	克隆抗性基因	5. 其他类	
3. 大环内酯		次甲霉素	突变克隆法
泰洛星	先纯化 O-甲基转移酶,再利用寡核苷酸探针	十一烷基灵红菌素	与突变株互补
卡波霉素	克隆抗性基因	放线菌素 D	通过检测在 S. lividans 中表达的吩噁嗪酮合成酶活性
红霉素	克隆抗性基因	bialaphos	克隆抗性基因,与突变株互补

二、几种典型的抗生素生物合成基因的结构

抗生素是由初级代谢产物经过一系列酶催化反应生成的次级代谢产物，其形成过程是一个复杂的、多因素的调节过程。抗生素生物合成基因簇构成了对抗生素产生的最低水平的调节和控制，所以，必须了解所有与抗生素生物合成有关的基因。

1. 红霉素

大环内酯类抗生素生物合成基因研究最清楚的是红霉素。参与红霉素生物合成的基因长度约为 60kb，整个基因由 23 个 ORF 组成，红霉素生物合成途径及其基因组成见图 8-2。中心部分约为 35kb，称为 eryA，由 3 个 ORF（eryAⅠ、eryAⅡ、eryAⅢ）组成，主要参与

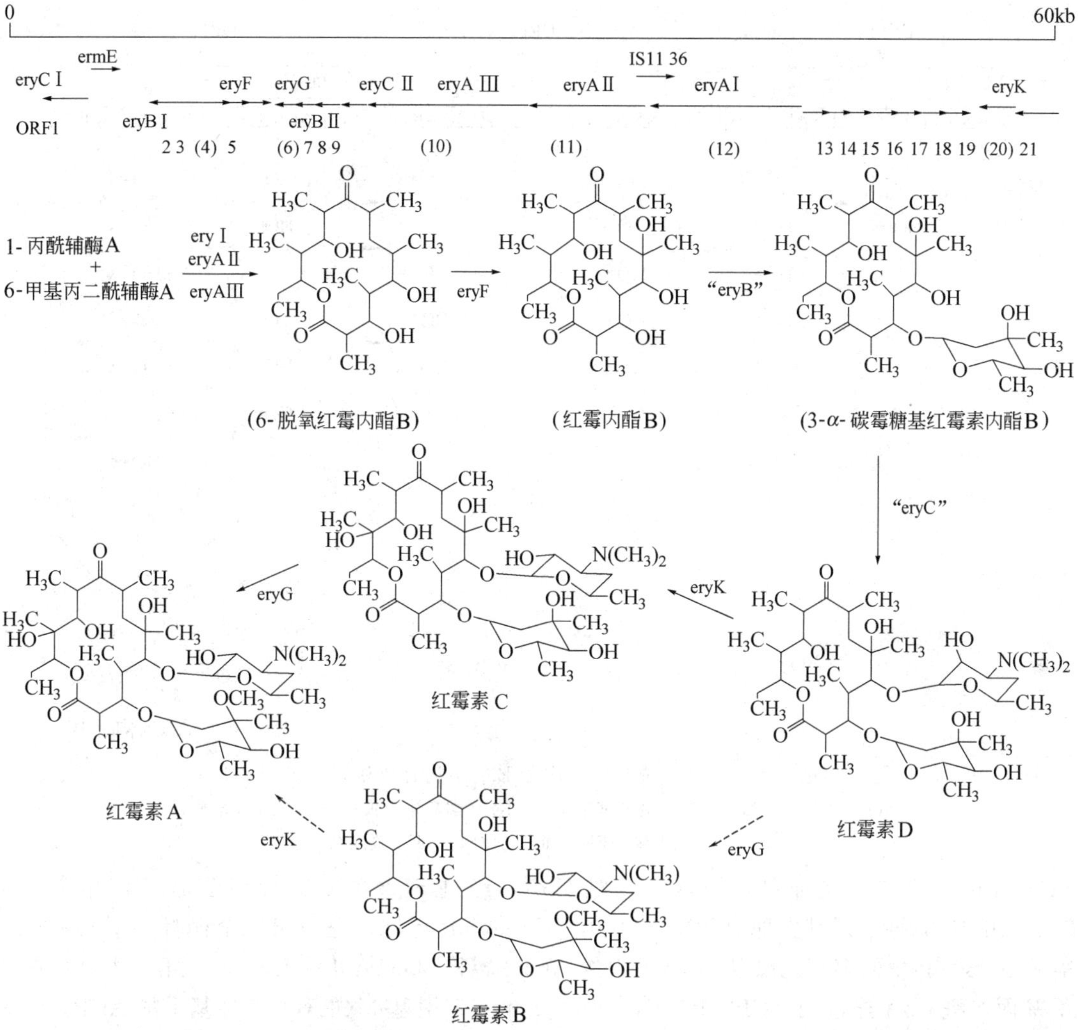

图 8-2　红霉素生物合成基因图谱和生物合成途径

ermE 是 MLS（macrolide lincosamidestreptogramin B）抗性基因；ORF 为可读框（已被确认的 ORF 在括号内）；下面的图表示红霉素生物合成途径中每个基因的位置；"eryB" 和 "eryC" 表示一个以上的基因；虚线说明不是主要合成路线

内酯环的合成。eryF 编码细胞色素 P450 单氧化酶，使 6 位原子羟基化；"eryB" 与 "eryC" 是两组基因，分别与红霉素的形成和红霉内酯环的 3-O-红霉糖苷化有关，及与红霉糖胺的形成或 5-O-红霉糖苷化有关；eryK 编码 C-12 羟基化酶。

在红霉素生物合成途径中最早合成的中间体是 6-脱氧红霉内酯 B（6-deoxye rythronolide B，6-dEB），它是经过聚酮体合成途径合成的。编码 6-dEB 的全部聚酮体合成酶 eryA 基因非常复杂，对其核苷酸序列分析表明：中心部分的 35kb 序列中的 28 个功能区包含有 7 个酰基载体蛋白（ACP）、6 个酮酰基合成酶（KS）、7 个酰基转移酶（AT）、5 个酮基还原酶（KR）、1 个脱水酶（DH）、1 个烯基还原酶（ER）和 1 个硫酯酶（TE）基因，组成 6 个重复单元（SU），如图 8-3 所示。

6-脱氧红霉内酯 B 是由丙酰基 CoA 起始，经过第一个 SU 的 AT 转移至 ACP，形成丙酰-ACP，丙酰基再转移至 KS1 的半胱氨酸活性位点。第一个延伸单位甲基丙二酰 CoA，经过 SU1 中的第二个 AT 转移至 SU1 第二个 ACP 上，然后与丙酰-KS 缩合形成 2-甲基-3-酮戊酰 ACP，中间有一步在 KR 参与下使酮基还原为羟基的过程。已合成的这个链被转移至

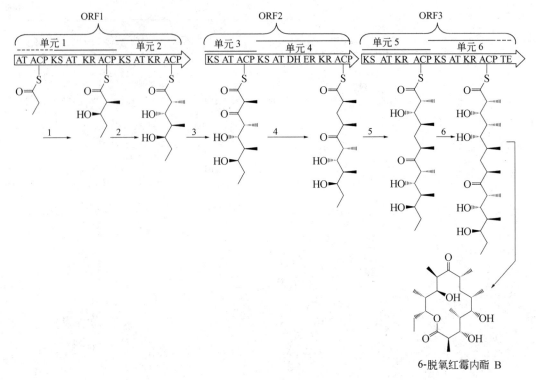

图 8-3　脱氧红霉内酯 B 的生物合成途径

AT—酰基转移酶；ACP—酰基携带蛋白；KS—酮基缩合酶；KR—酮基还原酶；

DH—脱水酶；ER—烯酰还原酶；TE—硫酯酶

SU2 的 KS。第二个延伸单位甲基丙二酰 CoA，经过 SU2 的 AT 转移至 ACP，缩合形成 2,4-二甲基-3-酮-5-羟基戊酰 ACP，羰基由 SU2 的 KR 还原，完成第二个循环。第三个循环需要 SU3，新生的多聚乙酰从 eryA Ⅰ 中的 ACP2 转移到 eryA Ⅱ 的 KS3 上。第三个延伸单位甲基丙二酰 CoA 连接到 ACP3 上，缩合形成 2,4,6-三甲基-3-酮-5,7-二羟基壬酰 ACP。因为在 SU3 中虽然含有 KR 对应的基因序列，但这个 KR 是没有功能的，所以不能还原 β-羰基，保存了这个酮基，链继续延伸。在第四个循环中，转移的多聚乙酰从 ACP3 转移到 KS4，第四个延伸单位甲基丙二酰 Co 缩合形成 2,4,6,8-四甲基-3,5-二酮-7,9-二羟基十一酰 ACP，通过 KR4 的还原作用产生 β-羟基-δ-酮衍生物。SU4 的 DH4 和 ER4 分别催化 α-和 β-碳脱水和 2-烯-4-酮链的还原，在 6-dEB 中的 C7 的 β-碳上形成甲基烯基团，而在其他的 SU 区域缺少 DH 和 ER，这与在 6-dEB 的 1,3,5,9,11 位上存在羟基或酮基有关。6-dEB 合成的最后两步与第二步相似，用 SU5 和 SU6 产生 C-13 和 C-15 酰基 ACP 分子，TE 参与 C-15 链从 ACP6 释放的过程，是否参与 C-1 与 C-13 环化及形成 6-dEB 的过程，尚不清楚。

2. 青霉素

β-内酯胺类抗生素生物合成途径中的第一个有生物活性的中间体是异青霉素 N（青霉素 G 和头孢菌素 C 生物合成的分支点），异青霉素 N 是由 pcbC 基因编码的异青霉素 N 合成酶（isopenicillin N synthase，IPNS）酶促形成的。这种基因是采用"反向遗传学"方法克隆到的。牛津大学的 Abraham 及其同事首先纯化了 IPNS，礼莱公司的研究者则获得其 N 末端氨基酸序列。根据已知的氨基酸序列，以合成的寡核苷酸为探针，通过杂交来识别含有相关 DNA 序列的克隆体，经 DNA 序列分析发现了一个可读框，并能在大肠杆菌中表达，这种重组大肠杆菌可产生 IPNS，故证实已克隆到了 pcbC 基因。上述"反向遗传学"方法也成功地应用于克隆青霉素生物合成途径中的 pcbAB、penDE 基因和头孢菌素 C 生物合成途径中的 cefEF、cefG 基因。

利用 β-内酯胺抗生素产生菌的无细胞系统，对青霉素和头孢菌素 C 生物合成途径的研究表明，在低等真核和原核产生菌中，β-内酰胺抗生素的生物合成途径基本相同。pcbAB 基因编码的三肽合成酶（ACV 合成酶）催化 L-α-氨基己二酸、L-半胱氨酸和 L-缬氨酸缩合形成三肽（LLD-ACV），此三肽在 IPNS 催化下，从半胱氨酸和缬氨酸残基上去掉 4 个氢原子，形成了此途径中第一个具有 β-内酰胺结构的化合物异青霉素 N。以异青霉素为分支底物，经不同的合成酶催化，分别形成不同的 β-内酯胺抗生素——青霉素、头孢菌素 C 和头霉素（图 8-4）。在

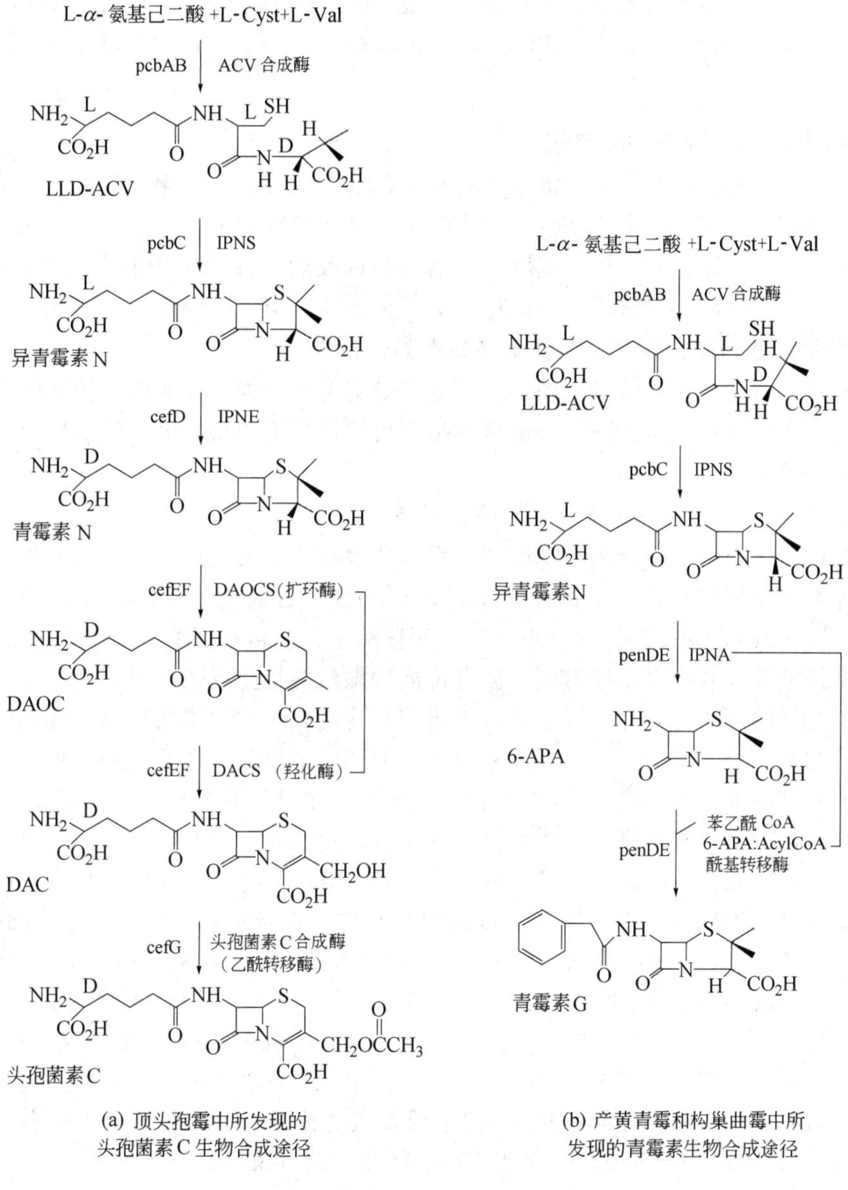

(a) 顶头孢霉中所发现的
头孢菌素 C 生物合成途径

(b) 产黄青霉和构巢曲霉中所
发现的青霉素生物合成途径

图 8-4 头孢菌素 C 和青霉素的生物合成途径

IPNS—isopenicillin N synthase, 阿地西林合成酶；IPNA—isopenicillin N amidohydrolase, 异青霉素 N 酰氨基裂解酶；
IPNE—sopenicillin N, 异青霉素 N 差向异构酶；DAOCS—deacetoxycephalosporin C synthase,
脱乙酰氧头孢菌素 C 合成酶；DACS—deacetoxycephalosporin C synthase, 脱乙酰头孢菌素 C 合成酶

$P. chrysogenumm$ 中，异青霉素 N 的 α-氨基己二酰基侧链在 penDE 基因编码的酰基转移酶作用下被苯乙酰取代，生成青霉素 G。在 $C. acremonium$ 中，异青霉素 N 的 α-氨基己二酰基在 cefD 基因编码的异构酶作用下发生构型的异构化，形成阿地西林（青霉素 N）。阿地西林的五元噻唑环在扩环酶催化下，发生扩环异化反应，形成具有头孢菌素特征的六元环化合物——去乙酰氧头孢菌素 C（deacetoxycephalosporin C，DAOC），这是此途径中的第一个头孢类中间体。DAOC 再经 DAOC 羟化酶作用形成乙酰头孢菌素 C（deacetylcephalosporin C，DAC）。在 $C. acremonium$ 中编码扩环酶和羟化酶的 cefEF 基因是单一的可读框，它编码的一种多肽具有两种不同的酶促活性，是一个双功能蛋白。DAC 在 cefG 编码的 DAC 乙酰转移酶催化下，形成终产物头孢菌素 C（cephalosporin C，CPC）。DAC 在 O-氨甲酰转移酶（cefH）、头霉素羟化酶（cef Ⅰ）和头霉素甲基转移酶（cefJ）作用下，形成头霉素 C（cephamycin C）。

三、提高抗生素产量的方法

长期以来，工业生产中使用的抗生素高产菌株都是通过物理或化学手段进行诱变育种得到的。尽管目前诱变育种技术仍是改良微生物工业生产菌种的主要手段，但是利用基因工程技术有目的地定向改造基因、提高基因的表达水平以改造菌种的生产能力已有成功的报道。利用基因工程技术提高抗生素产量可以从以下几个方面考虑。

1. 将产生菌基因随机克隆至原株直接筛选高产菌株

其基本原理是在克隆菌株中，增加某一与产量有关的基因（限速阶段的基因或正调节基因）剂量，使产量得到提高。这一方法尽管是随机筛选，工作量较大，但如果检测产量的方法比较简便，仍是可以尝试的。

2. 增加参与生物合成限速阶段基因的拷贝数

增加生物合成中限速阶段酶系基因剂量有可能提高抗生素的产量。抗生素生物合成途径中的某个阶段可能是整个合成中的限速阶段，识别位于合成途径中的"限速瓶颈"（rate-limiting bottleneck），并设法导入能提高这个阶段酶系的基因拷贝数，如果增加的中间产物不对合成途径中某步骤产生反馈抑制，就有可能增加最终抗生素的产量。

由于抗生素的产量与许多基因有关，甚至与某些不属于抗生素的生物合成基因有关。因此，单靠增加某一两个基因的拷贝数，来改善"瓶颈"效应是不大容易的，然而确有成功的例子。如十一烷基灵红菌素生物合成的最后阶段由 O-甲基转移酶催化，如将此酶基因转入阻断变株，酶活性比原株提高了 5 倍，抗生素单位产量也相应提高。

近年的研究发现，在青霉素高产菌株 $P. chrysogenum$ AS-P-78 中，IPNS 活性较出发菌株有明显的提高。野生型产生菌中基因都是单拷贝的。Barredo 等研究了 IPNS 的基因和酰基转移酶基因在 $P. chrysogenum$ 低产菌株 Wis54-1255 和高产菌株 AS-P-78 及 P2 中的拷贝数，发现一段包含 IPNS 的基因和酰基转移酶基因、长约 35kb 的 DNA 片段在高产菌株 AS-P-78 中被扩增了 9 倍，在 P2 中被扩增了 14 倍。Smith 也证实，IPNS 的基因在 $P. chrysogenum$ 高产菌株中被扩增了 8～16 倍，mRNA 的量增高了 32～64 倍。VeenSa 将一个 5.1kb 外源 DNA 片段上带有 IPNS 的基因和酰基转移酶基因的重组质粒转入低产菌株 $P. chrysogenum$ Wis54-1255 中，使含此质粒的转化子的青霉素 V 产量提高了 40%，重组质粒是以不同拷贝数整合在宿主菌染色体上的。如果将只含 IPNS 的基因的重组质粒转入 $P. chrysogenum$ Wis54-1255 中，青霉素 V 产量没有提高，推测可能是因为 IPNS 不是该菌株中的限速酶所致。

分析高产头孢菌素 C 工业菌株发酵液，发现还有阿地西林积累，表明合成途径中的下一步反应限制了这一中间体的转化。利用基因工程手段将一个带有 cefEF 基因的整合型重组质粒转入头孢菌素高产株 C. acremonium 394-4 中，所得转化子的产量提高了 25%；在实验室小罐中产量提高最大达到 50%，而阿地西林的产量却降低了。这说明了 DACS/DAOCS 活性的增加使其底物的消耗也相应增加。由此认为从 IPN 到 DAOC 可能是生物合成中的限速阶段。对一株含有重组质粒的转化子 LU4-79-6 的详细分析表明，它有一个已整合到染色体Ⅲ上的附加 cefEF 基因拷贝，而内源 cefEF 基因拷贝则位于染色体Ⅱ上。由于 cefEF 基因拷贝数的增加，该菌株的细胞抽提液中 DACS/DAOCS 的活力提高了 1 倍，在中试罐发酵，无阿地西林中间体积累，头孢菌素 C 的产量提高了 15% 左右（图 8-5）。这些结果说明，在重组子头孢菌素 LU4-79-6 生物合成中的限速步骤。虽然在工业发酵中产量仅仅提高了 15% 左右，但对于已高度开发的头孢菌素 C 产生菌株来说，这仍然是重大的改进。这株工程菌现已应用于工业生产。以上结果都为利用基因工程手段提高抗生素产量提供了依据。

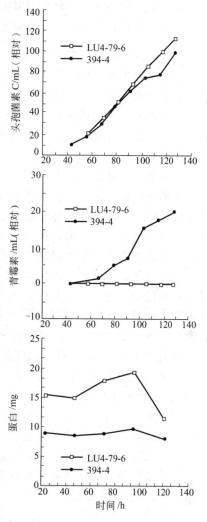

图 8-5　头孢菌素重组菌株 LU4-79-6 与受体菌株 394-4 在中试罐中的发酵过程

3．强化正调节基因的作用

调节基因的作用可增加或降低抗生素的产量，在许多链霉菌中关键的调节基因嵌在控制抗生素产生的基因簇中，它常常是抗生素生物合成和自身抗性基因簇的组成部分。正调节基因可能通过一些正调控机制对结构基因进行正向调节，加速抗生素的产生。负调节基因可能通过一些负调控机制对结构基因进行负向调节，降低抗生素的产量。因此，增加正调节基因或降低负调节基因的作用，也是一种增加抗生素产量的可行方法。将额外的正调节基因引入野生型菌株中，为获得高产量产物提供了最简单的方法。

4．增加抗性基因

抗性基因不但通过它的产物灭活胞内或胞外的抗生素，保护自身免受所产生的抗生素的杀灭作用，有些抗性基因的产物还直接参与抗生素的合成。抗性基因经常和生物合成基因连锁，而且它们的转录有可能也是紧密相连的，是激活生物合成基因进行转录的必需成分。因此，抗性基因必须首先进行转录，建立抗性后，生物合成基因的转录才能进行。抗生素的产生与菌种对其自身抗生素的抗性密切相关。抗生素的生产水平是由抗生素生物合成酶对自身抗性的酶所共同确定的，这就为通过提高菌种自身抗性水平来改良菌种、提高抗生素产量提供了依据。

王以光等利用螺旋霉素抗性基因，提高了螺旋霉素产生菌的抗性和发酵效价。

四、改善抗生素组分

许多抗生素产生菌可以产生多组分抗生素，由于这些组分的化学结构和性质非常相似，但生物活性有时却相差很大，这给有效组分的发酵、提取和精制带来很大不便。随着对各种抗生素合成途径的深入了解以及基因重组技术的不断发展，应用基因工程方法可以定向地改造抗生素产生菌，获得只产生有效组分的菌种以利于下游开发。

五、改进抗生素生产工艺

抗生素的生物合成一般对氧的供应较为敏感，不能大量供氧往往是高产发酵的限制因素。为了使细胞处于有氧呼吸状态，传统方法往往只能改变最适操作条件，降低细胞生长速率或培养密度。提高供氧水平通常只从设备和操作角度考虑，着眼于提高溶氧水平或气液传质系数，提高发酵罐中无菌空气的通入量，并采用各种各样的搅拌装置，使空气分散，以满足菌体对氧的要求。

进入液相的氧分子，需穿过几层界膜，进入菌体后，再经物理扩散，才能到达消耗并产生能量的呼吸细胞器。如在菌体内导入与氧有亲和力的血红蛋白，呼吸细胞器就能容易地获得足够的氧，降低细胞对氧的敏感程度，可以利用它来改善发酵过程中溶氧的控制强度。因此，利用重组技术克隆血红蛋白基因到抗生素产生菌中，在细胞中表达血红蛋白，可望从提高自身代谢功能入手解决溶氧供求矛盾，提高氧的利用率，具有良好的应用前景。

将一种丝状细菌——透明颤菌（*V. itreoscilla*）的血红蛋白基因克隆到放线菌中，就可促进有氧代谢、菌体生长和抗生素的合成。*V. itreoscilla* 为专性好氧细菌，生存于有机物腐烂的死水池塘，在氧的限量下，血红蛋白（vitreoscilla hemoglobin，VHb）受到诱导，合成量可扩增几倍。这一血红蛋白已经纯化，被证明含有 2 个亚基和 146 个氨基酸残基，相对分子质量为 1.56×10^5。这个血红蛋白基因（vitreoscilla globin gene，vgb）已在大肠杆菌中得到克隆，经细胞内定位研究，证明大量的 VHb 存在于细胞间区，其功能是为细胞提供更多的氧。VHb 最大诱导表达是在微氧条件下（空气溶氧水平低于 20% 饱和度时），调节发生在转录水平，转录在完全厌氧条件下降低得很多，而在低氧又不完全厌氧的情况下诱导作用可达到最大，贫氧条件对细胞生长和蛋白合成有促进作用。

Magnolo 等把血红蛋白基因克隆到天蓝色链霉菌（*S. coelicolor*）中，在氧限量的条件下，血红蛋白基因的表达可使放线紫红素的产量提高 10 倍之多（图 8-6），这就表明工程菌发酵抗生素时对氧的敏感性大大降低。西班牙 Martin 等将血红蛋白基因转入头孢菌素 C 产生菌——顶头孢霉素中，使该菌种在发酵中的氧耗明显降低，提高了该菌对容氧的利用率，而且头孢菌素 C 的产量提高了 250%。表明这些重组工程菌在低溶氧浓度时，血红蛋白的表达有利于菌体的生长，在同样条件下，其菌体产量高于对照菌株 17%～29%。

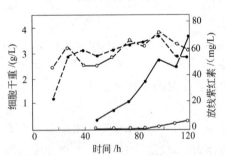

图 8-6　天蓝色链霉菌氧限量下发酵曲线
----- 细胞干重；—— 放线紫红素合成量
● 工程菌、表达 VHb；○ 对照、不表达 VHb

由于透明颤菌血红蛋白基因表达调控机制在专性或兼性好氧菌中相当保守，目前已在多种微生物中获得表达，这预示着该基因有广泛的应用前景。血红蛋白基因工程的研究和应用必将大大降低抗生素工业和其他发酵工业的能耗。

在抗生素产生菌中引入耐高温的调节基因，或耐热的生物合成基因，可以使发酵温度提高，从而降低生产成本。

六、产生杂合抗生素

应用基因工程技术改造菌种，产生新的杂合抗生素，这为微生物提供了一个新的来源。

杂合抗生素（hybrid antibiotic）是通过遗传重组技术产生的新的抗菌活性化合物。

1. 不同抗生素生物合成基因重组

采用基因工程技术获得第一个杂合抗生素是由英国 Hopwood 教授和日本的大村智教授等合作完成的。他们将带有天蓝色链霉菌 A3（2）（S. coelicolor）生物合成放线紫红素基因（act）不同转录单位的质粒，转化至不同的抗生素产生菌中，产生了一些新化合物。当含有羟化酶基因 actVA 的质粒转入到曼德霉素（medermycin）产生菌——链霉素 sp. AM-7161 中时，宿主菌产生了一个不同于原化合物的曼德紫红素 A（mederrhodin），曼德紫红素 A 在 C-8 位增加了一个羟基（图 8-7）。该化合物的产生意味着杂合抗生素产生的想法首次付诸实践。

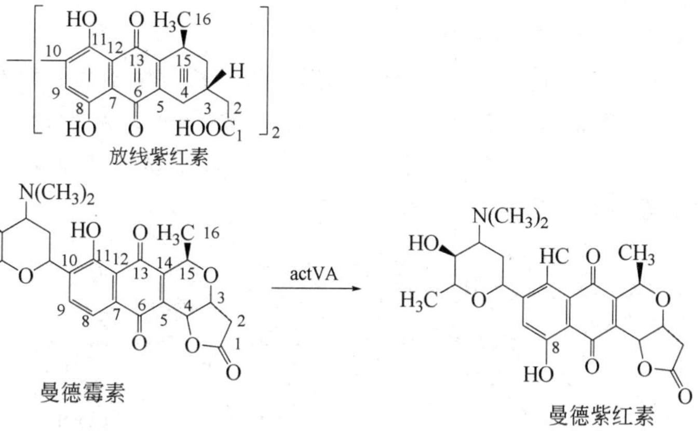

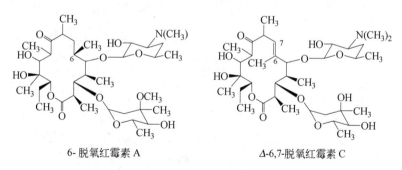

图 8-7　杂合抗生素曼德紫红霉素的结构

2. 生物合成途径中某个酶基因的突变

抗生素生物合成是由一系列酶参与完成的，采用重组 DNA 技术使生物合成途径中的一种酶编码基因发生变化，则会使中间产物积累，也可能使合成途径越过变异中的酶直接由后续酶作用进行生物合成，从而产生一系列新的抗生素衍生物（图 8-8）。

6-脱氧红霉素 A　　　　　　　　　　Δ-6,7-脱氧红霉素 C

图 8-8　新形成的红霉素衍生物

（1）6-去氧红霉素 A　红霉素产生菌中 6-去氧红霉内酯 B 在 C-6 羟化酶（EryF）的作用下，转化成红霉素内酯 B，如果 erfF 基因失活，则会得到 6-去氧红霉内酯衍生物。根据这一原理，Weber 等将含有部分 erfF 基因的重组质粒 pMW56-H23 转入红霉素产生新型红霉素衍生物 6-去氧红霉素 A。由于该化合物在 C-6 位没有羟基，因此对酸稳定，临床效果好于半合成的甲红霉素（红霉素 C-6 位羟基经甲基化制得）。

（2）Δ-6,7-脱水红霉素 C　编码红霉素内酯环聚酮体合成酶的基因是 erfA。erfA 第四单元中产生的烯酰还原酶（enoyl reductase，ER）催化在内酯环 C-7 位上甲基形成次甲基，如果烯酰还原酶基因失活，则聚酮体的烯基不能还原而成为新的聚酮体。Donadio 合成了寡核苷酸序列 GCTAGCCCTGTC（ER 的基因的序列为 GCAGGCGGTGTC），与烯酰还原酶基因相比，改变了 4 个碱基序列，将此寡核苷酸序列插入质粒，转化至红霉素产生菌原株中，置换了染色体上的相应序列，获得了基因失活的转化子 EER4S，该转化子产生新化合物 Δ-6,7-脱水红霉素 C。

3. 在生物合成途径中引入一个酶基因

通过引入一个酶基因到产生菌中，在单一位点改变原化合物的结构，可以生成新的化合物。这种方法的应用依赖于有多少种底物可被同一种酶修饰。已研究的例子都涉及大环内酯类抗生素的 *O*-酰基作用。

4. 利用底物特异性不强的酶催化形成新产物

在一定结构类别中，能催化形成不同产物而底物的特异性不强的酶在新药研究中是非常有用的，异青霉素 N 合成酶（IPNS）是这类酶的最好例子，产黄青霉菌和顶头孢霉菌的 IPNS 具有惊人的环化新底物、得到大量不同的 β-内酰胺类抗生素的能力，这是由于自由基中间产物能环化生成不同产物。

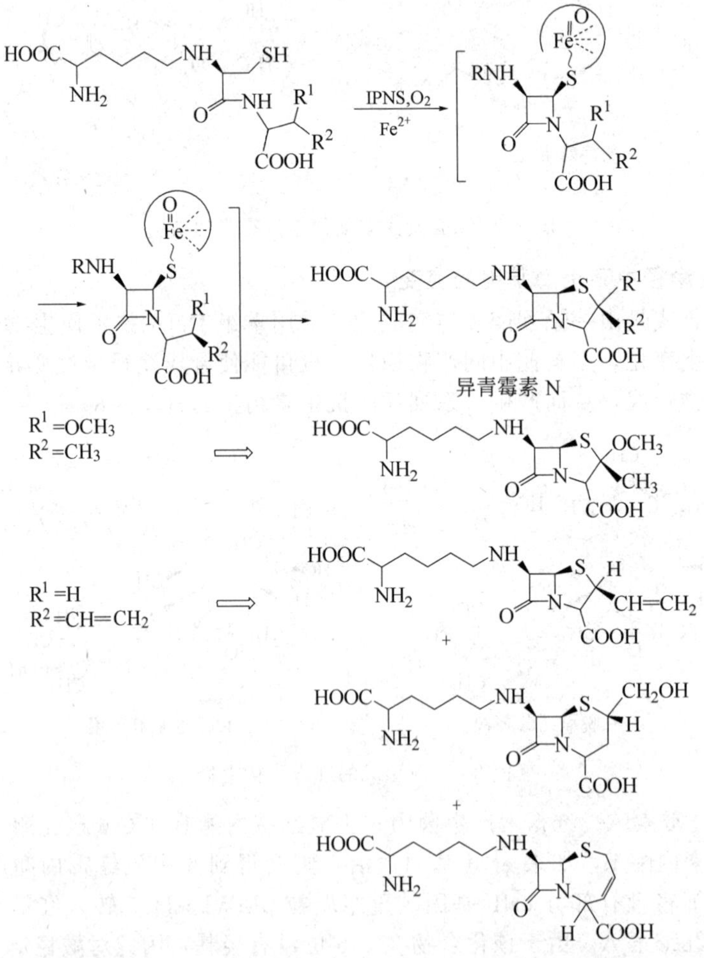

图 8-9　由异青霉素 N 合成酶（IPNS）产生的新型 β-内酰胺抗生素
IPNS 的铁结合位点用开口圆环表示

编码异青霉素 N 合成酶的基因 pcbC 已经在大肠杆菌中获得成功。Hufman 等的研究表明，这种酶在一定结构类型的底物范围内，对底物的专一性不强，此酶合成异青霉素 N 及其类似物依赖于底物的 C 端残基是否有 D-缬氨酸或一种新氨酸。他们利用上述大肠杆菌 IPNS 基因工程菌，对 150 种人工合成的三肽底物进行体外酶促反应，探讨了 IPNS 催化人工合成的三肽形成 β-内酰胺的能力，结果发现，其中有 80 多种可以被不同程度地转化为 β-内酰胺类。在这 80 多种底物中，约 1/4 的产物具有抗菌活性，这就证实了利用 IPNS 基因工程菌和人工合成的三肽为底物，可以生物合成多种新型的 β-内酰胺抗生素（图 8-9）。与此类似，以 α-氨基己二酸和半胱氨酸结构类似物为底物，通过酶促作用，也可能获得 IPNS 新型的产物。

第二节 基因工程技术在新药研究中的应用

新药研究的开发过程大致如图 8-10 所示。筛选是新药研究的第一步，因此筛选模型的建立至关重要。为了能更有效地发现新型药物，利用基因工程技术筛选新药，可实现理性化筛选。从人类疾病产生的生化过程研究中找出致病的关键基因、酶或受体，利用基因工程技术大量生产这种关键酶和关键受体，设计建立可在实验室得以实施的药物筛选模型，筛选天然来源（动物、植物、微生物、海洋生物等）或化学合成的化合物，获得对致病性改变有对症治疗作用的特异性酶抑制剂、配体-受体结合拮抗剂、基因复制表达的密闭阻断剂等可能的新药先导化合物，进而使之成为治疗疾病的新药。实践结果表明，采用这种方法使新药筛选达到分子水平，筛选的命中率高，大大加快了新药研究的开发速度。分子生物学、基因工程在新药研究和开发中正在起着越来越重要的作用。

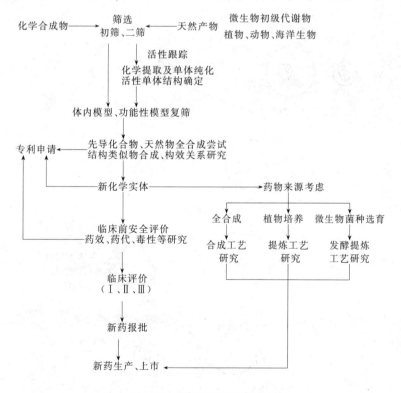

图 8-10 新药研究开发流程

在新药研究开发中，日益广泛使用的各种酶、受体筛选模型所需的靶酶和受体往往来自人体或动物体内，因而数量有限、价格昂贵、特异性差，不利于大量筛选。应用基因重组技术可将一些靶酶的活性中心或受体的配体、亚基等在微生物中大量进行表达，获得筛选所需的靶酶或受体，用这些模型可筛选特异性的酶抑制剂、配体-受体结合拮抗剂。

1. 靶酶

许多疾病是由于酶作用的失调所引起的，因此，以酶为靶位来筛选研究新药是一种十分重要的手段。通过抑制酶活性，修复紊乱的调节机制；或促进酶活性，恢复正常生理现象的生理过程，从而达到治疗的目的。在研究开发酶制剂的过程中，为了排除组织匀浆中其他酶的干扰，获得足够量的靶酶，可利用基因工程技术将许多靶酶基因进行克隆和表达。

已知许多抗癌剂会引起细胞内 DNA 损伤，但在 $3',5'$-内切核酸酶、DNA-聚合酶、$5',3'$-外切核酸酶和连接酶的一致作用下，该损伤可以得到修复。因此，如能筛选到这种修复系统的抑制剂，极有可能成为毒性较低的抗癌剂。应用重组工程菌表达真核生物大鼠的 DNA 聚合酶 β 已获成功，这为大量筛选 DNA 聚合酶抑制剂提供了充足的靶酶。

2. 受体

受体是指存在于细胞核内的生物大分子，如糖蛋白、脂蛋白和核酸等，其结构的某一特定部位能准确地识别并特异结合某些专一性配体。配体是指受体具有选择性结合能力的生物活性物质，包括内源性物质（如神经递质、激素）和外源性活性物质（如药物等）。随着分子生物学的发展，对受体的分子结构、作用原理、信号传递机制、受体间相互作用关系的认识不断加深，采用受体进行药物筛选可以更接近药物生理作用途径。

一般受体筛选方法是，用受体含量较高的组织，进行匀浆破碎，采用竞争性结合方法，

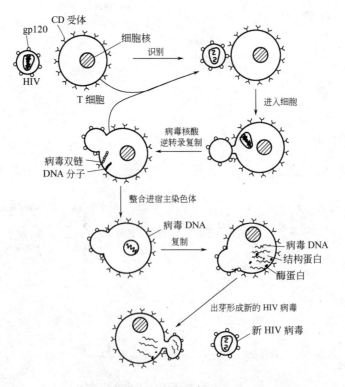

图 8-11　HIV 病毒感染 T4 细胞的过程

对天然来源或化学合成的化合物进行筛选，观察是否与受体结合。这种方法所需的动物组织价格昂贵，而且没有一种组织能够只表达一种受体亚基，因而所得结果不准确，技术投入大。利用基因工程方法可以获得足够量的所需受体，克隆人组织各种受体及其亚基，使受体筛选范围更广，特异性更强，而且费用相对低廉。

HIV 病毒（human immunodeficiency virus）是人类艾滋病的病原体。这种 RNA 病毒直径约为 $100\mu m$，外壳是由一脂双层及两种糖蛋白 gp41 和 gp120 所组成，病毒中心除两种多拷贝的蛋白质亚基 P17/18 和 P24/25 外，还有两条蚯蚓状 RNA 基因组及分子逆转录酶。HIV 病毒感染人体时先由其表面糖蛋白 gp120 与人辅助 T 细胞（即 T4 细胞）表面，蛋白 CD4 特异性结合，gp120 留在细胞表面而病毒进入 T4 细胞内。在逆转录酶作用下，以 RNA 为模板由病毒 DNA 聚合酶催化得到原病毒 DNA 并自己整合到宿主细胞 DNA 基因组中进行复制繁殖。由于 gp120 都留在 T4 细胞表面，使得这个被感染的 T4 细胞像 HIV 病毒一样可以去感染另一个 T4 细胞而形成大的多核合胞体（图 8-11）。T4 细胞被感染后则失去免疫功能，人则患上艾滋病。因此，以 gp120/CD4 的结合为靶，筛选拮抗剂，可望筛到治疗艾滋病的药物。利用基因工程技术将 gp120 基因在伯金斯淋巴肉瘤细胞（Burkitts lymphoma）表面得到表达，将这种细胞与人 T 细胞及受试样品混合，若伯金斯淋巴肉瘤细胞与 T4 细胞表面的 CD4 产生结合，即可观察到多核合胞体，表明受试样品中无结合拮抗剂存在；如未观察到多核合胞体，则证明受试样品中有 gp120/CD4 结合拮抗剂。也可采用基因工程获得的重组 gp120 和 CD4 进行结合实验，以 Elisa 法检测受试样品的拮抗剂的拮抗作用，从而筛选出 gp120/CD4 结合拮抗剂。β-肾上腺素受体、5-羟色胺（5-hydroxytryptamine）受体（5-HT1A，5-HT1D）等已在大肠杆菌或酵母菌中表达成功，并已证实这些受体的功能与来自哺乳动物组织的受体完全相同。

第三节 细胞工程在传统制药工业中的应用

一、细胞工程在提高抗生素产量方面的应用

通过原生质体融合提高微生物代谢产物的单位产量已经成为育种常规方法之一。为了提高某一抗生素的单位产量，可将其产生菌与另一生物合成途径相似的抗生素产生菌的高产菌株进行原生质体融合。如柔红霉素（正定霉素）产生菌与四环素产生菌的种间原生质体融合，由于这两个抗生素的生物合成都是来自聚酮体途径，使柔红霉素的单位产量得到明显提高。将巴龙霉素产生菌与新霉素产生菌的高产突变菌株进行种间原生质体融合，获得了巴龙霉素单位产量提高 5～6 倍的重组体。这两个抗生素在化学结构上只有一个羟基和氨基的差别，合成途径也十分相似。

二、产生新的化合物

通过原生质体融合形成新化合物的机制有两种可能的解释：一是某一亲株的酶基因引入另一亲株，导致形成新的化合物；二是调节基因得到重组，使得沉默基因得以活化和表达。融合子菌株产生新化合物的报道越来越多，尽管只有少数明确了所产生化合物的化学结构，但这一育种途径值得深入探讨。

金霉素链霉菌可以使四环素生物合成的前体上的 C-7 氯化而产生金霉素。金霉素链霉菌（LM^r，CTC^r，产金霉素）原生质体经紫外照射 40min 灭活后，与林可林霉菌可变种（LM^r，CTC^s，产林可霉素）在 42％PEG6000 诱导下进行种间原生质体融合，在含金霉素 $50\mu g/mL$ 的再生平板上直接选择融合子，融合率为 9.05×10^{-5}。从大量融合

子中筛选到 4 株产生抗菌物质不同于亲株，并且性能稳定的重组菌株，对其中一株所产生的抗生素做了初步鉴别，推测其结构与林可霉素相近，另一株其薄层层析的 R_f 值与氯林可霉素相近，需进一步研究。

基因工程和细胞工程等现代生物技术为传统医药工业的发展提供了新思路、新技术。利用现代生物技术对微生物代谢产物合成的遗传学和调节机制的研究，必将加快生物药物的研究及开发进程。

第 九 章

生化药品概论

　　生化药物是运用生理学和生物化学的理论、方法及研究成果直接从生物体分离或用微生物合成，或用现代生物技术制备的一类用于预防、治疗、诊断疾病，有目的地调节人体生理机能的生化物质。这类物质都是维持生命正常活动的必需生化成分，包括氨基酸、多肽、蛋白质、多糖、核酸、脂肪、维生素、激素等。正常机体在生命活动过程中能保持健康状态，不断战胜疾病，就是依赖于机体内不断产生的这类物质的调控作用。此类药物的最大特点为：一是来源于生物体；二是人体的基本生化成分。因此，在医疗应用中显示出高效、合理、毒副作用极小的临床效果，受到了极大的重视。随着生命科学的发展，现代生物技术的应用将会有更多的生理活性物质被发现，所以研究它们的作用机制和生产方法对发展新的高效低毒药物、保障人类健康具有重要作用。

　　生化药品的生产，传统上主要是从动物（植物）器官、组织、血浆（细胞）中分离、纯化制得。虽然这些内源生理活性物质作为药物已有多年，并且在医学上显示出很好的疗效，但仍有许多有重要价值的内源生理活性物质由于原材料来源困难，或制备技术问题而无法研制出产品，付诸应用。即使能用传统技术提取出来，也因造价太高使患者望而却步；或者因原料来源受限而供不应求，使这些药物在使用上受到诸多限制。上述困难随着现代生物技术在医药领域广泛应用，正在逐步从根本上获得解决。生物技术的迅猛发展，尤其是基因工程的发展，使人们已能方便、有效地生产以往难以大量获取的生理活性物质，甚至可以创造出活性更高的全新物质。现代生物技术在生物制药领域的应用，极大地推动了生物药物发展，使得人们在解决癌症、病毒性感染、心血管疾病和内分泌疾病等方面取得了明显的效果，为上述疾病的预防、治疗、诊断提供了更多的新型药物。

　　人们把用传统方法从物体制备的内源性生理活性物质习惯称为生化药品，而把利用生物技术制备的一些内源性生理活性物质包括疫苗、单克隆抗体等统称为生物技术药物。生物技术制物是在生化制药基础上利用现代生物技术发展起来的。传统生化制药的内容是现代生物技术制药的基础，了解传统生化制药工艺对学习掌握现代生物制药技术十分必要。

第一节　生化药品的分类

　　生化药物主要按其化学本质和化学特性进行分类，该分类方法有利于比较同一类药物的结构与功能的关系、分离制备方法的特点和检测方法的统一，因此一般均按此法分类。

　　（1）氨基酸及其衍生物类药物　这类药物包括天然的氨基酸和氨基酸混合物以及氨基酸衍生物，如 N-乙酰半胱氨酸、L-二羟基苯丙氨酸等。

　　（2）多肽和蛋白质类药物　多肽和蛋白质是一类在化学本质上相同，性质相似，仅相对分子质量不同，而导致其生物学性质上有较大差异的生化物质，如分子大小不同的物质其免疫原性就不一样。蛋白质类药物，有血清白蛋白、丙种球蛋白、胰岛素等；多肽类药物，有催产素、降钙素、胰高血糖素及各种细胞因子等。细胞因子是人类或动物各类细胞分泌的具有多种生物活性的因子。细胞生长因子类药物是近年来发展最迅速的生物药物之一，也是生物技术应用最多的领域，如基因工程白细胞介素（IL）、红细胞生成素（EPO）等。它们在体内对人类或动物细胞的生长与分化起重要调节作用。近十年来人们广泛研究的细胞因子有干扰素、白细胞介素、肿瘤坏死因子、集落刺激因子等四大系列十几种细胞因子。

（3）酶类药物　酶类药物可按其功能分为：消化酶类、消炎酶类、心脑血管疾病治疗酶类、抗肿瘤酶类、氧化还原酶类等。

（4）核酸及其降解物和衍生类药物　这类药物包括核酸（DNA、RNA）、多聚核苷酸、单核苷酸、核苷、碱基以及人工化学修饰的核苷酸、核苷、碱基等的衍生物，如 5-氟尿嘧啶、6-巯基嘌呤等。

（5）糖类药物　糖类药物以黏多糖为主。多糖类药物是由糖苷键将单糖连接而成，但由于糖苷键的位置不同，因而多糖种类繁多，药理活性各异。这类药物存在于各种生物体中。

（6）脂类药物　这类药物具有相似的性质，能溶于有机溶剂而不易溶于水，其化学结构差异较大，功能各异。这类药物，主要有脂肪和脂肪酸类、磷脂类、胆酸类、固醇类、卟啉类等。

第二节　生化药物的特点

1. 生物原材料的复杂性

生物材料的复杂性主要表现在以下方面：①同一种生化物质的原料可来源于不同生物体如人、动物、微生物、植物、海洋生物等；②同一种物质也可由同种生物体的不同组织、器官、细胞产生，如在猪胰脏和猪的颌下腺中都有血管舒缓素并且从两者获得的血管舒缓素并无生物学功能的差别；③同一种生物体或组织可产生结构完全不同的物质及结构相似物质。由此也造成对制备技术要求的多样性和复杂性。

2. 生化物质种类多、有效成分含量低

生物原材料中的生化成分组成复杂、种类多，有效成分含量低，杂质多，尤其是那些生物活性越高的成分，含量往往越低，如胰岛素在胰脏中的含量约为万分之二，脱氧核糖核酸酶的含量约为十万分之四。并且杂质与目的物的性质如溶解度、相对分子质量、等电点都十分相近，使得分离纯化比较困难。所以，直接从生物材料提取含量极低的生理活性物质，没有太大的工业价值。而这正是现代生物技术的重点开发领域。

3. 生物材料的种属特性

由于生物体间存在着种属特性关系，因而，使许多内源性生理活性物质的应用受到了限制。如用人脑垂体分泌的生长素治疗侏儒症有特效，但用猪脑垂体制备的生长素则对人体无效；牛胰中提取的牛胰岛素单位比猪胰岛素高，牛为 40000IU/kg，猪为 3000IU/kg。而抗原性则猪胰岛素比牛胰岛素低，猪胰岛素与人胰岛素只有一个氨基酸差异，而牛胰岛素有三个氨基酸差异。由动物细胞产生的干扰素与人干扰素有抗原交叉反应，而对一些非同源性动物的某些细胞的抗病毒活性作用并不下降。

4. 药物活性与分子空间构象相关

生化成分中的大分子物质都是以其严格的空间构象维持其生物活性功能的，原有的构象一旦发生变化，其生理活性就完全丧失。引起活性破坏的因素有生物性因素的破坏（如被自身或污染的微生物的酶所破坏）、理化因素的破坏（如 pH 值、温度、剪切力、重金属、压力等），因而对生产、制剂、贮存、运输等过程条件的控制有较高的要求。

5. 对制备技术条件要求高

由于生物材料及产品的特殊性，对其生产技术、生产条件、检测方法、检测内容及生产人员都有较高的要求：①不管是原料还是产品均为高营养物质，极易染菌腐败，因而对原料的采集、保藏，产品的生产等都有温度和无菌条件的要求；②因有效成分含量低、稳定性差等对生产过程中的 pH 值、温度、剪切力、重金属含量、压力等操作条件均需严格控制；③检测内容不但要有理化检测指标更要求有生物活性检验指标，对生物技术药物还需有工程菌（细胞）的各种分析资料及产物的鉴定分析资料；④检测方法要求重现性好，有较高的灵敏度和专属性；⑤要求生产、管理人员具备一定的知识深度和相当的知识结构。

第三节　传统生化制药的一般工艺过程

传统生化药物主要是来源于动物器官、组织、血液经提取获得的一大类内源性生理活性物质。传统生化药品的制造主要包括以下工艺过程：

$$生物材料的选取与预处理 \longrightarrow 提取有活性部分 \longrightarrow 有效成分的分离、纯化 \longrightarrow 制剂$$

一、生物材料的选择与保存

（一）材料的选择

选取生物材料时需考虑其来源、目的物含量、杂质的种类、价格、材料的种属特性等，其原则是要选择富含所需目的物、易于获得、易于提取的无害生物材料。

1. 来源

选材时应选用来源丰富的生物材料，做到尽量不与其他产品争原料，且最好能综合利用。如用胰脏生产弹性蛋白酶、激肽释放酶、胰岛素与胰酶等；用人胎盘生产 γ-球蛋白、胎盘白蛋白、胎盘脂多糖及胎盘水解物；用人尿生产尿激酶、HCG 等；用猪心生产细胞色素 C 和辅酶 Q_{10} 等。

2. 与有效成分含量相关的因素

生物材料中目的物含量的高低，直接关系到终产品的价格，在选择生物材料时需从以下方面考虑。

（1）合适的生物品种　根据目的物的分布，选择富含有效成分的生物品种是选材的关键。如制备催乳素，不能选用禽类、鱼类、微生物，应以哺乳动物为材料；又如羊精囊富含前列腺素合成酶，是分离此酶的最佳材料。

（2）合适的组织器官　不同组织器官所含有效成分的量与种类以及杂质的种类和含量多有不同，只有选择合适的组织器官提取目的产物才能较好地排除杂质干扰，获得较高的收率，保证产品的质量。如制备胃蛋白酶只能选用胃为原料；免疫球蛋白只能从血液或富含血液的胎盘组织提取；透明质酸酶由睾丸提取等。血管舒缓素虽可从猪胰脏和猪颌下腺中提取，两者获得的血管舒缓素并无生物学功能的差别，但考虑提取时目的物的稳定性却以颌下腺来源为好，因其不含蛋白水解酶。难于分离的杂质会增加工艺的复杂性，严重影响收率、质量和经济效益，因此，选材时应尽量避免与目的物性质相似的杂质产生对纯化过程的干扰。如胰脏含有磷酸单酯酶和磷酸二酯酶，两者难于分开，故一般不选用胰脏为原料制备磷酸单酯酶，而选用前列腺为原料，因为它不含磷酸二酯酶，从而使操作大为简化。

（3）生物材料的种属特异性　如第二节中所述。为保证产品的有效性选材时应予以充分考虑。对于种属差异大，无法满足临床需求的成分只能借助于生物技术进行生产。基因工程人生长素的生产就是典型的例子。

（4）合适的生长发育阶段 生物在不同的生长、发育期合成不同的生化成分，所以生物的生长期对生理活性物质的含量影响很大。如提取胸腺素时，因幼年动物的胸腺比较发达，而老龄后胸腺逐渐萎缩，因此胸腺原料必须采自幼龄动物；提取绒毛膜促性腺激素（HCG）时，因 HCG 在妊娠妇女 60～70 天的尿中达到高峰，到妊娠 18 周已降到最低水平，所以应收集孕期为 1～4 个月孕妇的尿；肝细胞生长因子是从肝细胞分化最旺盛阶段的胎儿、胎猪或胎牛的肝中获得的。若用成年动物必须经过肝脏部分切除手术后，才能获得富含肝细胞生长因子的原料；凝乳酶只能以哺乳期的小牛、仔羊的第四胃为材料，成年牛、羊胃均不适用。

（5）合适的生理状态 生物在不同生理状态时所含生化成分也有差异，如动物饱食后宰杀，胰脏中的胰岛素含量增加，对提取胰岛素有利，但因胆囊收缩素的分泌使胆汁排空，对收集胆汁则不利；从鸽肝中提取乙酰氧化酶时，先将鸽饥饿后取材可减少肝糖原的含量，以利于其对纯化操作的干扰。另外，动物的营养状况，产地、季节对活性物质的含量也有影响，选材时应予以注意。选取材料要求完整，尽量不带入无用组织，同时要注意符合卫生要求，不可污染微生物及其他有害物质。

（二）材料的采集与保存

1. 天然生物材料的保存

由于生理活性物质易失活、降解，所以采集时必须保持材料的新鲜，防止腐败、变质与微生物污染。如胰脏采摘后要立即速冻，防止胰岛素活力下降；胆汁在空气中久置，会造成胆红素氧化；提取酶原要及时，防止酶原被激活转变为酶。因此生物材料的采摘必须新鲜、快速，及时速冻，低温保存。保存生物材料的方法主要有速冻、冻干、有机溶剂脱水，如制成"丙酮粉"或浸存于丙酮与甘油中等。

2. 动物细胞的保存方法及影响保存质量的因素

（1）保存方法 动物细胞培养技术是 1907 年 R.G. 帕拉逊在试管内对蛙的神经组织培养成功后建立的，以后陆续成功地培养了哺乳动物、昆虫、鱼类等各种动物细胞。利用培养的细胞生产疫苗、干扰素、尿激酶、促红细胞生成素和单克隆抗体等已进入工业化生产。动物细胞的保存方法有组织块保存，细胞悬液保存，单层细胞保存及低温冷冻保存等。

① 组织块保存法。胚胎组织块比成体组织块易保存。胚胎组织如人胚胎肾块在 4℃可保存 2 周，长者可达 1 个月。其方法是取出新生胎儿肾脏剪成小块，洗涤后加生长培养液，于 4℃过夜，换液一次，可置冰瓶转送他地。

② 细胞悬液保存法。在一定条件下，细胞悬液可短期保存，不同种类的细胞保存条件亦异，通常于 4℃，在生长培养液中可保存数日或数周。如用胰蛋白酶分散的新鲜猴肾细胞悬液，在 4℃保存 10～24h 后，离心收集细胞，用新鲜生长培养液再悬浮，于 4℃至少可保存 3 周。

③ 单层细胞保存法。本法是通过降低温度来延长细胞的正常代谢时间，保存过程中经常更换生长培养液可提高保存的效果。如人羊膜细胞 28℃可保存 1 个月；人二倍体细胞 30℃可保存 2 周，中间换液可保存 1 个月。若生长培养液中牛血清减到 0.5%～1%，37℃培养，并有规律更换生长培养液，可长期保存。

④ 低温冷冻保存。将细胞冻存于 -70℃ 的低温冰箱中或液氮中。在低温冰箱中可冻存 1 年以上，在液氮中可长期保存。

（2）影响保存质量的因素

① 细胞的冻存速度。生理浓度盐溶液在 -0.5～-0.6℃时开始结冰，若温度急速下降则胞内外一起结冰，可破坏细胞结构，造成细胞死亡，故降温速度应缓慢，先使细胞间隙结冰，将胞内水分慢慢吸出，细胞的脱水程度将达到 90%以上。温度以 1～5℃/min 的速度下

降，获得的生存率最高。复苏时可加温加速融化，细胞吸收水分，结构与功能不受影响。

② 保护剂。细胞冻结的保护剂有甘油及二甲基亚砜（DMSO）。甘油能结合水，减少组织冻结量，防止胞内盐浓度上升，使组织慢慢冻结，并能增加细胞膜通透性，而且毒性小对细胞有保护作用。甘油的使用含量依不同组织而定，一般在 5%～20% 之间。DMSO 比甘油更能防止细胞冻伤，通透性更高，黏度更低，毒性更小。细胞在 DMSO 中 30s～10min 即可达到内外平衡。DMSO 常用含量为 5%～12.5%，使用时应注意 DMSO 的质量，要用蒸汽高压消毒。复苏时含 0.5%～1% DMSO 不影响细胞生长。

③ 冻结方法。准备传代的单层细胞可进行冻存。操作方法是用常规方法消化分散细胞，离心收集（800r/min），按每毫升 5×10^6 个细胞浓度添加保护剂（保护剂是在生长液中加入 8%～10%DMSO、15%～20%牛血清及适量 $NaHCO_3$ 配成，也可添加适量抗生素），然后以 1mL 量分装于 2mL 的保存瓶中，在 0～4℃预冻 2～4h，摇匀，置于 -70℃ 冰箱冻存。也可先置于液氮罐气相中过夜，再浸入液相中（-196℃）保存。或将 -70℃ 冻存过夜的细胞保存瓶直接浸入液氮中存放。

④ 冻存细胞的复苏。细胞传代培养前，要先使冻存细胞融化复苏。其过程为取出冻存细胞保存瓶，立即用 4 层纱布包好。浸入 40℃ 水中片刻，防止炸裂，去掉纱布，浸入水中摇融 40s，混匀后立刻接种到 1～2 个培养瓶中，按等量稀释法加入生长液使成为 20mL。如用 DMSO 为保护剂即可直接接种，但 DMSO 必须在生长液中被稀释 10 倍以上。若保护剂是甘油，即应离心收集细胞，除去甘油后再接种。加完生长培养液后，取样计活细胞数，用台酚蓝染色，死者为蓝色。于 37℃ 培养 4～18h 后换液，然后转入传代培养。

二、生物材料的预处理

（一）组织与细胞的破碎

生物活性物质大多存在于组织细胞中，必须将其结构破坏才能使目的物有效地提取，常用的组织与细胞破碎方法有物理法、化学法、生物法。

1. 物理法

（1）磨切法　工业上常用的有绞肉机、刨胰机、胶体磨、球磨机、万能磨粉机。实验室常用的有匀浆器、乳钵、高速组织捣碎机。用乳钵时，常加入玻璃粉、氧化铝等助磨剂。

（2）压力法　有渗透压法、高压法和减压法。高压法是用几百万至几千万压力反复冲击物料。减压法是对菌体缓缓加压，使气体溶入细胞，然后迅速减压使细胞破裂。渗透压法是使细胞在浓盐中平衡，再投入水中膨胀破裂。

（3）震荡法　用超声波震荡破碎细菌细胞，频率为 10～200kHz。该法产热较多，要注意冷却。

（4）冻融法　将材料先在 -15℃ 以下冻结，再使其融化，反复操作使细胞与菌体破碎。

2. 化学法

用稀酸、稀碱、浓盐、有机溶剂或表面活性剂（如胆酸盐、氧化十二烷基吡啶）处理细胞，可使细胞结构破坏，释放出内容物。

3. 生物法

（1）组织自溶法　利用组织中自身酶的作用，改变、破坏细胞结构，释放出目的物，称为组织自溶。自溶过程中酶原被激活为酶，既便于提取，又提高了效率，但不适用于易受酶降解的目的物的提取。

（2）酶解法　用外来酶处理生物材料，如用溶菌酶处理某些细菌，用胰酶处理猪脑生产脑安泰等。用作专一性分解细胞壁的酶还有细菌蛋白酶、纤维素酶、蜗牛酶、酯酶、壳聚糖酶等。

（3）噬菌体法 用噬菌体感染细菌、裂解细胞，释放出内容物。此法较少应用。

（二）细胞器的分离

为获得结合在细胞器上的一些生化成分或酶系，常常要先获得特定的细胞器，再进一步分离目的产物。方法是匀浆破碎细胞，离心分离，包括差速离心和密度梯度离心。现以大鼠肝细胞匀浆的差速离心分离各种细胞器为例加以说明，见图 9-1。

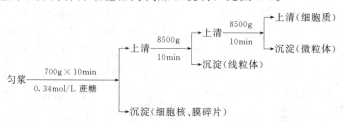

图 9-1 大鼠肝细胞差速离心分离各种细胞器流程

对所得细胞器的含量与纯度可用电镜观察，用免疫法分析某种特定物质的含量或用"标志酶"法分析特定酶类的浓度予以确定。如线粒体可测定琥珀酸脱氢酶，微粒体可测定NADPH 细胞色素 C 还原酶，细胞膜可测定 Na，K-ATP 酶，细胞核可测定 DNA 合成酶。

（三）制备丙酮粉

在生化物质提取前，有时还有用丙酮处理原材料，制成"丙酮粉"，其作用是使材料脱水、脱脂，使细胞结构松散，增加了某些物质的稳定性，有利于提取，同时又减少了体积，便于贮存和运输。而且应用"丙酮粉"提取可以减少提取液的乳化程度及黏度，有利于离心与过滤操作。同时，有机溶剂既能抑制微生物的生长和某些酶的作用，防止目的物降解失活，又能阻止大量无关蛋白质的溶出，有利于进一步纯化。

三、生物活性物质的提取

提取是利用制备目的物的溶解特性，将目的物与细胞的固形成分或其他结合成分分离，使其由固相转入液相或从细胞内的生理状态转入特定溶液环境的过程。生物活性物质的提取常用浸渍法（用冷溶剂溶出固体材料中的物质）与浸煮法（用热溶剂溶出目的物）。

（一）提取方法的选择及注意的问题

提取是分离纯化活性物质的第一步，其目的和作用是除去与目的物性质差异大的杂质，浓缩目的物。要获得好的提取效果，最重要的是针对生物材料和目的物的性质选择合适的溶剂系统与提取条件。常用的提取方法是固液提取，常用的溶剂是水。生物材料和目的物与提取有关的一些性状包括目的产物的溶解性质、相对分子质量、等电点、存在方式、稳定性、相对密度、粒度、黏度、含量、主要杂质种类及性质、相关酶类的特性等。其中最主要的是目的物与主要杂质在溶解度方面的差异以及它们的稳定性。设计者可根据文献资料及试验结果获得有关信息，选择、设计合适的方法和条件。在提取过程中尽量增加目的物的溶出度、减少杂质的溶出度，同时关注生物材料及目的物在提取过程中的活性变化。对酶类药物的提取要防止辅酶的丢失和其他失活因素的干扰；对蛋白质类药物要防止其高级结构的破坏，应避免高热、强烈搅拌、大量泡沫、强酸、强碱及重金属离子等不利因素对其空间构象的影响；多肽类及核酸类药物需注意避免酶的降解作用，并添加某些酶抑制剂；对脂类药物应特别注意防止氧化，采取减少与空气接触等措施，如添加抗氧剂、通氮气及避光等。提取过程，应在低温、无菌条件下进行。

水是提取生化物质的常用溶剂。水是高度极化的极性分子，具有很高的介电常数。在水溶液中，水分子自身形成氢键的趋势很强，有极高的分子内聚力（缔合力）。水分子的存在可使其他生物分子间（包括同种分子与异种分子）的氢键减弱，而与水分子形成氢键，水分子还能使溶质分子的离子键解离，这就是所谓"水合作用"。水合作用促使蛋白质、核酸、多糖等生物大分子与水形成了水合分子或水合离子，从而促使它们溶解于水或水溶液中。

（二）活性物质的保护措施

在提取过程中，保持目的物的生物活性十分重要，对于一些生物大分子，如蛋白质、酶及核酸类药物常采用下列保护措施。

（1）采用缓冲系统　提取溶剂采用缓冲系统，防止提取过程中某些酸碱基团的解离导致溶液 pH 值的大幅度变化，使某些活性物质变性失活，或因 pH 值变化影响提取效果。在生化药物制备中，常用的缓冲系统有磷酸盐缓冲液、柠檬酸盐缓冲液、tris 缓冲液、醋酸盐缓冲液、碳酸盐缓冲液、硼酸盐缓冲液和巴比妥缓冲液等，所使用的缓冲液浓度较低，以利于增加溶质的溶解性能。

（2）添加保护剂　为防止某些生理活性物质活性基团及酶活性中心受破坏（如巯基是许多活性蛋白质和酶的催化活性基团，极易被氧化），故提取时常添加某些还原剂（如半胱氨酸，α-巯基乙醇，二巯基赤藓糖醇，还原型谷胱甘肽等）。提取某些酶时常加入适量底物以保护活性中心。对易受重金属离子抑制的活性物质，可在提取时添加某些金属螯合剂，以保护活性物质的稳定性。

（3）抑制水解酶的作用　抑制水解酶活力是提取操作中最重要的保护性措施之一。可根据不同水解酶的性质采用不同方法：需要金属离子激活的水解酶（如 DNAse）常加入 ED-TA 或用柠檬酸缓冲液，以降低或除去金属离子使酶活力受到抑制；对热不稳定的水解酶，可选择热变性提取法，使酶失活；根据酶的溶解性质的不同，还可用 pH 值不同的缓冲体系提取，以减少酶的释放或根据酶的最适 pH 值，选用酶发挥活力最低的 pH 值进行提取。最有效的办法是在提取时，添加酶抑制剂，以抑制水解酶的活力。如提取 RNA 时添加核糖核酸酶抑制剂，常用的有十二烷基磺酸钠、脱氧胆酸钠、萘-1,5-二磺酸钠、三异丙基萘磺酸钠、4-氨基水杨酸钠以及皂土、肝素、DEP（二乙基焦碳酸盐）、蛋白酶 K 等。

（4）其他保护措施　为了保持某些生物大分子的活性，也要注意避免紫外线、强烈搅拌、过酸、过碱或高温、高频震荡等。有些活性物质还应防止氧化，如固氮酶、铜-铁蛋白提取分离时要求在无氧条件下进行；有些活性蛋白对冷、热变化也十分敏感，如免疫球蛋白就不宜在低温冻结。所以提取时要根据目的物的不同性质，具体对待。

（三）影响提取的因素

（1）温度　多数物质的溶解度随提取温度的升高而增加，另外较高的温度可以降低物料的黏度，有利于分子扩散和机械搅拌。所以对一些植物成分、某些较耐热的生化成分（如多糖类），可以用浸煮法提取，加热温度一般为 50～90℃。但对大多数不耐热生物活性物质不宜采用浸煮法，一般在 0～10℃进行提取。对一些热稳定性较好的成分，如胰弹性蛋白酶可在 20～25℃提取。有些生化物质在提取时需要酶解激活，如胃蛋白酶的提取，温度可以控制在 30～40℃。应用有机溶剂提取生化成分时，一般在较低的温度下进行提取，一方面是为了减少溶剂挥发损失和生产安全，另一方面也是为了减少活力损失。

（2）酸碱度　多数生化物质在中性条件下较稳定，所以提取用的溶剂系统原则上应避免过酸或过碱，pH 值一般应控制在 4～9 范围内。为了增加目的物的溶解度，往往要避免在目的物的等电点附近进行提取。有些生化物质在酸性环境中较稳定，且稀酸又有破坏细胞的作用，所以有些酶（如胰蛋白酶、弹性蛋白酶及胰岛素等）都在偏酸性介质中进行提取。多糖类物质因在碱性环境中更稳定，故多用碱性溶剂系统提取多糖类药物。巧妙地选择溶剂系统的 pH 值不但可直接影响目的物与杂质的溶解度，还可以抑制有害酶类的水解破坏作用，防止降解，提高收得率。对于小分子脂溶性物质而言，调节适当的溶剂 pH 值还可使其转入有机相中，便于与水溶性杂质分离。

（3）盐浓度　盐离子的存在能减弱生物分子间离子键及氢键的作用力。稀盐溶液对蛋白质等生物大分子有助溶作用。一些不溶于纯水的球蛋白在稀盐中能增加溶解度，这是由于盐离子作用于生物大分子表面，增加了表面电荷，使之极性增加，水合作用增强，促使其形成稳定的双电层，此现象称"盐溶"作用。多种盐溶液的盐溶能力既与其浓度有关，也与其离子强度有关，一般高价酸盐的盐溶作用比单价酸盐的盐溶作用强。常用的稀盐提取液有：氯化钠溶液（0.1～0.15mol/L）；磷酸盐缓冲液（0.02～0.05mol/L）；焦磷酸钠缓冲液（0.02～0.05mol/L）；醋酸盐缓冲液（0.10～0.15mol/L）；柠檬酸缓冲液（0.02～0.05mol/L）。其中焦磷酸盐的缓冲范围较大，对氢键和离子键有较强的解离作用，还能结合二价离子，对某些生化物质有保护作用。柠檬酸缓冲液常在酸性条件下使用，作用效果近似焦磷酸盐。

（四）常用的提取方法

1. 用酸、碱、盐水溶液提取

用酸、碱、盐水溶液可以提取各种水溶性、盐溶性的生化物质。这类溶剂提供了一定的离子强度、pH 值及相当的缓冲能力。如胰蛋白酶用稀硫酸提取；肝素用 pH＝9 的 3%氯化钠溶液提取。对某些与细胞结构结合牢固的生物大分子，在提取时采用高浓度盐溶液（如4mol/L 盐酸胍，8mol/L 脲或其他变性剂），这种方法称"盐解"。

2. 用表面活性剂提取

表面活性剂分子兼有亲水与疏水基团，分布于水油界面时有分散、乳化和增溶作用。表面活性剂又称"去垢剂"。可分为阴离子型、阳离子型、中性与非离子型去垢剂。离子型表面活性剂作用强，但易引起蛋白质等生物大分子的变性，非离子型表面活性剂变性作用小，适合于用水、盐系统无法提取的蛋白质或酶的提取。某些阴离子去垢剂如十二烷基磺酸钠（SDS）等可以破坏核酸与蛋白质的离子键合，对核酸酶又有一定抑制作用，因此常用于核酸的提取。使用去垢剂时应注意它的亲油、亲水性能的强弱，通常以亲水基与亲油基的平衡值（H.L.B）表示：

$$H.L.B = \frac{亲水基的亲水性}{亲油基的亲油性}$$

生物提取常用的表面活性剂，其 H.L.B 多在 10～20 之间。除 SDS 外，实验室中常见的还有吐温类（Tween-20、40、60、80）、Span 和 Triton 系列，以及十六烷基二乙基溴化铵等。离子型表面活性剂的化学本质多为高级有机酸盐、季铵盐、高级醇的无机酸酯（如SDS）和胆酸盐等。非离子型表面活性剂多为高级醇醚的衍生物。在适当 pH 值及低离子强度的条件下，表面活性剂能与脂蛋白形成微泡，使膜的渗透性改变或使之溶解。微泡的形成严格地依赖于 pH 值与温度。一般来说离子型比非离子型更有效，虽然它易于导致蛋白质变性，甚至使肽键断裂，但对于膜结合酶的提取，如呼吸链的一些酶及乙酰胆碱酯酶等，还是相当有效的。但表面活性剂的存在会对酶蛋白等的进一步纯化带来一定困难，如盐析时很难使蛋白质沉淀，因此，需先除去。离子型表面活性剂可用离子交换层析法除去，非离子型表面活性剂可以用 Sephadex LH-50 层析法除去，其他表面活性剂可以用分子筛层析法除去。如采用 DEAE-Sephadex 柱层析纯化样品，则不必预先去除表面活性剂。

3. 有机溶剂提取

用有机溶剂提取生化物质可分为固-液提取和液-液提取（萃取）两类。

（1）固-液提取　　常用于水不溶性的脂类、脂蛋白、膜蛋白结合酶等。例如用丙酮从动物脑中提取胆固醇，用醇醚混合物提取辅酶 Q_{10}，用氯仿提取胆红素等。有机溶剂在提取目的物时，可以用单一溶剂提取法，也可用多种溶剂组合提取。常用的有机溶剂有甲醇、乙醇、丙酮、丁醇等极性溶剂以及乙醚、氯仿、苯等非极性溶剂。极性溶剂既有亲水基团又有疏水基团，从广义上说，也是一种表面活性剂。乙醚、氯仿、苯是脂质类化合物的良好溶剂。

在选用有机溶剂时一般采用"相似相溶"的原则。如丁醇在水中有一定溶解度，对细胞膜上磷脂蛋白的溶解能力强，能迅速透入酶的脂质复合物中。所以对那些与细胞颗粒结构如线粒体等结合的酶，或与脂类物质紧密结合的活性物质，采用丁醇为溶剂，效果较好。丁醇也能用于干燥生物材料的脱脂，但它在水溶液中解离脂蛋白的能力更强。

（2）液-液萃取　　液-液萃取是利用溶质在两个互不混溶的溶剂中溶解度的差异，将溶质从一个溶剂相向另一个溶剂相转移的操作。影响液-液萃取的因素主要有目的物在两相的分配系数（K）和有机溶剂的用量等。分配系数 K 值增大，提取效率也增大，萃取就易于进行完全。当物质的 K 值较小时，可以适当增加有机溶剂用量来提高萃取率。但有机溶剂用量增加会增加后处理的工作量，因此在实际工作中，常常采取分次加入溶剂，连续多次提取来提高萃取率。

各种方法提取的效果可用提取效率表示。提取时这种"相转移"的提取效率不可能达到 100%。在生物材料中总要残留部分目的物，残留量的多寡取决于所选择的溶剂系统、用量、提取次数以及操作条件。这个数量关系以"残留量公式"表示如下：

$$X_n = X_0 \left[\frac{Km}{Km+V} \right]^n \tag{9-1}$$

式中　　X_0——目的物总量，g；

K——目的物在固相/液相的分配系数；

V——溶剂体积，mL；

m——生物材料质量，g；

n——提取次数。

由式（9-1）可知：

① 对于所选的溶剂系统而言，目的物在生物材料中的分配系数 K 愈大，提取后的残留物质就愈多；

② 所用的溶剂愈多，残留量愈少；

③ 提取次数愈多残留量亦愈少。

在生产中提取的次数太多也会增加生产设备的负担，使能耗提高，延长生产周期，不仅降低劳动生产率，还增加了产品失活的机会，所以生产上一般提取 2～3 次。溶剂用量（L）为生物材料的 2～5 倍，少数情况也有用 10～20 倍量溶剂做一次性提取，目的是节省提取时间、降低有害酶的作用。当提取物由固相转入液相或从细胞内转到细胞外时，提取速率还与物质的扩散速率有关。为了提高提取速率，常采取一些措施，如增加材料的破碎程度、进行搅拌、延长提取时间、提高提取温度（但对一些不耐热的物质，温度不宜过高）等方法以促进扩散。

四、生物活性物质的浓缩与干燥

（一）生物活性物质的浓缩

生物活性物质提取液在进一步分离纯化前，需进行浓缩，以便于进一步的操作。可根据物料性能，采用不同的浓缩方法。由于多数生化成分对热不稳定，因此常采用一些较为缓和的浓缩方法。

（1）盐析浓缩　用添加中性盐的方法使某些蛋白质（或酶）从稀溶液中沉淀出来，从而达到样品浓缩的目的。最常用的中性盐是硫酸铵，其次是硫酸钠、氯化钠、硫酸镁、硫酸钾等。

（2）有机溶剂沉淀浓缩　在生物大分子的水溶液中，逐渐加入乙醇、丙酮等有机溶剂，可以使生化物质的溶解度明显降低，从溶液中沉淀出来，这也是浓缩生物样品的常用方法。其优点是溶剂易于回收，样品不必透析除盐，在低温下操作，对多种生物大分子较为稳定，但对某些蛋白质或酶却易使它们变性失活，应小心操作。

（3）用葡聚糖凝胶（Sephadex）浓缩　向 1L 左右的稀样品溶液中加入固体的干葡聚糖凝胶 G-25，缓慢搅拌 30min，葡聚糖凝胶吸水膨胀，进行过滤，生物大分子全部留在溶液中。如此重复数次，可在短时间内使溶液浓缩到 100mL。每次葡聚糖凝胶的加入量为溶液量的 1/5 为宜。用过的葡聚糖凝胶经蒸馏水洗净后，可用乙醇脱水，干燥后重复使用。

（4）用聚乙二醇浓缩　将待浓缩液放入透析袋内，袋外覆以聚乙二醇，袋内的水分很快被袋外的聚乙二醇所吸收，在极短时间内，可以浓缩几十倍至上百倍。

（5）超滤浓缩　应用不同型号超滤膜浓缩不同相对分子质量的生物大分子。超滤浓缩设备有固定末端式系统、搅拌式系统、管状流动式系统和细管流式系统。

（6）真空减压浓缩与薄膜浓缩　真空减压浓缩在生物药物生产中使用较为普遍，具有生产规模大、蒸发温度较低、蒸发速度较快等优点。

薄膜浓缩器的加速蒸发原理是增加气化表面积，使液体形成薄膜而蒸发，成膜的液体具有极大的表面。热的传播快而均匀，没有液体静压的影响，能较好地防止物料的过热现象，物料总的受热时间也有所缩短，而且能连续进行操作。薄膜蒸发的进行方式有两种：一种是使液膜快速流过加热面而蒸发；另一种是使物料剧烈地沸腾，产生大量泡沫，以泡沫的内外表面为蒸发面进行蒸发。后一方法使用较普遍。图 9-2 为一常用的大型薄膜蒸发器。欲蒸发的物料经输液管，通过流量计，先进入预热器预热后，自预热器上部流出，从蒸发器底部进入列管蒸发器，被蒸汽加热后，即剧烈沸腾，形成大量泡沫。泡沫与蒸汽的混合物自气沫出口进入分离器中，此时气沫分离为浓缩液，浓缩液经连接于分离器下口的导管流入接受器收集，蒸汽自导

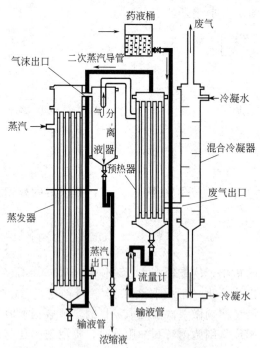

图 9-2　大型薄膜蒸发器示意

管进入预热器的夹层中供预热药液之用，多余的废气则进入混合冷凝器中冷凝后自冷凝水出口排出，未冷凝的废气自冷凝器顶端排至大气中。

（二）干燥

干燥是使物质从固体或半固体状经除去存在的水分或其他溶剂，从而获得干燥物品的过程。在生化制药工艺中干燥目的在于：①提高药物或药剂的稳定性，以利保存与运输；②使

药物或药剂有一定的规格标准；③便于进一步处理。

水在干燥的物料中，有三种存在形式，即表面水、毛细管中的水与细胞内的水。表面水很容易通过气化除去。毛细管中的水，由于毛细管壁的作用，较难除去。细胞内的水由于被细胞膜包围封闭，如不扩散到膜外则不容易蒸发除去。水分在固体物料中的存在情况可能是单一的，也可能是多样的，因此，干燥应缓慢进行，使各种形成存在水能被逐步去除。干燥速率在温度及压力不变的条件下取决于液体到达表面的速率。物质在空气中的干燥度，常称为物质的平衡湿度，在一定条件下是一个定值。因此，除非改变大气的温度、湿度或压力，否则即使无限地延长干燥时间也不能改变物质的干燥度。

干燥多用加热法进行，常用的方法有膜式干燥、气流干燥、减压干燥等。此外，冷冻干燥、喷雾干燥以及红外线干燥等也常选用。

五、生化物质的分离纯化

（一）生物制药中分离纯化的特点

在生化分离技术中包括生化分离分析和生化制备。前者主要对生物体内各组分分离后进行定性、定量分析，它不一定要把某组分从混合物中分离提取出来。而后者则主要是为了获得生物体内某一单纯组分。在生化制药中的分离、制备方法有下列特点。

① 生物材料组成非常复杂，一种生物材料常含成千上万种成分，各种化合物在形状、相对分子质量和理化性质等方面都各不相同，且又相似，其中有不少化合物迄今还是未知物，而且生物活性物质在分离过程中仍处于不断代谢变化中，因此常无固定操作方法可循。

② 有些化合物在生物材料中含量极微，只有万分之一、十万分之一，甚至百万分之一。因此分离操作步骤多，不易获得高收率。

③ 生物活性成分离开生物体后，易变性、失活，分离过程必须十分小心地保护这些化合物的生理活性，这也是生物制药中分离、制备的难点。

④ 生物制药中的分离方法几乎都在溶液中进行，各种参数（温度、pH 值、离子强度等）对溶液中各种组分的综合影响无固定性，以致许多实验设计理论性不强，实验结果常常带有很大的经验成分。因此，实验要有一定的重现性，必须从材料、方法、条件及试剂药品等严格地加以规定。

⑤ 为了保护目的物的生理活性及结构上的完整性，生物制药中的分离方法多采用温和的"多阶式"方法进行，即常说的"逐级分离"方法。为了纯化一种生化物质常常要联用几个甚至十几个步骤，并不断变换各种不同类型的分离方法，才能达到目的。因而操作时间长，工艺复杂，效率不高。近年发展起来的亲和层析法具有从复杂生物组成中专一"钓出"特异生化成分的特点，目前已在生物大分子，如酶、蛋白、抗体和核酸等的纯化中得到广泛应用。

（二）分离纯化的基本原理

生物制药中的分离制备技术大都是根据混合物中的不同组分分配率的差别，把它们分配于可用物理方法分离的两个或几个物相中（如有机溶剂抽提、盐析、结晶等）。或者将混合物置于某一物相（大多数是液相）中，外加一定作用力，使多组分分配于不同区域，从而达到分离目的（如电泳、超离心、超滤等）。除了一些小分子如氨基酸、脂肪酸、某些维生素及固醇类外，几乎所有生物大分子都不能融化，也不能蒸发，只限于分配在固相或液相中，并在两相中相互交替进行分离纯化。生物大分子分离纯化依据的主要原理如下。

① 根据分子形状和大小不同进行分离。如差速离心与超速离心、膜分离（透析，电渗析）与超滤法、凝胶过滤法等。

② 根据分子荷电性质（带电性）差异进行分离。如离子交换法、电泳法、等电聚焦法等。

③ 根据分子极性大小及溶解度不同进行分离。如溶剂提取法、逆流分配法、分配层析法、盐析法、等电点沉淀法及有机溶剂分级沉淀法。

④ 根据物质吸附性质的不同进行分离。如选择性吸附与吸附层析法。

⑤ 根据生物分子与其配体的特异亲和性进行分离。如亲和层析法、亲和沉淀法。

（三）分离纯化的基本程序和实验设计

生物体内某一组分，特别是未知结构的组分的分离制备的设计大致可分为五个基本阶段：

① 确定制备物的研究目的及建立相应的分析鉴定方法；

② 通过文献了解制备物的理化性质，进行稳定性的预备试验；

③ 材料处理及抽提方法的选择；

④ 分离纯化方法的摸索；

⑤ 产物的均一性测定。

提取是分离纯化目的物的第一步，所选用的溶剂应对目的物具有最大溶解度，并尽量减少杂质进入提取液中，为此可调整溶剂的 pH 值、离子强度、溶剂成分配比和温度范围等。

分离纯化是生化制备的核心操作。由于生化物质种类繁多，因此分离纯化的实验方案也是千变万化，没有一种分离纯化方法可适用于所有物质的分离纯化，一种物质也不可能只有一种分离纯化方法。所以，具体的分离纯化方法是根据目的物的理化性质与生物学性质和具备的实验条件而定。认真参考前人经验可以避免许多盲目性，节省实验摸索时间，即使是分离一个新的未知组分，根据分析和预试验的初步结果，参考别人对类似物质的分离纯化经验，也可以少走弯路。

1. 分离纯化早期使用方法的选择

在分离纯化的早期，由于提取液中的成分复杂，目的物浓度较稀，与目的物理化性质相似的杂质多，所以不宜选择分辨能力较高的纯化方法。因为在杂质大量存在情况下，被分离的目的物难于集中在一个区域，所以分离纯化的早期常用萃取、沉淀、吸附等一些分辨力低、负荷能力大的方法较为有利。这些方法多兼有分离、提纯和浓缩作用，为进一步分离纯化创造良好的基础。总之，早期分离方法的选择原则是低分辨能力、大负荷量者为合适。但随着许多新技术的建立，一种特异性方法的分辨力愈高，便意味着提纯步骤愈简化、收率愈高、生化物质的变性危险愈少，因此亲和层析法、纤维素离子交换色谱法、连续流动电泳、连续流动等电聚焦等在一定条件下，也可用于从粗提取液中分离制备小量目的物。

2. 各种分离纯化方法的使用程序

生化物质的分离都是在液相中进行，分离方法主要根据物质的分配系数、相对分子质量大小、离子电荷性质及数量和外加环境条件的差别等因素为基础，而每一种方法又都在特定条件下发挥作用。因此，不适宜在相同或相似条件下连续使用同一种分离方法。例如纯化某一两性物质时，前一步已利用该物质的阴离子性质，使用了阴离子交换色谱法，下一步提纯时再利用阳离子性质做色谱层析或电泳分离便会取得较好分离效果。各种分离方法的交叉使用对于除去大量理化性质相近的杂质是较为有效的。如某些杂质在各种条件下的电荷性质可能与目的物相似，但其分子形状、大小与目的物相差较大，而另一些杂质的分子形状与大小可能与目的物相似，但在某条件下与目的物的电荷性质又不同。在这种情况下，先用分子筛、离心或膜过滤法除去相对分子质量相差较大的杂质，然后在一定 pH 值和离子强度范围下，使目的物变成合适的离子状态，便能有效地进行色谱分离。当然，这两种步骤的先后顺序反过来应用也会得到同样效果。在安排纯化方法顺序时，还应考虑有利于减少工序、提高效率，如在盐析后采取吸附法，必然会因离子过多而影响吸附效果，如增加透析除盐，则使操作大大复杂化。如倒过来进行，先吸附，后盐析，就比较合理。

对于未知物通过各种方法的交叉应用，有助于进一步了解目的物的性质。不论是已知物或未知物，当条件改变时，连续使用一种分离方法是允许的，如分级盐析和分级有机溶剂沉淀等。

分离纯化中期，由于某种原因，如含盐太多、样品量过大等，一个方法一次分离效果不理想，可以连续使用两次，这种情况常见于凝胶过滤与 DEAE-C 层析。

在分离纯化后期，杂质已除去大部分，目的物已十分集中，重复应用先前几步所用的方法，对进一步确定所制备的物质在分离过程中其理化性质有无变化，验证所得的制备物是否属于目的物有着重要作用。

3. 分离后期的保护性措施

在分离操作的后期必须注意避免产品的损失，主要损失途径是器皿的吸附、操作过程样品液体中的残留、空气的氧化和不可预知的因素。为了取得足够量的样品，常常需要加大原材料的用量，并在后期纯化工序中注意保持样品溶液有较高的浓度，以防止制备物在稀溶液中的变性，有时常加入一些电解质以保护生化物质的活性，减少样品溶液在器皿中的残留量。

（四）分离纯化工艺优劣的综合评价

每一个分离纯化步骤的好坏，除了从分辨能力和重现性两方面考虑外，还要注意方法本身的回收率，特别是制备某些含量很少的物质时，回收率的高低十分重要。但不同物质的稳定性不同，分离难易不同，回收率也不同。对每一步骤方法的优劣的记录，体现在所得产品质量及活性关系上。这一关系，可通过每一步骤的分析鉴定求出。例如酶的分离纯化，可通过测定每一步骤产物质量与活性关系求出。其他活性物质也可通过测定总活性的变化与样品质量或体积的变化，列表进行对比分析，算出每步的提纯倍数及回收率。

第十章

氨基酸药物

氨基酸是构成蛋白质的基本组成单位，生物体中众多蛋白质的生物功能都与构成蛋白质的氨基酸种类、数量、排列顺序有密切关系，对人体及动物维持机体的蛋白质动态平衡有着极其重要的作用。因此，氨基酸的生产和应用早已受到人们的重视。氨基酸的制造是从1820年水解蛋白质开始的，1850年在实验室用化学方法合成了氨基酸。1956年用微生物直接发酵糖类生产谷氨酸研究获得成功，并进行大规模的工业生产，被认为是现代发酵工业的重大突破，是氨基酸生产方法的重大革新。该成就大大推动了其他氨基酸发酵研究和生产的发展，形成了用发酵法制造氨基酸的新型发酵工业。在各种氨基酸中，以谷氨酸的发酵产量最大，赖氨酸的发酵产量次之。

第一节 氨基酸的种类及物化性质

一、氨基酸的组成与结构

氨基酸是组成蛋白质的基本单位，通常由五种元素即碳、氢、氧、氮、硫组成。研究发现，在自然界中，组成生物体各种蛋白质的氨基酸有20种，其分子结构的共同点是构成生物体蛋白质的氨基酸都有一个 α-氨基和 α-羧基。故组成天然蛋白质的氨基酸统称为 α-氨基酸。所有 α-氨基酸的表达通式为：

$$\begin{array}{c} \text{COOH} \\ | \\ \text{H}_2\text{N}-\text{CH} \\ | \\ \text{R} \end{array}$$

在构成天然蛋白质的20种氨基酸（除甘氨酸外）中，α-碳原子均为不对称碳原子，具有立体异构现象，且天然蛋白质的氨基酸都是L-型，故称为L-型氨基酸。它们彼此的区别，主要是R基团结构的不同，故其理化性质也各异。

（1）物理通性 天然氨基酸纯品均为白色结晶性粉末，其熔点及分解点均在200℃以上，各种氨基酸均能溶于水，但溶解度不同。所有氨基酸都不溶于乙醚、氯仿等非极性溶剂，而均溶于强酸、强碱中。除甘氨酸外，所有天然氨基酸都具有旋光性。天然氨基酸的旋光性在酸液中可以保持，在碱液中由于互变异构，容易发生外消旋化。

氨基酸的羧基有羧酸羧基的性质，如成盐、成酯、成酰胺、脱羧、酰氯化等。氨基酸的氨基具有一级氨基（R—NH₂）的一切性质（如与盐酸结合、脱氨等）。氨基酸的化学通性皆由此氨基和羧基所决定。一部分是由氨基参加的反应，一部分是由羧基参加的反应，还有一部分则为氨基、羧基共同参加或侧链R基团参加的反应。

（2）化学通性 α-氨基酸共同的化学反应有两性解离、酰化、烷基化、酯化、酰氯化、叠氮化、脱羧及脱氨反应、肽键结合反应等。此外，某些氨基酸的特殊基团也产生特殊的理化反应，如：酪氨酸的酚羟基可产生米伦反应与福林-达尼斯反应；精氨酸的胍基产生坂口反应；色氨酸的吲哚基与芳醛产生红色反应；组氨酸的咪唑基产生 Pauly 反应等。另外色氨酸、苯丙氨酸及酪氨酸均有特征紫外吸收，色氨酸的最大吸收波长为 279nm，苯丙氨酸为 259nm，酪氨酸为 278nm。但构成天然蛋白质的 20 种氨基酸在可见光区均无吸收。氨基酸上述理化性质是蛋白质与氨基酸合成、转化、分离及定性定量检测的依据。

二、氨基酸的命名与分类

1. 氨基酸的命名

氨基酸的化学名称是根据有机化学标准命名法命名的。氨基位置有 α、β、γ、δ、ε 之分。如：赖氨酸的化学名为 α,ε-二氨基己酸。

$$\overset{\varepsilon}{\text{H}_2\text{N}}-\overset{}{\text{CH}_2}-\overset{\delta}{\text{CH}_2}-\overset{\gamma}{\text{CH}_2}-\overset{\beta}{\text{CH}_2}-\overset{\alpha}{\underset{|}{\text{CH}}}-\text{COOH}$$
$$\text{H}_2\text{N}$$

2. 氨基酸的分类

氨基酸的分类方法有四种：

① 根据氨基酸在 pH＝5.5 溶液中带电状况可分为酸性、中性及碱性氨基酸三大类；

② 按照氨基酸侧链的化学结构，可将氨基酸分为脂肪族氨基酸、芳香族氨基酸、杂环族氨基酸和亚氨基酸四大类；

③ 按氨基酸侧链基团的极性，把氨基酸分为极性氨基酸和非极性氨基酸两类；

④ 从对人体营养的角度，根据氨基酸对人体生理的重要性和人体内能否合成，将氨基酸分为必需氨基酸和非必需氨基酸两大类。

第二节　氨基酸的生产方法

目前，氨基酸的生产方法有 5 种：直接发酵法、微生物生物转化法、酶法、化学合成法、蛋白质水解提取法。通常将直接发酵法和微生物生物转化法统称为发酵法；现在除少数几种氨基酸（如酪氨酸、半胱氨酸、胱氨酸和丝氨酸等）用蛋白质水解提取法生产外，多数氨基酸都采用发酵法生产，也有几种氨基酸采用酶法和化学合成法生产。

一、蛋白水解法

以毛发、血粉及废蚕丝等蛋白为原料，通过酸、碱或酶水解成多种氨基酸的混合物，经分离纯化获得各种氨基酸的生产方法。目前蛋白质水解分为酸水解法、碱水解法及酶水解法。水解法生产氨基酸的主要过程为水解、分离、精制结晶三个步骤。

随着氨基酸生产技术的进步，由蛋白水解法提取氨基酸这一方法受到了很大的冲击，但在药用氨基酸的生产中仍有一定的意义。目前，我国至少有 6 种氨基酸尚需要用提取法生产，如组氨酸、精氨酸、亮氨酸、丝氨酸、胱氨酸及酪氨酸。

二、化学合成法

化学合成法是利用有机合成和化学工程相结合的技术生产氨基酸的方法。它的最大优点是在氨基酸的品种上不受限制，除制备天然氨基酸外，还可用于制备各种特殊结构的非天然氨基酸。由于合成得到的氨基酸都是 DL 型外消旋体，必须经过拆分才能得到人体能够利用的 L-氨基酸。故用化学合成法生产氨基酸时，除需要考虑合成工艺条件外，还要考虑消旋异构体的拆分与 D-异构体的分离，三者缺一都必会影响其应用。现在用合成法制造的氨基酸有 DL-丙氨酸、天冬酰胺、蛋氨酸、丝氨酸、色氨酸、苯丙氨酸。兼用合成法的有苏氨酸和缬氨酸。其中有一些氨基酸已进行了发酵生产的研究，但蛋氨酸和甘氨酸在今后一段时间里仍须采用合成法生产。

三、酶法

酶法是应用完整的菌体或自微生物细胞提取的酶类制备氨基酸的方法。赖氨酸、色氨酸等均可用酶法进行制备，如表 10-1。其中天冬氨酸已于 1973 年用固定化菌体进行工业规模的生产，这是世界上最早在发酵工业里用固定化菌体的例子。

表 10-1　酶法生产氨基酸

氨　基　酸	基　　质	微　生　物	产率/(g/L)
丙氨酸	天冬氨酸	*Ps. dacunbe*	200
天冬氨酸	延胡索酸	*Enoinia aerbicda*	168
酪氨酸	甲酚＋丙酮酸	*Enoinia aerbicda*	62
多巴(二羟基苯丙氨酸)	儿茶酚＋丙酮酸	*Enoinia aerbicda*	55
色氨酸	吲哚＋丙酮酸	雷氏变形杆菌(*proteus rettgerii*)	91
5-羟基-色氨酸	5-羟基吲哚＋丙酮酸	雷氏变形杆菌(*proteus rettgerii*)	28
赖氨酸	2-氨基己内酰胺	罗伦隐球酵母	140

酶法是利用微生物特定的酶系作为催化剂，使底物经过酶催化生成所需的产品，由于底物选择的多样性，因而不限于制备天然产品。借助于酶的生物催化，可使许多本来难以用发酵法或合成法制备的光学活性氨基酸，有工业生产的可能。

虽然酶法生产氨基酸具有工艺简单、周期短、耗能低、专一性强、收率高等特点，但要将它们应用于工业化生产，还需要进一步的研究。如何获得廉价的合成底物和酶原是这一方法能否成功的关键。近年来，随着基因重组技术的进步，使酶法生产氨基酸技术更具有光明的前景。

目前，能用酶法生产的氨基酸已有 10 多种，如：用延胡索酸和铵盐为原料，经天冬氨酸酶催化生产 L-天冬氨酸；用 L-天冬氨酸为原料，在天冬氨酸-β-脱羧酶作用下生产 L-丙氨酸；以甘氨酸及甲醇为原料，在丝氨酸转羟甲基酶催化下合成 L-丝氨酸；以甘氨酸和乙醛为原料，在苏氨酸醛缩酶催化下生成 L-苏氨酸。

四、直接发酵法

按照生产菌株的特性，直接发酵法可分为四类：第一类是使用野生型菌株直接由糖和铵盐发酵生产氨基酸，如谷氨酸、丙氨酸和缬氨酸的发酵生产；第二类是使用营养缺陷型突变株直接由糖和铵盐发酵生产氨基酸，如表 10-2 所示；第三类是由氨基酸结构类似物抗性突变株生产氨基酸，见表 10-3；第四类是使用营养缺陷型兼抗性突变株生产氨基酸，见表 10-4。

表 10-2　应用营养缺陷型突变株生成氨基酸

氨基酸	营养缺陷型	微　生　物	氨基酸	营养缺陷型	微　生　物
赖氨酸	高丝氨酸	谷氨酸棒状杆菌	缬氨酸	亮氨酸	谷氨酸棒状杆菌
苏氨酸	蛋氨酸、缬氨酸	大肠杆菌	鸟氨酸	瓜氨酸或精氨酸	谷氨酸棒状杆菌
苯丙氨酸	酪氨酸	谷氨酸棒状杆菌	瓜氨酸	精氨酸	谷氨酸棒状杆菌
酪氨酸	丙氨酸、嘌呤	谷氨酸棒状杆菌	高丝氨酸	苏氨酸	谷氨酸棒状杆菌
亮氨酸	苯丙氨酸	谷氨酸棒状杆菌	脯氨酸	异亮氨酸	谷氨酸棒状杆菌

表 10-3 应用结构类似物抗性突变株生成氨基酸

氨基酸	结构类似物	微生物	氨基酸	结构类似物	微生物
赖氨酸	S-(2-氨基乙基)-L-半胱氨酸(AEC)	乳糖发酵短杆菌	异亮氨酸	AHV,2-氨基-4-乙硫丁酸(Eth),2-TA,AEC	黄色短杆菌
苏氨酸	α-氨基-β-羟基戊酸(AHV)	黄色短杆菌	缬氨酸	AEC	谷氨酸棒状杆菌
苯丙氨酸	对-氟苯丙氨酸(PFP)	黄色短杆菌	鸟氨酸	D-精氨酸及精氨酸氧肟酸	谷氨酸棒状杆菌
酪氨酸	5-甲基色氨酸(5-MT)	黄色短杆菌	瓜氨酸	磺胺胍	黄色短杆菌
色氨酸	AHV	黄色短杆菌	精氨酸	精氨酸氧肟酸	枯草杆菌
亮氨酸	2-噻唑丙氨酸(2-TA)	乳糖发酵短杆菌	脯氨酸	磺胺胍	黄色短杆菌
			蛋氨酸	Eth,硒基蛋氨酸和蛋氨酸氧肟酸	谷氨酸棒状杆菌

表 10-4 应用营养缺陷型和抗性突变株生成氨基酸

氨基酸	营养缺陷型	结构类似物	微生物
赖氨酸	腺嘌呤、鸟嘌呤		乳糖发酵短杆菌
苏氨酸	蛋氨酸		黄色短杆菌
苯丙氨酸	酪氨酸	对-氟苯丙氨酸(PFP)或对-氨基苯丙氨酸(PAP)	谷氨酸棒状杆菌
酪氨酸	丙氨酸	3-氨基酪氨酸、PAP、酪氨酸氧肟酸盐(Tyrhx)	谷氨酸棒状杆菌
色氨酸	苯丙氨酸、酪氨酸	PAP,PFP,Yyrhx,phehx(噻嗯基苯丙氨酸氧肟酸)	谷氨酸棒状杆菌
异亮氨酸	嘌呤	AHV	黄色短杆菌
亮氨酸	蛋氨酸、异亮氨酸	2-噻唑亮氨酸	乳糖发酵短杆菌
鸟氨酸	精氨酸	精氨酸氧肟酸	枯草杆菌
瓜氨酸	精氨酸	硫代异噁唑(sulfisooxazole)	黄色短杆菌
精氨酸	鸟嘌呤	2-TA	黄色短杆菌
高丝氨酸	蛋氨酸、赖氨酸	AHV	谷氨酸棒状杆菌

五、微生物生物合成法

此法是以氨基酸的中间产物为原料,用微生物将其转化为相应的氨基酸,这样可以避免氨基酸生物合成途径中的反馈抑制作用,见表10-5。

目前,这一方法主要用于因不能避开其反馈调节机制,而难以用直接发酵法生产的氨基酸。现已成功地用邻氨基苯甲酸作为前体物工业化生产 L-色氨酸,用甘氨酸作为前体工业化生产 L-丝氨酸。

上述 5 种方法在生产中均有应用,近来随着微生物代谢调节理论研究的进展,使得大部分氨基酸得以用发酵法进行制造,但是一部分氨基酸仍须用合成法制造。合成法与发酵法两种方法的比较见表10-6。

表 10-5 以相应氨基酸的中间产物为原料发酵生产氨基酸

氨基酸	前体(中间产物)	微生物	产率/(g/L)
丝氨酸	甘氨酸	嗜甘油棒状杆菌	16
色氨酸	氨茴酸	异常汉逊酵母	3
色氨酸	吲哚	麦角菌	13
蛋氨酸	2-羟基-4-甲基-硫代丁酸	脱氨极毛杆菌	11
异亮氨酸	α-氨基丁酸	黏质赛氏杆菌	8
	D-苏氨酸	阿氏棒状杆菌(Coryn. amagasaki)	15

表 10-6 发酵法与合成法的比较

项　目	合　成　法	发　酵　法	项　目	合　成　法	发　酵　法
原料	石油	碳源与氮源	产物类型	DL-型	L-型
产物浓度	高	低	副产物	少	多

酶法介于合成法与发酵法之间。酶法能得到 L 型氨基酸，产物浓度高，易于提炼。采用固定化酶或固定化菌体，其优点更突出。由化学合成法得到适当的中间体，配合酶法制造氨基酸，将是氨基酸生产的发展方向。

第三节 氨基酸及其衍生物在医药中的应用

在生命活动中人和动物通过消化系统吸收氨基酸，并通过与蛋白质间的转化，维持其体内的动态平衡，若其动态平衡失调则机体代谢紊乱，甚至引起疾病。而且许多氨基酸还有特定的药理效应，所以在临床治疗中具有重要的应用价值。

一、氨基酸的营养价值及其与疾病的关系

氨基酸是构成蛋白质的基本单位，它参与体内代谢和各种生理机能活动，故蛋白质的营养价值实际是氨基酸作用的反应。健康人靠膳食中的氨基酸或蛋白质，获取机体对营养的需求。缺乏蛋白质或氨基酸，则会影响机体的生长发育及正常的生理功能，导致抗病能力减弱引起病变。消化道功能严重障碍者及手术后病人，常因禁食无法获得足够蛋白质，而使自身蛋白质过量消耗，导致病情恶化或预后不良。临床上常通过直接给病人输入氨基酸制剂改善患者营养状况，增加治疗机会，促进康复，故复合氨基酸制剂常作为防治疾病的重要手段。不同氨基酸具有不同的营养作用，其中赖氨酸、色氨酸、苯丙氨酸、蛋氨酸、苏氨酸、亮氨酸、异亮氨酸及缬氨酸 8 种氨基酸，人及哺乳动物自身不能合成，需靠食物供给，称为必需氨基酸。其他氨基酸称为非必需氨基酸。其中胱氨酸及酪氨酸可分别由蛋氨酸和苯丙氨酸产生，食物中这两个氨基酸足够多时，就可减少蛋氨酸及苯丙氨酸的需求量，故胱氨酸及酪氨酸也称为半必需氨基酸。此外精氨酸及组氨酸在体内合成速率较低，常常难以满足需求，故二者亦称为半必需氨基酸。在机体代谢活动中非必需氨基酸及必需氨基酸同等重要。

二、治疗消化道疾病的氨基酸及其衍生物

此类氨基酸及其衍生物有谷氨酸及其盐酸盐、谷氨酰胺、乙酰谷酰胺铝、甘氨酸及其铝盐、硫酸甘氨酸铁、组氨酸盐酸盐等。其中谷氨酸、谷氨酰胺、乙酰谷酰胺铝主要通过保护消化道或促进黏膜增生，而达到防治综合性胃溃疡病、十二指肠溃疡、神经衰弱等疾病的作用。甘氨酸及其铝盐、谷氨酸盐酸盐主要是通过调节胃液酸碱度实现治疗作用。

三、治疗肝病的氨基酸及其衍生物

治疗肝病的氨基酸有精氨酸盐酸盐、磷葡精氨酸、鸟氨酸、天冬氨酸、谷氨酸钠、蛋氨酸、乙酰蛋氨酸、赖氨酸盐酸盐及天冬氨酸等。精氨酸是鸟氨酸循环（ornithine cycle）的一员，具有重要的生理意义。多吃精氨酸，可以增加肝脏中精氨酸酶（arginase）活性，有助于将血液中的氨转变为尿素而排泄出去。所以精氨酸对治疗高氨血症、肝机能障碍等疾病颇有效果。精氨酸还是肝性昏迷禁钠病人的急救用药。L-精氨酸、L-鸟氨酸是机体尿素循环的中间体或重要成分。蛋氨酸和乙酰蛋氨酸是体内胆碱合成的甲基供体，可促进磷脂酰胆碱的合成，用于慢性肝炎、肝硬化、脂肪肝、药物性肝障碍的治疗。

四、用于治疗肿瘤的氨基酸及其衍生物

近年来，发现不同癌细胞的增殖需要大量消耗某种特定氨基酸。寻找这种氨基酸的结构类似物——代谢拮抗剂，被认为是治疗癌症的一种有效手段，天冬酰胺的结构类似物是 S-氨甲酰基-半胱氨酸。目前已试制氨基酸类抗癌药物多种，如 N-乙酰-L-苯丙氨酸、N-乙酰-L-缬氨酸。已发现天冬酰胺酶能阻止要求天冬酰胺的癌细胞（白血病）的增殖。

五、治疗其他疾病的氨基酸及其衍生物

谷氨酸可被脑组织氧化，能作为脑组织的"能源"，是脑组织代谢作用较活跃的成分，故用来作为神经衰弱患者的中枢神经及大脑皮质的补剂，有改善神经系统功能的作用。γ-酪氨酸是中枢神经突触的抑制性递质，能激活脑内葡萄糖代谢，促进乙酰胆碱合成。恢复脑细胞功能并有中枢性降血压作用，用于治疗记忆障碍、语言障碍、脑外伤后遗症等。

天冬氨酸也是合成乳清、核酸等前体物质的原料。通常将天冬氨酸制成钙、镁、钾或铁的盐类后使用。天冬氨酸钾盐，主要用于清除疲劳，治疗心脏病、肝病、糖尿病等疾病。天冬氨酸钾盐可用于治疗低钾症，铁盐治疗贫血。

胱氨酸及半胱氨酸均有抗辐射作用，并能促进造血机能，增加白细胞和促进皮肤损伤的修复，临床用于治疗辐射损伤、肝炎及牛皮癣。

氨基酸也可同其他药物配合使用，制成各种合剂。在消化系统经手术后或烧伤、创伤病人需要大量补充蛋白质营养时，要注射各种氨基酸，即氨基酸输液。

第四节　赖氨酸的生产

一、赖氨酸概述

赖氨酸是人和动物营养的必需氨基酸，对机体的生长有重要的影响，且在八种必需氨基酸中是惟一的仅 L 型成分才能有效利用的基本氨基酸。而在小麦、玉米、稻米等植物蛋白质中缺乏赖氨酸，因此赖氨酸广泛应用于营养食品、食品强化剂、饲料及医药等方面。

赖氨酸广泛存在于动物蛋白质中，最初赖氨酸的生产是用酸水解酪素，经分离谷氨酸后制得，其后又从血粉中提取（猪血粉中赖氨酸含量约 9%～10%），但这种方法，工艺比较复杂，产量受到限制。1960 年以来，日本用营养缺陷型的谷氨酸菌株直接发酵生产赖氨酸，其产量不断扩大。目前，世界赖氨酸产量已达到 40 万吨，在氨基酸生产中排第二位。日本年产量在 10 万吨，其他如美国、法国、德国、意大利及巴西等国也有生产。1977 年，日本东丽公司以合成的己内酰胺为原料，用酶法生产 L-赖氨酸。随着现代生物技术的发展，预计今后赖氨酸的产量还将有更大地提高。

目前在工业生产中，直接发酵法生产赖氨酸所使用的菌种主要有短杆菌属的黄色短杆菌和棒杆菌属的谷氨酸棒杆菌。这些菌种均为谷氨酸产生菌经过人工诱变而获得的各种突变株。此外，能够在体外积累赖氨酸的还有酵母菌，如产朊球拟酵母和酿酒酵母，但这些菌还未达到工业生产的水平。

目前，国际上赖氨酸产生菌种的生产水平一般为 12～14g/L，对糖转化率 45%。采用淀粉水解糖（或纯糖）发酵，其产酸率、提取率较高；而采用糖蜜发酵，其产酸率、提取率要低一些。采用淀粉水解糖（或纯糖）发酵，其产酸率为 9%～11%，提取率为 83%～87%，原料消耗 3.2～3.5t（淀粉）/t（赖氨酸）；而采用糖蜜（含糖 50%）发酵，其产酸率 7%～9%，提取率 80%～85%，原料消耗 6～8t/t。我国广西赖氨酸厂，采用甘蔗糖蜜发酵，菌种产酸率 8.2%，提取率 82.4%，接近国际先进水平。

对赖氨酸在治疗人颅脑损伤方面的研究表明，赖氨酸可以明显减少重度脑损伤的死亡率，减轻中度脑损伤大鼠的脑水肿程度。此外，赖氨酸具有巴比妥样抗惊厥作用，可增强巴比妥的催眠效果；在 GABA 受体-氯离子通道复合物上有赖氨酸的结合位点。这些均可能使赖氨酸在抗脑损伤中起重要作用。赖氨酸的临床研究显示，赖氨酸对颅脑术后脑内出血恢复期患者的临床症状、神经功能缺损及认知功能等均有明显改善。

20 世纪 90 年代我国广西赖氨酸厂开始生产医用级赖氨酸，其产品已被一些药厂用于制备氨基酸大输液和赖氨酸与维生素及葡萄糖酸钙等复合的口服制剂。目前，国家食品药品监督管理局已批准的 L-赖氨酸及其复合药有 3 种：①L-赖氨酸盐酸盐颗粒剂；②复方赖氨酸颗粒剂；③盐酸赖氨酸注射液。上述 3 种药品的研制单位都向国家专利局申请了专利保护。

今后，随着对赖氨酸在医药工业中的新用途的不断发现，用赖氨酸生产各种药物的需求量将越来越多，其消费量也将迅速增加。预计国内赖氨酸需求量按保守估计也在 8 万吨/年左右。但国内赖氨酸市场年产不足 2 万吨，因此加强赖氨酸生产方法的研究具有重要意义。

二、赖氨酸的性质

赖氨酸的化学名称为 2,6-二氨基己酸，化学组成为 $C_6H_{14}O_2N_2$，具有不对称的 α-碳原子，故有两种光学活性的异构体。

$$
\begin{array}{c}
COOH \\
| \\
H_2N-C-H \\
| \\
(CH_2)_3 \\
| \\
CH_2NH_2
\end{array}
\qquad
\begin{array}{c}
COOH \\
| \\
H-C-NH_2 \\
| \\
(CH_2)_3 \\
| \\
CH_2NH_2
\end{array}
$$

L- 赖氨酸　　　　　　　D- 赖氨酸

由于游离的赖氨酸易吸收空气中的二氧化碳，故制取结晶比较困难。一般商品都是赖氨酸盐酸盐的形式。

赖氨酸盐酸盐的化学式为 $C_6H_{14}O_2N_2 \cdot HCl$，含氮 15.34%，相对分子质量为 182.65，其结构式可写成：

$$[H_3^+N \cdot CH_2 \cdot CH_2 \cdot CH_2 \cdot CH_2 \cdot CH \cdot COO^-]Cl^-$$
$$\underset{NH_3^+}{|}$$

赖氨酸盐酸盐熔点为 263℃，单斜晶系，比旋光度 +21°。在水中的溶解度 0℃时为 53.6g/100mL，25℃时为 89g/100mL，50℃时为 111.5g/100mL，70℃时为 142.8g/100mL。在酒精中的溶解度为 0.1g/100mL。赖氨酸的口服半致死量 LD_{50} 为 4.0g/kg。

赖氨酸含有 α-氨基及 ε-氨基，只有在 ε-氨基为游离状态时，才能被动物机体所利用，故具有游离 ε-氨基的赖氨酸称为有效氨基酸。故在提取浓缩中，要特别注意防止有效赖氨酸受热破坏而影响其使用价值。

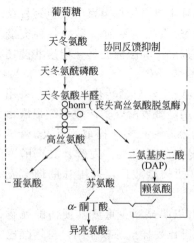

图 10-1 谷氨酸棒杆菌高丝氨酸
缺陷型的赖氨酸发酵
○○○○○遗传缺陷位置（hom⁻）

三、赖氨酸生物合成途径

赖氨酸的生物合成途径是 1950 年以后逐渐被阐明的。赖氨酸的生物合成途径与其他氨基酸不同，依微生物的种类而异。细菌的赖氨酸生物合成途径需要经过二氨基庚二酸（DAP）合成赖氨酸，如图 10-1、图 10-2 所示；酵母、霉菌的赖氨酸生物合成途径，需要经过 α-氨基己二酸合成赖氨酸，如图 10-3。同样是二氨基庚二酸合成赖氨酸途径，不同的细菌，赖氨酸生物合成的调节机制有所不同。赖氨酸产生菌主要为谷氨酸棒杆菌、北京棒杆菌、黄色短杆菌或乳糖发酵短杆菌等、谷氨酸产生菌的高丝氨酸营养缺陷型兼 AEC 抗性突变株。与大肠杆菌不同，这些菌的天冬氨酸激酶不存在同工酶，而是单一地受赖氨酸和苏氨酸的协同反馈抑制。因此在苏氨酸限量培养下，即使赖氨酸过剩，也能形成大量天冬氨酸半醛，由于产生菌失去了合成高丝氨酸的能力，使天冬氨酸半醛这个中间产物全部转入赖氨酸合成而大量生产赖氨酸。

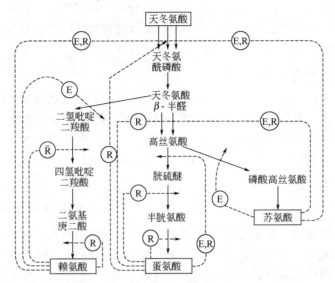

图 10-2 大肠杆菌合成赖氨酸、蛋氨酸和苏氨酸的反馈调节

E—反馈控制；R—反馈阻止

大肠杆菌有三个大冬氨酸激酶和两个高丝氨酸脱氢酶是同工酶

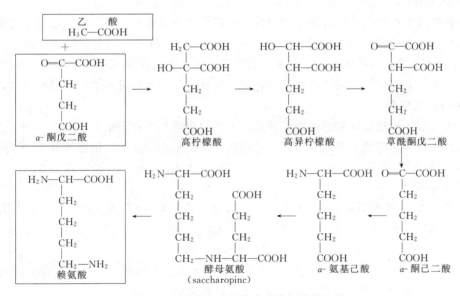

图 10-3 霉菌和酵母菌合成赖氨酸的途径

根据赖氨酸的生物合成途径，由葡萄糖生成赖氨酸的化学反应式为：

$$3C_6H_{12}O_6 + 4NH_3 + 4O_2 \longrightarrow 2C_6H_{14}N_2O_2 + 6CO_2 + 10H_2O$$

赖氨酸对糖的理论转化率为：

$$\frac{2 \times 146.19}{3 \times 180} \times 100\% = 54.14\%$$

但是，赖氨酸产品一般以赖氨酸盐酸盐形式存在。因此，赖氨酸盐酸盐对糖的理论转化率为：

$$\frac{2\times182.65}{3\times180}\times100\%=67.65\%$$

酵母的赖氨酸直接发酵法，目前尚未达到工业化生产的程度。主要有两个原因：一是酵母菌细胞膜的通透性问题还没有解决；另一个是还没有发现像细菌谷氨酸产生菌那样，在代谢活性方面有特征的菌株。

四、赖氨酸的发酵生产

赖氨酸的发酵生产有直接（一步）发酵和两步发酵。赖氨酸的直接发酵法可使用黄色短杆菌、谷氨酸棒杆菌、乳糖发酵短杆菌、诺卡杆菌等，碳源可为葡萄糖、醋酸、乙醇和石蜡。其转化率和产酸率也有所不同。

直接发酵法工艺流程如下：

斜面菌种→ 种子培养→ 发酵→ 上柱交换→ 氨水洗脱→ 真空浓缩→ 调 pH＝5～6→粗赖氨酸盐酸盐

精制 L-赖氨酸盐酸盐←重结晶，脱色

赖氨酸的两步发酵法，是先使用大肠杆菌的赖氨酸缺陷型菌株，因缺少二氨基庚二酸脱羧酶，不能生成赖氨酸，于是积累大量的二氨基庚二酸（DAP）。然后再选用有二氨基庚二酸脱羧酶的产气杆菌或大肠杆菌，进行酶法脱羧而生成 L-赖氨酸。下面介绍直接发酵法生产赖氨酸的工艺。

（一）L-赖氨酸生产菌种及扩大培养

1. 生产菌种

国内赖氨酸生产曾经使用和正在使用的赖氨酸生产菌主要有：中科院北京微生物研究所选育的北京棒杆菌 AS1.563 和钝齿棒杆菌 PI-3-2（AEC^r、Hse$^-$），黑龙江轻工研究所选育的 241134 及 179 等。这些菌种产酸水平一般为 7～8g/L，转化率 25%～35%，对我国赖氨酸的生产起了较大的作用。但产酸率和转化率均较低，与国外先进水平相比还有较大差距。

2. 种子扩大培养

赖氨酸发酵一般根据接种量及发酵罐规模采用二级或三级种子培养。

斜面种子培养基组成：牛肉膏 1%，蛋白胨 1%，NaCl 0.5%，葡萄糖 0.5%（保藏斜面不加），琼脂 2%，pH＝7.0～7.2。经 0.1MPa、30min 灭菌，在 30℃ 保温 24h，检查无菌，放冰箱备用。

一级种子培养基组成：葡萄糖 2.0%，(NH$_4$)$_2$SO$_4$ 0.4%，K$_2$HPO$_4$ 0.1%，玉米浆 1%～2%，豆饼水解液 1%～2%，MgSO$_4$·7H$_2$O 0.04%～0.05%，尿素 0.1%，pH＝7.0～7.2。0.1MPa、灭菌 15min。接种量约为 5%～10%。

培养条件：以 1000mL 的三角瓶中，装 200mL 一级种子培养基，高压灭菌，冷却后接种，在 30～32℃ 振荡培养 15～16h，转速 100～120r/min。

二级种子培养基：除以淀粉水解糖代替葡萄糖外，其余成分与一级种子相同。

培养条件：培养温度 30～32℃，通风比 1:0.2m³/(m³·min)，搅拌转速 200r/min，培养时间 8～11h。

根据发酵规模，必要时可采用三级培养，其培养基和培养条件基本上与二级种子相同。

（二）赖氨酸发酵工艺及控制要点

赖氨酸发酵过程分为两个阶段，发酵前期（约 0～12h）为菌体生长期，主要是菌体生长繁殖，很少产酸。当菌体生长一定时间后，转入产酸期。赖氨酸发酵的两个阶段没有谷氨酸那样明显，但工艺的控制，应该根据两个阶段的不同而异。

1. 发酵工艺流程

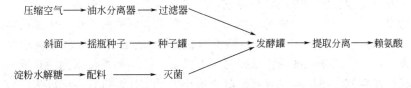

2. 发酵培养基组成

不同菌株，发酵培养基的组成不完全相同，赖氨酸发酵培养基的组成见表10-7。

3. 发酵工艺条件及影响因素

（1）温度　幼龄菌对温度敏感，在发酵前期，提高温度，生长代谢加快，产酸期提前，但菌体的酶容易失活，菌体衰老，赖氨酸产量少。赖氨酸发酵，前期控制温度32℃，中后期30℃。

（2）pH值控制　赖氨酸发酵最适pH值为6.5～7.0。控制范围在pH＝6.5～7.5，在整个发酵过程中，应尽量保持pH值平稳。

表 10-7　赖氨酸发酵培养基的组成/%

培养基成分	谷氨酸小球菌 901		棒杆菌 AS1.563		黄素短杆菌 2247 变异株 PA-3-115	
	种子	发酵	种子	发酵	种子	发酵
葡萄糖	—	—	—	—	—	10.0
糖蜜	9.0	20.0	2.0	10.0	5.0	—
玉米浆	5.0	—	—	0.6	5.0	—
豆饼水解液	—	1.5[①]	0.5	0.5	—	—
硫酸铵	2.0	—	0.4	2.0	2.0	4.0
碳酸钙	1.0	2.0	0.5	1.0	1.0	5.0
磷酸氢二钾	—	—	0.1	0.1	—	0.1
硫酸镁	—	—	0.04	0.05	—	0.04
味液[②]	—	—	—	—	—	2[②]
生物素	—	—	—	—	—	300μg/L
硫胺素	—	—	—	—	—	200μg/L
铁	—	—	—	20mg	—	$2×10^{-6}$
锰	—	—	—	20mg	—	$2×10^{-6}$
pH 值	7.2	7.2	7.0	7.2	7.0	7.5

①　脱脂豆粉用 3mol/L H_2SO_4 水解，氨水中和，含总氮4.41%，氨氮3.28%，还原糖3.1%，用量折成干豆粉计算。

②　味液中含苏氨酸 5.7mg/mL，蛋氨酸 1.2mg/mL，异亮氨酸 4.9mg/mL。谷氨酸小球菌 901 发酵时间 60h，产 L-赖氨酸盐酸盐 44mg/mL。棒杆菌 AS1.563 发酵时间 60h，产 L-赖氨酸盐酸盐 26mg/mL。黄色短杆菌 2247 的变异株 FA-3-115（AEC 抗性）发酵时间 72h，产 L-赖氨酸盐酸盐 31.8mg/mL。

（3）种龄和接种量　一般在采用二级种子扩大培养时，接种量较少，约2%，种龄一般为8～12h。当采用三级种子扩大培养，种量较大，约10%，种龄一般为6～8h。总之，以对数生长期的种子为好。

（4）供氧对赖氨酸发酵的影响　赖氨酸是天冬氨酸族氨基酸，它的最大生成量是在供氧充足，细菌呼吸充足条件下，即 $r_{ab}/Q_{O_2}·X=1$ 时。供氧不足，细菌呼吸受抑制，赖氨酸产量降低，供氧不足只是轻微影响赖氨酸的生成。严重供氧不足时，产赖氨酸量很少而积累乳酸。这是因为在供氧不足的情况下，丙酮酸脱氢酶不能充分作用，而只能利用 CO_2 固定系统来合成天冬氨酸的缘故。另一方面，对于谷氨酸棒杆菌的高丝氨酸缺陷型菌株，因其糖酵解酶系的酶活性、三羧酸循环酶系的酶活均与氧的供给量有关。因此氧供给量的多少，直接影响到糖的消耗速率和赖氨酸生成量。研究发现当溶解氧的分压为 4～5kPa 时，磷酸烯

147

醇式丙酮酸羧化酶、异柠檬酸脱氢酶活性最大，赖氨酸生成量也最大。赖氨酸发酵的耗氧速率，受菌种、发酵阶段、发酵工艺、培养基组成等不同而有很大影响。

（5）生物素对赖氨酸生物合成的影响　在以葡萄糖、丙酮酸为惟一碳源的情况下，添加过量的生物素（200～500$\mu g/L$），赖氨酸的积累显著增加。因为，生物素量增加，促进了草酰乙酸的合成，增加了天冬氨酸的供给。另一方面，过量生物素使细胞内合成的谷氨酸对谷氨酸脱氢酶起反馈抑制作用，抑制谷氨酸的大量合成，使代谢流转向合成天冬氨酸的方向进行。因此，生物素有促进草酰乙酸生成，增加天冬氨酸的供给，提高赖氨酸产量的作用。

（6）硫酸铵对赖氨酸发酵的影响　硫酸铵对赖氨酸发酵影响很大。当硫酸铵含量大时菌体生长迅速，但赖氨酸产量低。在无其他铵离子情况下，硫酸铵用量为 4.0％～4.5％时，赖氨酸产量最高。

另外，其他因子对赖氨酸产量也有一定影响，如维生素 B_1 也可促进赖氨酸生成；在发酵培养基中添加一定浓度的铜离子，可提高糖质原料发酵赖氨酸的产量；采用醋酸和糖混合发酵，赖氨酸产量比单独糖质原料高得多，如表 10-8 所示。

表 10-8　某些物质对赖氨酸产量的影响

菌　种	碳源	添加的物质	赖氨酸产量/(g/L) 添加的	不添加的	备　注
谷氨酸棒杆菌	糖蜜	胱氨酸发酵液	55	40	ATCC21513 株
乳糖发酵短杆菌	糖蜜	对数生长期补加氮源、糖源	67.5	42	FERM-P2647 株
乳糖发酵短杆菌	葡萄糖	0.1％ L-苏氨酸月桂酸酯	30	16	AJ-3445
谷氨酸棒杆菌	糖蜜	红霉素	55.8	40.1	
谷氨酸棒杆菌	蔗糖	青霉素菌丝浸出液	40.5	36.2	hom⁻
短小假单胞菌		20mg/L 丝氨酸	44.2	30.5	
短小假单胞菌		20mg/L 甘氨酸	40.7	30.5	
乳糖发酵短杆菌	葡萄糖	20×10^{-6}铜离子	46	35	hom⁻
乳糖发酵短杆菌	葡萄糖	抗生素（氯霉素等）	30～33	18	AJ3445 菌株
嗜醋酸棒杆菌	醋酸	5％丙酸	68.9	47.9	对醋酸收率 23.3％
黄色短杆菌（thr⁻）	醋酸	20×10^{-6}铜离子	44	33	
短假单胞菌 NO56	烃	65mg/L 丝氨酸	42.6	30	抗 L-缬氨酸
短假单胞菌 NO56	烃	200mg/L 异亮氨酸	43.2	30	抗 L-缬氨酸
诺卡菌 ATCC21338	烃	1mg/L 铜离子（以 $CuCl_2 \cdot 2H_2O$ 计）	25	14	hom⁻

五、赖氨酸的酶法生产

（一）赖氨酸的酶法转化

1. 酶法转化的方法

① 将含有 D-氨基己内酰胺消旋酶的无色杆菌与含 L-氨基己内酰胺水解酶的隐球酵母混合培养，使 DL-氨基己内酰胺直接转化，全部生成 L-赖氨酸。

② 利用 D-氨基己内酰胺消旋酶，将 D-氨基己内酰胺消旋化，生成 L-氨基己内酰胺，再利用 L-氨基己内酰胺水解酶将 L-氨基己内酰胺水解，生成 L-赖氨酸。

2. 酶法反应工艺

消旋酶来自于裂环无色杆菌。水解酶来自于隐球酵母。

反应实例：10％、100mL（780mmol）的 DL-氨基己内酰胺（用 HCl 调 pH＝8.0），加入 0.1g 隐球酵母的丙酮干燥菌体及 0.1g 无色杆菌的冷冻干燥菌体，置于 300mL 的三角瓶中，在往复式摇瓶机上进行振荡培养，温度保持 40℃，反应时间为 24h。上清液中测不出 D-氨基己内酰胺，L-赖氨酸的量为 778.4m mol，转化率达到 99.8％。加入少量活性炭，搅拌并煮沸 3min，冷却至室温，过滤后用盐酸调 pH＝4.1，真空浓缩，60℃干燥，得到 L-赖氨酸盐酸盐，纯度为 99.5％。

无色杆菌消旋酶的活力可保持 30h，酵母水解酶的活力可保持 100h。除使用干燥菌体外，也可以直接用培养液、菌体抽出液进行反应，但用量要适当增加。

（二）赖氨酸的酶法拆分

1. 酶法拆分消旋体原理

利用酰化酶水解反应的专一性，即只能作用于乙酰-L-赖氨酸，而对乙酰-D-赖氨酸不起反应。用酰化酶作用乙酰-DL-赖氨酸后，得到 L-赖氨酸和乙酰-D-赖氨酸，再用有机溶剂提取 L-赖氨酸。

$$
DL-赖氨酸 \xrightarrow{乙酰化} 乙酰-DL-赖氨酸 \xrightarrow[水解]{酰化酶} \begin{array}{l} \longrightarrow L-赖氨酸 \\ \longrightarrow 乙酰-D-赖氨酸 \end{array}
$$

消旋化（化学法）

2. 酰化酶的制取

用米曲霉制备米曲。将米曲置于冰浴中，加 4 倍蒸馏水或去离子水混匀压滤，残渣用 2 倍水洗，合并两次滤液，室温离心（2500～3000r/min）30min，上清液调 pH＝5。加入硫酸铵至 0.6 饱和度，冰浴中放置 2h，离心后弃去上清液，沉淀用水洗涤，得粗酶液。加入甲苯后置冰箱中备用，可保存 1～2 天。

将粗酶液于 −2℃下加入 60％（体积分数）的冷丙酮（1～2℃），经冷冻离心，收集沉淀，用少量水洗，对蒸馏水透析 48h，冷冻干燥即得。

3. 酶法拆分操作要点

首先配制 0.1～0.5mol/L 浓度的 N-乙酰-DL-赖氨酸的水溶液，用氢氧化钠调节 pH＝7.0，加入一定量的米曲霉丙酮干粉，38℃ 24h 以上。待水解反应基本完全，加入醋酸调 pH＝5.0，停止酶的作用并加入少量的活性炭，加热至 70℃脱色，过滤，浓缩。

4. L-赖氨酸的分离

酶水解后生成的 L-赖氨酸不溶于有机溶剂，而 N-乙酰-D-赖氨酸则能溶解。故加入有机溶剂，L-赖氨酸即析出，而与溶解的 N-乙酰-D-赖氨酸分开。常用的有机溶剂为乙醇、醋酸乙酯或磷酸三丁酯。

5. D-赖氨酸的回收

母液中的乙酰-D-赖氨酸经真空浓缩至干，再用 6mol/L HCl 水解，即得 D-赖氨酸的二盐酸盐。

六、水解法生产赖氨酸

动植物蛋白质中均含有一定量的赖氨酸，而以动物蛋白质的赖氨酸含量较高。生产上一般从乳酪素或血粉中提取，而以血粉使用得最多。提取法制得的都是 L-赖氨酸。将血蛋白用盐酸水解后，进行真空浓缩，除去氯化氢，并滤去不溶解的中性氨基酸（主要为亮氨酸），再经适当稀释后，上离子交换柱分离后精制。

第五节　赖氨酸的提取和精制

赖氨酸的提炼过程包括：发酵液预处理、提取和精制三个阶段。

一、赖氨酸发酵液的主要性质

赖氨酸发酵液由于所用的原料、培养基组成及浓度、菌种和发酵工艺不同，其组成亦不同。一般由以下四部分组成。

(1) 氨基酸　代谢主产物赖氨酸，含量为 7~8g/L；少量其他氨基酸，如缬氨酸、丙氨酸和甘氨酸，当发酵不正常时含有谷氨酸；少量有机酸，特别是发酵工艺控制不好时，含有乳酸。

(2) 菌体　一般含量在 15~20g（干重）/L。

(3) 培养基残留物　如残糖 6~20g/L（随原料不同而异），无机离子（如 NH_4^+、Ca^{2+}、Mg^{2+}、K^+ 和一些阴离子，其中 NH_4^+ 浓度较高）。

(4) 色素　发酵液中的这些杂质对赖氨酸的提取和精制影响很大，特别是菌体和钙离子等，应尽量除去。

二、发酵液的预处理

发酵液的预处理，包括去除菌体和影响提取收率的杂质离子。去除菌体的方法有离心分离法和添加絮凝剂沉淀两种方法。

离心分离法采用高速离心机（4500~6000r/min）分离除去，菌体小需反复分离，成本高。添加絮凝剂沉淀法是先将发酵液调节到一定的 pH 值，加适宜的絮凝剂如聚丙烯酰胺，使菌体絮凝而沉淀，加助滤剂过滤除去。

钙离子一般通过添加草酸或硫酸，生成钙盐沉淀而除去。经验证明，发酵液经过预处理后，提取收率明显提高。

三、赖氨酸的提取

从发酵液中提取赖氨酸通常有四种方法：①沉淀法，利用赖氨酸生成难溶性盐而沉淀分离，或使赖氨酸结晶析出；②有机溶剂抽提法；③离子交换树脂吸附法；④电渗析法。目前工业生产均采用离子交换树脂吸附法提取赖氨酸，该法回收率高，产品纯度高。

赖氨酸是碱性氨基酸，等电点（pI）为 9.59。在 pH=2.0 左右能最大程度地被强酸性阳离子交换树脂吸附。pH=7.0~9.0 被弱酸性阳离子交换树脂吸附。

强酸性阳离子交换树脂和弱酸性阳离子交换树脂对纯赖氨酸溶液和发酵液中的赖氨酸的吸附量是不同的。弱酸性阳离子交换树脂对纯赖氨酸的吸附能力大，但对发酵液中的赖氨酸吸附能力大为降低，这是因为发酵液中除赖氨酸外还有相当多杂质影响所致。因此，从发酵液中提取赖氨酸常选用强酸性阳离子交换树脂。

强酸性阳离子交换树脂对氨基酸的交换势为：精氨酸＞赖氨酸＞组氨酸＞苯丙氨酸＞亮氨酸＞蛋氨酸＞缬氨酸＞丙氨酸＞甘氨酸＞谷氨酸＞丝氨酸＞苏氨酸＞天冬氨酸。

强酸性阳离子交换树脂的氢型对赖氨酸的吸附比铵型容易得多。但是铵型强酸性阳离子交换树脂能选择性地吸附赖氨酸和其他碱性氨基酸，不吸附中性和酸性氨基酸，故容易与其他氨基酸分离。另外，选用铵型树脂，可以简化树脂的转型操作，如在用氨水洗脱赖氨酸的同时，树脂已转成铵型，不必再生。所以从发酵液中提取赖氨酸均选用铵型强酸性阳离子交换树脂。

赖氨酸提取精制工艺流程如下：

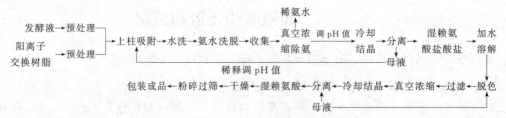

四、离子交换法提取赖氨酸的工艺条件

离子交换法提取赖氨酸可用三柱串联的方式，以提高收率。

1. 上柱吸附

（1）上柱方式　上柱方式有正上柱和反上柱两种。如果发酵液含菌体等固形物较多，流速较快时，容易造成树脂层堵塞，这时采用反上柱较好。

（2）交换量　正向上柱时，一般为每吨树脂可吸附 $90\sim100kg$ 赖氨酸盐酸盐，反向上柱时可吸附 $70\sim80kg$ 赖氨酸盐酸盐。流出液 pH＝5 时表明吸附达饱和。

（3）上柱流速　上柱流速应根据上柱液性质、树脂的性质、柱大小及上柱方式等具体情况决定。应在小柱中进行试验确定合适的上柱流速。一般正向上柱流速大些，可以 10L/min 的流速吸附；反上柱流速小些。

上柱后，需用水洗去停留在树脂层的菌体、残糖等杂质，直至洗涤水清亮，同时使树脂疏松以利洗脱。

2. 洗脱剂

从树脂上洗脱赖氨酸所采用的洗脱剂有氨水、氨水＋氯化铵或氢氧化钠等。

（1）氨水洗脱　优点是洗脱液经浓缩除氨后，含杂质较小，有利于后工序精制；缺点是树脂吸附的阳离子，如 Ca^{2+}、Mg^{2+} 等不易洗脱，而残留在树脂中，随着操作次数的增加而积累，造成树脂吸附氨基酸能力降低。因此在树脂使用一段时间后需要用酸或食盐溶液进行再生处理。

（2）氨水＋氯化铵洗脱　特点是可以洗脱被树脂吸附的 Ca^{2+} 等阳离子，提高树脂的交换容量，由于在碱性条件下赖氨酸先被洗脱，然后才有 Ca^{2+} 等离子被洗脱，采取分段收集不会导致赖氨酸收集液中 Ca^{2+} 含量增加。同时，通过调节氨水与氯化铵的物质的量之比为 1：1，可直接使赖氨酸成单盐酸盐形式存在，不需再中和。

（3）氢氧化钠洗脱　特点是没有氨味，操作容易，但在洗脱液中 Na^+ 含量较高，影响赖氨酸的提纯精制。

洗脱剂的浓度对洗脱效果有影响，一般来讲，为了浓缩需要较高浓度的洗脱剂，为了分离只能用适当浓度的洗脱剂。如果洗脱剂浓度太高，达不到纯化的目的。如果洗脱剂浓度太低，洗脱时间长，收集不集中，赖氨酸浓度低。

使用氨水洗脱时，一般含量为 $3.6\%\sim5.4\%$。如果用 5% 的氨水洗脱，收集液赖氨酸平均含量可达 $6\%\sim8\%$，洗脱高峰段，赖氨酸盐酸盐含量可达 $15\%\sim16\%$。

洗脱操作及洗脱液收集，采用单柱顺流洗脱，为了使洗脱集中，赖氨酸浓度高，应控制好洗脱液流速。一般比上柱流速慢些，多用 6L/min 的速度洗脱，可根据柱的大小而异。

用茚三酮检查流出液，当有赖氨酸流出时即可收集。一般为 pH＝9.5～12，前后流分赖氨酸浓度低而铵含量高，可合并于洗脱用氨水中，以提高收得率。一般收率可达 $90\%\sim95\%$。

五、赖氨酸的精制

1. 浓缩与除氨

经过离子交换提取的赖氨酸洗脱液，体积较大，赖氨酸含量较低，约为 $60\sim80g/L$，还含有较多的氨，约为 $10\sim15g/L$，因此需要进行浓缩和除氨。为了收集蒸发出来的氨蒸气，

可采用单效蒸发。

蒸发的主要工艺条件为：温度 70℃ 以下，真空度 0.08MPa 左右，加热蒸汽约为 0.02MPa。一般以真空度高些、温度低些为好，但并非真空度愈高愈好。因为真空度愈高，水的蒸发潜能愈大，耗用的蒸汽愈多。蒸发的氨水蒸气经冷却，收集液氨。

浓缩液浓缩至 19～20°Bé❶（赖氨酸盐酸盐含量约为 340～360g/L）放出料液，用浓盐酸调节 pH＝4.9，再继续浓缩至 22～23°Bé。在碱性溶液中浓缩时，温度不宜过高，时间不宜过长，否则会生成 DL-赖氨酸。

2. 赖氨酸盐酸盐的结晶与分离

赖氨酸盐酸盐浓缩液放入搅拌罐中，搅拌结晶 16～20h，为了使晶体不太细，结晶过程应控制温度，最好在 5℃ 左右结晶完毕停止搅拌，用离心机分离，用少量水洗晶体表面附着的母液。母液经浓缩、结晶、再结晶，直至不能析出结晶时，将母液稀释，上离子交换柱吸附回收赖氨酸。所得的晶体为赖氨酸盐酸盐粗晶体。

3. 赖氨酸盐酸盐的重结晶与干燥

结晶析出的赖氨酸盐酸盐粗晶体含量约为 78%～84%，除含有一定水分（15%～20%）外，还含有色素等杂质，制造食品级和医药级赖氨酸盐酸盐需要进一步精制纯化。其方法是将赖氨酸盐酸盐粗结晶加一定的水，加热 70～80℃ 使其溶解成 16°Bé 浓度，加入 3%～5% 活性炭，搅拌脱色，过滤得赖氨酸盐酸盐清液。将其清液在 0.8MPa 真空度，70℃ 以下，真空蒸发至 21～22°Bé，放入结晶罐中搅拌结晶，16～20h 后经离心分离除去母液，晶体用少量水洗去表面附着的母液。赖氨酸盐酸盐晶体在 60～80℃ 下进行干燥，至含水 0.1% 以下，然后粉碎至 60～80 目，包装即得成品。如果制造饲料级赖氨酸盐酸盐则不必精制，将制得的粗赖氨酸盐酸盐经过干燥、粉碎、包装即得成品。制造饲料粗品也可采用如下工艺流程：

$$发酵液 \rightarrow 真空浓缩 \rightarrow \begin{matrix} 离心喷雾 \\ 干燥 \end{matrix} \rightarrow 混合 \xrightarrow{\uparrow 添加填料} 包装 \rightarrow 成品$$

---

❶ 采用玻璃管式浮计中的一种特殊分度方式的波美计所给出的值称为波美度，符号为°Bé。用于间接地给出液体的密度。分为重波美度和轻波美度。

$$重波美度 \quad \rho = \frac{144.3}{144.3 - Bh} \quad (g/cm^3)$$

$$轻波美度 \quad \rho = \frac{144.3}{144.3 + Bh} \quad (g/cm^3)$$

第十一章

多肽与蛋白质类药物

第一节 概 述

一、基本概念

多肽类生化药物是以多肽激素和多肽细胞生长调节因子为主的一大类内源性活性成分。自1953年人工合成了第一个有生物活性的多肽——催产素以后，整个20世纪50年代都集中于脑垂体所分泌的各种多肽激素的研究。60年代，研究的重点转移到控制脑垂体激素分泌的多肽激素的研究。20世纪70年代，神经肽的研究进入高潮。生物胚层发育渊源关系的研究表明，很多脑活性肽也存在于肠胃道组织中，从而推动了胃肠道激素研究的进展，极大地丰富了生化药物的内容。

蛋白质生化药物包括蛋白质类激素、蛋白质细胞生长调节因子、血浆蛋白质类、黏蛋白、胶原蛋白及蛋白酶抑制剂等，其作用方式从对机体各系统和细胞生长的调节，扩展到被动免疫、替代疗法和抗凝血等。

细胞生长调节因子系在体内和体外对效应细胞的生长、增殖和分化起调控作用的一类物质，这些物质大多是蛋白质或多肽，也有非多肽和蛋白质形式者。许多生长因子在靶细胞上有特异性受体，它们是一类分泌性、可溶性介质，仅微量就具有较强的生物活性。细胞生长调节因子常称为生长因子（growth factor），包括细胞生长抑制因子和细胞生长刺激因子。由于细胞生长调节因子的高活性、低免疫原性和人体可耐受剂量大等特点，其生产和应用研究发展得十分迅速，现已发现的细胞生长调节因子已不少于百种，表11-1仅列出了部分细胞生长刺激因子。现有的研究成果显示，21世纪生化药物的发展将由细胞生长调节因子独领风骚。

二、生物技术在该类药物中的应用

活性多肽和蛋白是生化药物中非常活跃的一个领域，20世纪70年代以后，随着基因工程技术的兴起和发展，人们首先把目标集中在应用基因工程技术制造重要的多肽和蛋白质药物上，已实现工业化的产品有胰岛素、干扰素、白细胞介素、生长素、EPO、t-PA、TNF等，现正从微生物和动物细胞的表达向转基因动、植物方向发展。

许多活性蛋白质、多肽都是由无活性的蛋白质前体，经过酶的加工剪切转化而来的，它们中间许多都有共同的来源、相似的结构，甚至还保留着若干彼此所特有的生物活性。如HCG的β亚单位的结构有80%与LH的β亚单位相同；生长激素与催乳激素的肽链氨基酸顺序约有近一半是相同的，生长激素具有弱的催乳激素活性，而催乳激素也有弱的生长激素活性。因此，研究活性多肽、蛋白质的结构与功能的关系及活性多肽之间结构的异同与其活性的关系，将有助于设计和研制新的药物。

表 11-1　细胞生长刺激因子

序号	名　称	来　源	相对分子质量	靶　细　胞
1	B 细胞生长因子(BCGF)	人末梢血管淋巴细胞	16000～30000	B 细胞
2	脊髓生长因子	牛脊髓	11000	Swiss 细胞
3	骨髓衍化生长因子(BDGF)	小鼠头顶骨	20000～30000(Ⅰ) 6000～1000(Ⅱ)	软骨细胞
4	软骨衍化生长因子(CDGF)	小牛软骨	16000～18000	软骨细胞
5	软骨衍化因子(CDF)	胎牛软骨	12000～13000	软骨细胞
6	骨骼生长因子(BGF)	人骨	83000	软骨细胞
7	骨形成蛋白(BMP)	骨组织		成骨细胞
8	细胞分裂因子(CDF)	大鼠肉瘤细胞	5000	BALB/c3T3 细胞
9	骨肉瘤衍化生长因子(ODGF)	人骨肉瘤细胞株	30000	人神经胶质细胞
10	内皮细胞衍化生长因子(ECDGF)	血管内皮细胞	14000～24000	成纤维细胞,平滑肌细胞
11	内皮细胞生长因子(ECGF)	牛视丘下部	17000～25000(Ⅰ) 70000(Ⅱ)	血管内皮细胞
12	表皮生长因子(EGF)	大鼠软骨肉瘤细胞,小鼠颌下腺	18000(Ⅰ) 6000(Ⅱ)	毛细血管内皮细胞上皮细胞、中胚层衍化来的细胞
13	成纤维细胞衍化生长因子(FDGF)	SV40 转换 BHK 细胞株	34000	Swiss3T3 细胞
14	成纤维细胞生长因子(FGF)	牛的垂体	13000～18000	中胚层衍生的细胞
15	酸性成纤维细胞生长因子(AFGF)	牛脑	12000～13000	成纤维细胞
16	脑成纤维细胞生长因子(BFGF)	牛脑	12000	BALB/c3T3 细胞
17	乳汁衍化生长因子(MDGF)	人母乳	14000～18000	成纤维细胞
18	胰岛素样生长因子(IGF)	肝、肾 胎盘	7650(Ⅰ) 7470(Ⅱ)	维持分化细胞
19	眼衍化生长因子(EDGF)	牛视网膜	15000～20000	内皮细胞、肌母细胞、软骨细胞表皮细胞、红系幼稚细胞
20	白细胞介素-1β(IL-1β)	血,巨噬细胞	18000(Ⅰ) 17000(Ⅱ)	T 细胞
21	白细胞介素-2(IL-2)	人淋巴细胞	15000(Ⅰ) 12000～30000(Ⅱ)	T 细胞,B 细胞等
22	白细胞介素-3(IL-3)	ConA 刺激淋巴细胞 WEHI		幼稚淋巴细胞、肥大细胞、骨髓细胞
23	白细胞介素-4(IL-4)	T 细胞	20000	B 细胞
24	白细胞介素-5(IL-6)	T 细胞	13000	B 细胞
25	白细胞介素-6(IL-7)		21000	B 细胞
26	白细胞介素-7(IL-7)		15000	前 B 细胞
27	红细胞生成素(EPO)	肝、肾、血	34000～36000	红系幼稚细胞
28	巨噬细胞衍化生长因子(MDGF)	巨噬细胞	＞100000	成纤维细胞、平滑肌细血管内皮细胞
29	血小板碱性蛋白(PBP)		11000～15000	Swiss3T3 细胞
30	血小板衍化生长因子(VEGF)	人血小板,哺乳动物血小板	28000～34000(Ⅰ) 170000(Ⅱ)	成纤维细胞、神经胶质细胞、平滑肌细胞
31	血管内皮细胞生长因子(VEGF)	垂体、神经腺质瘤、表皮瘤细胞	40000～46000	表皮细胞
32	白细胞调节素(LRG)	淋巴细胞	32000	肿瘤细胞
33	克隆刺激子(CSF)	人的组织、血、尿	10000～80000	骨髓细胞、培养的成纤维细胞等
34	巨核系集落刺激子(TPO)	PHA 刺激细胞	26000	巨核前体细胞
35	多功能集落刺激子(Multi-CSF)	干细胞	14000～28000	T 细胞
36	粒细胞集落刺激子(CG-CSF)	噬中性粒细胞	18000～22000	单核细胞、成纤维细胞

续表

序号	名　称	来　源	相对分子质量	靶　细　胞
37	巨噬细胞集落刺激因子（M-CSF）	巨噬细胞	人 35000～45000（×2）（Ⅰ）	成纤维细胞
			人 18000～26000（×2）（Ⅱ）	内皮细胞
38	粒细胞-巨噬细胞集落刺激因子（GM-CSF）	粒细胞	14000～35000（Ⅰ）	T 细胞、内皮细胞
		巨噬细胞	18000～30000（Ⅱ）	成纤维细胞
39	乳腺刺激因子（MSF）	猪血清	10000	小鼠乳腺上皮细胞、3T3 细胞
40	增殖刺激活化因子（SMA）	BRL3A 细胞	7480	
41	促生长因子、生长调节素（SM）	人血浆	60000～90000	软骨组织、中胚层衍生物
42	神经生长因子（NGF）	小鼠颌下腺	130000（Ⅰ）	神经细胞
		T-淋巴细胞	27000（Ⅱ）	
43	循环中胚层生长因子（RMGF）	雄性小鼠颌下腺	25000	兔角膜内皮细胞
44	足细胞衍化生长因子	小鼠睾丸	16000	BALB/c3T3 细胞
45	结缔组织活性肽-Ⅱ（CTAP-Ⅱ）	人血小板	9000	结缔组织细胞
46	DNA 合成因子	大鼠肉瘤细胞	12000	BALB/c3T3 细胞

　　另外，鉴于一些蛋白质和多肽生化药物有一定的抗原性、容易失活、在体内的半衰期短、用药途经受限等难以克服的缺点，对一些蛋白质生化药物进行结构修饰，应用计算机图像技术研究蛋白质与受体及药物的相互作用，发展蛋白质工程及设计相对简单的小分子来代替某些大分子蛋白质药物，起到增强疗效或增加选择性的作用等，已成为现代生物技术药物研究的主要内容。预计 21 世纪，生物技术作为生物药物生产的重要手段将全面革新传统的生物制药技术，与此同时，也将全面革新医疗实践的全过程。

　　生物技术的发展开拓了多肽和蛋白类药物的新领域，目前世界上可以用重组 DNA 技术生产的人类蛋白药物见表 11-2。欧美国家已批准上市的重组人类多肽和蛋白药物见表 11-3，我国已批准上市的重组人类多肽和蛋白药物见表 11-4。

表 11-2　用 DNA 重组技术生产的人类蛋白药物

蛋 白 名 称	用　途
α1 抗胰蛋白酶（α1-antitrypsin）	治疗肺气肿（emphysema）
促肾上腺皮质激素（adrenocorticotrophic hormone）	治疗风湿（rheumatic disease）
B 细胞生长因子（B-cell growth factor）	治疗免疫系统功能失调
降钙素（calcitonin）	治疗软骨病（osteomalacia）
集落刺激因子（colony stimulating factor）	治疗血液病
绒毛膜促性腺激素（chorionic gonadotropin）	治疗不排卵症
内啡肽和脑啡肽（endorphine and enkephalin）	镇痛剂（analgesic agent）
上皮生长因子（epidermal growth factor）	促进伤口愈合
红细胞生成素（erythropoietin）	治疗贫血（anemia）
凝血因子Ⅷ（factorⅧ）	治疗血友病（hemophilia）
凝血因子Ⅸ（factorⅨ）	治疗血友病
生长激素（growth hormone）	促进生长
生长激素释放因子（growth hormone releasing factor）	促进生长
胰岛素（insulin）	治疗糖尿病（diabetes）
干扰素（interferon）	抗病毒抗肿瘤
白细胞介素（interleukin）	治疗癌症
淋巴细胞毒素（lymphotoxin）	抗肿瘤
巨噬细胞激活因子（macrophage activating factor）	抗肿瘤

续表

蛋 白 名 称	用 途
神经生长因子(nerve growth factor)	促进神经系统损伤的修复
血小板生长因子(platelet derived growth factor)	治疗动脉粥样硬化(atherosclerosis)
松弛素(relaxin)	助产剂
血清白蛋白(serum albumin)	血浆补充物
生长调节素(somatomedin C)	促进生长
组织型纤溶酶原激活剂(tissue plasminoyen activator)	溶栓剂
肿瘤坏死因子(tumor necrosis factor)	抗肿瘤
尿抑胃素(urogastrone)	抗溃疡药物
尿激酶(urokinase)	溶栓剂

表 11-3 欧美已批准上市的重组人类多肽和蛋白药物

产 品	生 产 厂 家	适 应 证	批准时间
透明质酸酶(hyaluronidase,Vitrase)	Ista Pharmaceuticals	外科辅助用药	2005
普兰林肽(pramlintide,Symlin)	Amylin Pharmaceuticals	糖尿病	2005
齐考诺肽(ziconotide,Prialt)	Elan	镇痛	2006
α-阿糖苷酶(alglucosidase alfa)	Genzyme	庞普病	2005
艾杜硫酶 idursulfase	Shire Human Genetic Therapies	遗传病亨特综合征	2006
rilonacept(Arcalyst)	Regeneron	周期性自身炎性综合征	2008
romiplostim(Nplate)	Amgen	血小板减少性紫癜	2008
thrombin alfa(Recothrom)	Zymo Genetica	外科手术止血	2008
重组血液因子			
人重组血液因子组Ⅷ(Recombinate)	Baxter Healthcare/Genetics	血友病 A	1992(US)
人重组血液因子Ⅷ(Bioclate)	Institute Centeon	血友病 A	1993(US)
人重组血液因子Ⅷ(Kogenate)	Bayer	血友病 A	1993(US)
缺失 B 结构域的人重组血液因子Ⅷ(ReFacto)	Genetics Institute	血友病 A	1999(EU),2000(US)
人重组血液因子Ⅸ(NovoSeven)	Novo-Nordisk	某些类型的血友病 A	1995(EU),1999(US)
人重组血液因子Ⅸ(Benefix)	Genetics Institute	血友病 B	1997(US,EU)
重组水蛭素(Revasc)	Ciba Novartis/Europharm	预防血栓	1997(EU)
重组水蛭素(Refludan)	Hoechst Marion	肝素相关的血小板减少症	1998(US)
tPA(Activase)	Genentech	急性心肌炎	1987(US)
重组 tPA(Ecokinase)	Galenus Mannheim	急性心肌炎	1996(EU)
改构重组 tPA(Retavase)	Boehringer Mannheim/Centocor	急性心肌炎	1996(US)
改构重组 tPA(Rapilysin)	Boehringer Mannheim	急性心肌炎	1996(EU)
重组人激素			
重组人胰岛素(Humulin)	Eli Lilly	糖尿病	1982(US)
重组胰岛素(Novolin)	Novo Nordisk	糖尿病	1991(US)
一种胰岛素类似物(Humalog)	Eli Lilly	糖尿病	1996(US/俄)
重组人胰岛素(Insuman)	Hoechst AG	糖尿病	1997(EU)
胰岛素类似物(Liprolog)	Eli Lilly	糖尿病	1997(EU)
重组人胰岛素类似物(Novorapid)	Novo Nordisk	糖尿病	1999(EU)
胰岛素类似物,长效胰岛素(Lantus)	Aventis	糖尿病	2000(US)
重组人生长素(Humatrope)	Eli Lilly	儿童生长素缺乏症	1987(US)
重组人生长素(Nutropin)	Genentech	儿童生长素缺乏症	1994(US)
重组人生长素(Bio Tropin)	Biotechnology,Ceneral	治疗儿童生长素分泌不足	1995(US)
重组人生长素(Genotropin)	Pharmacia&Upjohn	治疗儿童生长素分泌不足	1995(US)
重组人生长素(Norditropin)	Novo Nordisk	治疗儿童生长素分泌不足	1995(US)
重组人生长素(Saizen)	Serono,Laboratories	治疗儿童生长素缺乏症	1996(US)
重组人生长素(Serostim)	Serono,Laboratories	艾滋病相关的代谢消耗症	1996(US)
重组人高血糖素(Glucagen)	Novo Nordisk	低血糖症	1998(US)
促甲状腺素-α,重组 TSH(Thyrogen)	Genzyme	诊断、治疗甲状腺肿瘤	1998(US),2000(EU)
人重组 FSH(Gonal F)	Ares-Serono	停止排卵和超排卵	1995(EU),1997(US)

续表

产　品	生产厂家	适应证	批准时间
人重组 FSH(Puregon)	N. Vorganon	停止排卵和超排卵	1996 （EU），1997(US)
促卵泡激素-β,重组 FSH(Follistim)	Organon	不育症	1997(US)
促红细胞生长因子			
重组 EPO(Epogen)	Amgen	治疗贫血	1989(US)
重组 EPO(Procrit)	Ortho Biotech	治疗贫血	1990(US)
重组 EPO(Neorecormon)			
重组 GM-CSF(Leukine)	Boehringer-Mannheim	治疗贫血	1997(EU)
	Immunex	自身骨髓移植	1991(US)
重组 GM-CSF(Neupogen)	Amgen	化疗引起的神经炎	1991(US)
重组 PDGF(Regranex)	Ortho-McNeil	糖尿病性的皮肤病	1997(US)
	Pharmaceuticals(US)	神经性溃疡	1999(EU)
重组干扰素和白介素			
重组 IFN-α2a(Roferon A)	Hoffmann La-Roche	毛细胞白血病	1986(US)
重组 IFN-α(Infergen)	Amgen(US)	慢性丙型肝炎	1997(US)
重组 IFN-α2b(Intron A)	Yamanouchi Europe(EU)	毛细胞白血病,生殖器疣	1999(EU)
	Schering Plough		1986(US)
利巴韦林和重组 IFN-α2b(Rebetron)	Schering Plough	慢性丙型肝炎	1999(US)
重组 IFN-α2b(Alfatronol)	Schering Plough	乙型、丙型肝炎、肿瘤	2000(EU)
重组 IFN-α2b(Virtron)	Schering Plough	乙型、丙型肝炎、肿瘤	2000(EU)
重组 IFN-β1b(Betaferon)	Schering AG	多重性肝硬化	1995(EU)
重组 IFN-β1b(Betaseron)	Berlex Laboratories and Chiron	治疗和缓解多重性肝硬化和复发	1993(US)
重组 IFN-β1a(Avonex)	Biogen	多重性肝硬化	1997(EU)，1996(US)
重组 IFN-β1a(Rebif)	Ares Serono	治疗和缓解多重性肝硬化	1998(EU)
重组 IFN-β1b(Actimmune)	Genentech	慢性肉芽肿疾病	1990(US)
重组 IL-2(Proleukin)	Chiron	肾细胞肿瘤	1992(US)
重组 IL-11(Neumega)	Genetics Institute	预防血小板减少症	1997(US)
重组 HbsAg(Recombivax)	Merck	乙肝疫苗	1986(US)

表 11-4　我国已批准上市的重组人类多肽和蛋白药物（2000 年 2 月）

名　称	适应证或作用	名　称	适应证或作用
rhu IFNα 1b(外用)	病毒性角膜炎	rhu IFNα 2a	乙肝、丙肝、疱疹等
rhu IFNα 1b	乙肝、丙肝	rhu IFNα 2a(酵母)	乙肝、丙肝
rhu IFNα 2b	乙肝、丙肝、白血病等		骨髓移植
rhu IFNα 2a(栓剂)	妇科病	rhu EPO	产生红细胞
rhu IFNα 2b(凝胶剂)	疱疹等	rhu GH	矮小病
rhu IFNγ	类风湿	bFGF(外用)	创伤、烧伤
rhu EGF(外用)	烧伤、创伤	RSX	溶血栓(心梗)
EGF 衍生物	烧伤、创伤	抗 IL-8 单抗乳膏剂	银屑病
rhu IL-2	癌症辅助治疗	人胰岛素	糖尿病
rhu IL-2^{125}Ser	癌症辅助治疗	乙肝疫苗	预防乙肝
rhu G-CSF	刺激产生白细胞	痢疾疫苗	预防疾病
rhu GM-CSF	刺激产生白细胞		

第二节　多肽类药物的制备

目前多肽及蛋白质类药物的生产方法有两种：一是用传统的生化提取法和微生物发酵法生产；二是利用基因工程技术构建的工程菌（细胞）进行生产。

一、多肽类药物

多肽类药物主要有多肽激素、多肽类细胞生长调节因子和含有多肽成分的组织制剂。

1. 多肽激素

多肽激素主要包括垂体多肽激素、下丘脑多肽激素、甲状腺多肽激素、胰岛多肽激素、肠胃道多肽激素和胸腺多肽激素等。

（1）垂体多肽激素　促皮质素（ACTH），促黑激素（MSH），脂肪水解激素（LPH），催产素（OT），加压素（AVP）等。

（2）下丘脑多肽激素　促甲状腺激素释放激素（TRH），生长素抑制激素（GRIF），促性腺激素释放激素（LHRH）等。

（3）甲状腺多肽激素　甲状旁腺激素（PTH），降钙素（CT）等。

（4）胰岛多肽激素　胰高血糖素，胰解痉多肽。

（5）肠胃道多肽激素　胃泌素，胆囊收缩素-促胰激素（CCK-PZ），肠泌素，肠血管活性肽（VIP），抑胃肽（GIP），缓激肽，P物质等。

（6）胸腺多肽激素　胸腺素，胸腺肽，胸腺血清因子等。

2. 多肽类细胞生长调节因子

多肽类细胞生长调节因子包括表皮生长因子（EGF），转移因子（TF），心钠素（ANP）等。

3. 含有多肽成分的组织制剂

这是一类临床确有疗效，但有效成分还不十分清楚的制剂，主要有：骨宁，眼生素，血活素，氨肽素，妇血宁，蜂毒，蛇毒，胚胎素，助应素，神经营养素，胎盘提取物，花粉提取物，脾水解物，肝水解物，心脏激素等。对这类物质，若能从多肽或细胞调节因子的角度研究它们的物质基础和作用机理，有可能发现新的活性成分。

二、多肽药物的制备

（一）降钙素

降钙素（calcitonin，CT）是由甲状腺内的滤泡旁细胞（C细胞）分泌的一种调节血钙浓度的多肽激素。具有抑制破骨细胞活力，阻止钙从骨中释出，降低血钙的功能。临床用于骨质疏松症、甲状旁腺机能亢进、婴儿维生素D过多症、成人高血钙症、畸形性骨炎等，还用于诊断溶骨性病变、甲状腺的髓细胞癌和肺癌。最近有报道降钙素还能抑制胃酸分泌，可治疗十二指肠溃疡。

1. 结构与性质

降钙素是由32个氨基酸残基组成的单链多肽，相对分子质量约3500，N端为半胱氨酸，它与7位上的半胱氨酸间形成二硫键，C端为脯氨酸。如果去掉脯氨酸，保留31个氨基酸，则生物活性完全消失，说明降钙素肽链的脯氨酸端与生物活性有密切的关系。

降钙素溶于水和碱性溶液，不溶于丙酮、乙醇、氯仿、乙醚、苯、异丙醇及四氯化碳等，难溶于有机酸。25℃以下避光保存可稳定存放两年，水溶液于 2～10℃可保存 7 天。降钙素的活性可被胰蛋白酶、胰凝乳蛋白酶、胃蛋白酶、多酚氧化酶、H_2O_2 氧化、光氧化及 N-溴代琥珀酰亚胺所破坏。降钙素广泛存在于多种动物体内。在人及哺乳动物体内，主要存在于甲状腺、甲状旁腺、胸腺和肾上腺等组织中；在鱼类中则在鲑、鳗、鳟等含量较多。已从人、牛、猪的甲状腺和鲑、鳗中分离出纯品，由鲑鱼中获得的降钙素，对人的降血钙作用比从其他哺乳动物中分离的降钙素的活力要高 25～50 倍。各种不同动物来源的降钙素其氨基酸排列顺序有一定差异。

2. 生产工艺

制造降钙素的原料主要有猪甲状腺和鲑、鳗的心脏或心包膜等。降钙素的生产方法主要是提取法，化学合成法和基因工程技术制备降钙素也已获成功。下面介绍提取法的制备工艺。

（1）工艺流程

猪甲状腺丙酮粉 —[提取] 0.1mol/L HCl, 60℃,1h→ 提取液 —[沉淀] 异戊醇-醋酸-水, 50℃,过滤→ 沉淀物 —[除杂蛋白] 0.3mol/L NaCl,10% HCl, pH=2.5→ 离心清液 —[吸附、解吸] CMC, pH=4.5→ 解吸液 —[干燥] 冷冻干燥→ 降钙素

（2）工艺过程及控制要点　猪甲状腺经绞碎，丙酮脱脂，制成脱脂甲状腺粉 27kg，加入 0.1mol/L 盐酸 1540L，加热至 60℃搅拌 1h。加水 1620L 混匀，搅拌 1h，离心，沉淀用水洗涤，合并上清液和洗液再搅拌 2h 后离心。收集上清液，加入 15L 异戊醇-醋酸-水（20∶32∶48）的混合液，搅匀，加热至 50℃，用硅藻土作助滤剂过滤，收集沉淀。沉淀溶于 8L 0.3mol/L 氯化钠溶液中，用 10% 盐酸调节 pH＝2.5，离心除去不溶物。收集离心液，溶液用 10 倍水稀释后，通过 CMC（5cm×50cm）柱，柱先用 0.02mol/L 醋酸盐缓冲液（pH＝4.5）平衡。收集含有降钙素的溶液，冻干或用 2mol/L 的氯化钠盐析，制得降钙素粉末，含量为 3.6U/mg。在此基础上还可进一步纯化。

3. 生物活性测定

样品用经过 0.1mol/L 醋酸钠溶液稀释过的 0.1% 白蛋白溶液溶解，取 0.2mL 样品按倍比稀释法配制，选用雄性大白鼠，静脉注射后 1h 收集血液。血样品的血清钙值采用原子吸收光谱法测定，对照采用从猪甲状腺中提取的 MRC 标准品。将标准品稀释至所需的稀释度 2.5MRCmU/0.2mL、5MRCmU/0.2mL、10MRCmU/0.2mL 和 20MRCmU/0.2mL，然后用同样方法给大鼠注射，1h 后测定血清钙值。根据标准品测定样品的生物活性。猪、猫、人降钙素的效价一般为 50～200MRCU/mg，鲑鱼降钙素效价较高，相当于其他哺乳动物降钙素的 25～50 倍。第一次国际卫生组织专业会议确定的降钙素标准品为猪 200U/mg、鲑 2700U/mg。

（二）胸腺激素

胸腺是一个激素分泌器官，对免疫功能有多方面的影响。胸腺依赖性的淋巴细胞群——T 细胞直接参与机体有关免疫反应。胸腺对 T 细胞发育的控制，主要是通过胸腺所产生的一系列胸腺激素（thymus hormones）促使 T 细胞的前身细胞——前 T 细胞分化、增殖、成熟为 T 细胞的各种功能亚群，由此控制、调节免疫反应的质与量。现已知某些免疫缺陷病、自身免疫性疾病、恶性肿瘤以及老年性退化性病变等皆与胸腺功能的减退及血中胸腺激素水平的降低有关。目前，国内外关于胸腺激素的制剂已有多种，其中较重要者见表 11-5。

表 11-5　重要的胸腺激素制剂

名　称	化 学 性 质	名　称	化 学 性 质
胸腺素组分 5	一族酸性多肽，$M_r=1000\sim15000$	胸腺生成素	具有 49 个氨基酸残基的多肽，$M_r=5562$，$pI=5.7$
猪胸腺素注射液	多肽混合物，M_r 为 15000 以下		
胸腺素 α_1	具有 28 个氨基酸残基的多肽，$M_r=3108$，$pI=4.2$	胸腺因子 X	多肽，$M_r=4200$
		胸腺刺激素	多肽混合物
胸腺体液因子	多肽，$M_r=3200$，$pI=5.7$	自身稳定胸腺激素	糖肽，$M_r=1800\sim2500$
血清胸腺因子	9 肽，$M_r=857$，$pI=7.5$		

胸腺激素制剂的生物学功能虽然有所不同，但总地说来，都与调节免疫功能有关。在所有胸腺激素制剂中，对来自小牛胸腺的胸腺素组分 5（即以小牛胸腺为原料，按一定的方法提取、纯化胸腺的第 5 种组分）的基础理论和临床研究最多。我国研究并已正式生产的猪胸腺素注射液是以猪胸腺为原料，参考牛胸腺素组分 5 的提取、纯化方法而制得的制剂。它们的主要生物学功能表现在：连续诱导 T 细胞分化发育的各个阶段，放大并增强成熟 T 细胞对抗原或其他刺激物的反应，维持机体的免疫平衡状态。

临床用于以下方面：

① 原发性和继发性免疫缺陷病，如反复上呼吸道感染等；

② 自身免疫病，如肝炎、肾病、红斑狼疮、类风湿关节炎、重症肌无力等；

③ 变态反应性疾病，如支气管哮喘等；

④ 细胞免疫功能减退的中年人和老年人疾病，并可抗衰老；

⑤ 肿瘤的辅助治疗。

1. 结构与性质

胸腺素组分 5 是由在 80℃ 热稳定的 40～50 种多肽组成的混合物，相对分子质量在 1000～15000 之间，等电点在 3.5～9.5 之间。为了便于不同实验室对这些多肽的鉴别和比较，根据它们的等电点以及在等电聚焦分离时的顺序而命名，共分三个区域：α 区包括等电点低于 5.0 的组分，β 区包括等电点在 5.0～7.0 之间的组分，γ 区则指其等电点在 7.0 以上者（此区内组分很少）。对分离的多肽进行免疫活性测定，有活性的称为胸腺素，如胸腺素 α_1，无活性者则称之为多肽，如多肽 β_1。现已清楚，胸腺素组分 5 中，胸腺素 α_1、α_5、α_7 等是具有调节胸腺依赖性淋巴细胞分化和体内外免疫反应的活性组分。

2. 生产工艺

（1）工艺流程

（2）工艺过程及控制要点

①将新鲜或冷冻胸腺除脂肪并绞碎后，加 3 倍量生理盐水，于组织捣碎机中制成匀浆，14000g 离心，得提取液（组分 1）。

②提取液 80℃ 加热 15min，以沉淀对热不稳定部分。离心去掉沉淀，得上清液（组分 2）。

③上清液冷至 4℃，加入 5 倍体积的 −10℃ 丙酮，过滤收集沉淀，干燥后得丙酮粉（组

分 3）。

④将丙酮粉溶于 pH＝7.0 磷酸盐缓冲溶液中，加硫酸铵至饱和度为 0.25，离心去除沉淀，上清液（组分 4）调 pH 值为 4.0，加硫酸铵至饱和度为 0.50，得盐析物。

⑤将盐析物溶于 pH＝8.0 的 10mmol/L tris-HCl 缓冲液中，超滤，取相对分子质量在 15000 以下的超滤液。

⑥超滤液经 Sephadex G-25 脱盐后，冷冻干燥得胸腺素（组分 5）。

国内在制备猪胸腺素注射液时，一般先脱盐，后超滤，以简化制剂工艺。

3. 活力测定

E-玫瑰花结升高百分数不得低于 10%；相对分子质量 15000 以下。

（三）胸腺肽

胸腺肽（thymus peptides）可调节细胞免疫功能，有较好的抗衰老和抗病毒作用，适用于原发和继发性免疫缺陷病以及因免疫功能失调所引起的疾病，对肿瘤有很好的辅助治疗效果，也用于再生障碍性贫血、急慢性病毒性肝炎等。无过敏反应和不良的副作用。

1. 结构与性质

胸腺肽是从冷的小牛（或猪、羊）胸腺中，经提取、部分热变性、超滤等工艺过程制备出的一种具有高活力的混合肽类药物制剂。凝胶电泳分析表明，胸腺肽中主要是相对分子质量 9600 和 7000 左右的两类蛋白质或肽类，氨基酸组成达 15 种，必需氨基酸含量高，还含有 0.2～0.3mg/mgRNA、0.12～0.18mg/mgDNA。对热较稳定，加温 80℃ 生物活性不降低。经蛋白水解酶作用，生物活性消失。

2. 生产工艺

（1）工艺流程

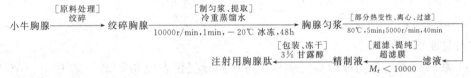

（2）工艺过程及控制要点

① 取－20℃冷藏小牛胸腺，用无菌的剪刀剪去脂肪、筋膜等非胸腺组织，再用冷无菌蒸馏水冲洗，置于灭菌绞肉机中绞碎。

② 将绞碎胸腺与冷重蒸馏水按 1∶1 的比例混合，置于 10000r/min 的高速组织捣碎机中捣碎 1min，制成胸腺匀浆。浸渍提取，温度应在 10℃ 以下，并放置－20℃ 冰冻贮藏 48h。

③ 将冻结的胸腺匀浆融化后，置水浴上搅拌加温至 80℃，保持 5min，迅速降温，放置－20℃ 以下冷藏 2～3 天。然后取出融化，5000r/min 离心 40min，温度 2℃，收集上清液，除去沉渣，用滤纸浆或微孔滤膜（0.22μm）减压抽滤，得澄清滤液。

④ 将滤液用相对分子质量截流值为 10000 以下的超滤膜进行超滤，收取相对分子质量 10000 以下的活性多肽，得精制液，置－20℃ 冷藏。经检验合格，加入 3% 甘露醇作赋形剂，用微孔滤膜除菌，分装，冷冻干燥即得注射用胸腺肽。

3. 活力测定

同胸腺素。相对分子质量 10000 以下。

（四）促皮质素

垂体包括腺垂体和神经垂体，可分泌多种激素（表 11-6）。促皮质素（adrenocortico-tropic hormone，ACTH）是从腺垂体前叶提取出来的一种多肽激素。ACTH 能维持肾上腺皮质的正常功能，促进皮质激素的合成和分泌。临床上主要用于胶原病（如风湿性关节炎、红斑狼疮、干癣），也用于过敏症（如严重喘息、药物过敏、荨麻疹等）。ACTH 尚可作为诊断垂体和肾上腺皮质功能的药物。近年发现 ACTH 与人的记忆和行为有联系，可以改善老年人及智力迟钝儿童的学习和记忆能力。

表 11-6　垂体激素

名　　称	化　学　本　质	主　要　生　理　作　用
腺垂体		
（1）促肾上腺皮质激素类		
促肾上腺皮质激素（ACTH）	多肽（39）	促进肾上腺皮质发育和分泌
黑（素细胞）刺激素（MSH）		
αMSH	多肽（13）	促进黑色素合成
βMSH	多肽（18）	
β促脂激素（βLPH）	多肽（91）	促进脂肪动员
γ促脂激素类（LPH）	多肽（58）	
（2）糖蛋白激素类		
黄体生成素（LH）	糖蛋白 α 链（89）	促进黄体生成和排卵
	糖蛋白 β 链（115）	刺激睾酮分泌
促卵泡素（FSH）	糖蛋白 α 链（89）	促进卵泡成熟
	糖蛋白 β 链（115）	促进精子生成
促甲状腺激素（TSH）	糖蛋白 α 链（89）	促进甲状腺的发育和分泌
	糖蛋白 β 链（112）	
（3）生长激素类		
生长激素（GH）	蛋白质（191）	促进机体生长（促进骨骼生长和加强蛋白质合成）
催乳素（PRL）	蛋白质（198）	发生和维持泌乳
神经垂体		
加压素（抗利尿激素，ADH）	多肽（9）	促进水的保留
催产素（OX）	多肽（9）	促进子宫收缩

1. 结构与性质

ACTH 为 39 个氨基酸组成的直链多肽，种属差异仅仅表现在第 25～33 位上。ACTH 的 24 肽即 1～24 位的片段（ACTH 1～24）具有全部活性。ACTH 的第 24 位氨基酸之后的部分，不参与同受体的作用，它仅维持整个多肽结构的稳定性。ACTH 可被胃蛋白酶部分水解，水解物因存在着活性片段故仍有活力。ACTH 在溶液中存在着高度的 α-螺旋。

根据氨基酸分析，计算其相对分子质量：人为 4567，猪为 4593。易溶于水，等电点为 6.6。在干燥状态和酸性溶液中较稳定，虽经 100℃加热，但活力不减；在碱性溶液中容易失活。能溶解于 70% 的丙酮或 70% 的乙醇中。

2. 生产工艺

（1）工艺流程

垂体前叶干粉 $\xrightarrow[\substack{70\sim75℃,\\pH=2.0\sim2.4}]{\substack{[提取]\\0.5mol/L\ 醋酸}}$ 提取液 $\xrightarrow[\substack{pH=3.1,5℃\ 以下}]{\substack{[一次吸附]\\CMC}}$ CMC1 $\xrightarrow[25℃]{\substack{[解吸]\\0.15mol/L\ 盐酸}}$ 解吸液 $\xrightarrow[\substack{5℃,pH=3.1}]{\substack{[二次吸附]\\CMC}}$

ACTH $\xleftarrow[冻干]{\substack{[树脂处理]\\阴、阳离子交换树脂}}$ 解吸液 $\xleftarrow[25℃]{\substack{[解吸]\\0.15mol/L\ 盐酸}}$ CMC3 $\xleftarrow[0.1mol/L\ 醋酸，蒸馏水，醋酸盐缓冲液]{[洗涤]}$ CMC2

（2）工艺过程及控制要点

① 垂体前叶干粉加 0.5mol/L 醋酸 20 倍，用硫酸调节 pH＝2.0～2.4，70～75℃保温 10min，过滤，得提取液。

② 提取液调 pH=3.1，加投料量 20% 的 CMC（2.2mg），3℃搅拌吸附 12h，过滤。CMC 用 0.15mol/L 盐酸解吸，解吸液用 717 阴离子交换树脂处理，过滤，调节 pH=3.1，冷藏。

③ 在洗脱滤液中再加入 CMC 二次吸附，1～5℃搅拌吸附 12h，过滤，CMC 用 0.1 mol/L 醋酸、蒸馏水、0.01mol/L 醋酸铵（pH=4.6）及 0.1mol/L 醋酸铵（pH=6.7）分别洗涤，最后用 0.15mol/L 盐酸解吸。解吸液分别用 717 阴离子交换树脂及 732 阳离子交换树脂处理，pH 值调到 3.0 左右，冷冻干燥得 ACTH，效价在 45U/mg 以上。

ACTH 冻干制剂有每瓶 25U、50U 两种规格。还可制成促皮质素锌注射液、磷锌促皮质素混悬液、明胶促皮质素、羧纤促皮质素等长效制剂。合成的促皮质素类似物有促皮质18 肽、24 肽、25 肽及 28 肽等。

3. 检验

ACTH 粗品用小白鼠胸腺萎缩法测定，每 1mg 相当于 1U 以上；ACTH 精品用去垂体大白鼠的肾上腺维生素 C 降低法测定，每 1mg 相当于 45U 以上。

第三节　蛋白质类药物的制备

一、蛋白质类药物

1. 蛋白质类激素

蛋白质类激素主要包括垂体蛋白质激素和促性腺激素。

（1）垂体蛋白质激素　主要有生长素（GH）、催乳激素（PRL）、促甲状腺素（TSH）、促黄体生成激素（LH）、促卵泡激素（FSH）等。其中生长素（GH）有严格的种属特性，动物生长素对人体无效。

（2）促性腺激素　主要有人绒毛膜促性腺激素（HCG）、绝经尿促性腺激素（HMG）、血清促性腺激素（SGH）等。

（3）其他蛋白质激素　主要有胰岛素、胰抗脂肝素、松弛素、尿抑胃素等。

2. 血浆蛋白

血浆蛋白中的主要成分有白蛋白（Alb）、纤维蛋白溶酶原、血浆纤维结合蛋白（FN）、免疫丙种球蛋白、抗淋巴细胞免疫球蛋白、Veil 病免疫球蛋白、抗-D 免疫球蛋白、抗-HBs 免疫球蛋白、抗血友病球蛋白、纤维蛋白原（Fg）、抗凝血酶Ⅲ、凝血因子Ⅷ、凝血因子Ⅸ 等。不同物种间的血浆蛋白存在着种属差异，虽然动物血与人血的蛋白质结构非常相似，但不能用于人体。

3. 蛋白质类细胞生长调节因子

蛋白质类细胞生长调节因子主要包括干扰素 α、β、γ（IDN），白细胞介素 1～16（IL），神经生长因子（NGF），肝细胞生长因子（HGF），血小板衍生的生长因子（PDGF），肿瘤坏死因子（TNF），集落刺激因子（CSF），组织纤溶酶原激活因子（t-PA），促红细胞生成素（EPO），骨发生蛋白（BMP）等。

4. 黏蛋白

主要有胃膜素、硫酸糖肽、内在因子、血型物质 A 和 B 等。

5. 胶原蛋白

主要有明胶、氧化聚合明胶、阿胶、冻干猪皮等。

6. 碱性蛋白质

主要有硫酸鱼精蛋白。

7. 蛋白酶抑制

主要有胰蛋白酶抑制剂、大豆胰蛋白酶抑制剂等。

二、主要蛋白质类药物的制备

（一）白蛋白及人血丙种球蛋白

白蛋白（albumin）又称清蛋白，是人血浆中含量最多的蛋白质，约占总蛋白的55％。同种白蛋白制品无抗原性。主要功能是维持血浆胶体渗透压，用于失血性休克、严重烧伤、低蛋白血症等。

人血丙种球蛋白（γ-immunoglobulin）即免疫球蛋白是一类主要存在于血浆中、具有抗体活性的糖蛋白。对血清进行电泳后发现，抗体成分存在于β和γ球蛋白部分，故通称为免疫球蛋白（Ig）。免疫球蛋白约占血浆蛋白总量的20％，除存在于血浆中外，也少量地存在于其他组织液、外分泌液和淋巴细胞的表面。具有被动免疫作用，可用于预防流行性疾病如病毒性肝炎、脊髓灰质炎、风疹、水痘和丙种球蛋白缺乏症。

1. 结构和性质

白蛋白为单链，由575个氨基酸残基组成，N末端是天冬氨酸，C末端为亮氨酸，相对分子质量为65000，$pI＝4.7$，沉降系数（$S_{20,w}$）4.6，电泳迁移率5.92。可溶于水和半饱和的硫酸铵溶液中，一般在硫酸铵的饱和度为60％以上时析出沉淀。对酸较稳定。受热后可聚合变性，但仍较其他血浆蛋白耐热。在白蛋白溶液中加入氯化钠或脂肪酸的盐，能提高白蛋白的热稳定性，利用这种性质，可使白蛋白与其他蛋白质分离。

根据免疫球蛋白的一些理化性质的差异，可将Ig分成五类，即IgG、IgA、IgM、IgD和IgE。这五类Ig的主要理化特征和生物学作用见表11-7。

表 11-7　各类 Ig 的特性

类　别	IgG	IgA	IgM	IgD	IgE
沉降系数（$S_{20,w}$）	6.5～7.0	7～13	18～20	6.2～6.8	7.9
相对分子质量	150000	360000～720000	950000	160000	190000
含糖量	2.9％	7.5％	11.8％	10％～12％	10.7％
血中含量	0.6％～0.7％	0.14％～0.42％	0.05％～0.019％	0.003％～0.004％	0.00001％～0.00014％
半衰期/天	23	5.8	5.1	2.8	2.5
合成率/[mg/(kg·天)]	33	24	6.7	0.4	0.0016
生物学作用	抗菌、抗病毒、抗毒素，固定补体，通过胎盘	分泌型 IgA 在局部黏膜抗菌、抗病毒	溶血溶菌，固定补体	不明	与 I 型变态反应有关

自人血浆中分离的白蛋白有两种制品：一种是从健康人血浆中分离制得的，称人血清白蛋白；另一种是从健康产妇胎盘血中分离制得的，称胎盘血白蛋白。

2. 白蛋白及人丙种球蛋白的生产工艺

从人血浆中可同时分离制备白蛋白及人丙种球蛋白两种产品，流程如下。

（1）工艺流程

（2）白蛋白制备工艺过程及控制要点

① 络合（利凡诺沉淀）。人血浆泵入不锈钢夹层反应罐内，开启搅拌器，用碳酸钠溶液调节 pH＝8.6，再泵入等体积的 2％利凡诺溶液，充分搅拌后静置 2～4h，分离上液与络合沉淀（上清液供生产人丙种球蛋白用）。

② 解离。沉淀加灭菌蒸馏水稀释，0.5mol/L HCl 调节 pH 值至弱酸性，加 0.15％～0.2％氯化钠，不断搅拌进行解离。充分解离后，65℃恒温 1h，立即用自来水夹层循环冷却。

③ 分离。冷却后的解离液用篮式离心机分离，离心分离液再用不锈钢压滤器澄清过滤。

④ 超滤。澄清滤液以 Sartocon-Ⅳ超滤器浓缩。

⑤ 热处理。浓缩液在 60℃恒温处理 10h，灭活病毒。

⑥ 澄清和除菌。以不锈钢压滤器澄清过滤，再通过 Sartoltis 冷灭菌系统除菌。

⑦ 分装。白蛋白含量及全项检查合格后，用自动定量灌注器进行分瓶灌装或冷冻干燥得白蛋白成品。本品分为 10％与 25％两种蛋白浓度规格。

（3）人血丙种球蛋白制备工艺及控制要点

① 取利凡诺 pH＝8.6 沉淀后的上清部分，在不锈钢反应罐中开启搅拌器，并以 1mol/L 盐酸调 pH＝7.0，加 23％结晶硫酸铵，充分搅拌后沉淀静置 4h 以上。

② 虹吸上清液，将下部混悬液泵入篮式离心机中离心，得沉淀。

③ 将沉淀用适量无热原蒸馏水稀释溶解，在不锈钢压滤机中进行澄清过滤。

④ 以 Sartocon-Ⅳ超滤器浓缩、除盐。

⑤ 浓缩液在除菌后，静置于 2～6℃冷库中存放 1 个月以上。

⑥ 以不锈钢压滤器澄清过滤，再通过 Sartolis 冷灭菌系统除菌。

⑦ 丙种球蛋白含量及全项检查合格后，灌封机分装，即得人血丙种球蛋白成品。本品内含适宜的防腐剂。有蛋白含量 5％与 10％两种规格。

3. 质量检验

（1）白蛋白的质量检验

① 性状：本品为淡黄色略带黏稠状的澄明液体或白色疏松物体（冻干品），pH＝6.6～7.2。

② 溶解时间：本品冻干制剂配成 10％蛋白含量时，其溶解时间不得超过 15min。

③ 水分：冻干制剂水分含量不超过 1％。

④ 白蛋白含量：应不低于本品规格。

⑤ 纯度：白蛋白含量应占蛋白含量的 95％以上；残余硫酸铵含量应不超过 0.01％（g/mL）；无菌试验、安全试验、毒性试验、热原试验均应符合卫生部白蛋白制造及检定规程的规定。

（2）人血丙种球蛋白的质量检验

① 性状：本品为无色或淡褐色的澄明液体，微带乳光但不应含有异物或摇不散的沉淀，pH＝6.6～7.4。

② 含量：制品中丙种球蛋白含量应占蛋白质含量的 95％以上。

③ 稳定性：要求在 57℃加热 4h 不得出现结冻现象或絮状物。

④ 防腐剂含量：酚含量不超过 0.25％（g/mL），硫柳汞含量不超过 0.005％（g/mL）。

⑤ 固体总量：制品中固体总量百分数与蛋白质含量百分数之差不得大于 2％。

⑥ 残余硫酸铵含量：不得超过 0.1%（g/mL）。

⑦ 其他：无菌试验、防腐剂试验、安全试验、热原试验应符合规定。

（二）干扰素

英国科学家 Isaacs 和 Lindemann 于 1957 年在研究病毒干扰现象时发现，将 56℃加热 1h 灭活的流感病毒加入到鸡胚绒毛尿囊膜碎片中，孵育后此膜能抵抗活流感病毒的感染，并且向外周释放具有干扰活性的因子，他们将该物质称为干扰素（interferon，IFN）。此后，1965 年发现了白细胞干扰素，1969 年发现了致敏细胞干扰素。从此，关于干扰素的研究便迅速发展起来。

1. 干扰素的定义

干扰素是由诱生剂诱导有关细胞所产生的一类高活性、多功能的诱生蛋白质。这类诱生蛋白质从细胞中产生和释放之后，作用于相应的同种生物细胞，并使其获得抗病毒和抗肿瘤等多方面的"免疫力"。因而具有广泛的抗病毒、抗肿瘤和免疫调节活性，是人体防御系统的重要组成。

1980 年，国际干扰素命名委员会对干扰素下的定义为：干扰素是一种在同种细胞上具有广谱抗病毒活性的蛋白质。现在，一般指脊椎动物细胞受干扰素诱生剂作用后合成的一类具有细胞功能调节作用的蛋白质。

2. 分类

人干扰素根据其来源细胞不同，分为白细胞干扰素（IFN-α）、类淋巴细胞干扰素（IFN-α 与 IFN-β 的混合物）、成纤维细胞干扰素（1FN-β）、T 细胞干扰素（又称为免疫干扰）(IFN-γ) 等几类。IFN-α 型干扰素又以其结构不同再分为 IFN-αⅠb、IFN-αⅡa 和 IFN-αⅡb 等亚型。

3. 结构与性质

干扰素的氨基酸序列结构如图 11-1 所示。各型干扰素的理化性质如表 11-8 所示。

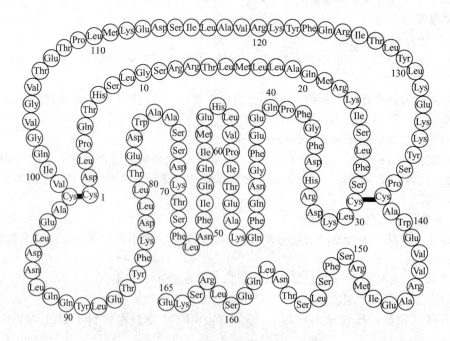

图 11-1　干扰素的氨基酸序列结构

表 11-8　各型干扰素的性质比较

性　　质	IFN-α	IFN-β	IFN-γ
分子质量/kDa	20	22～25	20,25
活性分子结构	单体	二聚体	四聚体或三聚体
等电点	5～7	6.5	8.0
已知亚型数	>23	1	1
氨基酸数	165～166	166	146
pH=2.0 的稳定性	稳定	稳定	不稳定
热(56℃)稳定性	稳定	不稳定	不稳定
对 0.1%SDS 的稳定性	稳定	部分稳定	不稳定
在牛细胞(EBTr)上的活性	高	很低	不能检出
诱导抗病毒状态的速度	快	很快	慢
与 ConA-Sepharose 的结合力	小或无	结合	结合
免疫调节活性	较弱	较弱	强
抑制细胞生长活性	较弱	较弱	强
种交叉活性	大	小	小
主要诱发物质	病毒	病毒,Poly I：C 等	抗原、PHA,ConA 等
主要产生细胞	白细胞	成纤维细胞	淋巴细胞

　　注：IFN-α,目前常用的为 IFN-αⅠb、IFN-αⅡa 和 IFN-αⅡb。

　　除上述性质外,干扰素还有沉降率低,不能透析,可被胃蛋白酶、胰蛋白酶和木瓜白酶破坏,不被 DNase 和 RNsae 水解破坏等特性。

　　IFN-αⅠb,由 166 个氨基酸组成,相对分子质量约为 19329,含有 5 个 Cys,形成两个二硫键,另一个 Cys 的存在使其易形成二聚体,降低活性。其等电点介于 5～6 之间。

　　IFN-αⅡa,由 165 个氨基酸组成,相对分子质量约为 19219,有 4 个 Cys,1 位 Cys 与 98 位 Cys、29 位 Cys 与 138 位 Cys 之间形成两个二硫键,而后者对其活性有很重要的作用。第 23 位为 Lys。IFN-αⅡa 的等电点介于 5～6 之间,pH=2.5 时较 IFN-αⅡa 稳定,对热稳定,对蛋白酶敏感。

　　IFN-αⅡb 与 IFN-αⅡa 只相差一个氨基酸,即 23 位的 Lys 改为 Arg,性质相似。

　　另外利用基因工程方法表达的 IFN-γ 与天然的 IFN-γ 也有所不同。天然的 IFN-γ 由 146 个氨基酸组成,相对分子质量约为 20000～25000。而用基因工程表达的 IFN-γ 为了提高活性,去除了 N 端的 3 个氨基酸,其相对分子质量只有 16675。重组 IFN-γ 的 C 端不齐,被蛋白酶在 Arg、Lys 处及其他氨基酸等多处水解后形成长度不同的分子,但大都保留了活性。

4. 生物学活性及用途

　　干扰素作为人体防御系统的重要组成,其作用有:①抑制病毒等细胞内微生物的增殖;②抗细胞增殖;③通过作用于巨噬细胞、NK 细胞、T 淋巴细胞、B 淋巴细胞而进行免疫调节;④改变细胞表面的状态,使负电荷增加,组织相容性抗原表达增加;⑤增加细胞对双链 DNA 的敏感性。

　　研究表明,IFN-α 可抗血中艾滋病病毒、肝炎病毒,IFN-β 能有效地治疗病毒引起的带状疱疹,对乳腺癌、肾细胞癌、恶性黑色素瘤等也有一定的作用。IFN-α、IFN-β 与 IFN-γ 联合应用于抗肿瘤方面的研究正在进行之中。

　　干扰素主要用于:

　　① 病毒性疾病,如普通感冒、疱疹性角膜炎、带状疱疹、水痘、慢性活动性乙型肝炎;

　　② 恶性肿瘤,如成骨肉瘤、乳腺癌、多发性骨髓瘤、黑色素瘤、淋巴瘤、白血病、肾细胞癌、鼻咽癌等,可获得部分缓解;

③ 用于病毒引起的良性肿瘤，控制疾病发展。

5. 传统方法生产干扰素

由于干扰素有高度的种属特异性，所以起初临床使用的干扰素都用人的细胞制备。α-干扰素用人血白细胞或淋巴细胞制备，β-干扰素用人成纤维细胞制备。但传统方法的不利之处限制了其在医疗方面的应用。

① 成本高。以白细胞干扰素 IFN-α 为例，芬兰 Cantell 实验室在 1979 年从 45000L 血中才生产了 200mg 干扰素，以此估计，1kg 纯干扰素价值约 220 亿～440 亿美元。1992 年西格玛公司的标价是 IFN-α 为 182.2 美元/100 万单位，IFN-γ 为 213.6 美元/50 万单位，而用 IFN-α 治疗一位肝炎病人需要 3 万美元。

② 组分多。一种细胞在诱生剂作用下产生的为多种干扰素的混合物。如白细胞产生的 99％为 α-干扰素，1％为 β-干扰素。类淋巴母细胞（Namalva）产生的 80％为 α-干扰素，20％为 β-干扰素。

③ 纯度低，活性低。用病毒或 poly I：C 处理外周血白细胞、类淋巴母细胞（Namalva）、成纤维母细胞，得到的均为混合物，用传统方法大量生产的干扰素的纯度最高也只有 1％，活性在 10000～50000U/mg，必须进行纯化、活性鉴定后才能应用。而比较一致的意见认为临床用人干扰素的纯度不得低于 10^6 U/mg 蛋白，如用于静脉注射，则纯度还要提高。

④ 产品的不稳定性。不同厂家、不同批号 poly I：C 的干扰素诱生能力有很大差别，必须有选择地使用。

（1）生产工艺流程　我国利用血库血大量制备人血细胞干扰素的方法已基本完善，可达到 10^6 U/mg 蛋白的水平。其工艺流程如下：

人白细胞粉 —[启动诱生]人 α- 干扰素 37℃,2h→ 启动白细胞 —[正式诱生]仙台病毒 37℃,12h→ 白细胞培养物 —[分离]离心 2500r/min→ 粗制 α- 干扰素 —[KSCN 处理]KSCN,HCl pH = 3.5→ 沉淀 1 —[除杂蛋白]乙醇 5℃→ 上清液 1 —[二次酸除杂蛋白]HCl pH = 5.5～5.8→ 上清液 2 —[沉淀分离]NaOH pH = 8.0→ 沉淀 3 —[KSCN 处理]PBS,KSCN pH = 5.2→ 沉淀 4 —[溶解]PBS,NaOH pH = 7.0～7.5→ 溶解液 —对 PBS 透析 pH = 7.0～7.5→ 上清液（IFN-B）

IFN1 ←溶解 沉淀 2

上清液 3 —[酸沉淀]HCl pH = 3.0→ 沉淀 5 —[溶解]PBS,NaOH pH = 7.0～7.5→ 溶解液 —[除盐]对 PBS 透析 离心→ 透析清液 —[干燥]冻干→ α- 干扰素（IFN-A）

（2）工艺过程及控制要点

① 分离灰黄层。取新鲜血液（一般每份 400mL），加入 ACD 抗凝剂，离心后分离出血浆，小心吸取灰黄层。每份血可吸取 13～15mL，放置 4℃冰箱中过夜。

② 氯化铵处理。每份灰黄层加入 30mL 缓冲盐水，再加入 9 倍体积量的冷的氯化铵溶液（0.83％），混匀，4℃放置 10min，然后在 4℃离心（8000r/min）20min。小心弃去上清液，并加入适量的缓冲盐水，收集沉淀的细胞，做成悬液，再用 9 倍量的 0.83％氯化铵液重复处理 1 次，溶解残存的红细胞。取沉淀的白细胞并悬于培养液中，置于冰浴，取样做活细胞计数，用预温的培养液稀释成每毫升含 10^7 个活细胞。培养液的基础成分为 Eagle 培养基，其中含 4％～6％的人血浆蛋白，无磷酸盐，3mg/mL 的 Tricine 及适量抗生素。

③ 启动诱生。取稀释的细胞悬液加入白细胞干扰素，使其最后浓度为 100μg/mL，置

37℃水浴搅拌培养 2h（这一步根据情况或可省略）。

④ 正式诱生。启动后的白细胞加入仙台病毒（在 10 天龄鸡胚中培养 48～72h，收获尿囊液）使其最后浓度为每毫升 100～150 血凝单位，在 37℃搅拌培养过夜。

⑤ 收获。将培养物离心（2500r/min）30min，吸取上清液即得粗制干扰素。

⑥ 纯化。将粗制人白细胞干扰素加入硫氰化钾剂 0.5mol/L，用 2mol/L 盐酸调节 pH＝3.5，离心弃去上清液，得沉淀 1。沉淀 1 加入原体积 1/5 量的冷乙醇（94％），离心弃沉淀得上清液 1。上清液 1 用盐酸调节 pH＝5.5，离心弃去沉淀，再调至 pH＝5.8，离心，得上清液 2 和沉淀 2。沉淀 2 加入原体积 1/50 量的甘氨酸-盐酸缓冲液（pH＝2）溶解，检测，得 IFN1。上清液 2 调节 pH 值至 8.0，离心弃去清液，得沉淀 3。沉淀 3 加原体积 1/50 量的 0.1mol/L PBS、0.5mol/L 硫氰化钾（pH＝8）溶解，pH 值降至 5.2，离心得上清液 3 和沉淀 4。沉淀 4 加原体积 1/25000 量 pH＝8.0 的 0.1mol/L PBS 溶解，调至 pH＝7～7.5，对 PBS（pH＝7.3）透析，过夜，离心，收集上清液，检测，得 IFN-B。上清液 3 中加盐酸使 pH 值降至 3.0，离心，得沉淀 5。沉淀 5 加入原体积 1/5000 量的 pH＝8、0.1mol/L PBS 溶解，加 NaOH 调节 pH＝7～7.5，对 PBS（pH＝7.3）透析，过夜、离心收集上清液，检测，得 IFN-A。每份灰黄层约能制备 100 万单位的纯化干扰素。

此法特点是一次纯化量大，回收率高于 60％；经济、简便，易于普及，效价可达 1.2×10^8 U/mL，比活 2.2×10^6 U/mg（蛋白）。IFN-A 中干扰素含量占回收干扰素的 82％，比活也比较高。IFN1 的比活较低 [5×10^4 U/mg（蛋白）]，一般可作外用滴鼻剂或点眼剂等。

（3）检验方法　国际上规定，能保护 50％细胞免受病毒攻击的浓度即为一个 IFN 活性单位。我国用微量板染色的病变抑制法测定，具有操作方便、节约材料、快速、结果可靠、重复性好及便于保存标本等优点。本法测定 α、β、γ 干扰素可任选用 Wish 细胞、A549 细胞和 Hep-2 细胞，细胞浓度 40 万个/mL 左右，病毒为水泡口炎病毒（VSV）。

方法为：将细胞在微量板上培养，分别加测定样品和 IFN 标准品，等细胞已成单层即可攻毒，约 24～30h 等对照的病毒细胞几乎全部病变时，即可进行染色，在 550nm 波长比色，计算出 IFN 单位效价，再将测得的单位校正为国际单位。

6. 基因工程干扰素的生产

1980 年和 1982 年利用基因工程成功地获得了 IFN-α、IFN-β 和 IFN-γ 的 cDNA，标志着第二代干扰素的诞生。用高表达质粒在大肠杆菌中进行表达，得到的每升菌液中含 2.5×10^8 U 的 IFN-α，相当于从 100L 人血中获得的提取量，特别是用多角病毒载体将 IFN-α 在家蚕中表达，每毫升体液中可获得 2×10^8 U 的产物。1987 年，3 种干扰素的生产开始工业化，并大量进入市场。中国预防医学科学院病毒学研究所、卫生部上海生物制品研究所、卫生部长春生物制品研究所和中国药品生物制品检定所等单位联合研制了基因工程 IFN-αⅠb，并由长春生物制品研究所投入工业化生产，成为我国第一个进入工业化的基因工程药物。生产 IFN-γ 和 IFN-β 的工程大肠杆菌也已进入中试阶段。

（1）基因工程菌的构建　在了解干扰素结构以前，不可能人工合成干扰素 DNA，又因在人染色体上的干扰素基因拷贝数极少（约有 1.5％），不能直接分离，所以只能通过分离干扰素的 mRNA，再通过反转录酶等使其形成 cDNA。

干扰素 cDNA 的获得是从产生干扰素的白细胞中提取干扰素的 mRNA，并对其进行分级分离。然后，将不同的 mRNA 注入蟾蜍的卵母细胞测定干扰素的抗病毒活性，找出活性最高的 mRNA，并用此 mRNA 合成 cDNA。

将 cDNA 与含四环素和氨苄抗性基因的质粒 pBR322 重组，转化大肠杆菌 K12，得到重组子质粒。对每个重组子用粗提的干扰素 mRNA 进行杂交，把得到的杂交阳性克隆中的重组质粒 DNA 放到一个无细胞合成系统中进行翻译。对翻译体系的产物进行干扰素活性检测，经多轮筛选可获得产生干扰素的 cDNA。最后将干扰素的 cDNA 转入大肠杆菌表达载体中，转化大肠杆菌在特定条件下进行高效表达。构建干扰素工程菌的一般流程见图 11-2。

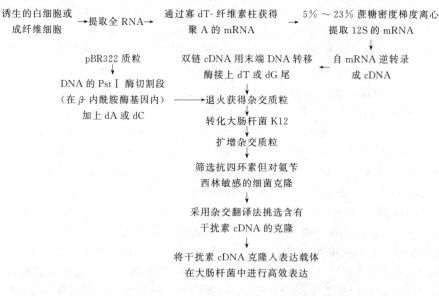

图 11-2　构建干扰素工程菌的一般流程

（2）基因工程干扰素的生产工艺　制备基因工程 α-干扰素的工艺流程如下：

启开种子→制备种子液→发酵培养→粗提→精提→半成品制备
成品包装←成品检定←冻干←分装←半成品检定

下面以基因工程人干扰素-αⅡb 为例说明其生产过程。

① 发酵

a. 生产种子。人干扰素-αⅡb 基因工程菌 SW-IFN-αⅡb/$E.coli$-DHSa。质粒用 P_L 启动子，含氨苄西林抗性基因。

b. 种子培养基。1%蛋白胨、0.5%酵母提取物、0.5%NaCl。

c. 种子摇瓶培养。在 4 个 1000mL 三角瓶中，分别装入 250mL 种子培养基，分别接种人干扰素-αⅡb 基因工程菌，30℃摇床培养 10h，作为发酵罐种子使用。

d. 发酵培养基。1%蛋白胨、0.5%酵母提取物、0.01% NH_4Cl、0.05% NaCl、0.6% Na_2HPO_4、0.001% $CaCl_2$、0.3% KH_2PO_4、0.01% $MgSO_4$、0.4%葡萄糖、50mg/mL 氨苄西林、少量防泡剂。

e. 发酵。用 15L 发酵罐进行发酵，发酵培养基的装量为 10L，pH＝6.8，搅拌转速 500r/min，通风比为 1∶1m^3/(m^3·min)，溶氧为 50%。30℃发酵 8h，然后在 42℃诱导 2～3h 即可完成发酵。同时每隔不同时间取 2mL 发酵液，在 10000r/min 离心除去上清液，称量菌体湿重。

② 产物的提取与纯化

a. 提取。发酵结束后，冷却，离心（4000r/min）30min，除去上清液，得湿菌体 1000g 左右。取 100g 湿菌体重新悬浮于 20mmol/L 500mL 磷酸缓冲液（pH＝7.0）中，于冰浴条件下进行超声破碎。然后 4000r/min 离心 30min。取沉淀部分，用 100mL 含 8mol/L 尿素、20mmol 磷酸缓冲液（pH＝7.0）、0.5mmol/L 二巯基苏糖醇溶液，室温搅拌抽提

2h，然后 15000r/min 离心 30min。取上清液，用 20mmol/L 磷酸缓冲液（pH＝7.0）稀释至尿素浓度为 0.5mol/L，加二硫基苏糖醇至 0.1mmol/L，4℃搅拌 15h，15000r/min 离心 30min，除去不溶物。

上清液经截流量为 10^4 相对分子质量的中空纤维超滤器浓缩，将浓缩的人干扰素-αⅡb 溶液经过 Sephadex G-50 分离，层析柱（2cm×100cm）先用 20mmol/L 磷酸缓冲液（pH＝7.0）平衡，上柱后用同一缓冲液洗脱分离，收集人干扰素-αⅡb 部分，经 SDS-PAGE 检查。

b. 纯化。将 Sephadex G-50 柱分离的人干扰素-αⅡb 组分，再经 DE-52 柱（2cm×50cm）纯化，人干扰素-αⅡb 组分上柱后用含 0.05mol/L、0.1mol/L、0.15mol/L NaCl 的 20mmol/L 磷酸缓冲液（pH＝7.0）分别洗涤，收集含人干扰素-αⅡb 的洗脱液。全过程蛋白质回收率为 20%～25%，产品不含杂蛋白、DNA 及热原。干扰素-αⅡb 含量符合要求。

（3）基因工程干扰素质量检验　基因工程干扰素半成品检定主要包括下列项目。

① 干扰素效价测定。用细胞病变抑制法，以 Wish 细胞、VSV 病毒为基本检测系统。测定中必须用国家或国际参考品校准为国际单位。

② 蛋白质含量测定及比活性。用福林-酚法，以中国药品生物制品检定所提供的标准蛋白质作标准。干扰素效价的国际单位与蛋白质含量的毫克数之比即为比活性。

③ 纯度测定。电泳纯度用非还原型 SDS-PAGE 法，银染显色应为单一区带，经扫描仪测定纯度应在 95% 以上。在非还原电泳上允许有少量聚合体存在，但不得超过 10%。用高效液相色谱反相柱或 GPC 柱测纯度，应呈一个吸收峰，或主峰占峰总面积 95% 以上。

④ 相对分子质量测定。用还原型 SDS-PAGE 法，加样量不低于 $5.0\mu g$，同时用已知相对分子质量的蛋白标准系列作对照，以迁移率为横坐标、相对分子质量的对数为纵坐标作图，计算相对分子质量，再与干扰素理论值比较，其误差不得高于 10%。

⑤ 残余外源性 DNA 含量测定。用放射性核素或生物素探针法测定，每剂量中残余外源性 DNA 应低于 100pg。

⑥ 残余血清 IgG 含量测定。在应用抗体亲和层析法作为纯化方法时必须进行此项检定。如用 IgG 杂交瘤单克隆抗体时应测定鼠 IgG 的含量，可用酶标或其他敏感方法测定，每剂量（20μg）的鼠 IgG 的含量应在 100ng 以下。

⑦ 残余抗生素活性测定。凡在菌种传代中曾经使用过抗生素者，均应测定相应抗生素活性，半成品中不应有残余抗生素活性存在。

⑧ 紫外光谱扫描。检查半成品的光谱吸收值，用全自动扫描紫外分光光度计观察紫外光范围内光谱图，最大吸收值应为（280±2）nm。

⑨ 肽图测定。用 CNBr 裂解法，测定结果应符合该干扰素的结构，且批与批之间肽图应一致。

⑩ 等电点测定。用等电点聚焦电泳法测定，批与批之间等电点应完全相同。

⑪ 除菌半成品应做干扰素效价测定、无菌试验、热原试验。

成品检定主要包括下列项目：外观检查、活性测定、水分测定、无菌试验、安全毒性试验、热原试验等。

① 物理性状。冻干制品外观应为白色或微黄色疏松体，加入注射水后，不得含有肉眼可见的不溶物。

② 鉴别试验。应用 ELISA 或中和试验鉴定。

③ 水分测定。用卡氏法，水分含量应低于 3%。

④ 无菌试验。同半成品检定。

⑤ 热原试验。同半成品检定。

⑥ 干扰素效价测定。同半成品检定，效价不低于标示量。

⑦ 安全试验。取体重 350～400g 豚鼠 3 只，每只腹侧皮下注射剂量为人每千克体重临床使用最大量的 3 倍，观察 7 天，若豚鼠局部无红肿、坏死、总体重不下降，则说明成品合格。取体重 18～20g 小鼠 5 只，每只尾静脉注射剂量按人每千克体重临床使用最大量的 3 倍，观察 7 天，若动物全部存活，则说明成品合格。

（三）胰岛素

胰岛素（insulin）是 1922 年从胰脏中提取得到的一种治疗胰岛素依赖性糖尿病的特效药物，1923 年开始临床使用。1965 年我国完成了世界上第一个人工合成蛋白质——牛结晶胰岛素的全合成工作，其生物活性与天然牛结晶胰岛素相同。胰岛素广泛存在于人和动物的胰脏中，正常人的胰脏约含有 200 万个胰岛，占胰脏总质量的 1.5%。胰岛由 α、β 和 δ 三种细胞组成，其中 β 细胞制造胰岛素，α 细胞制造胰高血糖素和胰抗脂肝素，δ 细胞制造生长激素抑制因子。胰岛素在 β 细胞中开始时是以活性很弱的前体胰岛素原存在，进而分解为胰岛素进入血液循环，起到调节血糖水的作用。临床上主要用于胰岛素依赖性糖尿病及糖尿病合并感染等疾病的治疗。

1. 结构和性质

（1）结构 胰岛素由 51 个氨基酸组成，有 A、B 两条链，A 链含 21 个氨基酸残基，B 链含 30 个氨基酸残基，两链之间由两个二硫键相连，在 A 链本身还有一个二硫键。

不同种属动物的胰岛素分子结构大致相同，主要差别在 A 链二硫桥中间的第 8 位、第 9 位和第 10 位上的三个氨基酸及 B 链 C 末端的一个氨基酸上，它们随种属而异。表 11-9 仅列出人和几种动物的氨基酸差异，但它们的生理功能是相同的。

表 11-9 不同种属动物的胰岛素结构

胰岛素来源	氨基酸排列顺序的部分差异			
	A8	A9	A10	B30
人	苏	丝	异亮	苏
猪、狗	苏	丝	异亮	丙
牛	丙	丝	缬	丙
羊	丙	甘	缬	丙
马	苏	甘	异亮	丙
兔	苏	丝	异亮	丝

由于猪与人的胰岛素相比只有 B30 位的一个氨基酸不同，人的是苏氨酸，猪是丙氨酸，因此我国目前临床应用的是以猪胰脏为原料来源的胰岛素，其抗原性比其他来源的胰岛素低。

胰岛素的前体是胰岛素原，胰岛素原可以看成是由连接肽（C 肽）的一端与胰岛素 A 链的 N 末端相连，另一端与 B 链的 C 末端相连。不同种属动物的 C 肽的氨基酸组成也不同，如人的 C 肽为 31 肽，牛的为 26 肽，猪的为 29 肽。胰岛素原通过酶的作用，C 肽两端的 4 个碱性氨基酸被水解去除后，即形成一分子胰岛素和一分子无活性的 C 肽。人胰岛素原的结构见图 11-3。

（2）胰岛素的性质

① 胰岛素为白色或类白色结晶粉末，晶形为扁斜形六面体。

② 牛胰岛素的相对分子质量为 5733，猪为 5764，人为 5784。胰岛素的等电点为 5.3～5.4。

③ 胰岛素在 pH＝4.5～6.5 范围内几乎不溶于水，在室温下的溶解度为 $10\mu g/mL$。易

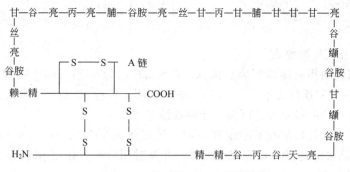

图 11-3　人胰岛素原的结构

溶于稀酸或稀碱溶液；在 80％以下乙醇或丙酮中溶解；在 90％以上乙醇或 80％以上丙酮中难溶；在乙醚中不溶。

④ 胰岛素在弱酸性水溶液或混悬在中性缓冲液中较为稳定。在 pH＝8.6 时，溶液煮沸10min 即失活一半，而在 0.25％硫酸溶液中要煮沸 60min 才能导致同等程度的失活。

⑤ 在水溶液中胰岛素分子受 pH 值、温度、离子强度的影响产生聚合和解聚现象。在低胰岛素浓度的酸性溶液（pH≤2）时呈单体状态。锌胰岛素在 pH＝2 的水溶液中呈二聚体，聚合作用随 pH 值增高而增加，在 pH＝4～7 时聚合成不溶解状态的无定形沉淀。在高浓度锌的溶液中，pH＝6～8 时胰岛素溶解度急剧下降。锌胰岛素在 pH＝7～9 时呈六聚体或八聚体，pH＞9 时则解聚并由于单体结构改变而失活。

⑥ 在 pH＝2 的酸性水溶液中加热至 80～100℃，可发生聚合而转变为无活性的纤维状胰岛素。如及时用冷 0.05mol/L 氢氧化钠处理，仍可恢复为有活性的胰岛素结晶。

⑦ 胰岛素具有蛋白质的各种特殊反应。高浓度的盐如饱和氯化钠、半饱和硫酸铵等可使其沉淀析出；也能被蛋白质沉淀剂如三氯醋酸、苦味酸、鞣酸等沉淀；并有茚三酮、双缩脲等蛋白质的显色反应；胰岛素能被胰岛素酶、胃蛋白酶、糜蛋白酶等蛋白水解酶水解而失活。

⑧ 多种还原剂如硫化氢、甲酸、醛、醋酐、硫代硫酸钠、维生素 C 及多数重金属（除锌、铬、钴、镍、银、金外）等都能使胰岛素分子中二硫键被还原、游离氨基被酰化、游离羧基被酯化和肽键水解而导致胰岛素失去活性。

⑨ 胰岛素对高能辐射非常敏感，容易失活；紫外线能破坏胱氨酸和酪氨酸基团。光氧化作用能导致分子中组氨酸被破坏。超声波能引起其非专一性降解。

⑩ 胰岛素能被活性炭、白陶土、氢氧化铝、磷酸钙、CMC 和 DEAE-C 吸附。

2. 生产工艺

由动物胰脏生产胰岛素的方法较多，目前被普遍采用的是酸醇法和锌沉淀法。现以酸醇法为例，介绍胰岛素的生产工艺。

（1）工艺流程

① 粗制

冻胰 —[刨碎]37℃,2h→ 胰片 —[提取]乙醇·草酸 pH＝2.5～3.0, 13～15℃→ 酸醇提取液 —[碱化]氨水 pH＝8.0～8.4→ 碱化液 —[酸化]硫酸 pH＝3.6～3.8→ 酸化液 —[浓缩]30℃以下→ 浓缩液 —[去脂]速热速冷→ 溶液 —[盐析]氯化钠 pH＝2.0～2.5→ 盐析物

② 精制

盐析物 →[除酸性蛋白] 水、丙酮、氨水 pH=4.2～4.3 → 滤液 →[锌沉淀] 氨水、醋酸锌 pH=6.0 → 沉淀 →[除碱性蛋白、结晶] 柠檬酸、醋酸锌、丙酮、氨水 pH=8.0, 5℃以下过滤后调 pH=6.0 → 结晶 →[洗涤] 水、丙酮、乙醚 干燥 → 精制品

（2）工艺过程及控制要点

① 提取。冻胰块用刨碎机刨碎后加入 2.3～2.6 倍的 86%～88% 乙醇（质量分数）和 5% 草酸，在 13～15℃ 搅拌提取 3h，离心。滤渣再用 1 倍量 68%～70% 乙醇和 0.4% 草酸提取 2h，离心，合并乙醇提取液。沉淀用于回收胰岛素。

② 碱化、酸化。提取液在不断搅拌下加入浓氨水调 pH=8.0～8.4（液温 10～15℃），立即进行压滤，除去碱性蛋白，滤液应澄清，并及时用硫酸酸化至 pH=3.6～3.8，降温至 5℃，静置时间不少于 4h，使酸性蛋白充分沉淀。

③ 减压浓缩。吸上层清液至减压浓缩锅内，下层用帆布过滤，沉淀物弃去，滤液并入上清液，30℃ 以下减压蒸去乙醇，浓缩至浓缩液相对密度为 1.04～1.06（约为原体积的 1/10～1/9 为止）。

④ 去脂、盐析。浓缩液转入去脂锅内在 5min 内加热至 50℃ 后，立即用冰盐水降温至 5℃ 静置 3～4h，分离出下层清液（脂层可回收胰岛素）。用盐酸调 pH=2.3～2.5，于 20～25℃ 在搅拌下加入 27%（质量体积分数）固体氯化钠，保温静置数小时。析出之盐析物即为胰岛素粗品。

⑤ 精制。盐析物按干重计算，加入 7 倍量蒸馏水溶解，再加入 3 倍量的冷丙酮，用 4mol/L 氨水调 pH=4.2～4.3，然后补加丙酮，使溶液中水和丙酮的比例为 7：3。充分搅拌后，低温 5℃ 以下放置过夜，次日在低温下离心分离，得过滤液。

在滤液中加入 4mol/L 氨水使 pH=6.2～6.4，加入 3.6%（体积分数）的醋酸锌溶液（浓度为 20%），再用 4mol/L 氨水调节 pH=6.0，低温放置过夜，次日过滤，分离沉淀。

⑥ 结晶。将过滤的沉淀用冷丙酮洗涤，得干品（每千克胰脏得 0.1～0.125g 干品）再按干品质量每克加冰冷 2% 柠檬酸 50mL、6.5% 醋酸锌溶液 2mL、丙酮 16mL，并用冰水稀释至 100mL，使充分溶解，5℃ 以下，用 4mol/L 氨水调 pH=8.0，迅速过滤。滤液立即用 10% 柠檬酸溶液调 pH=6.0，补加丙酮，使整个溶液体系保持丙酮含量为 16%。慢速搅拌 3～5h 使结晶析出。在显微镜下观察，外形为似正方形或扁斜形六面体结晶，再转入 5℃ 左右低温室放置 3～4 天，使结晶完全。离心收集结晶，并小心刷去上层灰黄色无定形沉淀，用蒸馏水或醋酸铵缓冲液洗涤，再用丙酮、乙醚脱水，离心后，在五氧化二磷真空干燥箱中干燥，即得结晶胰岛素，效价应在 26U/mg 以上。

⑦ 回收。在上述各项操作中，应注意产品回收，从 pH=4.2 沉淀物中回收的胰岛素最多，占整个回收的近一半，约为正品的 10%。从油脂盐析物中回收的胰岛量也可达正品的 5% 左右。

3. 质量检验

（1）原料质量控制　胰脏质量是胰岛素生产中的关键。工业生产用的原料主要是猪、牛的胰脏。不同种类和年龄的动物，其胰脏中胰岛素含量有差别，如猪胰脏每克含胰岛素 2.0～3.0U，牛胰脏含量高于猪胰。

采摘胰脏要注意保持腺体组织的完整，避免摘断。由于胰脏中含有多种酶类，离体后，蛋白水解酶类能分解胰岛素使之失活。因此，要立即深冻，先在 -30℃ 以下急冻后转入 -20℃ 保存备用。在胰脏中，胰尾部分胰岛素含量较高，如单独使用可提高收率 10%。

（2）生产过程质量控制　生产过程中浓缩工序的条件，对胰岛素收率影响很大。采用离心薄膜蒸发器，在第一次浓缩后，浓缩液用有机溶剂去脂，再进行第二次浓缩，被浓缩溶液

受热时间极短，可避免胰岛素效价的损失。

（3）产品性状　胰岛素为白色或类白色的结晶性粉末。

（4）产品纯度要求　在常规的结晶胰岛素中，纯度还是不够高，除了胰岛素主成分外，尚含有其他一些杂蛋白抗原成分，如胰岛素原、精氨酸胰岛素、脱酰胺胰岛素、胰多肽、胰高血糖素及肠血管活性肽等。美、英药典主要控制两个指标，即相对分子质量大于胰岛素的蛋白质和胰岛素原。我国常规生产的胰岛素结晶中胰岛素原含量约为 20000×10^{-6} ，而国外一般要求胰岛素原和脱酰胺胰岛素含量应为 10×10^{-6} 和 1000×10^{-6} 以下，因此还有一定差距。用超细 Sephadex G-50 凝胶过滤，可使结晶胰岛素进一步纯化。超细 Sephadex G-50 胰岛素纯化组分见图 11-4。

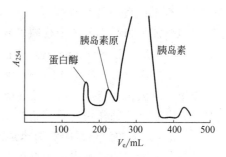

图 11-4　超细 Sephadex G-50 层析纯化的胰岛素组分

（5）胰岛素效价测定　各国药典规定有家兔血糖降低法和小鼠血糖降低法。规定产品每 1mg 效价不得少于 26U。

4. 胰岛素制剂

现有胰岛素制剂按其作用时间大致可分速效、中效、延效三种类型胰岛素。新剂型的研究有眼用膜剂、鼻腔给药的气雾剂、直肠用栓剂，以及口服的脂质体、微囊、乳剂等。

5. 酶促半合成人胰岛素

猪与人两种胰岛素的差别仅是 B30 位上，猪的 C 末端是丙氨酸，人的则是苏氨酸。经胰蛋白酶的转酰胺作用，将猪胰岛素转化为人胰岛素 B30 苏氨酸（丁酰基）丁酸，通过硅胶柱层析，然后用三氟乙酸处理，断裂保护基团，再用离子交换层析纯化，可得到高纯度人胰岛素。应用胰蛋白酶的专一性和它的转酰胺作用，还可制备胰岛素 B30 的类似物。

6. 重组 DNA 技术制造人胰岛素

人工合成人胰岛素基因克隆到大肠杆菌中，产生人胰岛素已产业化，1982 年，美、英等国批准产品投入市场，并载入药典，从此胰岛素的生产不再依赖动物胰脏提取。合成基因生产人胰岛素的流程见图 11-5。

人胰岛素的基因工程生产方式一般有两种。一种是分别在大肠杆菌中合成 A 链和 B 链，再在体外用化学方法连接两条肽链组成胰岛素。将编码胰岛素的 A 链、B 链基因分别克隆到质粒载体上。载有 A 链基因的质粒为 pIAI，其翻译产物为 β-半乳糖苷酶与胰岛素 A 链的融合蛋白；载有 B 链基因的质粒为 pIBI，其翻译产物是 β-半乳糖苷酶与胰岛素 B 链的融合蛋白。用溴化氰处理 A、B 链除去 β-半乳糖苷酶，然后用磺酸处理，就可以

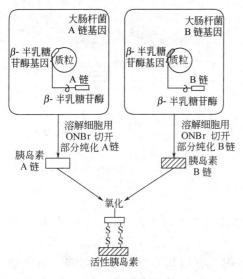

图 11-5　合成基因生产人胰岛素流程

得到完整的胰岛素。美国 Eli Lilly 公司采用该法生产的重组人胰岛素 Humulin 最早获准商品化。目前已有多种重组胰岛素上市。

另一种方法是用分泌型载体表达胰岛素原，再用酶法转化为人胰岛素。Novo Nordisk

研究所的 Brange 等应用蛋白质工程技术在胰岛素分子中取代一个氨基酸残基，防止单体二聚化，由此合成的新型胰岛素在药物浓度下基本上保持单体，注射后吸收速率比正常胰岛素快 2～3 倍。

另有报道将胰岛 B 链第 10 位的 His 变为 Asp，获得高活力胰岛素 B10Asp，其受体结合能力和离体生物活力分别为猪胰岛素的 262% 和 235%。

（四）生长素（growth hormone，GH）

人生长激素（hGH）对人肝细胞有增加核分裂的作用，对人红细胞有抑制葡萄糖利用的作用，对人白细胞或淋巴细胞有促进蛋白质及核酸合成的作用，有促进骨骼、肌肉、结缔组织和内脏增长的作用，对因垂体功能不全而引起的侏儒症有效。GH 在体内的半衰期约为 20～30min。动物生长素能够加速家禽生长，增加产量，在畜牧业领域也取得很好的应用前景。目前人和动物生长素基因都已在大肠杆菌中表达成功，产品已投放市场，年产值已超出 6.0 亿美元。不同种属的哺乳动物的生长激素之间有明显的种属特异性，只有灵长类的生长激素对人有活性。生长激素与催乳素的肽链氨基酸顺序约有近一半是相同的，因此，生长激素具有弱的催乳素活性，而催乳素也有弱的生长激素活性。

1. 结构和性质

人的生长激素是由一条 191 个氨基酸的多肽链所构成的蛋白质，分子中有两个二硫键，相对分子质量 21700，等电点 4.9（猪为 6.3），沉降系数 $S_{20,w}$ 2.179。用糜蛋白酶或胰蛋白酶处理生长激素使部分水解，活性并不丧失，可见生长激素的活性并不需要整个分子。经实验知道，N 端的 1～134 氨基酸段肽链为活性所必需，C 端的一段肽链可能起保护作用，使生长激素在血循环中不致被酶所破坏。人生长激素分子相当稳定，其活性在冰冻条件下可保持数年，在室温放置 48h 无变化。

2. 生产工艺

（1）工艺流程

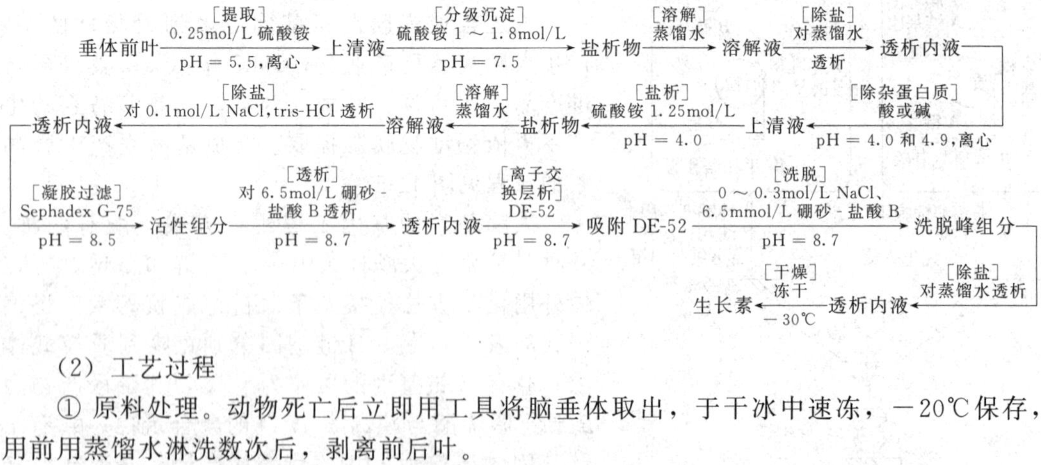

（2）工艺过程

① 原料处理。动物死亡后立即用工具将脑垂体取出，于干冰中速冻，-20℃ 保存，使用前用蒸馏水淋洗数次后，剥离前后叶。

② 提取。取动物垂体前叶，加水，在 pH=5.5 时，置组织捣碎机中成匀浆，以水抽提，10000r/min 离心 30min。取沉淀用 pH=4.0 的 0.1mol/L 硫酸铵溶液抽提，同上离心后取沉淀再用 pH=5.5 的 0.25mol/L 硫酸铵溶液抽提，离心，得抽提液。

③ 分级沉淀。抽提液于 pH=7.5 加饱和硫酸铵溶液至硫酸铵浓度为 1mol/L，离心后将沉淀弃去；上清液再加饱和硫酸铵溶液至 1.8mol/L，离心后得沉淀物。

④ 透析。沉淀物溶于少量蒸馏水中，对蒸馏水进行透析，得透析内液。

⑤ 等电点沉淀。将所得透析内液用盐酸或 NaOH 分别依次于 pH＝4.0 和 pH＝4.9 进行等电点沉淀，离心除去沉淀获取上清液。

⑥ 盐析。上清液于 pH＝4.0 加饱和硫酸铵溶液至 1.25mol/L 盐析、离心，得沉淀物。

⑦ 凝胶过滤。将沉淀物溶于少量蒸馏水中，对含 0.1mol/L 氯化钠的 tris-HCl（pH＝8.5）缓冲溶液进行透析。透析内液上 Sephades G-75 凝胶柱，用含 0.1mol/L 氯化钠的 50 mmol/L tris-HCl（pH＝8.5）缓冲溶液进行洗脱，分步收集，活性 GH 存在于第Ⅱ峰中。

⑧ DEAE-C（DE-50）层析。将活性峰部分对 6.5mmol/L 的硼砂-盐酸（pH＝8.7）缓冲溶液进行透析，透析内液上 DEAE-C（DE-52）柱，用含 0～0.3mol/L 氯化钠的 6.5mmol/L 硼砂-盐酸（pH＝8.0）缓冲溶液进行梯度洗脱，合并活性峰，脱盐，冻干得 GH。

3. 人生长激素（hGH）的研制

由于 hGH 的种属特异性很强，动物生长激素不能用于人，故以往 hGH 的惟一来源是从人尸体的脑垂体中取得。美国人脑垂体收集机构 1981 年收集 6600 个垂体，加工生产 650000IU hGH，可供 1500 名患儿使用。英国 1978 年生产的 hGH，仅够 800 名患儿用，而侏儒症患者在 100 万人口中即有 7～10 人。在欧洲一些国家，每 5000 个孩子中就有 1 人患侏儒症。因此 hGH 的原料来源限制了产量，无法满足临床需求。生物技术的介入使其现状得到了改变。

美国的 Genentech 公司采用枯草芽孢杆菌系统表达 hGH，产量达 1.5g/L，于 1985 年 10 月批准上市，商品名称为 Prptropin。1994 年 3 月又有新产品 Nutyopin 被批准上市。英国 CellhGH 多一个蛋氨酸，其治疗效果更为显著。我国用 E. coli 和哺乳动物细胞表达 hGH，已完成中试，开始进行临床试验。

4. 效价检验

GH 生物测定用鸽子嗉囊法及大白鼠尾骨法。

（五）白细胞介素-2 和白细胞介素

白细胞介素（interleukin，IL）是介导白细胞间相互作用的一类细胞因子，是淋巴因子家族的一员。目前已有 IL-1～18。许多白细胞介素不仅介导白细胞的相互作用，还参与其他细胞如造血干细胞、血管内皮细胞、纤维母细胞、神经细胞、成骨细胞和破骨细胞等的相互作用。目前对 IL-1～6 研究得较多，6 种 IL 的主要生物化学特性见表 11-10。

尽管目前已发现的 IL 很多，但美国 FDA 已批准上市的只有 Chiron 公司生产的 IL-2 用于治疗肾细胞瘤，其他的白细胞介素在国外已进入临床试验。目前国内用动物细胞培养和用大肠杆菌基因重组的 IL-2 都已批准生产，并用于临床。IL-3、IL-4 和 IL-6 等其他白细胞介素也正在研制中。

IL-2 是由辅助 T 细胞经抗原或丝裂原（如 ConA，PHA）等刺激，在巨噬细胞或单核细胞分泌的 IL-1 参与下，产生并分泌的糖蛋白。IL-2 能诱导 T 细胞增殖与分化，刺激 T 细胞分泌 γ-干扰素，增强杀伤细胞的活性，故在调整免疫功能上具有重要作用，临床用于治疗一些免疫功能不全以及癌症的综合治疗。IL-2 对创伤修复也有一定的作用。

1. IL-2 结构与性质

人 IL-2 的前体由 153 个氨基酸残基组成，在分泌出细胞时，其信号肽（含 20 个氨基酸残基）被切除，产生成熟的 IL-2 分子。其精确相对分子质量为 15420，不同来源的 IL-2 分子不均一，这种不均一性是由于糖组分的变化引起的。这种不均一性表现在分子大小和所带电荷上，其平均相对分子质量为 $(14～17)\times10^3$，pI 约为 7。在人 IL-2 的第 58 位、105 位、125 位是半胱氨酸（Cys）残基，其中第 58 位和第 105 位的两个半胱氨酸间形成分子内二硫键，

表 11-10　6 种白细胞介素的生物化学特性

项　目	IL-1α	IL-1β	IL-2	IL-3	IL-4	IL-5	IL-6
曾用名	LAF		TCGF	Multi-CSF	BCGF-1	TRF	BSF-2
产生的细胞	巨噬细胞、成纤维细胞	巨噬细胞、成纤维细胞	活化T细胞	活化T细胞	活化T细胞	活化T细胞	淋巴细胞、单核细胞、成纤维母细胞
来源	人 PBMC	人 PBMC	人扁桃体	WEHI-3B	EL-4	B151	TCL-Nal
比活/(U/mg)	1.2×10^7	2×10^7	1×10^7	2.5×10^4	1.9×10^4	9.6×10^4	1.7×10^7
分子质量/kDa (SDS-PAGF)	17.5	18	13～16	28	15	18	19～21
等电点 pI	5.2,504	7	7.0, 7.7, 8.5	4.5～8.0	6.3～6.7	4.7～4.9	—
化学组成	单链蛋白	单链蛋白	单链糖蛋白	单链糖蛋白	单链糖蛋白	单链糖蛋白	单链糖蛋白
单克隆抗体	+	+	+	—	+	+	+
检测方法	胸腺细胞增殖反应	肿瘤细胞抑制试验	IL-2 依赖性细胞株增殖反应	IL-3 依赖性细胞株增殖反应	抗 IgM 抗体活化 B 细胞增殖反应	小鼠脾脏 B 细胞特异 IgG 检测	B 细胞分泌 IgG、IgM检测
生物学活性	激活各种免疫细胞		促进 T、B 细胞增殖分化,诱导多种细胞毒性,抑制角质细胞生长	促进造血干细胞和 T 细胞增殖,促进肥大细胞和粒细胞增殖分化	促进 T、B 细胞增殖,调节 T 细胞和巨噬细胞功能	促进 B 细胞生长分化促进嗜酸粒细胞增殖分化	诱导 B 细胞增殖分化产生 Ig,并刺激多功能干细胞的增殖,提高 NK 细胞化学刺激造血细胞

注：PBMC—外周血单核细胞；WEHI-3B—小鼠白血病细胞株；EL-4—小鼠胸腺瘤细胞株；B151—小鼠 T 细胞杂交瘤株；TCL-Nal—正常人 T 细胞克隆株；LAF—淋巴细胞活化因子；TCGF—T 细胞生长因子；Multi-CSF—多功能集落刺激因子；BCGF-1—B 细胞分化因子；TRF—T 细胞代替因子；BSF-2—B 细胞刺激因子-2；+—有单克隆抗体；——无单克隆抗体。

这对 IL-2 保持其生物活性是必不可少的。第 125 位的 Cys 呈游离态,很不稳定,在某些情况下可与第 58 位或 105 位的巯基形成错配的二硫键,从而使 IL-2 失去活性。IL-2 的序列与小鼠有 50% 的同源性,与牛有 69% 的同源关系。

IL-2 在 pH＝2～9 范围内稳定,56℃加热 1h 仍具有活性,但 65℃ 30min 即丧失活性。在 4mol/L 尿素溶液中稳定,对 2-巯基乙醇还原作用不敏感。对各种蛋白酶均敏感,对 DNA 酶和 RNA 酶不敏感。

重组 IL-2 因细菌缺少翻译后的修饰功能都不是糖蛋白,相对分子质量为 14×10^3,pI 大部分为 7.7,少部分为 8.2。

应用蛋白质工程技术在 IL-2 中 125 位 Cys 分别由 Ser 或 Ala 取代,可制成生物活性、热稳定性和复性效果都比原 IL-2 强的新型 IL-2（125SerIL-2 和 125AlaIL-2）,现已获准临床应用。

2. IL-2 的传统制备工艺

（1）工艺流程

人白细胞粉 —[启动诱生] 鸡瘟病毒,PHA,培养液 37℃→ 诱生白细胞培养液 —[灭活病毒,分离] HCl, NaOH pH＝2～2.5,pH＝7.2～7.4,离心→ 上清液 —35% 硫酸铵 4℃,24h,离心→ 上清液 —85% 硫酸铵 4℃,24h,离心→ 沉淀 —10mmol/L PBS 透析 pH＝6.5,24h→ 透析内液 —[亲和层析] 上 Sepharose 4B 柱 pH＝6.5→ 亲和载体 I —[洗涤] 0.4mol/L NaCl,PBS pH＝6.5→ 亲和载体 II —[吸收] 1.0mol/L NaCl,PBS 透析 pH＝6.5→ IL-2 组分 —[凝胶层析] 上 Utrogel 柱 pH＝6.5→ 凝胶载体 —0.2mol/L tris-HCl 含 0.1% PEG, 2% 正丁醇,0.2mol/L 甘氨酸 pH＝7.6→ IL-2

（2）工艺过程及控制要点

① 诱生。用鸡瘟病毒和 PHA 联合刺激人外周血白细胞，37℃培养。

② 病毒灭活和固液分离。用 6mol/L HCl 调节 pH＝2.0～2.5，再用 6mol/L NaOH 调回到 pH＝7.2～7.4，离心除去变性杂蛋白。

③ 硫酸铵分级沉淀。取上述离心后的培养上清液，加饱和硫酸铵至 35％饱和度，4℃静置 4h，离心弃去沉淀。上清液补加固体硫酸铵至 85％饱和度，4℃静置 24h，离心，收集沉淀。

④ 除盐。将沉淀溶于 10mmol/L PBS 中（内含 2％正丁醇和 0.15mol/L NaCl），pH＝6.5。对 10mmol/L PBS（pH＝6.5）透析 24h（更换 5 次透析外液）。

⑤ 蓝色琼脂糖层析。将上述透析内液通过 Sepharose 4B 层析柱，用 200mL 起始 PBS 洗去不吸附的蛋白，再用含 0.4mol/L NaCl 的 PBS 洗涤亲和柱，最后用含 1.0mol/L NaCl 的 PBS 解吸 IL-2 活性组分。

⑥ 凝胶层析。将解吸的 IL-2 活性组分经 PEG（M_w＝6000）浓缩，再上 ACA44 Ultrogel层析柱。用含 0.1％PEG、2％正丁醇和 pH＝7.6 的 0.5mol/L 甘氨酸的 0.2mol/L tris-HCl 洗脱，得 IL-2。

3. 质量检验

IL-2 生物活性测定用[3]H-TdR 掺入法。方法是：取小鼠脾淋巴细胞经 ConA 及 rIL-2（或 20％大鼠因子）处理后得 IL-2 的靶细胞（CTC）。测定时，将靶细胞配成 1×10^6 个/mL，取 100μL 加到 96 孔细胞培养板中，再加入 100μL 不同稀释度的样品，置 CO_2 培养箱（37℃）培养 24h，于结束前 6h 每孔加入 0.5μCi（1Ci＝37GBq）[3]H-TdR。培养结束后，收集细胞，检测掺入细胞的同位素量，同时做标准对照。通过比较待测样品和已标定活性单位的标准品 IL-2 两者之间 CTC 的增殖能力来确定活性单位。其他如 BA-ELISA 法、活细胞计算法也在实践中应用。pH 值、灭菌试验、安全试验、毒性试验应符合要求。

4. 基因工程 IL-2 的制备

（1）IL-2 基因结构　人 IL-2 基因只有一个拷贝，定位于第 4 号染色体长臂的 26～28 区（q26～18）。IL-2 基因大约有 4930bp，由 4 个外显子和 3 个内含子组成（图 11-6），3 个内含子依次为 91bp、2292bp 和 1346bp。外显子 1 含 5′端非翻译区并编码 IL-2 起始的 49 个氨基酸，其中前 20 个为信号肽；外显子 2 长 60bp，编码 20 个氨基酸；外显子 3 长 144bp，编码 48 个氨基酸；外显子 4 编码其余的 36 个氨基酸，随后是终止密码子 TGA；poly A 信号在终止密码子后的 26 位核苷酸处。IL-2 基因的表达主要受转录水平的调控。在 IL-2 基因 5′端上游有典型的启动子和增强子序列。TATAAA 序列（TATA 盒）在翻译起始部位上游 77bp 处，转录起点在距起始部位 53bp 处。

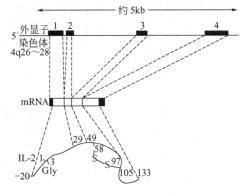

图 11-6　人 IL-2 基因结构、IL-2mRNA 和 IL-2 分子

（2）IL-2cDNA 克隆的制备　从 ConA 激活的 Jurkat-Ⅲ细胞（人白血病 T 细胞株）提取高活性 IL-2 mRNA 作为模板，逆转录单链 cDNA，经末端脱氧核苷酸转移酶催化，在 cDNA 末端连接若干 dCMP 残基，再以寡聚（dG）12～18 为引物，利用 DNA 聚合酶Ⅰ成双链 cDNA，经蔗糖密度梯度离心法分离出此 cDNA 片段。通过 G-C 加尾法将此 cDNA 片段插入到 pBR322 质粒的 Pst Ⅰ位点，用重组质粒转化

大肠杆菌 K12 株 X1776，得到 IL-2 cDNA 文库。利用 mRNA 杂交试验筛选 IL-2 cDNA 文库得到含 IL-2 cDNA 质粒的菌株。

（3）IL-2 的表达和纯化　利用大肠杆菌、酵母和哺乳动物细胞已成功表达了重组人 IL-2，不过大量生产重组 IL-2 主要是使用大肠杆菌。

IL-2 基因工程菌经发酵培养和诱导表达，收集裂解菌体，离心沉淀收集包涵体。包涵体主要含由 IL-2 单体分子聚合而成的多聚体，不溶于水，且其中的重组 IL-2 无生物活性。重组 IL-2 可用 6mol/L 盐酸胍或 8mol/L 尿素使包涵体变性解聚成单分子（变性后的还原型 IL-2 分子仍无生物学活性），再利用空气氧化或用 1.5mol/L 还原型谷胱甘肽（GSH）复性，恢复 IL-2 二硫键和正常分子结构，获得生物学活性。

重组 IL-2 的进一步纯化有如下几种方法：①利用 IL-2 的疏水性，经超滤浓缩后利用反相高效液相层析（RP-HPLC）和较高浓度的乙腈（60%）的流动相进行梯度洗脱，可得到高纯度的 IL-2；②通过受体亲和层析一步纯化，可得到纯度为 95% 以上的 IL-2；③用 7mol/L 尿素溶解 IL-2 包涵体得到上清液，上清液经过 Sephadex G-100 凝胶过滤和 W650 蛋白质纯化系统 DEAE 离子交换层析，最终得到均一的 IL-2，纯度高达 98%，比活性达 4.3×10^6 U/mg 蛋白，回收率为 30.8%。

下面以虞建良等（1995 年）获得的高产工程菌株和纯化方法为例讨论其工艺过程如下。

① pLY-4 表达质粒的构建。用 Bgl II 从质粒 pLR-I 中切出含温控阻遏蛋白基因 Clts857 和 P_R 启动子的 2392kb 片段，再用 Pst I 从此片段中切除一部分不必要的序列，得到 Bgl II-Pst I 片段，这个片段完全保留了原来的功能，构建载体相对分子质量小，表达效率高，且能定向重组；用 Bgl II-Sca I 双酶切 IL-2 表达质粒 pLY-M，切出含 P_L 启动子、IL-2 cDNA 基因、t_1 t_2 终止子及 Amp^r 基因部分序列的片段；再用 Sca I-Pst I 双酶切 pUC19 质粒，切出含 Amp^r 基因其余部分序列的片段及 ori 序列的片段。将上述三个片段连接，产生 IL-2 高效表达质粒 pLY-4（图 11-7），全长 4.415kb。用它转化大肠杆菌 JF1128 或 K802 得到高产

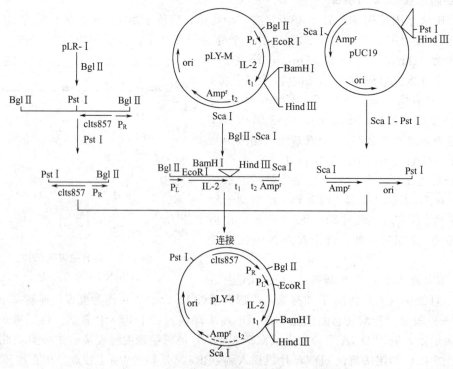

图 11-7　IL-2 高效表达质粒 pLY-4 的构建

工程菌株，其 IL-2 表达量占菌体总蛋白的 30%～40%。

② IL-2 的分离纯化

a. 包涵体的制备。工程菌经发酵培养、诱导表达后，离心收集菌体，悬浮于 PBS 溶液中，超声破碎，离心沉淀，用 PBS 洗 3 次，尽量去除杂蛋白及核酸，离心粗制包涵体，其中 IL-2 含量可达包涵体总量的 80% 以上。再用含 0.1mol/L 醋酸铵和 1% SDS 的溶液（pH＝7.0）溶解包涵体，离心，取上清，进行凝胶过滤层析。

b. 凝胶过滤层析。将 Sephacryl S-200 柱用含 0.1mol/L 醋酸铵、1% SDS 和 2mmol/L 巯基乙醇的缓冲液（pH＝7.0）平衡过夜。上柱后，用同一平衡液洗脱，收集 IL-2 活性峰组分。再用醋酸铵 pH＝7.0 缓冲液、2μmol/L 硫酸铜复性，得到 IL-2 纯品，纯度高于 96%，回收率约为 50%。经鉴定，各项质量指标均符合标准，比活性超过 1.7×10^7 U/mg 蛋白。

第十二章

核酸类药物

第一节　概　　述

一、基本概念

核酸（RNA、DNA）是由许多核苷酸以 $3',5'$-磷酸二酯键连接而成的大分子化合物。在生物的遗传、变异、生长发育以及蛋白质合成等方面起着重要作用。核苷酸是核酸的基本结构，核苷酸又由碱基、戊糖和磷酸三部分组成，碱基与戊糖组成的单元叫核苷。生物体内核酸代谢与核苷酸代谢密切相关。因而核酸类药物包括：核酸、核苷酸、核苷、碱基及其衍生物（见表 12-1）。

表 12-1　主要核酸类药物及用途

名　称	治疗范围
核糖核酸（RNA）	口服用于精神迟缓、记忆衰退、动脉硬化性痴呆治疗；静脉注射用于刺激造血和促进白细胞生成，治疗慢性肝炎、肝硬化、初期癌症
脱氧核糖核酸（DNA）	有抗放射性作用，能改善机体虚弱疲劳；与细胞毒药物合用，能提高细胞毒药物对癌细胞的选择性作用；与红霉素合用，能降低其毒性，提高抗癌疗效
免疫核糖核酸（iRNA）	推动正常的 RNA 分子在基因水平上通过对癌细胞 DNA 分子进行诱导，或通过反转录酶系统促使癌细胞发生逆分化，如可用于肝炎治疗的抗乙肝 iRNA、治疗肺癌的抗肺癌 iRNA
转移因子（TF）	相对分子质量较小，含有多核苷酸、多肽化合物，$M_r<10000$；它只传递细胞免疫信息，无体液免疫作用，不致促进肿瘤生长，治疗恶性肿瘤比较安全；亦可用于治疗肝炎等
聚肌胞苷酸（聚肌胞）（poly I：C）	干扰素诱导物，具有广谱抗病毒作用；用化学合成、酶促合成结合方法生产
腺苷三磷酸（ATP）	用于心力衰竭、心肌炎、心肌梗死、脑动脉和冠状动脉硬化、急性脊髓灰质炎、肌肉萎缩、慢性肝炎等
核酸-氨基酸混合物	用于气管炎、神经衰弱等
辅酶 A（CoA）	用于动脉硬化、白细胞、血小板减少、肝、肾病等
脱氧核苷酸钠	用于放疗、化疗引起急性白细胞减少症
腺苷一磷酸（AMP）	有周围血管扩张作用、降压作用；用于静脉曲张性溃疡等
鸟苷三磷酸（GTP）	用于慢性肝炎、进行性肌肉萎缩等症
辅酶 I（NAD）	用于白细胞减少及冠状动脉硬化
辅酶 II（NADP）	促进体内物质的生物氧化

核酸类药物可分为两大类。

第一类为具有天然结构的核酸类物质，这些物质都是生物体合成的原料，或是蛋白质、脂肪、糖等生物合成、降解以及能量代谢的辅酶。机体缺乏这类物质会使生物体代谢造成障碍，发生疾病。提供这类药物，有助于改善机体的物质代谢和能量代谢平衡，加速受损组织的修复，促使机体恢复正常生理机能。临床已广泛使用于血小板减少症、白细胞减少症、急慢性肝炎、心血管疾病、肌肉萎缩等代谢障碍性疾病。属于这一类的核酸类药物有肌苷、ATP、辅酶 A、脱氧核苷酸、肌苷酸、鸟三磷（GTP）、胞三磷（CTP）、尿三磷（UTP）、腺嘌呤、腺苷、$5'$-核苷酸混合物、$2',3'$-核苷酸混合物、辅酶 I、辅酶 A 等。这些药物多数是生物体自身能够合成的物质，它们基本上都可以经微生物发酵或从生物资源中提取生产。

随着近代分子生物学的发展，人们对于核酸类物质在调控机体生理平衡作用的认识加深、对微生物发酵生产核苷和核苷酸代谢调控机制的研究深入，核酸类药物的发酵生产将会得到迅速发展。

第二类为自然结构碱基、核苷、核苷酸结构类似物或聚合物，这类核酸类药物是当今治疗病毒、肿瘤、艾滋病的重要药物，也是产生干扰素、免疫抑制剂的临床药物。这类药物大部分由自然结构的核酸类物质通过半合成生产。临床上用于抗病毒的这类药物有三氟代胸苷、叠氮胸苷等8种，其结构见图12-1。此外还有氮杂鸟嘌呤、巯嘌呤、氟胞嘧啶、肌苷二醛、聚肌胞、阿糖胞苷等都已用于临床。

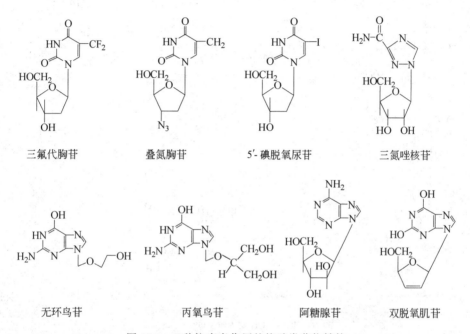

| 三氟代胸苷 | 叠氮胸苷 | 5′-碘脱氧尿苷 | 三氮唑核苷 |

| 无环鸟苷 | 丙氧鸟苷 | 阿糖腺苷 | 双脱氧肌苷 |

图 12-1　8 种抗病毒作用的核酸类药物结构

二、核酸类药物的生产方法

核酸类药物的生产方法主要有酶解法、半合成法、直接发酵法。

（1）酶解法　酶解法是先用糖质原料、亚硫酸纸浆废液或其他原料发酵生产酵母，再从酵母菌体中提取核糖核酸（RNA），提取出的核糖核酸经过青霉菌属或链霉菌属等微生物产生的酶进行酶解，制成各种核苷酸。

（2）半合成法　半合成法即微生物发酵和化学合成并用的方法。例如由发酵法先制成5-氨基-4-甲酰胺咪唑核苷（AICAR），再用化学合成制成鸟苷。又如用发酵法先制成肌苷，再利用微生物的或化学的磷酸化作用，使肌苷转变为肌苷酸。

（3）直接发酵法　直接发酵法是根据生产菌的特点，采用营养缺陷型菌株或营养缺陷型兼结构类似物抗性菌株，通过控制适当的发酵条件，打破菌体对核酸类物质的代谢调节控制，使之发酵生产大量的目的核苷或核苷酸。例如用产氨短杆菌腺嘌呤缺陷型突变株直接发酵生产肌苷酸。

以上 3 种生产方法各有优点。用酶解法可同时得到腺苷酸和鸟苷酸，如果其副产物尿苷酸和胞苷酸能被开发利用，其生产成本可以进一步降低。发酵法生产腺苷酸和鸟苷酸的工艺正在不断改良，随着核苷酸的代谢控制及细胞膜的渗透性等方面研究的进展，其发酵产率可

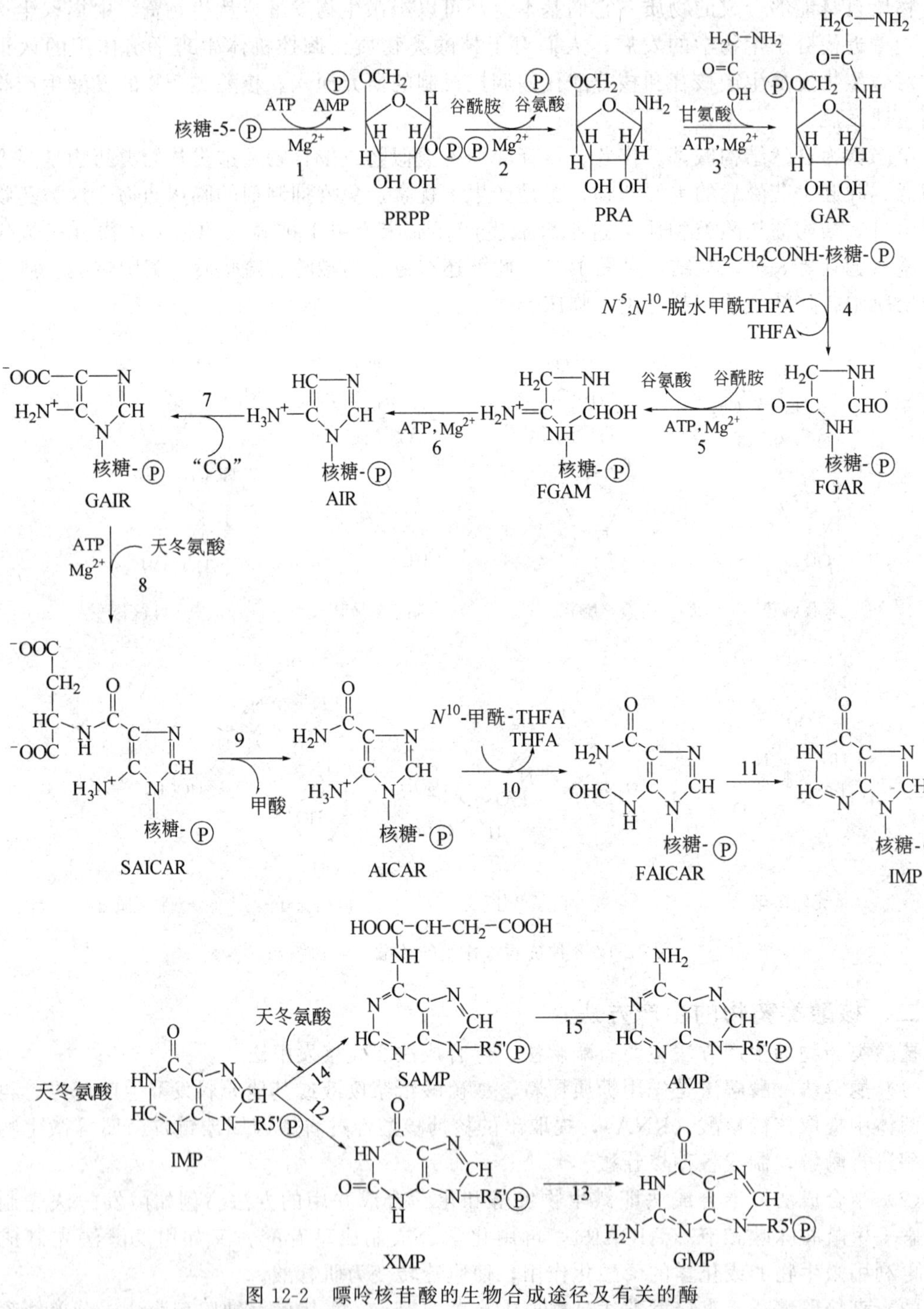

图 12-2　嘌呤核苷酸的生物合成途径及有关的酶

1—焦磷酸转移酶（核糖焦磷酸化酶）[pyrophosphotransferase（ribopyrop hosphorylase）]；2—磷酸核糖基转移酶（phosphoribosyltransferase）；3—苷氨酸连接酶（giycine ligase）；4—甲酰基转移酶（formyl transferase）；5—L-谷酰胺-酰胺连接酶（L-glutamine-amide ligase）；6—酰胺-环-连接酶（amido-cyclo-ligase）；7—羧酶（脱羧酶）[carboxylase（decarboxylase）]；8—L-天冬氨酸盐连接酶（L-aspartate ligase）；9—氨基咪唑裂解酶（aminoimidazole lyase）；10—甲酰基转移酶（formyl transferase）；11—水解酶（hydrolase）；12—氧化还原酶（IMP 脱氢酶）[oxidoreductase（IMP dehydrogenase）]；13—L-谷酰胺-酰胺连接酶（L-glutamine-amide ligase）；14—L-天冬氨酸盐连接酶（L-aspartate ligase）；15—SAMP 裂解酶（SAMP lyase）

望得到提高。半合成法可以避开反馈调节控制，获得较高的产量。近年来发展起来的化学-酶合成法，大大提高了收率，降低了成本。

三、核苷酸的生物合成及其代谢调节

单核苷酸的合成可以通过两条完全不同的途径来完成：一是以 5-磷酸核糖为初始物质的全生物合成途径；二是从环境中取得完整的碱基（嘌呤或嘧啶）、戊糖和磷酸，通过酶的作用直接合成（组装）单核苷酸，此途径称为补救途径。在发酵生产中，补救途径同样具有重要的功能。

（一）嘌呤核苷酸的生物合成途径

1. 嘌呤核苷酸的生物合成途径

嘌呤核苷酸的生物合成途径及有关的酶如图 12-2 所示，该图表示从磷酸核糖开始，和谷氨酰胺、甘氨酸、CO_2、天冬氨酸等代谢物逐步结合，最后环闭合形成肌苷酸（IMP 以及从 IMP 转化为 AMP 及 GMP）的过程。

2. 嘌呤、核苷酸生物合成系的突变株

嘌呤核苷酸生物合成突变株的分类如图 12-3 所示。

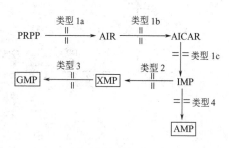

图 12-3　嘌呤核苷酸生物
合成突变株的分类

类型 1 的突变株称为非精确型嘌呤缺陷型突变株，该类型突变株虽然丧失了合成 IMP 的能力，却仍保持 AMP 与 GMP 相互转换的能力，能通过添加腺嘌呤、鸟嘌呤、黄嘌呤或次黄嘌呤而增殖。这种类型突变株可按其丧失 IMP 合成途径中必要酶的位置分成三类。

1a：要求嘌呤类、前体物和维生素 B_1。

1b：要求嘌呤类和 AICAR，积累 AIR（5-氨基咪唑核苷酸）。

1c：不要求 AICAR，积累 AICAR 或其核苷。即是阻断 AICAR→5′-IMP 的突变株。

类型 2 的突变株是丧失 IMP 脱氢酶的突变株，其生长要求黄嘌呤或鸟嘌呤。

类型 3 的突变株是丧失黄苷酸（XMP）氧化酶的突变株，生长要求鸟嘌呤，可在培养基中积累黄苷或黄苷酸。

类型 2、类型 3 的突变株能合成 AMP，但不能合成 GMP。

类型 4 的突变株保持合成 GMP 的能力，却不能合成 AMP，其生长专一性地要求腺嘌呤。在该类型突变株中，丧失 SAMP 合成酶的突变株，积累肌苷；而丧失 SAMP 裂解酶的突变株，积累 SAICAR。因为 SAMP 裂解酶是双功能酶，催化 SAMP→AMP，又催化 SA-ICAR→AICAR。

（二）嘧啶核苷酸的生物合成途径

嘧啶核苷酸的生物合成如图 12-4 所示。先由 NH_3、CO_2 和 ATP 生成氨甲酰磷酸，氨甲酰磷酸与天冬氨酸相结合，生成氨甲酰天冬氨酸，此酸闭环生成二氢乳清酸，形成嘧啶环。乳清酸与 PRPP 反应生成乳清核苷-5′-磷酸，再经脱羧后生成 5′-UMP，5′-UMP 磷酸化后生成 5-UTP，5′-UTP 再按下式转变为 5′-CTP：

$$5'\text{-}UTP + NH_3 + ATP \longrightarrow 5'\text{-}CTP + ADP + Pi$$

在嘧啶核苷酸的生物合成中，主要的调节部位是天冬氨酸转氨基甲酰酶。该酶是变构酶，CTP 对此酶有强烈的抑制作用，UMP、UDP、UTP 对其也有抑制作用，ATP 则对此酶有激活作用，因此 ATP 的存在可拮抗 CTP 的抑制作用。

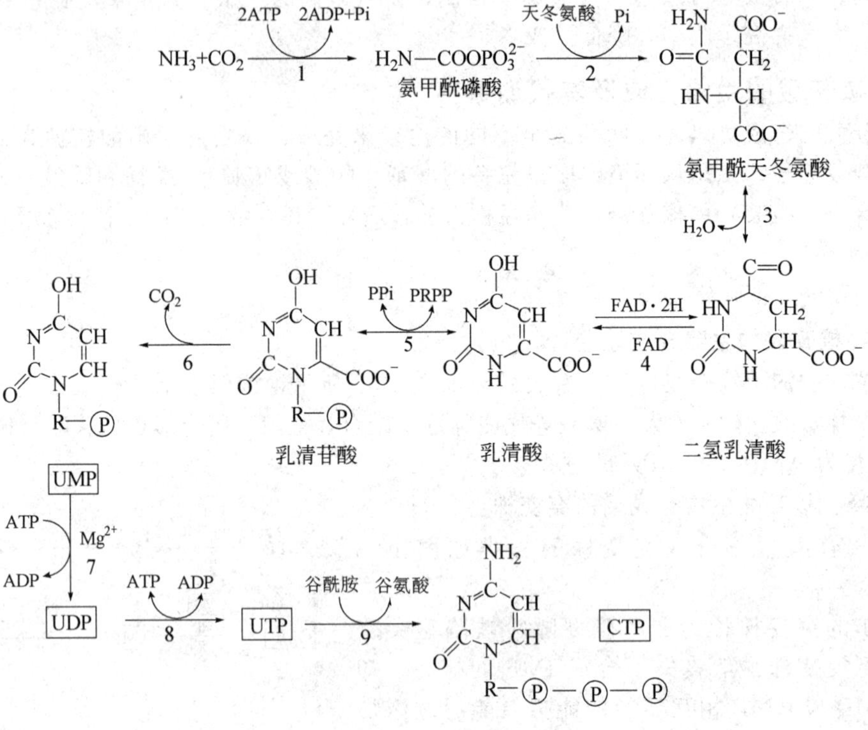

图 12-4　嘧啶核苷酸的生物合成途径

1—氨甲酰磷酸合成酶；2—天冬氨酸转氨基甲酰酶；3—二氢乳清酸酶；4—二氢乳清酸脱氢酶；

5—乳清酸转磷酸核糖酶；6—乳清苷酸脱羧酶；7——磷酸核苷激酶；8—二磷酸核苷激酶；9—胞苷酸合成酶

（三）核苷酸合成的补救途径

微生物可从培养基中摄取完整的嘌呤或嘧啶、戊糖和磷酸，通过酶的作用直接合成单核苷酸。当全生物合成途径受阻时，微生物可通过此途径来合成核苷酸，所以称之为补救途径。嘌呤碱基、核苷和核苷酸之间还能通过补救途径互相转变，如图 12-5 所示。

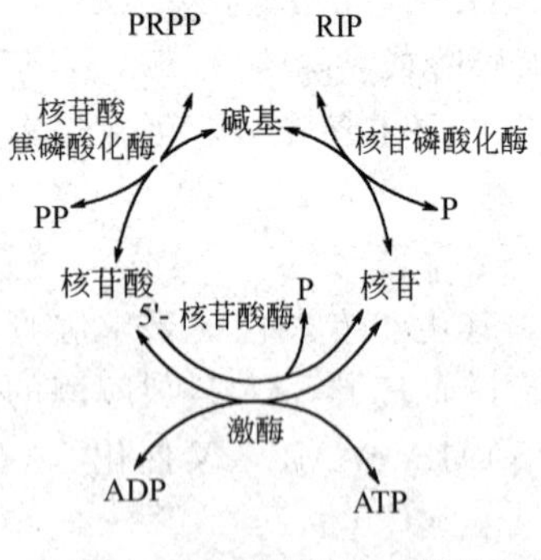

图 12-5　嘌呤碱基、核苷和
核苷酸相互转换机制示意

补救途径涉及如下的酶反应：

① 核苷酸磷酸化酶催化的反应：

$$碱基 + 核糖\text{-}1\text{-}磷酸 \rightleftharpoons 核苷酸 + Pi$$

② 核苷酸焦磷酸化酶催化的反应：

$$碱基 + PRPP 5' \rightleftharpoons 苷酸 + 焦磷酸$$

③ 核苷酸磷酸激酶催化的反应：

$$核苷 + ATP 5' \rightleftharpoons 核苷酸 + ADP$$

其中最重要的是核苷酸焦磷酸化酶所催化的反应，由 5-磷酸核糖焦磷酸激酶（E_1）和核苷酸焦磷酸化酶（E_2）分别催化两步化学反应，可以将次黄嘌呤、鸟嘌呤或腺嘌呤等嘌呤碱基与 5-磷酸核糖、ATP 等物质反应生成各自相应的嘌呤核苷酸 IMP、GMP 或 AMP。反应过程如下：

$$5\text{-}磷酸核糖 + ATP \xrightarrow[]{Mg^{2+}, \ E_1} PRPP + AMP$$

$$嘌呤碱基 + PRPP \xrightarrow[HPO_4^{2-}]{Mg^{2+}, \ E_2} 5'\text{-}嘌呤核苷酸 + PPi$$

总的反应可表示为：

$$5\text{-磷酸核糖}+\text{ATP}+\text{嘌呤碱基} \xrightarrow[\text{HPO}_4^{2-}]{\text{Mg}^{2+},\ E_1,\ E_2} 5'\text{-嘌呤核苷酸}+\text{AMP}+\text{PPi}$$

PRPP（5-磷酸核糖焦磷酸）在反应中是活性中间体。

将微生物在添加了核酸碱基或其衍生物的培养基中培养，利用微生物的补救途径来生产相应的核苷酸的方法，有的已为工业生产所采用。

（四）嘌呤核苷酸生物合成的代谢控制

1. 肌苷酸生物合成的代谢控制

IMP 生物合成途径的第一个关键酶为 PRPP 转酰胺酶，该酶可被 AMP 或 GMP 反馈调节，GMP 和 AMP 对该酶的反馈抑制有协同作用，是相乘性的效果。IMP 脱氢酶和 SAMP 合成酶分别是 GMP、AMP 合成途径的第一个酶，可分别受到 GMP、AMP 的反馈抑制。图 12-6 表示 IMP 生物合成中的代谢控制。

2. 嘌呤核苷酸互变的代谢控制

图 12-7 表示嘌呤核苷酸互变的代谢控制。如图所示，以 IMP 为中心形成两个循环，各反应实际上是不可逆的。如果没有严密的调节机制，IMP→XMP→GMP→IMP 的反应，除伴随 XMP 的氨基化会损失 ATP 外，不带来什么结果，而在 IMP→SAMP→AMP→IMP 的反应中，也只是因 AMP 的脱氨造成能量损失。为了避免无效的能量损失和防止某种代谢物过多的积累，嘌呤核苷酸的互变受到下列代谢调节机制控制，即：GMP 反馈抑制和阻遏 IMP 脱氢酶，ATP 反馈抑制 GMP 还原酶；同样地，AMP 抑制 SAMP 合成酶，GTP 抑制 AMP 脱氨酶。并且，GTP 是 SAMP→AMP 反应的供能体，ATP 是 XMP→GMP 反应的供能体。这样，如果细胞中的 GMP 水平过高时，从 IMP 开始的代谢流就会转向合成 AMP 方面；反之，若细胞中的 AMP 水平过高时，从 IMP 开始的代谢流就会转向合成 GMP 方面。另一方面，核苷酸的代谢也与组氨酸的生物合成有关。AICAR→IMP→AMP→ATP→AICAR 形成一个循环，循环中的 PRATP 也可经咪唑甘油磷酸生成组氨酸。该循环中，ATP→PRATP 的反应受组氨酸的抑制，如果培养基中有过量的组氨酸，AMP 就不再走 AMP→ATP→PRATP→AICAR→IMP 的途径。

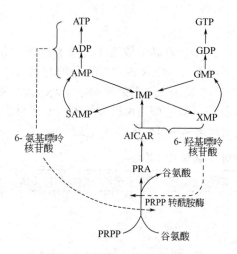

图 12-6　IMP 合成系的代谢控制机制
----抑制

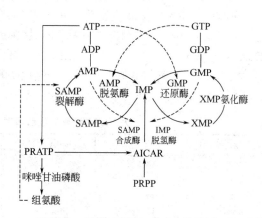

图 12-7　嘌呤核苷酸互变的代谢控制机制
----抑制

第二节　主要核酸类药物的生产

一、RNA 与 DNA 的提取与制备

（一）RNA 及其工业来源

制备核酸的丰富资源是微生物，通常 RNA 在细菌中，占 5％～25％，在酵母中占 2.7％～15％，在霉菌中占 0.7％～28％，面包酵母含 RNA 4.1％～7.2％。所以从微生物中提取 RNA 是工业上最实际有效的方法。工业生产主要是培养酵母菌体，提取 RNA。培养酵母菌体提取 RNA，收率较高，且提取容易。RNA 是工业上生产 5′-核苷酸的主要原料。

1. 高产 RNA 菌株的筛选

自然界许多种微生物都能产生 RNA，含量高的酵母菌株可以从自然界筛选，也可用诱变育种的方法提高酵母菌的 RNA 含量，常用的诱变剂有亚硝基胍、紫外线等。不同菌种（株）的代谢机制不同，其 RNA 含量不同。用 5％三氯乙酸，100℃水解适量菌体 15min，然后用光谱法测定其中嘌呤、嘧啶碱基总值，并以此可计算出 RNA 含量。表 12-2 为一些发酵生产用菌株的 RNA 含量。表 12-3 为一些产抗生素菌体中的 RNA 含量。

表 12-2　一些发酵用菌株的 RNA 含量

菌 体	含水量	RNA/(g/100g 干菌)	菌 体	含水量	RNA/(g/100g 干菌)
甾体霉菌	80％	6.96	赖氨酸菌	75％	6.8
柠檬酸菌	80％	1.5	面包酵母	77％	8.9

表 12-3　一些产抗生素菌株的 RNA 含量

菌 体	含水量	RNA/(g/100g 干菌)	菌 体	含水量	RNA/(g/100g 干菌)
产氨短杆菌	67％	6.7	抑扬霉素	87％	3.1
红霉素	82％	4.3	白地霉	80％	7.4
青霉素	82％	4.7			

在高含量 RNA 的菌株中，经较系统的筛选发现，解脂假丝酵母和清酒酵母属 RNA 含量普遍较高。如中科院有机化学研究所用亚硝基胍诱变热带假丝酵母，得到一组诱变菌，其 RNA 含量达 14％。

2. 影响 RNA 产量的因素

在菌体内 RNA 含量的变化受培养基组成的影响，其中关键是铵离子浓度和磷酸盐浓度。Ag-ata 报道了他们测定 500 株酵母菌在最佳培养条件下 RNA 的含量：发酵培养 18h，RNA 含量 3.5％～9.2％，培养 42h 含 2.3％～5.8％，很显然在许多酵母中，早期细胞中的 RNA 含量高，其确切数值取决于碳、氮比例和培养基组成等。如当用醋酸培养假丝酵母时，在培养基中加入 10％～50％的葡萄糖，可较显著地提高菌体 RNA 含量（表 12-4）。

表 12-4　培养假丝酵母时，加糖对 RNA 含量的影响

糖比率	菌体收率	RNA 含量	糖比率	菌体收率	RNA 含量
0	38.5％	11.1％	60％	44.4％	14.1％
10％	42.7％	13.0％	90％	48.5％	14.3％
40％	43.6％	13.7％	100％	49.0％	14.0％
50％	45.0％	14.6％			

不同碳源也会影响同一菌体中 RNA 的含量。如日本的秋山峻一将一株解脂假丝酵母经亚硝

基胍（NTG）处理获得一株对氯化钾敏感的变异株，用不同碳源进行发酵，其菌体含量有较大差异，用醋酸为碳源，菌体 RNA 含量可高达 17.8%，见表 12-5。

表 12-5 氯化钾敏感菌株不同碳源菌体的 RNA 含量

碳源含量	培养时间/h	干菌重/(g/L)	RNA 含量	培养时间/h	干菌重/(g/L)	RNA 含量
甘油(2%)	16	10	10%	18	9.1	17.4%
乙醇(1%)	16	6.7	9.6%	18	6.3	17.0%
醋酸(1%)	18	4.6	9.3%	20	4.4	17.8%
大豆油(2%)	20	18.6	8.0%	22	16.3	15.0%
石蜡(2%)	20	21.0	9.1%	22	18.1	17.5%

另外，还可用工业废水培养酵母，不仅可减少公害，而且节约培养酵母发酵所用粮食。一般味精生产废水含有还原糖 0.7%、总糖 2%、总氮 0.2%、总磷 0.5%、无机盐 0.1%～0.2%，这些成分基本上可供酵母所用，如使用高含量 RNA 酵母在味精废液中驯化培养，发酵 24h 菌体收率可达 1%～1.5%（质量体积分数），RNA 含量 8%～10%。酵母发酵的最适温度 30℃，最适 pH=4.5。

3. RNA 提取（以酵母提取 RNA 为例）

取 100g 压榨啤酒酵母（含水 70%），加入 0.13% NaOH 230mL，20℃缓慢搅拌 30min。用 6mol/L HCl 调至 pH=7，搅拌 15min，离心，得清液 255mL。冷至 10℃以下，6mol/L HCl 调 pH=2.5，冷置过夜，离心得 RNA 1.8g。发酵生产高 RNA 含量酵母及 RNA 提取工艺流程见图 12-8。

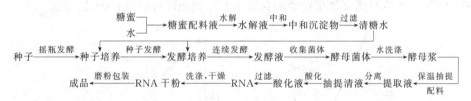

图 12-8 发酵法生产高含量 RNA 及其 RNA 提取工艺流程

（二）DNA 的提取与制备

1. 工业用 DNA 的提取

取新鲜冷冻鱼精 20kg，用绞肉机粉碎成浆状，加入等体积水，搅拌均匀，倾入反应锅内，缓慢搅拌，升温至 100℃，保温 15min，迅速冷却至 20～25℃，离心除去鱼精蛋白等沉淀物，获得 35L 含热变性 DNA 的溶液，经精确测定 DNA 含量后直接可用于酶法降解生产脱氧核苷酸。如要制成固体状 DNA，在热变性 DNA 溶液中逐渐加入等体积 95%乙醇，离心可获得纤维状 DNA，沉淀用乙醇、丙酮洗涤，减压低温干燥得 DNA 粗品，产品含 50%～60%热变性 DNA。

2. 具有生物活性 DNA 的制备

动物内脏（肝、脾、胸腺）加 4 倍量生理盐水经组织捣碎机捣碎 1min，匀浆于 2500r/min 离心 30min，沉淀用同样体积的生理盐水洗涤 3 次，每次洗后离心，将沉淀悬浮于 20倍量的冷生理盐水中，再捣碎 3min；加入 2 倍量 5%的十二烷基磺酸钠（用 45%乙醇作溶剂），并搅拌 2～3h，在 0℃，2500r/min 离心，在上层液中加入等体积的冷 95%乙醇，离心即可得到纤维状 DNA，再用冷乙醇和丙酮洗涤，减压低温干燥得粗品 DNA。粗品 DNA 溶于适量蒸馏水，加入 5%的十二烷基磺酸钠（用 45%乙醇作溶剂）达 1/10 体积，搅拌 1h，经 5000r/min 离心 1h，清液中加入 NaCl 达 1mol/L，再缓慢加入冷 95%乙醇，DNA 析出，经乙醇、丙酮洗涤，真空干燥得具有生物活性的 DNA。活性 DNA 制备需在 0～3℃下操作完成。

二、三磷酸腺苷的制备

三磷酸腺苷（ATP）是重要的医药品。它的生产方法是以 AMP 为原料，经过磷酸化作用，生成 ATP。也有一些报道以腺嘌呤为前体，用发酵法直接生产 ATP。

1. 以嘌呤为前体生产 ATP 的工艺流程及控制要点

$$腺嘌呤前体 \xrightarrow[\text{发酵}]{\text{枯草杆菌 160}(Sm^r+try^-+pur^-)} 腺苷 \xrightarrow{\text{微生物或化学方转化}} AMP \xrightarrow[\text{磷酸化}]{\text{微生物}} ATP$$

（1）发酵生产腺苷

① 生产菌种。以腺嘌呤为前体发酵生产腺苷用枯草杆菌 160($Sm^r+try^-+pur^-$) 菌株，在添加由丙二腈化学合成的腺嘌呤的培养基中培养，可以累积大量的腺苷。

直接发酵生产腺苷的菌种应为具备 $Xan^-+Gu^-+dea^-+8AG^r+Np^-$ 遗传标记的枯草杆菌菌株。

② 培养基。培养基的碳源以葡萄糖为佳，若添加少量核糖，可增加腺苷的产量。氮源以蛋白胨、牛肉膏、酪蛋白氨基酸为佳。添加生物素能提高腺苷产量，培养基中添加 1～2mg/mL 的腺嘌呤，培养 40h，可积累 1mg/mL 腺苷。

（2）微生物磷酸化生产 AMP 和 ATP　通过微生物或化学磷酸化作用可将肌苷、腺苷、鸟苷等核苷分别转变成 IMP、AMP、GMP 等，并将 AMP 转变为 ADP、ATP，GMP 转变为 GDP、GTP。本章只述及微生物磷酸化方法——利用酵母的氧化磷酸化法。

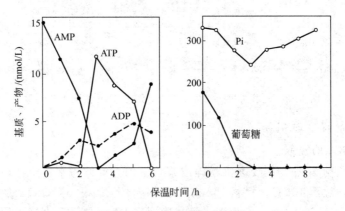

图 12-9　AMP 的磷酸化过程

反应液组成（nmol/L）：AMP15；葡萄糖 167；磷酸盐缓冲液(pH=7.0) 333；面包酵母 50mg；
反应条件：37℃，静置反应

面包酵母和清酒酵母的酶制剂可使腺苷或 AMP 磷酸化为 ADP 和 ATP，同时伴随着葡萄糖的降解。使用磨碎的面包酵母或丙酮干燥的面包酵母菌体，在葡萄糖发酵条件下，添加 AMP 或腺苷，进行氧化磷酸化，反应 3h，可将约 72% 的 AMP 磷酸化为 ATP。其结果及条件如图 12-9 所示。作为酶原，若使用丙酮干燥菌体，该方法的关键在于反应液中磷酸盐缓冲液的浓度。即磷酸盐缓冲液浓度为 1/3 mol/L 时，才会引起 AMP 的磷酸化；当磷酸盐缓冲液的浓度为 1/9mol/L 或 2/3mol/L 时，磷酸化反应就不能发生。使用研碎菌体时，磷酸化的最适磷酸盐缓冲液浓度为 1/4mol/L。

关于 ATP 的生成机制，可以认为是利用葡萄糖分解时获得的能量，通过底物水平磷酸化，由 AMP 或腺苷经 ADP 生成 ATP。就发酵条件而言，以高浓度磷抑制磷酸酯酶的作用和用 AMP 解除高磷酸盐浓度时的发酵障碍是此方法的关键。

2. 直接发酵生产 ATP 的工艺及控制要点

（1）菌种　采用产氨短杆菌 ATCC6872 菌株进行发酵。

（2）种子培养　以葡萄糖 3%、牛肉膏 1.0%、蛋白胨 1.0%、NaCl 0.25% 为种子培养基，于 30℃振荡培养 24h，即得种子培养液。

（3）发酵培养基　葡萄糖 10%、KH_2PO_4 1.0%、K_2HPO_4 1.0%、$MgSO_4 \cdot 7H_2O$ 1.0%、$ZnSO_4 \cdot 7H_2O$ 0.001%、$CaCl_2 \cdot 2H_2O$ 0.01%、$FeSO_4 \cdot 7H_2O$ 0.001%、胱氨酸 0.002%、β-丙氨酸 0.0015%、生物素 $30\mu g/L$、硫胺素盐酸盐 0.5mg/L、尿素 0.2%。

（4）发酵培养　在 5L 培养罐中，装入 3L 培养基灭菌后，接种上述种子培养液 300mL，培养时用氨水调 pH＝6.8，于 32℃通气搅拌培养。培养 1 天后添加腺嘌呤 3g/L 及适当的表面活性剂，再培养 2 天后，ATP 发酵产量可达 8g/L。

以上发酵方法以采用高浓度磷酸盐为特征，添加表面活性剂也可以提高 ATP 产量。此外，加入氨基酸、维生素等，可促进营养缺陷型生产菌株的生长，防止发酵过程中回复突变的发生，有利于稳定发酵，提高 ATP 产量。

三、核苷类药物的制备

核苷是多种核苷类药物的原料，这些药物通常是生物自身能够合成的组成遗传物质的结构类似物。目前已用于临床的此类药物有几十种，并且正在深入研究开发。在治疗病毒性疾病、提高机体免疫功能、改善生物代谢等方面，核苷类药物有重要的作用。1987 年 3 月美国食品药品管理局（FDA）批准使用的抗艾滋病药物 AZT（叠氮胸苷）是全世界第一种被批准用于临床的艾滋病治疗药，它是胸苷的衍生物。三氮唑核苷可抗十多种 RNA 和 DNA 病毒，它是肌苷、鸟苷的结构改造物。阿糖腺苷抗 DNA 病毒，对脑膜炎、乙肝疗效显著，它由腺苷酸合成。阿糖胞苷、安西他滨（环胞苷）主要用于各类急性白血病、病毒性角膜炎、结膜炎的治疗，可由胞苷合成。$5'$-氟尿嘧啶脱氧核苷及 $5'$-脱氧-$5'$-氟尿嘧啶核苷是治疗消化道肿瘤及肝癌的疗效高、毒性小的抗癌新药，由尿苷合成。核苷的生产可采用化学法和发酵法，本节只介绍核苷的发酵法生产。

发酵法生产核苷是近代发酵工程领域中的杰出成果，产率高，周期短，控制容易，产量大。我国每年发酵法生产肌苷可达 500t 以上。用发酵法生产各种核苷的菌株有着许多共同特点：

① 它们都使用磷酸单酯酶活力很强的枯草芽孢杆菌或短小芽孢杆菌为诱变出发菌株；

② 它们都是通过使用物理或化学诱变方法选育出在遗传性状上具有特定标记的诱变株；

③ 它们在发酵培养时必须提供限量的生长因素，并且好氧，在某一特定的范围内累积大量核苷。

（一）肌苷发酵生产

肌苷是合成肌苷酸（IMP）的原料，由于 IMP 对细胞膜透性很差，加之微生物中普遍存在着使 IMP 脱磷酸化的酶类，因此肌苷发酵比肌苷酸发酵要容易些。工业生产上可以用发酵法生产肌苷，然后将肌苷通过化学法或酶法进行磷酸化得到 $5'$-IMP。此外，肌苷本身也可用作医药品。

1. 生产菌种

肌苷发酵的生产菌种主要是枯草杆菌、短小芽孢杆菌和产氨短杆菌。其中枯草杆菌的磷酸酯酶活性较强，有利于将 IMP 脱磷酸化形成肌苷，分泌至细胞外，因而肌苷的发酵多采用枯草杆菌的腺嘌呤缺陷型。产氨短杆菌的磷酸酯酶活性较弱，这一点有利于积累 IMP 而不利于积累肌苷。但是，产氨短杆菌可能缺损 GMP 还原酶和 AMP 脱氨酶，它的嘌呤核苷酸合成途径可能是完全分支的，而不是像枯草杆菌那样的环形互变，因此，产氨短杆菌的 GMP 和 AMP 是不能互变的。产氨短杆菌的补救途径的酶活性较大，因此对产氨短杆菌进行菌种改良，可获得肌苷积累量较高的菌株，肌苷产生菌的遗传特征和肌苷生成量详见表 12-6。用发酵法生产肌苷酸已工业化，发酵水平已达到 40～50g/L。转化率达 15%，总收率达 80%。

表 12-6　肌苷产生菌的遗传特征和肌苷生成量

菌　名	遗传特征（培养特征）	肌苷生成量/(g/L)
枯草杆菌 C-30	Ade⁻，His⁻，Tyr⁻	8
枯草杆菌 K 菌株的变异株	AMP⁻脱氨阴性，8-Ag^r	16～18
枯草杆菌 C3-46-22-6	Ade⁻，Xan⁻，8-AG^r	22.3
枯草杆菌 C3-46-22-6 的变异株酸等	Ade⁻，Xan⁻，8-AG^r 但为莽草酸缺陷型不能利用 D-葡萄糖酸等	在转化菌株中肌苷产量稍高
枯草杆菌变异株	对磺胺哒嗪抗性	17
短小芽孢杆菌	培养基中含有不溶性磷酸钙	12.1
短小芽孢杆菌变异株 No.148-SS	Ade⁻，Biot⁻，GMP 还原酶阴性	肌苷 8，鸟苷 2
短小芽孢杆菌变异株-148-SS-105	Ade⁻，Biot⁻，GMP 还原酶阴性，但为对双氢链霉素抗性	肌苷 62，鸟苷 13.3
短小芽孢杆菌变异株 NO.160-4-3	对腺嘌呤系化合物抗性	肌苷 15，鸟苷 2
产氨短杆菌变异株 KY13714	Ade⁻，渗漏型，6-MG^r	10.03
产氨短杆菌变异株 KY13761	Ade⁻，渗漏型，6-MG^r，6-甲硫嘌呤	31
产氨短杆菌 ATCC6872 的变异株 41021	6-MG^{r}IMP 生物合成的酶系不被 AMP、ATP 和 GMP 阻遏；不被腺嘌呤、鸟嘌呤抑制，Ade⁻，Gu⁻	52.4
芽孢杆菌 ASB5741-8021	Ade⁻，Threo⁻，Hist⁻	8.4

2. 肌苷产生菌的选育

根据图 12-10 枯草杆菌生物合成嘌呤核苷酸调节机制，肌苷产生菌的选育，应将重点放在选育腺嘌呤缺陷型（Ade⁻）和黄嘌呤缺陷型（Xan⁻）的双重缺陷型突变株（Ade⁻＋Xan⁻），切断从 IMP 到 AMP 与 IMP 到 XMP 的两条支路代谢，通过限量控制腺嘌呤和鸟嘌呤来解决腺嘌呤与鸟嘌呤系化合物对 IMP 生物合成的反馈调节。并通过进一步选育抗腺嘌呤、鸟嘌呤结构类似物［如 8-氮杂鸟嘌呤（8-AG）、8-氮杂黄嘌呤（8-AX）等］与抗磺胺剂［如磺胺胍、磺胺吡嗪等］的突变株，选育出从遗传上解除正常代谢控制的理想菌株。归纳起来，肌苷产生菌其定向育种途径为：Ade⁻＋Xan⁻＋dea⁻＋GMPred⁻＋8AG^r（或 8AX^r、6MG^r）＋SG^r（或其他磺胺剂）＋NP＋Sm^r（dea 为腺嘌呤脱氨酶、GMPred 为鸟苷酸还原酶、

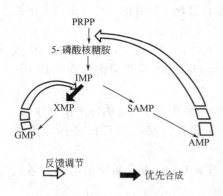

图 12-10　枯草杆菌生物合成嘌呤核苷酸调节机制

6MG 为 6-巯基鸟嘌呤、NP 为核苷磷酸化酶、Sm 为链霉素）。选育抗 8AG 或抗 8AX 菌株时，菌株先丧失腺嘌呤脱氨酶是重要的。丧失该酶能够提高菌种对其结构类似物的敏感性，易于分离到有效的抗性菌株。否则因为有腺嘌呤脱氨酶作用，腺嘌呤脱氨而转变成次黄嘌呤，次黄嘌呤能解除 8AX 对生长的抑制作用。为了有效地积累肌苷，还应该选择核苷酸酶活性强而核苷磷酸化酶活性弱的菌株，以促进肌苷的生成和生成的肌苷不再分解，提高肌苷产量。

3. 肌苷发酵工艺及控制要点

① 碳源大多使用葡萄糖。在发酵生产中也可以考虑利用淀粉水解液。

② 常用的氮源有氯化铵、硫酸铵或尿素等。因为肌苷的含氮量很高（20.9%），所以必须保证供应足够的氮源。工业发酵常用氨水来调节 pH 值，这样既可以提供氮源，又可调节发酵液的 pH 值。

③ 磷酸盐对肌苷生成有很大影响。采用短小芽孢杆菌的腺嘌呤缺陷型发酵肌苷，可溶性磷酸盐（如磷酸钾）可以显著地抑制肌苷的累积，而不溶性磷酸盐（如磷酸钙）可以促进肌苷的生成。相反地，采用产氨短杆菌的变异株时，肌苷发酵并不需要维持无机磷的低水平，即使添加 2% 磷酸盐，也能累积大量的肌苷。

④ 肌苷生产菌株一般为腺嘌呤缺陷型菌株，因此培养基中必须加入适量的腺嘌呤或含有腺嘌呤的物质，如酵母膏等。由于腺嘌呤是腺苷酸的前体，而腺苷酸又是控制 IMP 生物合成的主要因子，所以，加入腺嘌呤的多少，不仅影响菌体的生长，更影响肌苷积累，嘌呤对肌苷积累有一个最适浓度，这个浓度通常比菌体生长所需要的最适浓度小，称为亚适量。

⑤ 氨基酸有促进肌苷积累，同时节约腺嘌呤用量的作用。其中组氨酸是必需的，异亮氨酸、蛋氨酸、甘氨酸、缬氨酸、苏氨酸、苯丙氨酸及赖氨酸等 8 种氨基酸也有促进作用。除组氨酸外的其他 8 种氨基酸可以用高浓度的苯丙氨酸来代替，通过促进菌体生长使肌苷产量增加。

⑥ 培养基以外的发酵条件，如 pH 值、温度、通气搅拌等也都是影响肌苷积累的重要条件。肌苷积累的最适 pH 值为 6.0～6.2；最适温度对枯草杆菌为 30℃，对短小芽孢杆菌为 32℃；供氧不足可使肌苷生成受到显著的抑制而积累一些副产物，通气搅拌则可以减少对肌苷发酵的抑制作用。

（二）聚肌胞苷酸（聚肌胞）（poyinosinic，polycytidylic acid，pI：C）的生产

在 1967 年美国人 Field 发现聚肌胞是干扰素诱导物，而且具有广谱抗病毒活性。本品是人工合成的干扰素诱导剂，是由多聚肌苷酸和多聚胞苷酸组成的双股多聚核苷酸。

本品具有抗病毒、抗肿瘤，增强淋巴细胞免疫功能和抑制核酸代谢等作用。本品注入人体诱导产生干扰素。干扰素可作用于正常细胞产生抗病毒蛋白（AVF），从而干扰病毒繁殖，保护未受感染细胞免受感染。临床已试用于肿瘤、血液病、病毒性肝炎及痘类毒性感染等多种疾患，对带状疱疹、单纯疱疹有较好疗效，对病毒性肝炎、病毒性角膜炎和扁平苔藓有明显疗效，对乙型脑炎、流行性腮腺炎、类风湿关节炎等亦有不同程度效果。

20 世纪 70 年代中期我国开始研制聚肌胞，其生产工艺流程如下：

底物预处理──→酶促反应──→分离──→等物质的量 poly I 和 poly C 混合

（1）底物 5'-核苷二磷酸吡啶盐的制备流程

5'-核苷酸（5'-肌苷酸或 5'-胞苷酸）＋吗啉啉＋双环己基甲二亚胺 ──乙醇,83℃回流──→ 5'-核苷酸吗啉盐＋三正丁胺磷酸盐无水吡啶 ──→ 5'-核苷二磷酸吡啶盐（即 CDP 吡啶盐,IDP 吡啶盐）

（2）固定化多核苷酸磷酸化酶的制备

① 酶的制备

培养大肠杆菌 1.683 取菌体 ──破细胞──→ 抽提液 ──链霉素沉淀 去核酸──→ 上清液 ──分步盐析 硫酸铵──→ 沉淀 ──层析 DEAE-纤维──→ 收集 0.35mol/L NaCl 洗脱液中酶活最高的部分

② 固相载体的制备。琼脂粉溶化，用甲苯、四氯化碳、司盘-80 经搅拌冷却后与环氧氯丙烷交联制成珠状；对 β-硫酸酯乙砜基苯胺醚化；经 $NaNO_2$＋HCl 重氮化形成固相载体。

③ 固定化多核苷酸磷酸化酶。将分离纯化的酶液滴加入冰浴中的载体，得到共价结合的固定化多核苷酸磷酸化酶。

（3）poly I：C 制备

① 底物预处理。CDP 吡啶盐转化成锂盐，IDP 转化成钠盐。

② 酶促反应。每毫升反应液含以下物质的浓度（μmol/L）为：IDP 或 CDP 15；tris150；$MgCl_2$6；EDTA 1；聚合酶 5U。pH＝9.0，37℃，3～4h。用盐酸调 pH＝1.5～2.0，使 poly I（或 poly C）沉淀，立即离心。此后在磷酸缓冲液中溶解，等物质的量 poly I 与 poly C 混合，生成产品。

第 十 三 章

酶 类 药 物

　　酶是由生物活细胞产生的具有特殊催化功能的一类生物活性物质，其化学本质是蛋白质，故也称为酶蛋白。药用酶是指可用于预防、治疗和诊断疾病的一类酶制剂。生物体内的各种生化反应几乎都是在酶的催化作用下进行的，所以酶在生物体的新陈代谢中起着至关重要的作用，一旦酶的正常生物合成受到影响或酶的活力受到抑制，生物体的代谢受阻就会出现各种疾病。此时若给机体补充所需的酶，可使代谢障碍得以解除，从而达到治疗和预防疾病的目的。

第一节　药用酶概述

　　药用酶制剂，在早期主要用于治疗消化道疾病、烧伤及感染引起的炎症等，现在，国内外已广泛应用于多种疾病的治疗，其制剂品种已超过 700 余种。由于酶的相对分子质量较大（大多数在 $10^4 \sim 10^5$ 之间）且动物来源的酶对人体的抗原性等问题，大多数酶制剂为口服剂型，现能用于注射的酶制剂只有细胞色素 C、纤溶酶等少数几种。目前对药用酶的研究热点是，维持活性状态下的酶蛋白能否被吸收、如何减少药用酶的抗原性问题及新型药用酶的研究等。

一、药用酶的分类及应用
　　根据药用酶的临床用途，可将其分为以下六类。

　　（一）促进消化酶类
　　这类酶的作用是水解和消化食物中的成分，如蛋白质、糖类和脂类等。早期使用的消化剂，其最适 pH 值为中性至微碱性，故常将酶与胃酸中和剂 $NaHCO_3$ 一同服用。最近已从微生物制备出不仅在胃中，同时也能在肠中促进消化的复合消化剂，内含蛋白酶、淀粉酶、脂肪酶和纤维素酶。另外，脂质体包埋等新技术的应用也大大增强了此类酶制剂的作用。复合消化剂的配制如表 13-1、表 13-2 所示。
　　美国 FDA 认为消化剂的有效性还不令人满意，所以不能刊登广告，大部分的消化酶是根据医师的处方或推荐而使用的（即为医院制剂），日本和欧洲在使用上没有这种限制，美国所使用的消化酶制剂见表 13-3。

表 13-1　复合消化剂组成（胶囊）

组　成	用　量	组　成	用　量
纤维素酶	50mg	脂肪酶	50mg
耐酸性淀粉酶	50mg	胰酶	150mg
耐酸性蛋白酶	100mg		

　　注：1. 用法、用量：1 日 3 次，食时、食后各服 1～2 粒。
　　2. 适应证：消化不良、急慢性肠胃炎、食欲不振、消化机能受阻、术后消化能力减退、促进营养。

表 13-2　复合消化剂组成（胶囊）

组　成	用　量	组　成	用　量
鱼精蛋白酶	150mg	纤维素酶	25mg
牛胆汁	50mg	细菌淀粉酶	50mg

注：1. 用法、用量：1日3次，食时、食后各服1～2粒。

　　2. 适应证：消化障碍、慢性胃炎、胃下垂、肝炎、慢性胆囊炎、慢性胰腺炎。

表 13-3　美国所使用的消化酶制剂

商　品　名	公　司	含有酶类
Accelerase	Organou	胰酶（淀粉酶、脂肪酶、蛋白酶）
Arco-Lase	Areopharmaceutical	胰酶
Converzyme	Ascher & eomp	胰酶，纤维素酶
Digolase	Boxle & comp	脂酶，木瓜蛋白酶，黑曲霉的酶
Geramine	Brown Pharmaceutical	胰酶，纤维素酶
Kanulose	Dorsey Laboratories	蛋白酶，胰酶，纤维素酶
Gustase	Geriatric Pharmaceutical	淀粉酶，蛋白酶，纤维素酶
Festal	Hoechst Pharmaceutical	胰酶，半纤维酶
Takadiastase	Parke-Dowis	米曲霉的酶
Phazyme	Reed & carmnick	胃蛋白酶，胰酶
Donnazyme	A. H. Robins	胃蛋白酶，胰酶
Viokase	Viobin	胰酶

（二）消炎酶类

蛋白酶的消炎作用已被实验所证实，但其在体内的吸收途径、在血液中的半衰期以及在体内如何保持活性等问题，仍是当今药用酶研究的热点。表 13-4 中列出了单一品种的消炎酶制剂，其中用得最多是溶菌酶，其次为菠萝蛋白酶和胰凝乳蛋白酶。消炎酶一般作成肠溶性片剂。消炎酶的复方制剂见表 13-5，美国常用的消炎酶制剂见表 13-6。

表 13-4　片剂与胶囊中消炎酶的组成

消炎酶（单一品种）	含量	发售品种数
溶菌酶	27.5%	14
菠萝蛋白酶	19.6%	10
α-胰凝乳蛋白酶	15.7%	8
SAP	5.9%	3
胰蛋白酶	5.9%	3
明胶肽酶	2.0%	1
合　计	76.6%	39

表 13-5　片剂与胶囊消炎酶的组成

消炎酶（复合品种）	含量	发售品种数
菠萝蛋白酶＋胰蛋白酶	7.8%	4
胰凝乳蛋白酶＋胰蛋白酶	7.8%	4
链激酶链球菌 DNA 酶	3.9%	2
胰酶＋链霉菌蛋白酶	2.0%	1
胰酶＋Protease	2.0%	1
合　计	23.5%	12

表 13-6　美国常用的消炎酶制剂

商　品　名	公　司	含　有　酶
Chymoral	Armour Pharmaceutieal	胰蛋白酶、胰凝乳蛋白酶
Adrenzyme	Natimal Drug	胰蛋白酶、胰凝乳蛋白酶、RNA 酶
Elase	Parke-Davis	血纤维蛋白溶酶
Ananase	Rekrer	菠萝蛋白酶
Avazyme	Wampole	结晶胰乳蛋白酶
Papase	Warner-chilcot	木瓜蛋白酶
Chymolase	Warren-teed	胰酶

（三）与治疗心脑血管疾病有关的酶类

健康人体血管中凝血和抗凝血过程保持着良好的动态平衡，其血管内无血栓形成，其中血纤维蛋白在血液的凝固与解凝过程中起着重要的作用。根据血栓的形成机制，对血栓的治疗主要涉及以下几方面：①防止血小板凝集；②阻止血纤维蛋白形成；③促进血纤维蛋白溶解。因此，提高血液中蛋白水解酶的水平，将有助于促进血栓的溶解，也有助于预防血栓的形成。目前已用于临床的酶类主要有链激酶、尿激酶、纤溶酶、凝血酶和蚓激酶等。

（四）抗肿瘤的酶类

已发现有些酶能用于治疗某些肿瘤，如天冬酰胺酶、谷氨酰胺酶、蛋氨酸酶、酪氨酸氧化酶等。其中天冬酰胺酶是一种引人注目的抗白血病药物。它是利用天冬酰胺酶选择性地争夺某些类型瘤组织的营养成分，干扰或破坏肿瘤组织代谢，而正常细胞能自身合成天冬酰胺故不受影响。谷氨酰胺酶能治疗多种白血病、腹水瘤、实体瘤等。神经氨酸苷酶是一种良好的肿瘤免疫治疗剂。此外，尿激酶可用于加强抗癌药物如丝裂霉素（mitomycin）的药效，米曲溶栓酶也能治疗白血病和肿瘤等。

（五）与生物氧化还原电子传递有关的酶

这类酶主要有细胞色素 C、超氧化物歧化酶、过氧化物酶等。细胞色素 C 是参与生物氧化的一种非常有效的电子传递体，是组织缺氧治疗的急救和辅助用药；超氧化物歧化酶在抗衰老、抗辐射、消炎等方面也有显著疗效。

（六）其他药用酶

酶在解毒方面的应用研究已引起人们的注意，如青霉素酶、有机磷解毒酶等。青霉素酶能分解青霉素，可应用于治疗青霉素引起的过敏反应；透明质酸酶可分解黏多糖，使组织间质的黏稠性降低，有助于组织通透性增加，是一种药物扩散剂；弹性蛋白酶有降血压和降血脂作用；激肽释放酶能治疗同血管收缩有关的各种循环障碍；葡聚糖酶能预防龋齿等。表13-7 是近年来国内外正在研究和已开发成功的药用酶品种。

表 13-7　酶类药物一览表

品　种	来　源	用　途
胰酶（pancreatin）	猪胰	助消化
胰脂酶（pancrelipase）	猪、牛胰	助消化
胃蛋白酶（pepsin）	胃黏膜	助消化
高峰淀粉酶（taka-diastase）	米曲霉	助消化
纤维素酶（cellulase）	黑曲霉	助消化
β-半乳糖苷酶（β-galactosidase）	米曲霉	助乳糖消化
麦芽淀粉酶（diastase）	麦芽	助消化
胰蛋白酶（trypsin）	牛胰	局部清洁，抗炎
胰凝乳蛋白酶（chymotrypsin）	牛胰	局部清洁，抗炎
胶原酶（couagenase）	溶组织梭菌	清洗
超氧化物歧化酶（superoxide dismutase）	猪、牛等红细胞	消炎，抗辐射，抗衰老
菠萝蛋白酶（broqmelin）	菠萝茎	抗炎，消化
木瓜蛋白酶（papain）	木瓜果汁	抗炎，消化
酸性蛋白酶（acidic proteinase）	黑曲霉	抗炎，化痰
沙雷菌蛋白酶（serratiopeptidase）	沙雷菌	抗炎，局部清洁
蜂蜜曲霉蛋白酶（seaprose）	蜂蜜曲霉	抗炎
灰色链霉菌蛋白酶（pronase）	灰色链霉菌	抗炎
枯草杆菌蛋白酶（sutilins）	枯草杆菌	局部清洁
溶菌酶（lysozyme）	鸡蛋卵蛋白	抗炎，抗出血
透明质酸酶（hyaluronidase）	睾丸	局部麻醉，增强剂
葡聚糖酶（dextranaoe）	曲霉，细菌	预防龋齿
脱氧核糖核酸酶（DNase）	牛胰	祛痰

续表

品　　种	来　　源	用　　途
核糖核酸酶（RNase）	红霉素生产菌	局部清洁,抗炎
链激酶（strepotokinase）	B-溶血性链球菌	部分清洁,溶解血栓
尿激酶（urokinase）	男性人尿	溶解血栓
纤溶酶（frbrinelysin）	人血浆	溶解血栓
米曲纤溶酶（brinloase）	米曲霉	抗凝血
蛇毒纤溶酶（ancrod）	蛇毒	止血
凝血酶（thronbin）	牛血浆	止血
人凝血酶（humar thrombin）	人血浆	凝血
蛇毒凝血酶（hemocoagulase）	蛇毒	降血压
激肽释放酶（kallihrin）	猪胰,颌下腺	降压,降血脂
弹性蛋白酶（elasease）	胰脏	抗白血病,肿瘤
天冬酰胺酶（L-asparaginase）	大肠杆菌	抗肿瘤
谷氨酰胺酶（glutaminase）	—	青霉素过敏症
青霉素酶（panilinase）	蜡状芽孢杆菌	高尿酸血症
尿酸酶（vricase）	黑曲霉	
脲酶（vrease）	刀豆（植物）	
细胞色素 C（cytochrome C）	牛、猪、马心脏	改善组织缺氧性
组胺酶（histaminase）	—	抗过敏
凝血酶原激酶（thromoboplastin）	血液,脑等	凝血
链道酶（streptodornase）	溶血链球菌	局部清洁,消炎
无花果蛋白酶（ficin）	无花果汁液	驱虫剂
蛋白质 C（protein C）	人血浆	抗凝,溶血栓

二、药用酶的来源和生产

（一）药用酶的来源

酶作为生物催化剂普遍存在于动植物和微生物之中，可直接从生物体中分离获得。虽然也可以通过化学合成法合成，但由于各种因素的限制，目前药用酶的生产主要是直接从动植物中提取、纯化和利用微生物发酵生产。早期酶的生产多以动植物为原料，经提取纯化而得，甚至至今有些酶仍然还用此法生产，如从猪颌下腺中提取激肽释放酶、从菠萝中提取菠萝蛋白酶等。但随着酶制剂应用范围的日益扩大，单纯依赖动植物来源的酶，已不能满足要求，而且动植物原料的生长周期长、来源有限，又受地理、气候和季节等因素的影响，不宜于大规模生产。近十多年来，动植物细胞培养技术取得了很大的进步，但因周期长、成本高等问题，实际应用还有一定困难，所以目前工业大规模生产一般都以微生物为主要来源。

（二）生化制备法

生化制备法的主要生产过程为：

选取符合要求的动植物材料──→生物材料的预处理──→提取──→纯化

1. 原料选择应注意的问题

生物材料和体液中虽普遍含有酶，但在数量和种类上不同材料却有很大的差别，组织中酶的总量虽然不少，但各种酶的含量却非常少。从已有的资料看，个别酶的含量在$0.0001\%\sim1\%$，如表13-8所示。因此在提取酶时应根据各种酶的分布特点和存在特性选择适宜的生物材料。

表 13-8　某些酶在组织中的含量

酶	来　源	含量/(g/100g 组织湿重)	酶	来　源	含量/(g/100g 组织湿重)
胰蛋白酶	牛胰	0.55	细胞色素 C	肝	0.015
甘油醛-3-磷酸脱氧酶	兔骨骼肌	0.40	柠檬酸酶	猪心肌	0.07
过氧化氢酶	辣根	0.02	脱氧核糖核酸酶	胰	0.0005

① 了解目的酶在生物材料中的分布特点，选择适宜的生物原料。如乙酰化氧化酶在鸽肝中含量高，提取此酶时宜选用鸽肝为原料；凝血酶提取选用牛血；透明质酸酶选用羊睾丸；溶菌酶选用鸡蛋清；超氧化物歧化酶选用血和肝脏等。用微生物生产酶时需根据酶活力测定，来决定提取时间。

② 考虑生物在不同发育阶段及营养状况时，酶含量的差别及杂质干扰的情况。如从鸽肝提取乙酰化酶，在饥饿状态下取材，可排除杂质肝糖原对提取过程的影响；凝乳酶只能用哺乳期的小牛胃作材料等。

③ 用动植物组织作原料，应在动物组织宰杀后立即取材。

④ 考虑生化制备的综合成本，选材时应注意原料来源应丰富，能综合利用一种资源获得多种产品。还应考虑纯化条件的经济性。

2. 生物材料的预处理

生物材料中酶多存在于组织或细胞中，因此提取前需将组织或细胞破碎，以便酶从其中释放出来，利于提取。由于酶活性与其空间构象有关，所以预处理时一般应避免剧烈条件，但如是结合酶，则必须进行剧烈处理，以利于酶的释放。生物材料的预处理方法有以下几种。

（1）机械处理　用绞肉机将事先切成小块的组织绞碎。当绞成组织糜后，许多酶都能从粒子较粗的组织糜中提取出来，但组织糜粒子不能太粗，这就要选择好绞肉机板的孔径，若使用不当，会对产率有很大的影响。通常可先用粗孔径的绞，再用细孔径的绞，有时甚至要反复多绞几次。如是速冻的组织也可在冰冻状态下直接切块绞。用绞肉机，一般细胞并不破碎，而有的酶必须在细胞破碎后才能有效地提取，对此则需采用特殊的匀浆才行。实验室常用的是玻璃匀浆器和组织捣碎器，工业上可用高压匀浆泵。对于用机械处理仍不能有效提取的酶，可用下述方法处理。

（2）反复冻融处理　将材料冷冻到 $-10℃$ 左右，再缓慢溶解至室温，如此反复多次。由于细胞中冰晶的形成，及剩下液体中盐浓度的增高，可使细胞中颗粒及整个细胞破碎，从而使酶释放出来。

（3）制备丙酮粉　组织经丙酮迅速脱水干燥制成丙酮粉，不仅可减少酶的变性，同时因细胞结构的破坏使蛋白质与脂质结合的某些化学键打开，促使某些结合酶释放到溶液中，如鸽肝乙酰化酶就是用此法处理。常用的方法是将组织糜或匀浆悬浮于 $0.01mol/L$、$pH=6.5$ 的磷酸缓冲液中，再在 $0℃$ 下将其一边搅拌，一边慢慢倒入 10 倍体积的 $-15℃$ 无水丙酮内，10min 后，离心过滤取其沉淀物，反复用冷丙酮洗几次，真空干燥即得丙酮粉。丙酮粉在低温下可保存数年。

（4）微生物细胞的预处理　若是胞外酶，则除去菌体后就可直接从发酵液中提取；若是胞内酶，则需将菌体细胞破壁后再进行提取。通常用离心或压滤法取得菌体，用生理盐水洗涤除去培养基后，冷冻保存。

3. 酶的提取

酶的提取方法主要有水溶液法、有机溶剂法和表面活性剂法三种。

（1）水溶液法　常用稀盐溶液或缓冲液提取。经过预处理的原料，包括组织糜、匀浆、细胞颗粒以及丙酮粉等，都可用水溶液抽提。为了防止提取过程中酶活力降低，一般在低温下操作，但对温度耐受性较高的酶（如超氧化物歧化酶），却应提高温度，以使杂蛋白变性，利于酶的提取和纯化。

水溶液的 pH 值选择对提取也很重要，应考虑的因素有：①酶的稳定性；②酶的溶解度；③酶与其他物质结合的性质。选择 pH 值的总原则是：在酶稳定的 pH 值范围内，选择偏离等电点的适当 pH 值。

应注意的是，许多酶在蒸馏水中不溶解，而在低盐浓度下易溶解，所以提取时加入少量盐可提高酶的溶解度。盐浓度一般以等渗为好，相当于 0.15mol/L NaCl 的离子强度最适宜于酶的提取。

（2）有机溶剂法　某些结合酶如微粒体和线粒体膜的酶，由于和脂质牢固结合，用水溶液很难提取，为此必须除去结合的脂质，且不能使酶变性，最常用的有机溶剂是丁醇。

丁醇具有下述性能：①亲脂性强，特别是亲磷脂的能力较强；②兼具亲水性，0℃在水中的溶解度为 10.5%；③在脂与水分子间能起表面活性剂的桥梁作用。

用丁醇提取方法有两种：一种是用丁醇提取组织的匀浆然后离心，取下相层，但许多酶在与脂质分离后极不稳定，需加注意；另一种是在每克组织或菌体的干粉中加 5mL 丁醇，搅拌 20min，离心，取沉淀（注意：均相法是取液相，二相法是取沉淀），接着用丙酮洗去沉淀上的丁醇，再在真空中除去溶剂，所得干粉可进一步用水提取。

（3）表面活性剂法　表面活性剂分子具有亲水或憎水性的基团。表面活性剂能与酶结合使之分散在溶液中，故可用于提取结合酶，但此法用得较少。

4. 酶的纯化

酶的纯化是一个复杂的过程，不同的酶，因性质不同，其纯化工艺可有很大不同。评价一个纯化工艺的好坏，主要看两个指标：一是酶比活，二是总活力回收率。设计纯化工艺时应综合考虑上述两项指标。目前，国内外纯化酶的方法很多，如盐析法、有机溶剂沉淀法、选择性变性法、柱层析法、电泳法和超滤法等，类同于蛋白质的纯化方法。本节重点讨论酶在纯化过程中可能遇到的技术难点。

（1）杂质的除去　酶提取液中，除所需酶外，还含有大量的杂蛋白、多糖、脂类和核酸等，为了进一步纯化，可用下列方法除去。

① 调 pH 值和加热沉淀法。利用蛋白质在酸碱条件下的变性性质可以通过调 pH 值和等电点除去某些杂蛋白，也可利用不同蛋白质对热稳定的差异，将酶液加热到一定温度，使杂蛋白变性而沉淀。超氧化物歧化酶就是利用这个特点，在 65℃加热 10min，除去大量的杂蛋白。

② 蛋白质表面变性法。利用蛋白质表面变性性质的差别，也可除去杂蛋白。例如制备过氧化氢酶时，加入氯仿和乙醇进行震荡，可以除去杂蛋白。

③ 选择性变性法。利用蛋白质稳定性的不同，除去杂蛋白。如对胰蛋白酶、细胞色素 C 等少数特别稳定的酶，甚至可用 2.5%三氯乙酸处理，这时其他杂蛋白都变性沉淀，而胰蛋白酶和细胞色素 C 仍留在溶液中。

④ 降解或沉淀核酸法。在用微生物制备酶时，常含有较多的核酸，为此，可用核酸酶将核酸降解成核苷酸，使黏度下降便于离心分离。也可用一些核酸沉淀剂如三甲基十六烷基溴化铵、硫酸链霉素、聚乙烯亚胺、鱼精蛋白和二氯化锰等。

⑤ 利用结合底物保护法除去杂蛋白。近来发现，酶与底物结合或与竞争性抑制剂结合后，稳定性大大提高，这样就可用加热法除去杂蛋白。

（2）脱盐　酶的提纯以及酶的性质研究中，常常需要脱盐。最常用的脱盐方法是透析和凝胶过滤。

① 透析。最广泛使用的是玻璃纸袋，由于它有固定的尺寸、稳定的孔径，故已有商品出售。由于透析主要是扩散过程，如果袋内外的盐浓度相等，扩散就会停止，因此需经常更换溶剂。如在冷处透析，则溶剂也要预先冷却，避免样品变性。透析时的盐是否去净，可用化学试剂或电导仪进行检查。

② 凝胶过滤。这是目前最常用的方法，不仅可除去小分子的盐，而且也可除去其他相对分子质量较小的物质。用于脱盐的凝胶主要有 SephadexG-10、G-15、G-25 以及 Bio-GelP-2、P-4、P-6 及 P-10。

（3）浓缩　酶的浓缩方法很多，有冷冻干燥、离子交换、超滤、凝胶吸水、聚乙二醇吸水等。

① 冷冻干燥法。是最有效的方法，它可将酶液制成干粉。采用这种方法既能使酶浓缩，酶又不易变性，便于长期保存。需要干燥的样品最好是水溶液，如溶液中混有有机溶剂，就会降低水的冰点，在冷冻干燥时样品会融化起泡而导致酶活性部分丧失。另外，低沸点的有机溶剂（如乙醇、丙酮），在低温时仍有较高的蒸气压，逸出水汽冷凝在真空泵油里，会使真空泵失效。

② 离子交换法。此法常用的交换剂有 DEAE Sephadex A50、PAE-Sephadex A50 等。当需要浓缩的酶液通过交换柱时，几乎全部的酶蛋白会被吸附，然后用改变洗脱液 pH 值或离子强度等法即可达到浓缩目的。

③ 超滤法。超滤的优点在于操作简单、快速且温和，操作中不产生相的变化。影响超滤的因素很多，如膜的渗透性、溶质形状、大小及其扩散性、压力、溶质浓度、离子环境和温度等。

④ 凝胶吸水法。由于 Sephadx Bio-Gel 都具有吸收水及吸收相对分子质量较小化合物的性能，因此用这些凝胶干燥粉末和需要浓缩的酶液混在一起后，干燥粉末就会吸收溶剂，再用离心或过滤方法除去凝胶，酶液就得到浓缩。这些凝胶的吸水量，每克约 1～3.7mL。在实验室为了浓缩小体积的酶液时，可将样品装入透析袋内，然后用风扇吹透析袋，使水分逐渐挥发而使酶液浓缩。

（4）酶的结晶　把酶提纯到一定纯度以后（通常纯度应达 50％以上），可进行结晶，伴随着结晶的形成，酶的纯度经常有一定程度的提高。从这个意义上讲，结晶既是提纯的结果，也是提纯的手段，酶结晶的明显特征在于有序性，蛋白质分子在晶体中均是对称性排列，并具有周期性的重复结构。形成结晶的条件是设法降低酶分子的自由能，从而建立起一个有利于晶体形成的相平衡状态。

① 酶的结晶方法。酶的结晶方法主要是缓慢地改变酶蛋白的溶解度，使其略处于过饱和状态。常用改变酶溶解度的方法有以下几种。

a. 盐析法。即在适当的 pH 值、温度等条件下，保持酶的稳定，慢慢改变盐浓度进行结晶。结晶时采用的盐有硫酸铵、柠檬酸钠、乙酸铵、硫酸镁和甲酸钠等。利用硫酸铵结晶时一般是把盐加入到一个比较浓的酶溶液中，并使溶液微呈混浊为止。然后放置并且非常缓慢地增加盐浓度。操作要在低温下进行，缓冲液 pH 值要接近酶的等电点。我国利用此法已得到羊胰蛋白酶原、羊胰蛋白酶和猪胰蛋白酶的结晶。

b. 有机溶剂法。酶液中滴加有机溶剂，有时也能使酶形成结晶。这种方法的优点是结晶悬液中含盐少。结晶用的有机溶剂有乙醇、丙醇、丁醇、乙腈、异丙醇、二甲基亚砜、二氧杂环己烷等。与盐析法相比，用有机溶剂法易引起酶失活。一般含少量无机盐的情况下，选择使酶稳定的 pH 值，缓慢地滴加有机溶剂，并不断搅拌，当酶液微呈混浊时，在冰箱中放置 1~2h。然后离心去掉无定形物，取上清液在冰箱中放置令其结晶。加有机溶剂时，应注意不能使酶液中所含的盐析出。所使用的缓冲液一般不用磷酸盐，而用氯化物或乙酸盐。用此方法已获得不少酶结晶，如天冬酰胺酶。

c. 复合结晶法。也可以利用某些酶与有机化合物或金属离子形成复合物或盐的性质来结晶。

d. 透析平衡法。利用透析平衡进行结晶也是常用方法之一。它既可进行大量样品的结晶，也可进行微量样品的结晶。大量样品的透析平衡结晶是将样品装在透析袋中，对一定的盐溶液或有机溶剂进行透析平衡，这时酶液可缓慢地达到过饱和而析出结晶。这个方法的优点是透析膜内外的浓度差减少时，平衡的速度也变慢。利用这种方法获得过氧化氢酶、己糖激酶和羊胰蛋白酶等结晶。

e. 等电点法。一定条件下，酶的溶解度明显地受 pH 值影响。这是由于酶所具有的两性离子性质决定的。一般地说，在等电点附近酶的溶解度很小，这一特征为酶的结晶条件提供了理论根据。例如在透析平衡时，可改变透析外液的氢离子浓度，从而达到结晶的 pH 值。

② 结晶条件的选择。在进行酶的结晶时，要选择一定条件与相应的结晶方法配合。这不仅为了能够得到结晶，也是为了保证不引起酶活力丧失。影响酶结晶的因素很多，下列几个条件尤为重要。

a. 酶液的纯度。酶只有到相当纯后才能进行结晶。总的来说酶的纯度越高，结晶越容易，长成大的单晶的可能性也越大。杂质的存在是影响单晶长大的主要障碍，甚至也会影响微晶的形成。在早期的酶结晶研究工作中，大都是由天然酶混合物直接结晶的，例如由鸡蛋清中可获得溶菌酶结晶，在这种情况下，结晶对酶有明显的纯化作用。

b. 酶的浓度。结晶母液通常应保持尽可能高的浓度。酶的浓度越高越有利于溶液中溶质分子间的相互碰撞聚合，形成结晶的机会也越大，对大多数酶来说，蛋白质浓度为 5~10mg/mL 为好。

c. 温度。结晶的温度通常在 4℃下或室温 25℃下，低温条件下酶不仅溶解度低，而且不易变性。

d. 时间。结晶形成的时间长短不一，从数小时到几个月都有，有的甚至需要 1 年或更长时间。一般来说，较大且性能好的结晶是在生长慢的情况下得到的。一般希望使微晶的形成快些，然后慢慢地改变结晶条件，使微晶慢慢长大。

e. pH 值。除沉淀剂的浓度外，在结晶条件方面最重要的因素是 pH 值。有时只差 0.2pH 就只得到沉淀而不能形成微晶或单晶。调整 pH 值可使晶体长到最适大小，也可改变晶形。结晶溶液 pH 值一般选择在被结晶酶的等电点附近。

f. 金属离子。许多金属离子能引起或有助于酶的结晶，例如羧肽酶、超氧化物歧化酶、碳酸酐酶，在二价金属离子存在下，有促进晶体长大作用。在酶的结晶过程中常用的金属离子有 Ca^{2+}、Zn^{2+}、Co^{2+}、Cu^{2+}、Mg^{2+}、Mn^{2+}、Ni^{2+} 等。

g. 晶种。不易结晶的蛋白质和酶，有的需加入微量的晶种才能结晶，例如，在胰凝乳蛋白酶结晶母液中加入微量胰凝乳蛋白酶结晶可导致大量结晶的形成。要生成大的单晶时，也可引入晶种，加晶种以前，酶液要调到适于结晶的条件，然后加入大晶种或少量小晶种，在显微镜下观察，如果晶种开始溶解，就要追加更多的沉淀直到晶种不溶解为止。当达到晶种不溶解又无无定形物形成时，将此溶液静置，使结晶慢慢长大。超氧化物歧化酶就是用此法制备大单晶的。

h. 结晶器皿处理。结晶用的器皿要充分清洗、烘干。使用前用结晶母液再冲洗一次，也可用压缩空气或惰性气体吹去灰尘。用于结晶的玻璃器皿，例如管形瓶、透析池的扩散盘，可用硅涂料进行表面处理，以使表面光滑且不润湿。这样可减少晶核数目，有助于形成大的单晶。

（5）酶分离和纯化中应注意的问题　提纯过程中，酶纯度越高，稳定性越差，因此在酶分离和纯化时尤其要注意以下几点。

① 防止酶蛋白变性。为防止酶蛋白变性，保持其生物活性，应避免高温，避免 pH 值过高或过低，一般要在低温（4℃左右）和中性 pH 值下操作。为防止酶蛋白的表面变性不可激烈搅拌，避免产生泡沫。应避免酶与重金属或其他蛋白变性剂接触。如要用有机溶剂处理，操作必须在低温下、短时间内进行。

② 防止辅助因子流失。有些酶除酶蛋白外，还含有辅酶、辅基和金属等辅助因子。在进行超滤、透析等操作时，要防止这些辅因子的流失，影响终产品的活性。

③ 防止酶被蛋白水解酶降解。在提取液尤其是微生物培养液中，除目的酶外，还常常同时存在一些蛋白水解酶，要及时采取有效措施将它们除去。如果操作时间长，还要防止杂菌污染酶液，造成目的酶的失活。

从动物或植物中提取酶受到原料的限制，随着酶应用的日益广泛和需求量的增加，工业生产的重点已逐渐转向用微生物发酵法生产。

（三）微生物发酵法

利用发酵法生产药用酶的工艺过程，同其他发酵产品相似，下面简要讨论一下发酵法生产药用酶的技术关键。

1. 高产菌株的选育

菌种是工业发酵生产酶制剂的重要条件。优良菌种不仅能提高酶制剂产量和发酵原料的利用率，而且还与增加品种、缩短生产周期、改进发酵和提炼工艺条件等密切相关。目前，优良菌种的获得有三条途径：①从自然界分离筛选；②用物理或化学方法处理、诱变；③用基因重组与细胞融合技术，构建性能优良的工程菌。

2. 发酵工艺的优化

优良的生产菌株，只是酶生产的先决条件，要有效地进行生产还必须探索菌株产酶的最适培养基和培养条件。首先要合理选择培养方法、培养基、培养温度、pH 值和通气量等。在工业生产中还要摸索一系列工程和工艺条件，如培养基的灭菌方式、种子培养条件、发酵罐的形式、通气条件、搅拌速率、温度和 pH 值调节控制等。还要研究酶的分离、纯化技术和制备工艺，这些条件的综合结果将决定酶生产本身的经济效益。

3. 培养方法

目前药用酶生产的培养方法主要有固体培养方法和液体培养方法。

（1）固体培养法　固体培养法亦称麸曲培养法，该法是利用麸皮或米糠为主要原料，另外还需要添加谷糠、豆饼等，加水拌成含水适度的固态物料作为培养基。目前我国酿造业用的糖化曲，普遍采用固体培养法。固体培养法根据所用设备和通气方法又可分为浅盘法、转桶法、厚层通气法等三种。固体培养法，除设备简陋、劳动强度大外，且因麸皮的热传导性差，微生物大量繁殖时积蓄的热量不能迅速散发，造成培养基温度过高，抑制微生物繁殖。此外，培养过程中对温度、pH 值的变化，细胞增殖、培养基原料消耗和成分变化等的检测十分困难，不能进行有效调节，这些都是固体培养法的不足之处。

（2）液体培养法　液体培养法是利用液体培养使微生物生长繁殖和产酶。根据通气（供氧）方法的不同，又分为液体表面培养和液体深层培养两种，其中液体深层通气培养是目前应用最广的方法。

4. 影响酶产量的因素

菌种的产酶性能是决定发酵产量的重要因素，但是发酵工艺条件对产酶量的影响也是十分明显的。除培养基组成外，其他如温度、pH 值、通气、搅拌、泡沫、湿度、诱导剂和阻遏剂等，必须配合恰当，才能得到良好的效果。

（1）温度　发酵温度不但影响微生物生长繁殖和产酶，也会影响已形成酶的稳定性。要严格控制，一般发酵温度比种子培养时略高些，对产酶有利。

（2）发酵的 pH 值　如果 pH 值不适，不但妨碍菌体生长，而且还会改变微生物代谢途径和产物性质。控制发酵液的 pH 值，通常可通过调节培养基原始 pH 值，掌握原料的配比，保持一定的 C/N，或者添加缓冲剂使发酵液有一定的缓冲能力等，也可通过调节通气量等方法来实现。

（3）通气和搅拌　迄今为止，用于酶制剂生产的微生物，基本上都是好氧菌，不同的菌种在培养时，对通气量的要求也各不相同，为了精确测定，现在普遍采用溶氧仪，精确测定培养液中溶解氧。

好氧微生物在深层发酵中除不断通气外，还需搅拌。搅拌能将气泡打碎增加气液接触面积，加快氧的溶解速率。由于搅拌使液体形成湍流，延长了气泡在培养液中的停留时间，减少了液膜厚度，提高了空气的利用率；搅拌还可加强液体的湍流作用，有利于热交换和营养物质与菌体细胞的均匀接触，同时稀释细胞周围的代谢产物，有利于促进细胞的新陈代谢。

（4）泡沫和消沫剂　发酵过程中，泡沫的存在会阻碍 CO_2 排除，直接影响氧的溶解，因而将影响微生物的生长和产物的形成。同时泡沫层过高，往往造成发酵液随泡沫溢出罐外，不但浪费原料，还易引起染菌。又因泡沫上升，发酵罐装料量受到限制，降低了发酵罐的利用率，因此，必须采取消泡措施，进行有效控制。常用消泡剂有天然油类、醇类、脂肪酸类、胺类、酰胺类、磷酸酯类、聚硅氧烷等，其中以聚二甲基硅氧烷为最理想的消泡剂。我国酶制剂工业中常用的消泡剂为甘油聚醚（聚氧丙烯甘油醚）或泡敌（聚环氧丙烷环氧乙烷甘油醚）。

（5）添加诱导剂和抑制剂　某些诱导酶，在培养基中不存在诱导物质时，酶的合成便受到阻碍，而当有底物或类似物存在时，酶的合成就顺利进行。白地霉菌合成脂肪酶就是一个典型例子。在有蛋白胨、葡萄糖和少量无机盐组成的培养基中加入橄榄油，才能产生脂肪酶。有趣的是油脂与菌的生长毫无关系。而且能诱导脂肪酶产生的物质并不是所有的油脂，而是该酶的作用底物或者与其类似的脂肪酸。另外添加诱导剂的时间与菌龄有关。白地霉菌合成脂肪酶时，在培养 8h 添加诱导剂最为理想，而在 23h，则几乎不产酶。用一种酶的抑制剂促进另一种酶的形成也是目前研究的课题之一。据报道，在多黏芽孢杆菌的培养过程中添加淀粉酶抑制剂，能增加 β-淀粉酶的产量。若把蛋白酶抑制剂乙酰缬氨酰-4-氨基-3-羟基-6-甲基庚酸添加到枝孢霉（*Cladosporium*）的培养液中，则酸性蛋白酶的产量约可增加 2倍。此外，在某些酶的生产中有时加入适量表面活性剂，也能提高酶制剂的产量，用得较多的是 Tween-80 和 Triton-X。

第二节 重要酶类药物的性质及生产方法

一、胃蛋白酶

药用胃蛋白酶（pepsin）是胃液中多种蛋白水解酶的混合物，含有胃蛋白酶、组织蛋白酶、胶原蛋白酶等。为粗制的酶制剂，临床上主要用于因食蛋白性食物过多所致的消化不良及病后恢复期消化机能减退等。胃蛋白酶广泛存在于哺乳类动物的胃液中，药用胃蛋白酶系从猪、牛、羊等家畜的胃黏膜中提取。

（一）组成（结构）与性质

药用胃蛋白酶制剂，外观为淡黄色粉末，具有肉类特殊的气味及微酸味，吸湿性强，易溶于水，水溶液呈酸性，可溶于 70％乙醇和 pH＝4 的 20％乙醇中。难溶于乙醚、氯仿等有机溶剂。

干燥的胃蛋白酶较稳定，100℃加热 10min 不会被破坏。在水中，于 70℃以上或 pH＝6.2 以上开始失活，pH＝8.0 以上呈不可逆失活，在酸性溶液中较稳定，但在 2mol/L 以上的盐酸中也会慢慢失活。最适 pH＝1.5～2.0。

结晶胃蛋白酶呈针状或板状，经电泳可分出 4 个组分。其组成元素除 N、C、H、O、S 外，还有 P、Cl。相对分子质量为 34500，pI 为 pH＝1.0。

胃蛋白酶能水解大多数天然蛋白质底物，如鱼蛋白、黏蛋白、精蛋白等，尤其对两个相邻芳香族氨基酸构成的肽键最为敏感。它对蛋白质水解不彻底，产物为胨、肽和氨基酸的混合物。

（二）生产工艺

1. 工艺流程

猪胃黏膜 $\xrightarrow[\substack{\text{H}_2\text{O, HCl} \\ 45\sim48℃, 3\sim4\text{h}}]{[\text{酸解、过滤}]}$ 酸解液 $\xrightarrow[\substack{\text{氯仿或乙醚} \\ 24\sim28\text{h}}]{[\text{脱脂、去杂质}]}$ 酶液 $\xrightarrow[\substack{40℃\text{以下}}]{[\text{浓缩、干燥}]}$ 成品（胃蛋酶）

2. 工艺过程及控制要点

① 酸解、过滤。在夹层锅内预先加水 100L 及盐酸，加热至 50℃时，在搅拌下加入 200kg 猪胃黏膜，快速搅拌使酸度均匀，45～48℃，消化 3～4h。用纱布过滤除去未消化的组织，收集滤液。

② 脱脂、去杂质。将滤液降温至 30℃以下用氯仿提取脂肪，水层静置 24～48h。使杂质沉淀，分出弃去，得脱脂酶液。

③ 浓缩，干燥。取脱脂酶液，在 40℃以下浓缩至原体积的 1/4 左右，真空干燥，球磨，即得胃蛋白酶粉。

3. 胃膜素和胃蛋白酶联产工艺

胃膜素也是从猪胃黏膜中提取的一种黏蛋白，其相对分子质量为 2×10^6，pH 值为 3.3～5.0。胃膜素水溶液能被 60％以上的乙醇或丙酮沉淀。因而可利用提取胃膜素的母液制备胃蛋白酶。工艺为：向分离胃膜素的母液中，边搅拌边加冷丙酮，至相对密度 0.91，即有淡黄色胃蛋白酶沉出，静置过夜，去上清液，沉淀真空干燥，可得胃蛋白酶。

4. 结晶胃蛋白酶的制备

药用胃蛋白酶粗粉，溶于 20％乙醇中，加 H_2SO_4 调 pH＝3.0，5℃静置 20h 后过滤，加硫酸镁至饱和，进行盐析。盐析物再在 pH＝3.8～4.0 的乙醇中溶解，过滤，滤液用硫酸调 pH 值至 1.8～2.0，即析出针状胃蛋白酶。沉淀再溶于 pH＝4.0 的 20％乙醇中，过滤，滤液用硫酸调 pH 值至 1.8，在 20℃放置，可得板状或针状结晶。

（三）质量控制

1. 质量标准

胃蛋白酶系药典收载药品，按规定每 1g 胃蛋白酶应至少能使凝固卵蛋白 3000g 完全消化。在 109℃干燥 4h，减重不得超过 4.0％。每 1g 含糖胃蛋白酶中含蛋白酶活力不得少于标示量。

2. 活力测定

取试管 6 支，其中 3 支各精确加入对照品溶液 1mL，另 3 支各精确加入供试品溶液 1mL，摇匀，并准确计时，在（37±0.5）℃水浴中保温 5min，精确加入预热至（37±0.5）℃的血红蛋白试液 5mL，摇匀，并准确计时，在（37±0.5）℃水浴中反应 10min。立即精确加入 5％三氯醋酸溶液 5mL，摇匀，滤过，弃去初滤液，取滤液备用。另取试管 2 支，各精确加入血红蛋白试液 5mL，置（37±0.5）℃水浴中，保温 10min，再精确加入 5％三氯醋酸溶液 5mL，其中 1 支加盐供试品溶液 1mL，另一支加酸溶液 1mL 摇匀，过滤，弃去初滤液，取续滤液，分别作为对照管。按照分光光度法，在波长 275nm 处测吸光度，算出平均值 A_s 和 A，按下式计算：

$$每克含蛋白酶活力单位 = \frac{A \times W_s \times n}{A_s \times W \times 10 \times 181.19}$$

式中 A——供试品的平均吸光度；

    A_s——对照品的平均吸光度；

    W——供试品取样量，g；

    W_s——对照品溶液中含酪氨酸的量，$\mu g/mL$；

    n——供试品稀释倍数。

在上述条件下，每分钟能催化水解血红蛋白生成 $1\mu mol$ 酪氨酸的酶量，为 1 个蛋白酶活力单位。

二、尿激酶

尿激酶（urokinase），是一种碱性蛋白酶。由肾脏产生，主要存在于人及哺乳动物的尿中。人尿中平均含量为 5～6IU/mL。临床上，尿激酶已广泛应用治疗各种新血栓形成或血栓梗塞疾病。

（一）结构与性质

尿激酶有多种相对分子质量形式，主要的有 31300、54700 两种。尿中的尿胃蛋白酶原（uropepsinogen），在酸性条件下可以激活生成尿胃蛋白酶（uropepsin），后者可以把相对分子质量 54700 的天然尿激酶降解成为相对分子质量 31300 的尿激酶。相对分子质量 54700 的天然尿激酶由相对分子质量约为 33100 和 18600 的两条肽键通过二硫键连接而成。尿激酶是丝氨酸蛋白酶，丝氨酸和组氨酸是其活性中心的必需氨基酸。

尿激酶是专一性很强的蛋白水解酶，血纤维蛋白溶酶原是它惟一的天然蛋白质底物，它作用于精氨酸-缬氨酸键，使纤溶酶原转为纤溶酶。尿激酶也具有酯酶活力。

尿激酶的 pI 为 pH＝8～9，主要部分在 pH＝8.6 左右。溶液状态不稳定，冻干状态可稳定数年。加入 1％EDTA、人血白蛋白或明胶可防止酶的表面变性作用。二硫代苏糖醇、ε-氨基己酸、二异丙基氟代磷酸等对酶有抑制作用。

（二）生产工艺

1. 工艺流程

男性尿 —[沉淀] H₂O、HCl / 10℃以下 pH＝8.5→ 尿上清液 —[酸化] pH＝5.0～5.5→ 酸化尿 —[吸附] 硅藻土→ 硅藻土吸附物 —[洗涤] 水，5℃→ 硅藻土柱 —0.02％氨水＋0.1mol/L氯化钠→ 洗脱液 —QAE-柱 pH＝8.0→ 流出液 —CM-C柱 浓缩 pH＝4.2→ CM-C柱 —[洗脱] 醋酸-醋酸钠 / 氨水＋氯化钠 pH＝11.5～11.8→ 洗脱液 —[透析] H₂O，4℃→ 透析液 —[冻干]→ 成品

2. 工艺过程及质量控制

（1）收尿　收集男性尿，所收集的尿液应在 8h 内处理。尿液 pH 值应控制在 6.5 以下，电导相当于 20～30MΩ^{-1}，细菌数在 1000 个/mL 以下。

（2）沉淀处理　尿液冷至 10℃ 以下，用 NaOH 调至 pH＝8.5，静置 1h，虹吸上清液。用盐酸调至 pH＝5.0～5.5。

（3）硅藻土吸附　处理好的尿液加入 1％尿量的硅藻土，于 5℃ 以下搅拌吸附 1h。

（4）洗脱　硅藻土吸附物用 5℃ 左右冷水洗涤，然后装柱，先用 0.02％氨水加 0.1 mol/L 氯化钠洗脱，当洗脱液由清变浑时开始收集，每吨尿约可收集 15L 洗脱液。

（5）除热原和色素　上述收集液用饱和磷酸二氢钠调 pH＝8.0，加氯化钠调电导相当于 22MΩ^{-1}，通过 QAE-Sephadex 层析柱，收集流出液。柱用三倍床体积磷酸缓冲液洗，洗液与流出液合并。

（6）CM-C 浓缩　上述收集液用 1mol/L 醋酸调 pH＝4.2，以蒸馏水调电导到相当于 1～17MΩ^{-1}，通过 CM-C 层析柱。然后用 10 倍床体积量的 pH＝4.2 的醋酸-醋酸钠缓冲液洗涤柱床后，改用 0.1％氨水加 0.1mol/L 氯化钠洗脱尿激酶，分步收集流出液。

（7）透析除盐　洗脱液于 4℃ 对水透析 24h，透析液离心去沉淀，冻干即得成品。

（三）质量控制

成品尿激酶为无色（或米色）澄清液或白色冻干粉末，每毫克蛋白的酶活力不得低于 $12×10^4$ IU。其活力测定方法如下。

（1）气泡上升法

① 试剂

a. 巴比妥缓冲液：5.05g 巴比妥二钠、3.7g 氯化钠、0.2mol/L 盐酸 157mL、0.5g 明胶，用蒸馏水稀释到 500mL，调 pH＝7.75。

b. tris 缓冲液：三羟甲基氨基甲烷 6.06g、赖氨酸盐 3.65g、氯化钠 5.8g、EDTA 二钠 3.7g，溶解成 1000mL，调 pH＝9.0。

c. 血纤维蛋白原溶液：用前以巴比妥缓冲液配成 6.67mg/mL 可凝结蛋白。

d. 牛凝血酶溶液：用前以巴比妥缓冲液配成 6.0 单位/mL。

e. 血纤维溶酶原溶液：用前以 tris 缓冲液配制成 1.4 酪蛋白单位/mL，再与牛凝血酶溶液等量混合。

f. 尿激酶参照标准品：用巴比妥缓冲液稀释成每毫升 60IU。

② 反应系统。血纤维蛋白原溶液 0.3mL，尿激酶巴比妥溶液（每毫升 6IU、12IU、18IU、24IU）1.0mL，血纤维溶酶原溶液和牛凝血酶等体积混合液 0.4mL。

③ 操作。取 12mm×75mm 小试管，置冰水浴中，依次加入上述溶液，迅速搅匀，立即置（37±0.5）℃水浴保温，计时。反应系统应在 30～45s 内凝结，凝块内有小气泡生成。当

凝块溶解时，气泡逐渐上升，在气泡上升到反应系统体积一半时作为反应终点，记时。

反应终点时间－放入水浴时间＝凝块溶解时间

以酶浓度作纵坐标（以 IU 表示），凝块溶解时间为横坐标（以 min 表示），作标准曲线。将被测酶样品稀释成 10～20IU/mL，同上操作，根据凝块溶解时间，可从标准曲线上查得样品的活力单位。

（2）平板法

① 试剂

a. 血纤维蛋白原：0.25％（质量体积分数）溶液。溶解液为 17 份生理盐水，1 份 0.03mol/L、pH＝7.8 磷酸缓冲液。

b. 凝血酶溶液：用生理盐水配成 60 单位/mL。

c. 磷酸缓冲液：0.03mol/L，pH＝7.8。

d. 明胶溶液：用 0.03mol/L pH＝7.8 磷酸缓冲液溶解明胶，配成 0.1％明胶溶液。

e. 尿激酶样品：用明胶溶液配成适当浓度。

② 操作。在直径为 10.5cm 平皿里，加入 17mL 纤维蛋白原溶液，再加入 0.4mL 凝血酶溶液，快速摇匀（不能出现气泡和血丝），静置 0.5h。凝结后平板应基本透明无色，用微量注射器点样 20μL，同时点上稀释成不同浓度的标准品，覆以玻盖。于 37℃温箱中保温 18h 后取出，用卡尺测出溶圈垂直两直径，相乘得一积。以溶圈直径乘积为纵坐标，标准品酶的百分含量为横坐标作图，即可在图上查出样品的活力单位。

三、天冬酰胺酶

（一）结构与性质

天冬酰胺酶（asparaginase）是酰氨基水解酶，是从大肠杆菌菌体中提取分离的酶类药物，其商品名 Elspar，用于治疗白血病。

呈白色粉末状，微有湿性，溶于水，不溶于丙酮、氯仿、乙醚及甲醇。

20％水溶液，室温贮存 7 天，5℃贮存 14 天均不减少酶的活力。干品 50℃、15min 酶活力降低 30％，60℃1h 内失活。最适 pH＝8.5，最适作用温度 37℃。

（二）生产工艺

1. 工艺流程

大肠杆菌 —[菌种培养]肉汤培养基 37℃,24h→ 肉汤菌种 —[种子培养]玉米浆 37℃,4～8h→ 种子液 —[发酵]玉米浆 37℃,6～8h→ 发酵液 —[压滤、风干]丙酮→ 干菌体 —[提取]硼酸缓冲液 pH＝8.3,37℃→ 提取液 —醋酸 pH＝4.2～4.4→ 粗酶 —甘氨酸 60℃,30min→ 酶溶液 —[精制]聚乙二醇 不同 pH 值处理→ 无热原酶液 →无菌分装→ 天冬酰胺酶冻干制剂

2. 工艺过程及控制要点

① 菌种培养。采取大肠杆菌 AS1-375，普通牛肉膏培养基，接种后于 37℃培养 24h。

② 种子培养。16％玉米浆，接种量 1％～1.5％，37℃温度，通气搅拌培养 4～8h。

③ 发酵罐培养。玉米浆培养基，接种量 8％，37℃通气搅拌培养 6～8h，离心分离发酵液，得菌体，加 2 倍量丙酮搅拌，压滤，滤饼过筛，自然风干成菌体干粉。

④ 提取、沉淀、热处理。每千克菌体干粉加入 0.01mol/L pH＝8.3 的硼酸缓冲液 10L，37℃保温搅拌 1.5h。降温到 30℃以后，用 5mol/L 醋酸调节 pH＝4.2～4.4 进行压滤，滤液中加入 2 倍体积的丙酮，放置 3～4h，过滤，收集沉淀，自然风干，即得粗制酶。

取粗制酶，加入 0.3％甘氨酸溶液，调节 pH＝8.8，搅拌 1.5h，离心，收集上清液，

加热到 60℃ 30min 进行热处理。离心弃去沉淀，上清液加 2 倍体积的丙酮，析出沉淀，离心，收集酶沉淀，用 0.01mol/L、pH＝8 磷酸缓冲液溶解，再离心弃去不溶物，得上清酶溶液。

⑤ 精制、冻干。取上述酶溶液调节 pH＝8.8，离心弃去沉淀，清液再调 pH＝7.7 加入 50％聚乙二醇，使含量达到 16％。在 2～5℃放置 4～5 天，离心得沉淀。用蒸馏水溶解，加 4 倍量的丙酮，沉淀，同法反复 1 次，沉淀用 pH＝6.4、0.05mol/L 磷酸缓冲液，在无菌条件下用 6 号垂熔漏斗过滤，分装，冷冻干燥制得注射用天冬酰胺酶成品，每支 10000U 或 20000U。

（三）活性测定方法

天冬酰胺酶催化天冬酰胺水解，释放游离氨，奈斯勒试剂与氨反应后形成红色络合物，可借比色进行定量测定。取 0.04mol/L 的 L-天冬酰胺 1mL、0.5mol/L pH＝8.4 的硼酸缓冲液、0.5mL 细胞悬浮液或酶液，于 37℃水溶液中保温 15min，加 15％三氯醋酸 0.5mL，以终止反应。沉淀细胞或酶蛋白，离心，取上清液 1mL。加 2mL 奈斯勒试剂和 7mL 蒸馏水 15min 后，于 500nm 波长处比色测定产生的氨。

活力单位定义：每分钟催化天冬酰胺水解 $1\mu mol$ 氨的酶量定为一个活力单位。

四、超氧化物歧化酶

超氧化物歧化酶（superoxide dismutase，SOD）是一种重要的氧自由基清除剂，作为药用酶在美国、德国、澳大利亚等国已有产品，商品名有 Orgotein、Ormetein、Outosein、Polasein、Paroxinorn、HM-81 等。由于 SOD 能专一清除超氧阴离子自由基（O_2^-），故引起国内外生化界和医药界的极大关注。目前 SOD 临床应用集中在自身免疫性疾病上，如类风湿关节炎、红斑狼疮、皮肌炎、肺气肿等；也用于抗辐射、抗肿瘤，治疗氧中毒、心肌缺氧与缺血再灌注综合征以及某些心血管疾病。此酶属金属酶，广泛存在于动植物、微生物细胞中。

（一）结构与性质

SOD 的性质不仅取决于蛋白质部分，还取决于活性中心金属离子的存在。金属离子种类不同，SOD 的性质有所不同，其中 Cu，Zn-SOD 与其他两种 SOD 差别较大，而 Mn-SOD 与 Fe-SOD 之间差别较小。

1. SOD 的活性中心和构象

SOD 的活性中心是比较特殊的，金属辅基 Cu 和 Zn 与必需基团 His 等形成咪唑桥。在牛血 SOD 的活性中心中，Cu 与 4 个 His 及 1 个 H_2O 配位，Zn 与 3 个 His 和 1 个 Asp 配位（图 13-1）。

2. SOD 的理化性质

SOD 是一种金属蛋白，因此它对热、对 pH 值及在某些性质上表现出异常的稳定性，其主要理化性质见表 13-9。

表 13-9　SOD 的分子组成及某些理化性质

SOD 类型	相对分子质量	含有金属数	最大光吸收/nm 紫外	最大光吸收/nm 可见	氨基酸组成特点	1mol/L KCN 抑制	H_2O_2 处理	过氧化物酶作用
Cu，Zn-SOD	32000	2Cu，2Zn	258	680	酪氨酸和色氨酸缺乏	明显抑制	明显失活	有
Mn-SOD	44000	2Mn	280	475	含酪氨酸和色氨酸	无	无影响	无
	80000	4Mn						
Fe-SOD	40000	2Fe	280	350	含酪氨酸和色氨酸	无	明显失活	

（1）对热稳定性　SOD 对热稳定，天然牛血 SOD 在 75℃下加热数分钟，其酶活性丧失很

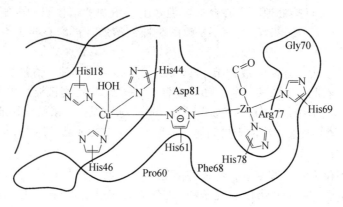

图 13-1　Cu，Zn-SOD 的结构

少。但 SOD 对热的稳定性与溶液的离子强度有关，如果离子强度非常低，即使加到 95℃，SOD 活性损失亦很少，构象熔点温度 T_m 的测定表明 SOD 是迄今发现稳定性最高的球蛋白之一。

（2）pH 值对 SOD 的影响　SOD 在 pH＝5.3～10.5 范围内其催化速率不受影响。但 pH＝3.6 时 SOD 中 Zn 要脱落 95％；pH＝12.2 时，SOD 的构象会发生不可逆的转变，从而导致酶活性丧失。

（3）吸收光谱　Cu，Zn-SOD 的吸收光谱取决于酶蛋白和金属辅基，不同来源的 Cu，Zn-SOD 的紫外吸收光谱略有差异，如牛血 SOD 在 258nm，而人血为 265nm。然而几乎所有的 Cu，Zn-SOD 的紫外吸收光谱的共同特点是在 250～270nm 均有不同程度的吸收，而在 280nm 的吸收将不存在或不明显。Cu，Zn-SOD 的可见光吸收光谱反映二价铜离子的光学性质，不同来源的 SOD 都在 680nm 处附近呈现最大吸收。

（4）金属辅基与酶活性　SOD 是金属酶，用电子顺磁共振测得，每摩尔酶含 1.93mol 的 Zn（牛肝 SOD）、1.8mol Cu 和 1.76mol Zn（牛心 SOD）。实验表明，Cu 与 Zn 的作用是不同的：Zn 仅与酶分子结构有关，而与催化活性无关；Cu 与催化活性有关，透析去除 Cu 则酶活性全部丧失，一旦重新加入 Cu，酶活性又可以恢复。同样，在 Mn 和 Fe-SOD 中，Mn 和 Fe 与 Cu 一样，对酶活性是必需的。

（二）生产工艺

分离和纯化 SOD 常根据原料、种类和性质的差异而有所不同。现以从牛血红细胞中提取 Cu，Zn-SOD 为例，介绍制备 Cu，Zn-SOD 工艺。

1. 牛红细胞提取 Cu，Zn-SOD 的工艺流程

新鲜牛血 $\xrightarrow[\text{除血浆}]{[\text{收集}]}$ 红细胞 $\xrightarrow[2\%NaCl]{[\text{浮洗}]}$ 干净红细胞 $\xrightarrow[30min]{[\text{溶血}]}$ 溶血液 $\xrightarrow[\text{乙醇、氯仿、离心}]{[\text{去血红蛋白}]}$ 上清液 $\xrightarrow[\text{丙酮}]{[\text{分级沉淀}]}$ 沉淀物

冻干粉（成品）$\xleftarrow[\text{丙酮}]{[\text{冷冻,干燥沉淀}]}$ 粗制浓缩液 $\xleftarrow[\text{柱层析、洗脱、超滤}]{}$ 浓缩液 $\xleftarrow[\text{超滤}]{}$ SOD 粗提液 $\xleftarrow[60\sim70℃,10min]{[\text{热变性}]}$

2. 工艺过程及控制要点

（1）收集红细胞　取新鲜牛血，离心除去血浆，收集红细胞。

（2）溶血、去血红蛋白　干净红细胞加水溶血 30min，然后加入 0.25 倍体积的 95％乙醇和 0.15 倍体积的氯仿，搅拌 15min，离心去血红蛋白，收集上清液。

（3）沉淀、热变性　将上述清液加入 1.2～1.5 倍体积的丙酮，产生大量絮状沉淀，离心得沉淀物。再将沉淀物加适量水，离心去不溶物，上清液于 60～70℃热处理 10min，离心去沉淀得浅绿色的澄清液。

（4）柱层析、洗脱、超滤浓缩　将上述澄清液超滤浓缩后小心加到已用 2.5mmol/L、pH＝7.6 磷酸缓冲液平衡好的 DEAE-SephadexA-50 柱上吸附，并用 pH＝7.6 的 2.5～50mmol/L 磷酸缓冲液进行梯度洗脱，收集具有 SOD 活性的洗脱液。

（5）冷冻干燥　将上述洗脱液再一次超滤浓缩、无菌过滤，冷冻干燥得 Cu，Zn-SOD 成品（冻干粉）。

Mn-SOD 是从人肝中制备，Mn-SOD 在纯化过程中极易被破坏，其产率比纯化 Cu，Zn-SOD 低得多，可以从肝脏中直接提取，亦可从细菌和藻类中提取。国外已从人肝中得到高纯度的 Mn-SOD。Fe-SOD 一般存在于需氧的原核生物，也存在于少数真核生物，其酶蛋白性质类似 Mn-SOD，故其纯化方法大致与 Mn-SOD 类似。

（三）检测方法

1. SOD 的纯度鉴定

鉴定 SOD 纯度主要根据以下三个指标。

（1）均一性　鉴定 SOD 电泳图谱，观察是否达到电泳纯，也可进行超离心分析，观察其均一性。

（2）酶比活　无论是何种类型的 SOD，要求酶比活达到一定标准，如牛红细胞 SOD，其比活应不低于 3000U/mg 蛋白（黄嘌呤氧化酶-细胞色素 C 法）。

（3）酶的某些理化性质　在 SOD 的理化性质中，最主要是金属离子含量、氨基酸含量和吸收光谱。

2. SOD 活性测定

SOD 的活性测定方法有数十种，这里介绍国内外最常用的两种方法。

（1）黄嘌呤氧化酶-细胞色素 C 法（Mecord J M & Fridovich I. 经典法，简称 550nm 法）

① 酶活单位定义。一定条件下，3mL 的反应液中，每分钟抑制氧化型细胞色素 C 还原率达 50% 的酶量为一个活力单位。

② 测定系统。0.5mL、pH＝7.8、300mmol/L 磷酸缓冲液，其中含 0.6mmol/L 的 EDTA；0.5mL、6×10^{-5} mol/L 氧化型细胞色素 C 溶液；0.5mL、0.3mmol/L 黄嘌呤溶液；1.3mL 蒸馏水，在 25℃ 保温 10min。最后加入 0.2mL、1.7×10^{-3} U/mg 蛋白的黄嘌呤氧化酶溶液，并立即计时，速率变化在 2min 内有效，要求还原速率控制在每分钟 0.025 个吸光度。测定活性时，加入 0.3mL 被测 SOD 溶液，蒸馏水相应减至 1.0mL，并控制 SOD 浓度，使氧化型细胞色素 C 还原速率的 SOD 值降为 0.0125 个吸光度/min。

③ SOD 活性计算公式

$$SOD 活性(U/mL)=\frac{\dfrac{0.025-加酶后还原速率}{0.025}}{50\%}\times\frac{\overline{V}_{总}}{\overline{V}}\times\frac{酶稀释倍数}{取酶体积}$$

式中　$\overline{V}_{总}:\overline{V}=3:3$。

（2）微量连苯三酚自氧化法（简称 325nm 法）

① 活性单位定义。在一定条件下，1mL 反应液中，每分钟抑制连苯三酚在 325nm 波长处自氧化速率达 50% 的酶量定为一个活性单位。

② 测定系统。2.99mL、pH＝8.2、50mmol/L tris-HCl 缓冲液，其中含 1mmol/L EDTA-2Na，在 25℃ 预保温 10min。最后加入约 10μL、50mmol/L 联苯三酚（配制于 10mmol/L HCl 中），使反应体积在 3mL，计时，自氧化速率变化在 4min 内有效，控制连苯三酚自氧化速率为 0.070 个吸光度/min。测 SOD 活性时，加入约 4.0mL 的 SOD 溶液，缓冲液相应减至 2.95mL，并控制 SOD 浓度，使联苯三酚自氧化速率降为 0.035 个吸光度/min 左右。

③ 计算公式

$$\text{SOD 活性}(\text{U/mL}) = \frac{\dfrac{0.070 - \text{加酶后自氧化速率}}{0.070}}{50\%} \times \frac{\overline{V}_\text{总}}{\overline{V}} \times \frac{\text{酶稀释倍数}}{\text{取酶体积}}$$

式中　$\overline{V}_\text{总} : \overline{V} = 3 : 1$。

五、组织纤溶酶原激活剂

组织纤溶酶原激活剂（t-PA）是一类存在于人体组织中的组织激活剂，又名血管纤溶酶原活化剂（v-PA）或外活化剂，是纤溶酶原激活剂（PA）的一种。主要由血管内皮细胞和组织细胞合成，存在于哺乳动物血浆中。几乎所有的组织中都含有数量不等的 t-PA，其中以子宫、肺、前列腺、卵巢、甲状腺和淋巴结中含量最高，肝脏则不含 t-PA。t-PA 主要作用于纤维蛋白溶酶原（简称纤溶酶原），特异性裂解纤溶酶原中的精氨酸-缬氨酸键。t-PA 与纤维蛋白结合产生的 t-PA-纤维蛋白复合物，能高效、特异地激活血凝块中的纤溶酶原。因此 t-PA 是一种高效特异性血栓溶解药物，其冠脉开通率为 75% 左右，对血栓选择性高。血栓栓塞型疾病主要包括急性心肌梗死（AMI）、脑血栓中风和脉管栓塞。溶栓是当前降低 AMI 死亡率的惟一办法。据预测，所需溶栓剂的潜在市场约 20 亿美元，因此各国竞相致力

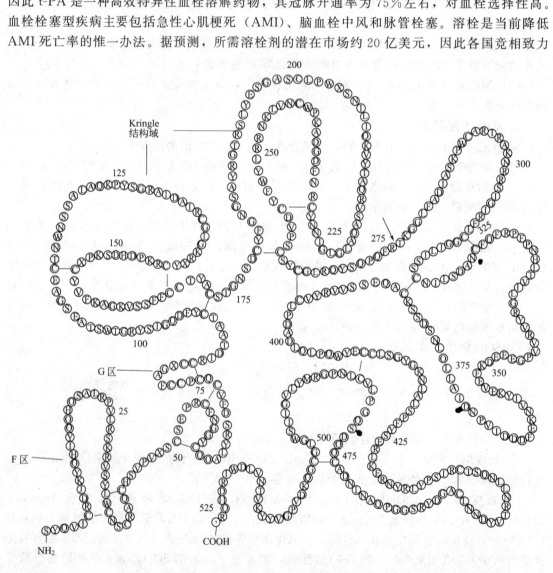

图 13-2　t-PA 的氨基酸序列结构

于此药的开发。

t-PA 释放减少见于高脂血症病人，尤其是高三酰甘油血症、肥胖症、口服避孕药等的病人。此外，t-PA 的活性在夜间及清晨最低，白天可增高达 3 倍，说明内皮细胞合成和分泌 t-PA 还与时间有关。

（一）氨基酸特征

从人类细胞培养液中提纯或用重组技术制备的 t-PA 为一单链（sct-PA）。它是一种糖蛋白，相对分子质量为 68000～72000，含 527 个氨基酸（图 13-2），很容易被纤溶酶、组织激肽释放酶、因子 X 将 275 位 Arg 与 276 位 I1e 的肽键裂解，使 t-PA 转化为双链的活化物（tct-PA）。2 条链间由一个二硫键所维持，其中 N 端为重链，含 253 个氨基酸，C 端为轻链，是蛋白酶区。重链按顺序包括：指状结构域（fingerdomain，F 区）、生长因子同源结构域（growthfactor homologousdo-main，G 区）和 2 个 Kringle 结构域（K1 和 K2）。轻链含由 ^{325}His、^{374}Asp 和 ^{481}Ser 组成的酶活性中心，与其他丝氨酸蛋白酶有同源性。因此，t-PA 分子可表示为 FGKlK2L。另外，t-PA 必须糖基化才有生物学活性。根据其糖基化程度可分为二型，Ⅰ型在 120 位、181 位和 451 位糖基化，Ⅱ型仅在 120 位和 451 位糖基化，二者相对分子质量相差 3000。

（二）理化性质及生物学活性

t-PA 的等电点在 7.8～8.6 之间，最大组分等电点在 8.2；其 pH 值在 5.8～8.0 时较为稳定，最适 pH 值为 7.4。另外，t-PA 在枸橼酸抗凝血浆中不稳定，其活性丧失速率与温度有关。

（三）t-PA 的生产

目前，可利用动物细胞培养技术，培养人黑色素瘤细胞株，产生大量的 t-PA，其培养液中 t-PA 浓度可达到 1mg/L。也有用基因工程方法生产重组人 t-PA。1987 年，美国 Genetech 公司生产的重组人 t-PA 首次被 FDA 批准上市。下面简要介绍利用动物细胞培养技术生产 t-PA 的工艺。

1. 工艺流程

细胞单层 $\xrightarrow{\text{分散}}$ 细胞悬液 $\xrightarrow{\text{培养}}$ 细胞培养物 $\xrightarrow{\text{分离}}$ 培养液 $\xrightarrow{\text{提取}}$ 提取液 $\xrightarrow{\text{层析纯化}}$ 层析液 $\xrightarrow{\text{浓缩}}$ 浓缩液 $\rightarrow$

t-PA 成品 $\xleftarrow{\text{冻干}}$ 层析液 $\xleftarrow{\text{层析精制}}$

2. 工艺过程及控制要点

① 培养基。主要为 Eagle 培养基，其主要成分（mg/L）为：L-盐酸精氨酸 21；L-胱氨酸 12；L-谷氨酰胺 292；L-盐酸组氨酸 9.5；L-异亮氨酸 26；L-亮氨酸 26；L-盐酸赖氨酸 36；L-氨酸 7.5；L-苯丙氨酸 18；L-苏氨酸 24；L-色氨酸 4；L-酪氨酸 18；L-缬氨酸 24；氯化胆碱 1；叶酸 1；肌醇 2；烟酸 1；泛酸钙 1；盐酸吡哆醛 1；核黄素 0.1；硫胺素 1；生物素 1；氯化钠 6800；氯化钾 400；氯化钙 200；$MgSO_4 \cdot 7H_2O$ 200；$NaH_2PO_4 \cdot 2H_2O$ 150；$NaHCO_3$ 2000；葡萄糖 1000。此外尚需加入青霉素 100U/mL，链霉素 1000U/mL 及 10% 小牛血清。

② t-PA 抗体制备。取人 t-PA 或猪心 t-PA 免疫家兔，按每只家兔 2000～3000μg 计，用福氏完全佐剂充分乳化注入家兔皮下，每隔两周再用 100μg t-PA 加强免疫，共加强两次。然后取家兔血清，用 50% 硫酸铵盐析，沉淀，于 0℃对生理盐水透析及 SephadexG-75 柱层析，得抗 t-PA 的免疫球蛋白 G（IgG）。

③ 抗 t-PA 亲和吸附剂制备。取 Sepharose 4B 用 10 倍体积蒸馏水分多次漂洗，布氏漏斗抽滤，称取 20g 湿凝胶于 500mL 三颈烧瓶中，加蒸馏水 30mL，搅匀后，用 2mol/L NaOH 溶液调 pH＝11，降温至 18℃。在通风橱中另取溴化氰 1.5g 于乳钵中，用 30～40mL

213

蒸馏水分多次研磨溶解，将溴化氰溶液倾入三颈瓶中，升温至 20～22℃反应，同时滴加 2mol/L NaOH 溶液维持 pH＝11～12，等反应液 pH 值不变时，继续反应 5min。整个操作在 15min 内完成，取出烧瓶，向其中投入小冰块降温，用 3 号垂熔漏斗抽滤。然后用 300mL 4℃的 0.1mol/L NaHCO₃ 溶液洗涤，再用 500mL、pH＝10.2、0.025mol/L 硼酸缓冲液分 3～4 次抽滤洗涤。最后转移至 250mL 烧杯中，加 50～60mL 上述硼酸缓冲液，即得活化的 Sepharose 4B 备用。

另取 70～80mg 上述抗 t-PA IgG 溶于 20mL 硼酸缓冲液中，过滤。滤液加至上述活化的 Sepharose 4B 中，10℃搅拌反应 16～18h 次日装柱，用 10 倍柱床体积的 pH＝10.2 硼酸缓冲液以 5～6mL/min 流速洗涤柱床，收集流出液，并在 280nm 处测定 A 值。然后再依次用 5 倍柱床体积的 pH＝10.0、0.1mol/L 乙醇胺溶液及 pH＝8.0、0.1mol/L 硼酸缓冲液充分洗涤。最后用 pH＝7.4、0.1mol/L 磷酸缓冲液洗涤平衡，直至流出液 A_{280}＜0.01，所得固定化抗 t-PA 的 IgG 即为 t-PA 的亲和吸附剂，将其转移至 pH＝7.4、0.1mol/L 磷酸缓冲液中，于 4℃贮存，备用。

④ 细胞培养。将人黑色素瘤种质细胞按常规方法消化分散后，洗涤，计数，稀释成细胞悬浮液，备用。另取 5L 玻璃转瓶，按每 1m² 表面积 2.5L 比例加入细胞培养基，然后将上述细胞悬浮液接种至转瓶中，接种浓度为（1～3）×10³ 细胞/mL，置于 CO₂ 培养箱中（37℃），通入含 5％CO₂ 的无菌空气培养至长成致密单层后，弃去培养液。再用 pH＝7.4、0.1mol/L 磷酸缓冲液洗涤细胞单层 2～3 次，换入无血清 Eagle 培养液继续培养。然后每隔 3～4 天即收获一次培养液，用于制备 t-PA，同时向转瓶中加入新鲜培养液继续培养。如此反复进行再培养，即可获得大量 t-PA。

⑤ t-PA 的分离。向上述收集的细胞培养液中加入 Aprotinin（蛋白酶抑制剂）至 50kIU/mL 及吐温-80 至 0.01％，滤除沉淀。滤液稀释 3 倍，每 10L 培养液以 5mL/min 流速进入 t-PA IgG-Sepharose 4B 亲和柱（直径 4cm×40cm），然后用含 0.01％吐温-80、25kIU/mL Aprotinin 及 0.25mol/L 硫氰酸钾（KSCN）的 0.1mol/L 磷酸缓冲液（pH＝7.4），以同样流速洗涤亲和柱，以除去未吸附的杂蛋白及非特异性吸附的杂蛋白。最后用 3mol/L KSCN 溶液洗脱亲和柱，并以每管 10～15mL 体积分部收集，合并 t-PA 洗脱峰，装入透析袋内埋入 PEG20000 中浓缩至原体积 1/10～1/5，备用。

⑥ 精制。将上述 t-PA 浓缩液进 SephadexG-150 柱（直径 2cm×100cm），然后用含 0.01％吐温-80 的 1mol/LNH₄HCO₃ 溶液以 2～3mL/min 流速洗脱，并以每管 10mL 体积分步收集，合并 t-PA 洗脱峰，于冻干机中冻干即为 t-PA 精品。

第十四章

糖类药物

糖类的研究已有百年的历史，许多研究成果表明，糖类是生物体内除蛋白质和核酸以外的又一类重要的生物信息分子。糖类作为信息分子在受精、发育、分化，神经系统和免疫系统衡态的维持等方面起着重要的作用；作为一种细胞分子表面"识别标志"，参与着体内许多生理和病理过程，如：炎症反应中白细胞和内皮细胞的粘连，细菌、病毒对宿主细胞的感染、抗原抗体的免疫识别等。随着糖生物学的崛起和发展，对生物体内细胞识别和调控过程的信息分子——糖类的研究必将成为21世纪对多细胞生物高层次生命现象研究的重要内容之一。

第一节　糖类药物的类型及生物活性简介

一、糖类药物的类型

糖及其衍生物广泛分布于自然界生物体中，是一类微观结构变化最多的生物分子，生物体内的糖以不同形式出现，则有不同功能。糖类的存在形式，按其聚合的程度可分为单糖、低聚糖和多糖等形式。

（1）单糖　是糖的最小单位，如葡萄糖、果糖、氨基葡萄糖等。

（2）糖的衍生物　如 6-磷酸葡萄糖、1,6-二磷酸果糖、磷酸肌醇等。

（3）低聚糖　常指由 2～9 个单糖组成的多聚糖，如麦芽乳糖、乳果糖、水苏糖等。

（4）多聚糖　常称为多糖，是由 10 个以上单糖聚合而成的，如香菇多糖、右旋糖酐、肝素、硫酸软骨素、人参多糖和刺五加多糖等。多糖在细胞内的存在方式有游离型与结合型两种。结合型多糖有糖蛋白和脂多糖两种，前者如黄芪多糖、人参多糖和刺五加多糖、南瓜多糖等，后者如胎盘脂多糖和细菌脂多糖等。

单糖和低聚糖的相对分子质量不变，而多聚糖相对分子质量常随来源不同而异。表14-1列出了常见的糖类药物。

二、糖类药物的生理活性

多糖是研究得最多的糖类药物。多糖类药物具有以下多种生理活性。

（1）调节免疫功能　主要表现为影响补体活性，促进淋巴细胞增生，激活或提高吞噬细胞的功能，增强机体的抗炎、抗氧化和抗衰老。

（2）抗感染作用　多糖可提高机体组织细胞对细菌、原虫、病毒和真菌感染的抵抗能力。如甲壳素对皮下肿胀有治疗作用，对皮肤伤口有促进愈合的作用。

（3）促进细胞 DNA、蛋白合成可促进细胞增殖和生长。

（4）抗辐射损伤作用　茯苓多糖、紫菜多糖、透明质酸等均有抗 $^{60}Co\gamma$ 射线损伤的作用。

（5）抗凝血作用　如肝素是天然抗凝剂，用于防治血栓、周围血管病、心绞痛、充血性心力衰竭与肿瘤的辅助治疗。甲壳素、芦荟多糖、黑木耳多糖等均具有类似的抗凝血作用。

表 14-1　常见糖类药物

类 型	品 名	来 源	作 用 与 用 途
单糖及其衍生物	甘露醇	由海藻提取或葡萄糖电解	降低颅内压、抗脑水肿
	山梨醇	由葡萄糖氢化或电解还原	降低颅内压、抗脑水肿、治青光眼
	葡萄糖	由淀粉水解制备	制备葡萄糖输液
	葡萄糖醛酸内酯	由葡萄糖氧化制备	治疗肝炎、肝中毒、解毒、风湿性关节炎
	葡萄糖酸钙	由淀粉或葡萄糖发酵	钙补充剂
	植酸钙(菲汀)	由玉米、米糠提取	营养剂、促进生长发育
	肌醇	由植酸钙制备	治疗肝硬化、血管硬化、降血脂
	1,6-二磷酸果糖	酶转化法制备	治疗急性心肌缺血休克、心肌梗死
多糖	右旋糖酐	微生物发酵	血浆扩充剂、改善微循环、抗休克
	右旋糖酐铁	用右旋糖酐与铁络合	治疗缺铁性贫血
	糖酐酯钠	由右旋糖酐水解酯化	降血脂、防治动脉硬化
	猪苓多糖	由真菌猪苓提取	抗肿瘤转移、调节免疫功能
	海藻酸	由海带或海藻提取	增加血容量抗休克、抑制胆固醇吸收,消除重金属离子
	透明质酸	由鸡冠、眼球、脐带提取	化妆品基质、眼科用药
	肝素钠	由肠黏膜和肺提取	抗凝血、防肿瘤转移
	肝素钙	由肝素制备	抗凝血、防治血栓
	硫酸软骨素	由喉骨、鼻中膈提取	治疗偏头痛、关节炎
	硫酸软骨素 A	由硫酸软骨素制备	降血脂、防治冠心病
	冠心舒	由猪二十指肠提取	治疗冠心病
	甲壳素	由甲壳动物外壳提取	人造皮、药物赋型剂
	脱乙酰壳多糖	由甲壳质制备	降血脂、金属解毒、止血、消炎

（6）降血脂、抗动脉粥样硬化作用　如硫酸软骨素、小分子肝素等具有降血脂、降胆固醇抗动脉粥样硬化作用。

（7）其他作用　多糖类药物除上述活性作用外，还具有其他多方面的活性作用，如：右旋糖酐可以代替血浆蛋白以维持血液渗透压，中等相对分子质量的右旋糖酐用于增加血容量、维持血压，而小相对分子质量的右旋糖酐是一种安全有效的血浆扩充剂；海藻酸钠能增加血容量，使血压恢复正常。

第二节　糖类药物原料与制备方法

糖类药物原料来源有动植物和微生物，其生产根据品种不同可以有从生物材料中直接提取、发酵生产、酶法转化三种。动植物来源的多用直接提取的方法，微生物来源的多用发酵方法生产。

一、动植物来源的糖类药物的生产

（一）单糖、低聚糖及其衍生物的制备

游离单糖及小分子寡糖易溶于冷水及温乙醇，可以用水或在中性条件下以 50％乙醇为提取溶剂，也可以用 80％乙醇，在 70～78℃下回流提取。溶剂用量一般为材料的 20倍，需多次提取。一般提取流程如下：粉碎植物材料，乙醚或石油醚脱脂，拌加碳酸钙，以 50％乙醇温浸，浸液合并，于 40～45℃减压浓缩至适当体积，用中性醋酸铅去杂蛋白及其他杂质，铅离子可通 H_2S 除去，再浓缩至黏稠状；以甲醇或乙醇温浸，去不溶物（如无机盐或残留蛋白质等）；醇液经活性炭脱色，浓缩，冷却，滴加乙醚，或置于硫酸

干燥器中旋转，析出结晶。单糖或小分子寡糖也可以在提取后，用吸附层析法或离子交换法进行纯化。

（二）多糖的分离与纯化

多糖可来自动物、植物和微生物。来源不同，提取分离方法也不同。植物体内含有水解多糖及其衍生物的酶，必须抑制或破坏酶的作用后，才能制取天然形式存在的多糖。供提取多糖的材料必须新鲜或及时干燥保存，不宜久受高温，以免破坏其原有形式，或使多糖受到内源酶的作用而分解。速冻冷藏是保存提取多糖材料的有效方法。提取方法依照不同种类的多糖的溶解性质而定。如昆布多糖、果聚糖、糖原易溶于水；壳多糖与纤维素溶于浓酸；直链淀粉易溶于稀碱；酸性黏多糖常含有氨基己糖、己糖醛酸以及硫酸基等多种结构成分，且常与蛋白质结合在一起，提取分离时，通常先用蛋白酶或浓碱、浓中性盐解离蛋白质与糖的结合键后，用水提取，再将水提取液减压浓缩，以乙醇或十六烷基三甲基溴化铵（CTAB）沉淀酸性多糖，最后用离子交换色谱法进一步纯化。

1. 多糖的提取

提取多糖时，一般需先进行脱脂，以便多糖释放。方法：将植物材料粉碎，用甲醇或乙醇-乙醚（1∶1）混合液，加热搅拌温浸 1～3h，也可用石油醚脱脂。动物材料可用丙酮脱脂、脱水处理。

多糖的提取方法主要有以下几种。

（1）稀碱液提取　主要用于难溶于冷水、热水、可溶于稀碱的多糖。此类多糖主要是一些胶类，如木聚糖、半乳聚糖等，提取时可先用冷水浸润材料，使其溶胀后，再用 0.5mol/L NaOH 提取，提取液用盐酸中和、浓缩后，加乙醇沉淀多糖。如在稀碱中不易溶出者，可加入硼砂，如甘露醇聚糖、半乳聚糖等能形成硼酸配合物，用此法可得到相当纯的产品。

（2）热水提取　适用于难溶于冷水和乙醇，易溶于热水的多糖。提取时材料先用冷水浸泡，再用热水（80～90℃）搅拌提取，提取液除蛋白质，离心，得清液。透析或用离子交换树脂脱盐后，用乙醇洗涤沉淀的多糖。

（3）黏多糖的提取　大多数黏多糖可用水或盐溶液直接提取，但因大部分黏多糖与蛋白质结合于细胞中，需用酶解法或碱解法裂解糖-蛋白间的结合键，促使多糖释放。

碱解法可以防止黏多糖中硫酸基的水解破坏，也可以同时用酶解法处理材料。各种黏多糖在乙醇中的溶解度不同，可以用乙醇分级沉淀，达到分离纯化的目的。

① 碱解。多糖与蛋白质结合的糖肽键对碱不稳定，故可用碱解法使糖与蛋白质分开。碱处理时，可将组织在 40℃ 以下，用 0.5mol/L NaOH 溶液提取，提取液以酸中和，透析后，以高岭土、硅酸铝或其他吸附剂除去杂蛋白，再用酒精沉淀多糖。黏多糖分子上的硫酸基一般对碱较稳定，但若硫酸基与邻羟基处于反式结构或硫酸基在 C-3 或 C-6，此时易发生脱硫作用，因此对这类多糖不宜用碱解法提取。

② 酶解。蛋白酶水解法已逐步取代碱提取法而成为提取多糖的最常用方法。理想的工具酶是专一性低、具有广谱水解作用的蛋白水解酶。鉴于蛋白酶不能断裂糖肽键及其附近的肽键，因此成品中会保留较长的肽段。为除去长肽段，常与碱解法合用。酶解时要防止细菌生长，可加甲苯、氯仿、酚或叠氮化钠作抑菌剂，常用的酶制剂有胰蛋白酶、木瓜蛋白酶和链霉菌蛋白酶及枯草杆菌蛋白酶。酶解液中的杂蛋白可用 Sevag 法、三氯醋酸法、磷钼酸-磷钨酸沉淀法、高岭土吸附法、三氟三氯乙烷法、等电点法去除，再经透析后，用乙醇沉淀即可制得粗品多糖。

2. 多糖的纯化

多糖的纯化方法很多，但必须根据目的物的性质及条件选择合适的纯化方法，而且往往用一种方法不易得到理想的结果，因此必要时应考虑合用几种方法。

（1）乙醇沉淀法　乙醇沉淀法是制备黏多糖的最常用手段。乙醇的加入，改变了溶液的极性，导致糖溶解度下降。供乙醇沉淀的多糖溶液，其含多糖的浓度以 1%～2% 为佳。如使用充分过量的乙醇，黏多糖浓度少于 0.1% 也可以沉淀完全，向溶液中加入一定浓度的盐，如醋酸钠、醋酸钾、醋酸铵或氯化钠有助于使黏多糖从溶液中析出，盐的最终浓度 5% 即可。使用醋酸盐的优点是在乙醇中其溶解度更大，即使在乙醇过量时，也不会发生这类盐的共沉淀。一般只要黏多糖浓度不太低，并有足够的盐存在，加入 4～5 倍乙醇后，黏多糖可完全沉淀。可以使用多次乙醇沉淀法使多糖脱盐，也可以用超滤法或分子筛法（SephadexG-10 或 G-15）进行多糖脱盐。加完乙醇，搅拌数小时，以保证多糖完全沉淀。沉淀物可用无水乙醇、丙酮、乙醚脱水，真空干燥即可得疏松粉末状产品。

（2）分级沉淀法　不同多糖在不同浓度的甲醇、乙醇或丙酮中的溶解度不同，因此可用不同浓度的有机溶剂分级沉淀分子大小不同的黏多糖。在 Ca^{2+}、Zn^{2+} 等二价金属离子的存在下，采用乙醇分级分离黏多糖可以获得最佳效果。

（3）季铵盐络合法　黏多糖与一些阳离子表面活性剂如十六烷基三甲基溴化铵（CTAB）和十六烷基氯化吡啶（CPC）等能形成季铵盐络合物。这些络合物在低离子强度的水溶液中不溶解，在离子强度大时，这种络合物可以解离、溶解、释放。使其溶解度发生明显改变的无机盐浓度（临界盐浓度）主要取决于聚阴离子的电荷密度。黏多糖的硫酸化程度影响其电荷密度，根据其临界盐浓度的差异可以将黏多糖分为若干组（表 14-2）。

表 14-2　用季铵盐分级分离黏多糖

组　　别	每个单糖残基具有的阴离子化基团	硫酸基与羧基的比值
组Ⅰ:透明质酸软骨素	0.5	0
组Ⅱ:硫酸软骨素硫酸乙酰肝素	1.0	1.0
组Ⅲ:肝素	1.5～2.0	2.0～3.0

降低 pH 值可抑制羧基的电离，有利于增强硫酸黏多糖的选择性沉淀。季铵盐的沉淀能力受其烷基链中的—CH_2—基数的影响，还可以用不同种季铵盐的混合物作为酸性黏多糖的分离沉淀剂，如 Cetavlon 和 Arguad16 等（季铵盐混合物的商品名）。应用季铵盐沉淀多糖是分级分离复杂黏多糖与从稀溶液中回收黏多糖的最有用方法之一。

（4）离子交换层析法　黏多糖由于具有酸性基团（如糖醛酸和各种硫酸基），在溶液中以聚阴离子形式存在，因而可用阴离子交换剂进行交换吸附。常用的阴离子交换剂有 D254、Dowex-X2、ECTEO1A-纤维素、DEAE-C、DEAE、Sephadex A-25 和 DeaciditeFF。吸附时可以使用低盐浓度样液，洗脱时可以逐步提高盐浓度如梯度洗脱或分步阶梯洗脱。如以 Doxexl 进行分离时，分别用 0.5mol/L、1.25mol/L、1.5mol/L、2.0mol/L 和 3.0mol/L NaCl 洗脱，可以分离透明质酸、硫酸乙酰肝素、硫酸软骨素、肝素和硫酸角质素。此外，区带电泳法、超滤法及金属络合法等在多糖的分离纯化中也常采用。

动物来源的多糖以黏多糖为主。黏多糖是一类含有氨基己糖与糖醛酸的多糖的总称，是动物体内的蛋白多糖分子中的糖链部分。黏多糖包括中性多糖和酸性黏多糖。黏多糖可因组成中所含单糖的种类与比例，N-乙酰基、N-硫酸基和硫酸基的多少及硫酸基的位置，糖苷键的比例和支链程度的不同，而形成功能各异的不同类型黏多糖。如黏多糖的抗凝作用和降血脂功能与其硫酸化程度关系很大。黏多糖大多由特殊的重复双糖单位构成，在此双糖单位中，包含一个 N-乙酰氨基己糖。黏多糖的组成结构单位中有两种糖醛酸，即 D-葡萄糖醛酸和 L-艾杜糖醛酸；两种氨基己糖，即氨基-D-葡萄糖和氨基-D-半乳糖；另外，还有若干其他单糖作为附加成分，其中包括半乳糖、甘露糖、岩藻糖和木糖等。表 14-3 列出了不同黏多糖的重复单位和其理化性质。

表 14-3　不同黏多糖的重复单位和物理化学性质

名　称	重复单位	$[\alpha]_D^t/(\degree)$	红外光谱/cm^{-1}	特性黏度	相对分子质量	存　在
甲壳素	(1→4)-O-2-乙酰氨基-2-脱氧-β-D-葡萄糖	−14 +56	884 890			骨骼类物质
软骨素	(1→4)-O-β-D 葡萄糖醛酸-(1→3)-2-乙酰氨基-2-脱氧-β-D-半乳糖	−21	—	—	—	角膜
4-硫酸软骨素(硫酸软骨素 A)	(1→4)-O-β-D-葡萄糖醛酸-(1→3)-2-乙酰氨基-2-脱氧-4-O-硫酸-β-D-半乳糖	−26～−30	724,851,930	0.2～1.0	$5×10^4$	骨、角膜软骨、皮
6-硫酸软骨素(硫酸软骨素 C)	(1→4)-O-葡萄糖醛酸-(1→3)-2-乙酰氨基-2-脱氧-6-O-硫酸-β-D-半乳糖	−12～−22	775,820,1000	0.2～1.3	$5×10^3～5×10^4$	软骨、主动脉、皮、脐带
硫酸皮肤素(硫酸软骨素 B,β-肝素)	(1→4)-O-α-L-艾杜糖醛酸-(1→3)-2-乙酰氨基-2-脱氧-4-O-硫酸-β-D-半乳糖	−55～−63	724,851,930	0.5～1.0	$1.5×10^4～4×10^4$	主动脉、皮、脐带、腱
硫酸乙酰肝素(硫酸类肝素)	葡萄糖醛酸-(1→4)-2-氨基-2-脱氧-O-硫酸-D-葡萄糖	+39～+69	920,1050			主动脉、肺
肝素	(1→4)-O-α-D-葡萄糖醛酸-(1→4)-2-硫酸氨基-2-脱氧-6-O-硫酸-α-D-葡萄糖和(1→4)-O-β-L-艾杜糖醋酸-2-硫酸-(1→4)-2-硫酸氨基-2-脱氧-6-O-硫酸-α-D-葡萄糖	+48	890,940	0.1～0.2	$8×10^3～2×10^4$	肝、肺、皮、肠等肥大细胞
透明质酸	(1→4)-O-β-D-葡萄糖醛酸-(1→3)-2-乙酰氨基-2-脱氧-β-D-葡萄糖	−68	900,950	2.0～4.8	$2×10^5～1×10^6$	滑膜液、玻璃体液、脐带、皮
硫酸角质素	(1→3)-O-β-D-半乳糖-(1→4)-2-乙酰氨基-2-脱氧-6-O-硫酸-β-D-葡萄糖	+4.5	775,820,998	0.2～0.5	$8×10^3～1.2×10^4$	主动脉、角膜、软骨、髓核

在组织中，黏多糖几乎没有例外地与蛋白质以共价结合。这些蛋白多糖中，已确定有 3 种类型的糖蛋白连接方式：①在木糖和丝氨酸之间的一个 O-糖苷键；②在 N-乙酰氨基半乳糖和丝氨酸（或苏氨酸）羟基之间的一个 O-糖苷键；③在 N-乙酰氨基葡萄糖和天冬酰胺的酰氨基之间的一个 N-氨基糖残基的键。

黏多糖一般有 5 种类型的生理活性：①作为高分子聚阴离子，可调节体内的阴离子浓度；②能预防细菌感染；③调节骨胶原纤维的生成；④具有净化高脂肪血和抗凝血作用；⑤增强机体免疫功能和抗肿瘤作用。

二、微生物来源的多糖类药物的生产

微生物来源的多糖类药物用发酵法生产，也可用酶转化法生产，如液体深层培养香菇产生菌生产香菇多糖、1,6-二磷酸果糖的生产等，其方法同其他发酵和酶转化产品。发酵类型多属有氧发酵。

第三节　重要糖类药物生产工艺

糖类药物品种繁多，发展迅速，现根据其来源、性质及工艺特点不同，主要介绍具有代表性的几个重要品种的生产工艺。

一、D-甘露醇

甘露醇（mannitol）在体内代谢甚少，肾小管内重吸收也极微，静脉注射后，可吸收水分进入血液中，降低颅内压，使由脑水肿引起休克的病人神志清醒。用于大面积烧伤及烫伤产生的水肿，并有利尿作用，用以防止肾脏衰竭，降低眼内压，治疗急性青光眼，还用于中毒性肺炎、循环虚脱症等。

（一）结构与性质

甘露醇又名己六醇。

$$HO-CH_2-\overset{\overset{\displaystyle H}{|}}{\underset{\underset{\displaystyle OH}{|}}{C}}-\overset{\overset{\displaystyle H}{|}}{\underset{\underset{\displaystyle OH}{|}}{C}}-\overset{\overset{\displaystyle OH}{|}}{\underset{\underset{\displaystyle H}{|}}{C}}-\overset{\overset{\displaystyle OH}{|}}{\underset{\underset{\displaystyle H}{|}}{C}}-CH_2-OH$$

甘露醇

甘露醇为白色针状结晶，无臭，略有甜味，不潮解。易溶于水（15.6g 18℃），溶于热乙醇，微溶于低级醇类和低级胺类，微溶于吡啶，不溶于有机溶剂。在无菌溶液中较稳定，不易为空气所氧化。熔点166℃，$[\alpha]_D^{20}$ +28.6°（硼砂溶液）。

（二）生产工艺

甘露醇在海藻、海带中含量较高。海藻洗涤液和海带洗涤液中甘露醇的含量分别为2%与1.5%，是提取甘露醇的重要资源。也可用发酵法和用葡萄糖电解转化生产。

1. 提取法

（1）工艺流程

海藻或海带 --[浸泡提取 自来水]--> 浸泡液 --[凝集黏性物 pH=10～11,8h]--> 上清液 --[中和 pH=6～7]--> 中性提取液 --[浓缩 110～115℃]--> 浓缩液 --[乙醇沉淀 2:1 95%乙醇]--> 沉淀物 --> 粗品甘露醇 [乙醇回流 除杂质] --[精制 H₂O,活性炭]--> 结晶甘露醇 --[干燥 105～110℃]--> 药用甘露醇

（2）工艺过程及控制要点

① 浸泡提取、碱化、中和。海藻或海带加20倍量自来水，室温浸泡2～3h，浸泡液套用作第二批原料的提取溶剂，一般套用4批，浸泡液中的甘露醇含量已较大。取浸泡液用30%NaOH，调pH值为10～11，静置8h，凝集沉淀多糖类黏性物。虹吸上清液，用50%H_2SO_4中和至pH=6～7，进一步除去胶状物，得中性提取液。

② 浓缩、沉淀。沸腾浓缩中性提取液，除去胶状物，直到浓缩液含甘露醇30%以上，冷却至60～70℃趁热加入2倍量95%乙醇，搅拌均匀，冷至室温离心收集灰白色松散沉淀物。

③ 精制。沉淀物悬浮于8倍量94%乙醇中，搅拌回流30min，出料，冷却过夜，离心得粗品甘露醇，含量70%～80%。重复操作一次，经乙醇重结晶后，含量大于90%，氯化物含量小于0.5%。取此样品重溶于适量蒸馏水中，加入1/8～1/10活性炭，80℃保温0.5h，滤清。清液冷却至室温，结晶，抽滤，洗涤，得精品甘露醇。

④ 干燥。结晶甘露醇于105～110℃烘干。

⑤ 包装。检验Cl^-合格后（Cl^-<0.007%）进行无菌包装，含量98%～102%。

2. 发酵法

（1）工艺流程

米曲霉菌种 $\xrightarrow[30\sim32℃,4\sim5\text{天}]{[\text{斜面培养}]}$ 斜面菌种 $\xrightarrow[31℃,20\sim24h]{[\text{种子培养}]}$ 种子培养液 $\xrightarrow[pH=6\sim3,30\sim32℃,4\sim5\text{天}]{[\text{发酵}]}$ 发酵液 →

精品结晶 $\xleftarrow[55\sim60℃]{[\text{浓缩结晶}]}$ 纯化液 $\xleftarrow[717\text{与}732\text{树脂}]{[\text{离子交换除盐}]}$ 脱色液 $\xleftarrow[\text{活性炭}]{[\text{脱色}]}$ 粗品结晶 $\xleftarrow[\substack{55\sim60℃\\\text{减压浓缩}}]{[\text{浓缩结晶}]}$ 清液 $\xleftarrow[\text{加热凝固蛋白、活性炭}]{[\text{除杂质}]}$

$\xrightarrow[105\sim110℃]{[\text{干燥}]}$ 药用甘露醇

（2）工艺过程及控制要点

① 生产菌种。生产 D-甘露糖的菌种为经选育的米曲霉菌 *Aspergillus oryaze* 3.409。将菌种接种于斜面培养基中，31℃，培养 4 天。斜面存于 4℃冰箱中，2～3 个月传代一次。使用前重新转接活化培养。

斜面培养基制备：取麦芽 1kg，加水 4.5L，于 55℃保温 1h，升温到 62℃，再保温 5～6h，加温煮沸后，用碘液检查糖度应在 12 °Bé 以上，pH＝5.1 以上，即可存于冷室备用。取此麦芽汁加 2％琼脂，灭菌后，制成斜面，存于 4℃备用。

② 种子培养。取经活化培养 4 天的斜面菌种 2 支，转接于 17.5L 种子培养基中，（31±1）℃搅拌通气培养 20～24h。通风比 1：5m³/(m³·min)，搅拌速度 350r/min，罐压 1kgf/cm²。

种子培养基：$NaNO_3$ 0.3％，KH_2PO_4 0.1％，$MgSO_4$ 0.05％，KCl 0.05％，$FeSO_4$ 0.001％，玉米浆 0.5％，淀粉糖化液 2％，玉米粉 2％，pH＝6～7。

③ 发酵。于 500L 发酵罐中，加入 350L 发酵培养基，1.5kgf/cm²❶ 蒸汽灭菌 30min，移入种子培养液，接种量 5％，30～32℃发酵 4～5 天，通风比 1：0.3m³/(m³·min)。发酵 20h 后改为 1：0.4，罐压 1kgf/cm²，搅拌速度 230r/min，配料时添加适量豆油，防止产生泡沫。发酵培养基与种子培养基相同。

④ 提取、分离。发酵液加热 100℃，5min 凝固蛋白，加入 1％活性炭，80～85℃加热 30min，离心，澄清滤液于 55～60℃真空浓缩至 31 °Bé，于室温结晶 24h，甩干得甘露醇结晶。将结晶溶于 0.7 体积水中，加 2％活性炭，70℃加热 30min，过滤。清液通过 717 强碱型阴树脂与 732 强酸性阳树脂，检查流出液应无氯离子存在。

⑤ 浓缩、结晶、烘干。精制液于 55～60℃真空浓缩至 25 °Bé，浓缩液于室温结晶 24h，甩干结晶，置 105～110℃烘干，粉碎包装。

3. 制剂

取适量注射用水，按 20％标示量，称取结晶甘露醇，加热 90℃搅拌溶解后，加入 1％活性炭，加热 5min，过滤，再补足注射用水至标示量，检测 pH 值（4.5～6.5）和含量。合格后，经 3 号垂熔漏斗澄清过滤，分装于 50mL、100mL、250mL 安瓿瓶或输液瓶中，以 1kgf/cm² 蒸汽灭菌 40min，即得甘露醇注射液。20％甘露醇注射液是饱和溶液，为防止在温度过低时析出结晶，配制时需保温 45℃左右趁热过滤。5.07％甘露醇溶液为等渗溶液。长时间高温加热，会引起色泽变黄，在 pH＝8 时尤为明显，配制时应注意操作。含热原的注射液可通过阳树脂 Amberlite IRho（H^+ 型）与阴树脂 Amberlite IRA-400（OH^- 型）处理，制得 pH 值合适又不含热原的注射液。

---

❶ 1kgf/cm²＝98.0665kPa，全书余同。

（三）检验

（1）pH值　注射 pH 值应为 4.5～6.5，用电位法测定。

（2）含量测定　药典规定应用碘量法测定甘露醇含量。取本品样液加入高碘酸钠硫酸液，加热反应 15min，冷却后加入碘化钾试液，用硫化硫酸钠标准液滴定以淀粉为指示剂，经空白试验校正后，计算样品含量。

二、1,6-二磷酸果糖

1,6-二磷酸果糖（fructose-1,6-diphosphate，FDP）是葡萄糖代谢过程中的重要中间产物，是分子水平上的代谢调节剂。FDP 具有促进细胞内高能基团的重建，保持红细胞的韧性及向组织释放氧气的能力，是糖代谢的重要促进剂。临床验证表明 FDP 是急性心肌梗死、心功能不全、冠心病、心肌缺血、休克等症的急救药物，它有利于改善心力衰竭、肝肾功能衰竭等临床危象，在各类外科手术中可以作为重要辅助治疗药物，对各类肝炎引起的深度黄疸、转氨酶升高及低白蛋白血症者也有较好的治疗作用。

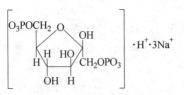

图 14-1　1,6-二磷酸
果糖三钠盐

（一）结构与性质

1,6-二磷酸果糖是果糖 1,6-二磷酸酯，其分子形式有游离酸 $FDPH_4$ 与钠盐如 1,6-二磷酸果糖三钠盐（$FDPNa_3H$）（图 14-1）等。

$FDPNa_3H$ 为白色晶形粉末，无臭，熔点 71～74℃，$[\alpha]_D^{20} +4°$，易溶于水，不溶于有机溶剂，4℃时较稳定，久置空气中易吸潮结块，变为微黄色。

（二）生产工艺

1. 酶转化工艺

（1）工艺流程

FDP 合成酶产生菌 —[酶冻融]—$-20℃$ 化冻→ 酶液 —[转化]—蔗糖,NaH_2PO_4→ 转化液 —[除蛋白]→ 清液 —[离子交换]→ 树脂吸附物 —[洗脱]→ 洗脱液 → 生成钙盐 CaCl₂ → FDP-Ca₂ —[转酸]—732 树脂→ $FDPH_4$ —[成盐]—2mol/L NaOH→ $FDPNa_3H$ 粗品 —[除菌、去热原]—超滤→ 超滤液 —[冻干]→ 精品 $FDPNa_3H$

（2）工艺过程及控制要点

① 取经多代发酵应用过的酵母渣，悬浮于适量蒸馏水中，反复冻融或加入细胞渗透剂，加入底物（8% 蔗糖、4% NaH_2PO_4、30mmol/L $MgCl_2$，pH＝6.5）于 30℃，反应 6h。

② 除杂蛋白。煮沸 5min，离心去除杂蛋白，收集清液。

③ 阴离子交换柱层析。转化液通过 DEAE-C 交换柱，用蒸馏水洗至 pH＝7.0，然后进行分步洗脱，转成钙盐，过滤，收集沉淀。

④ 转酸。$FDPCa_2$ 悬浮于水中，用 732 [H^+] 树脂将其转成 $FDPH_4$，用 2mol/L NaOH 调 pH＝5.3～5.8，除菌过滤后，冻干。

2. 固定化细胞制备工艺

（1）工艺流程

FDP 产生菌种子 —[培养]→ FDP 产生菌体 —[固定化]—卡拉胶→ 固定化细胞 —[活化]→ 活化固定化细胞蔗糖 —[酶促转化]—底物,30℃→ 蔗糖转化液 —[除蛋白]→ 清液 —[离子交换]→ 吸附物树脂 —[洗脱]→ 洗脱液 —[成钙盐]—CaCl₂→ FDP Ca₂ —[转酸]—732 树脂→ $FDPH_4$ —[成盐]—2mol/L NaOH→ $FDPNa_3H$ —[除菌、除热原]—超滤→ 超滤液 —[冻干]→ 精品 $FDPNa_3H$

（2）工艺过程及控制要点

① FDP产生菌及培养。生产用啤酒酵母菌。将啤酒酵母菌接种于麦芽汁斜面培养基上，26℃培养24h，转入种子培养基中，培养至对数生长期，转于发酵培养基中，于28℃发酵培养24h，静置，离心，收集菌体。

② 固定化细胞的制备。取活化菌体用等体积生理盐水悬浮，预热至40℃，用4倍量生理盐水加热溶解卡拉胶（卡拉胶用量为3.2g/100mL），两者于45℃混合搅拌10min，倒入成型器皿中，4～10℃冷却30min，加入等量0.3mol/L KCl浸泡硬化24h，切成3mm×3mm×3mm小块。

③ 活化固定化细胞。用含底物的表面活性剂，于35℃浸泡活化固定化细胞12h，用0.3mol/L KCl洗涤后浸泡于生理盐水中备用。

④ 酶促转化。以活化的固定化细胞充填柱反应器，以上行法，通入30℃底物溶液（内含8%蔗糖、4%NaH_2PO_4、5mmol/L ATP、30mmol/L $MgCl_2$），收集反应液。

⑤ 离子交换。反应液经除蛋白澄清过滤，清液通过已处理好的DEAE-C阴离子交换柱，经洗涤，洗脱，收集洗脱液加入适量$CaCl_2$使生成$FDPCa_2$沉淀。

⑥ 转酸。$FDPCa_2$悬浮于无菌水中，用732［H^+］树脂将其转成$FDPH_4$，用2mol/L NaOH调pH=5.3～5.8，经活性炭脱色，超滤冻干，得$FDPNa_3H$精品。

（三）检验

FDP的含量测定采用酶分析法。系用醛缩酶将FDP裂解成3-磷酸-甘油醛和磷酸-二羟丙酮，然后利用异构酶把磷酸-二羟丙酮转变为3-磷酸-甘油醛，再用磷酸甘油醛脱氢酶将3-磷酸-甘油醛还原成磷酸-甘油，与此同时，还原型辅酶Ⅰ（NADH）脱氢氧化成氧化型辅酶Ⅰ（NAD），根据340nm处辅酶Ⅰ的吸收值变化，即可以测定供试品中FDP的含量。本法快速，特异。

三、肝素

肝素（heparin）是一种典型的天然抗凝血药，能阻止血液的凝结过程，用于防止血栓的形成。因为肝素在α-球蛋白参与下，能抑制凝血酶原转变成凝血酶。肝素还具有澄清血浆脂质、降低血胆固醇和增强抗癌药物等作用，临床广泛用作各种外科手术前后防治血栓形成和栓塞，输血时预防血液凝固和作为保存新鲜血液的抗凝剂。小剂量肝素用于防治高血脂症与动脉粥样硬化。广泛用于预防血栓疾病、治疗急性心肌梗死症和用作肾病患者的渗血治疗，还可以用于清除小儿肾病形成的尿毒症。肝素软膏在皮肤病与化妆品中也已广泛应用。

（一）结构与性质

肝素是一种含有硫酸基的酸性黏多糖，其分子具有由六糖或八糖重复单位组成的线形链状结构。三硫酸双糖是肝素的主要双糖单位，L-艾杜糖醛酸是此双糖的糖醛酸。二硫酸双糖的糖醛酸是D-葡萄糖醛酸。三硫酸双糖与二硫酸双糖以2∶1的比例在分子中交替联结。其分子结构的一个六糖重复单位如图14-2所示。在其六糖单位中，含有3个氨基葡萄糖。分子中的氨基葡萄糖苷是α-型，而糖醛酸苷是β-型。

肝素的含硫量为9%～12.9%，硫酸基在氨基葡萄糖的2位氨基和6位羟基上，分别形成磺酰胺和硫酸酯。在艾杜糖醛酸的2位羟基也形成磺酰胺。整个分子呈螺旋形纤维状。

肝素活性还与葡萄糖醛酸含量有关，活性高的分子片段其葡萄糖醛酸含量较高，艾杜糖醛酸含量较低。硫酸化程度高的肝素具有较高的降脂和抗凝活性。而高度乙酰化的肝素，抗凝活性降低甚至完全消失，但降脂活性不变。相对分子质量较小的肝素（相对分子质量4000～5000）具有较低的抗凝活性。

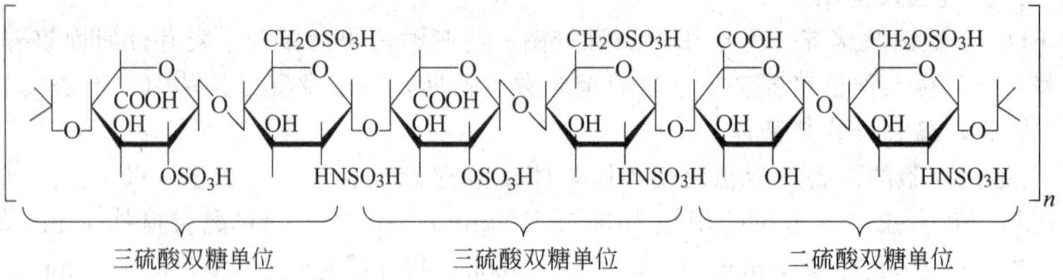

图 14-2　肝素分子的六糖重复单位结构式

肝素相对分子质量不均一，由低、中、高三类不同相对分子质量组成，平均相对分子质量为 12000 ± 6000。商品肝素至少由 21 种不同相对分子质量组成，其相对分子质量从 $3000 \sim 37500$，两种不同组成间的相对分子质量差距约为 $1500 \sim 2000$，即相当于一个六糖或八糖单位。

肝素及其钠盐为白色或灰白色粉末，无臭无味，有吸湿性，易溶于水，不溶于乙醇、丙酮、二氧六环等有机溶剂，其游离酸在乙醚中有一定溶解性。比旋度：游离酸（牛、猪）$[\alpha]_D^{20} = +53° \sim +56°$；中性钠盐（牛）$[\alpha]_D^{20} = +42°$；酸性钡盐（牛）$[\alpha]_D^{20} = +45°$。

肝素在紫外区 $185 \sim 200nm$ 有特征吸收峰，在红外区 $890cm^{-1}$、$940cm^{-1}$ 有特征吸收峰，测定 $1210 \sim 1150cm^{-1}$ 的吸收值可用于快速测定。

肝素分子中含有硫酸基与羧基，呈强酸性，为聚阴离子，能与阳离子反应成盐。

肝素的糖苷键不易被酸水解，O-硫酸基对酸水解稳定。N-硫酸基对酸水解敏感，在温热的稀酸中会失活，温度越高，pH 值越低，失活越快。在碱性条件下，N-硫酸基相当稳定。肝素与氧化剂反应，可能被降解成酸性产物，因此使用氧化剂精制肝素，一般收率仅为 80% 左右。还原剂的存在，基本上不影响肝素的活性。肝素结构中的 N-硫酸基与抗凝血作用密切相关，如遭到破坏其抗凝活性则降低。分子中游离羟基如被酯化（硫酸化）、乙酰化，抗凝活性均不下降，也不影响其抗凝活性。肝素有聚阴离子性质，能与多种阳离子反应成盐。这些阳离子包括：金属阳离子（Ca^{2+}、Na^+、K^+），有机碱的长链吡啶化合物如十六烷基氯化吡啶（CPC）、番木鳖碱、碱性染料——天青 A 等，阳离子表面活性剂（长链季铵盐）如十六烷基三甲基溴化铵，阳离子交换剂和带正电荷的蛋白质如鱼精蛋白等。肝素与碱性染料（如天青 A、甲苯胺蓝等）反应可使染料的光吸收向短波方向移动，如天青 A 在 pH＝3.5 时的特征吸收峰为 620nm，与肝素结合后其最大吸收移向 $505 \sim 515nm$，在此波长下光吸收值的增加与肝素浓度成正比。

用过量醋酸与乙醇能沉淀肝素失活产物。失活肝素的分子组成与相对分子质量变化不大，但分子形状变化很大，使原来螺旋形的纤维状分子结构发生改变，分子变短、变粗。肝素酶能使肝素降解成三硫酸双糖单位和二硫酸双糖单位。乙酰肝素酶Ⅱ能将 4 糖单位降解为一个三硫酸双糖和一个二硫酸双糖单位。

（二）生产工艺

肝素广泛分布于哺乳动物的肝、肺、心、脾、肾、胸腺、肠黏膜、肌肉和血液里，因此肝素可由猪肠黏膜、牛肺、猪肺等提取。其生产工艺主要有盐解-季铵盐沉淀法，盐解-离子交换法和酶解-离子交换法。

肝素在组织内和其他黏多糖一起与蛋白结合成复合物，因此肝素制备过程包括肝素蛋白质复合物的提取、解离和肝素的分离纯化两个步骤。提取肝素多采用钠盐的碱性热水或沸水浸提，然后用酶［如胰蛋白酶、胰酶（胰脏）、胃蛋白酶、木瓜蛋白酶和细胞蛋白酶等］水解与肝素结合的蛋白质，使肝素解离释放。也可以用碱性食盐水提取，再经热变性并结合凝结剂（如明矾、硫酸铝等）除去杂蛋白。所得的粗提液，仍含有未除杂的杂蛋白、核酸类物质和其他黏多糖，需经阴离子交换剂或长链季铵盐分离，再经乙醇沉淀和氧化剂处理等纯化操作，即得精品肝素。

1. 盐解离子交换生产工艺

（1）工艺流程

猪肠黏膜 —[提取] pH＝9.0,53～55℃,2h→ 提取液 —[吸附] 714树脂→ 树脂吸附物 —[洗涤] 1.4mol/L NaCl→ 树脂吸附物 —[洗脱] 3mol/L NaCl→ 洗脱液 —[沉淀] 乙醇→ 粗品肝素 —[溶解] 1%NaCl,pH＝1.5→ 滤液 —[脱色] H_2O_2,pH＝11.0→ 滤液 —[沉淀] 乙醇→ 肝素钠精品

（2）工艺过程及控制要点

① 提取。取新鲜肠黏膜投入反应锅内，按3%加入NaCl，用30%NaOH调pH＝9.0，于53～55℃保温提取2h。继续升温至95℃，维持10min，冷却至50℃以下，过滤，收集滤液。

② 吸附。加入714强碱性Cl^-型树脂，树脂用量为提取液的2%。搅拌吸附8h，静置过夜。

③ 洗涤。收集树脂，用水冲洗至洗液澄清，滤干，用2倍量1.4mol/L NaCl搅拌2h，滤干。

④ 洗脱。用2倍量3mol/L NaCl搅拌洗脱8h，滤干，再用1倍量3mol/L NaCl搅拌洗脱2h，滤干。

⑤ 沉淀。合并滤液，加入等量95%乙醇沉淀过夜。收集沉淀，丙酮脱水，真空干燥得粗品。

⑥ 精制。粗品肝素溶于15倍量1%NaCl，用6mol/L盐酸调pH＝1.5左右，过滤至清，随即用5mol/L NaOH调pH＝11.0，按3%用量加入H_2O_2（浓度30%），25℃放置。维持pH＝11.0，第2天再按1%量加入H_2O_2，调整pH＝11.0，继续放置，共48h，用6mol/L盐酸调pH＝6.5，加入等量的95%乙醇，沉淀过夜。收集沉淀，经丙酮脱水真空干燥，即得肝素钠精品。

2. 酶解-离子交换生产工艺

（1）工艺流程

猪肠黏膜 —[酶解] 胰浆，NaCl；pH＝8.5，40～45℃；pH＝6.5，90℃→ 滤液 —[吸附] 254树脂；pH＝7.0，5h→ 树脂吸附物 —[洗涤] 2mol/L NaCl；1.2mol/L NaCl→ 树脂吸附物 —[洗脱] 5mol/L NaCl；3mol/L NaCl→ 洗脱液 —[沉淀] 乙醇→ 沉淀物 —[脱水、干燥] 无水乙醇，丙酮→ 粗品肝素 —[溶解] 2%NaCl→ 溶解液 —[脱色] 溶液，$KMnO_4$；pH＝8.0，80℃，2.5h→ 滤液 —[沉淀] 乙醇，pH＝6.4→ 沉淀物 —[溶解] 1%NaCl→ 溶液 —[沉淀] 乙醇→ 沉淀物 —[脱水、干燥] 无水乙醇，丙酮，乙醚→ 精品肝素钠

（2）工艺过程及控制要点

① 酶解。取100kg新鲜肠黏膜（总固体5%～7%）加苯酚200mL（0.2%），如气温低时可不加。在搅拌下，加入绞碎胰脏0.5～1kg（0.5%～1%），用40%NaOH调pH值至8.5～9.0，升温至40～45℃，保温2～3h。维持pH＝8.0，加入5kg NaCl（5%），升温至90℃，用6mol/L HCl调pH＝6.5，停止搅拌，保温20min，过滤。

② 吸附。取酶解液冷至50℃以下，用6mol/L NaOH调pH＝7.0，加入5kg 254强碱性阴离子交换树脂，搅拌吸附5h。收集树脂，水冲洗至洗液澄清，滤干，用等体积2mol/L

NaCl 洗涤 15min，滤干，树脂再用 2 倍量 1.2mol/L NaCl 洗涤 2 次。

③ 洗脱。树脂吸附物用 0.5 倍量 5mol/L NaCl 搅拌洗脱 1h，收集洗脱液，再用 1/3 量 3mol/L NaCl 洗脱 2 次，合并洗脱液。

④ 沉淀。洗脱液经纸浆助滤，得清液，加入用活性炭处理过的 0.9 倍量的 95％乙醇，冷处沉淀 8～12h。收集沉淀，按 100kg 黏膜加入 300mL 的比例，向沉淀中补加蒸馏水，再加 4 倍量 95％乙醇，冷处沉淀 6h。收集沉淀，用无水乙醇洗 1 次，丙酮脱水 2 次，真空干燥，得粗品肝素。

⑤ 精制。粗品肝素溶于 10 倍量 2％NaCl，加入 4％ KMnO4（加入量为每亿单位肝素加入 0.65mol KMnO4）。加入方法：将 KMnO4 调至 pH＝8.0，预热至 80℃，在搅拌下加入，保温 2.5h；以滑石粉作助滤剂，过滤，收集滤液，调 pH＝6.4，加 0.9 倍量 95％乙醇，置于冷处沉淀 6h 以上；收集沉淀，溶于 1％NaCl 中（配成 5％肝素钠溶液），加入 4 倍量 95％乙醇，冷处沉淀 6h 以上；收集沉淀，用无水乙醇、丙酮、乙醚洗涤，真空干燥，得精品肝素，最高效价 140U/mg 以上。收率 20000U/kg（肠黏膜）。

（三）检验

1. 生物检定法

测定肝素生物效价有硫酸钠兔全血法、硫酸钠牛全血法和柠檬酸羊血浆法。兔全血法系将肝素标准品和供试品用健康家兔新鲜血液比较两者延长血凝时间的程度，以决定供试品的效价。抽取兔的全血，离体后立即加到一系列含有不同量肝素的试管中，使肝素与血液混匀后，测定其凝血时间。按统计学要求，用生理盐水按等比级数稀释成不同浓度的高、中、低剂量稀释液，相邻两浓度的比值不得大于 10：7。如高：中：低剂量分别为 5U/mL：3.5U/mL：2.4U/mL。

《英国药典》和《日本药局方》采用硫酸钠牛全血法：取 Na_2SO_4 牛全血，加入凝血凝酶（从牛脑提取）和肝素溶液，测定标准品与供试品的凝血时间，决定样品效价。

《美国药典》用羊血浆法测定肝素效价：取柠檬酸羊血浆，加入标准品和供试品，重钙化后，观察凝固程度。如标准品和供试品浓度相同，凝固程度也相同，则说明它们效价相同。

肝素的标准生物效价是以每毫克肝素（60℃，266.64Pa 真空干燥 3h）所相当的单位数来表示。1U 为 24h 内在冷处可阻止 1mL 猫血凝结所需的最低肝素量。

国际常用的标准品是 WHO 的第三次国际标准，以国际单位表示为 173IU/mg。我国使用中华人民共和国卫生部药品检定所颁发的标准品（如 S.6 为 158IU/mg）。美国采用《美国药典》标准，称为美国药典单位（USPU）。曾对我国标准品 S.6（158IU/mg）用羊血浆法测定，结果为美国药典标准 142.2USPU/mg（此数可供参比）。

2. 天青 A 比色法

此法系利用天青 A 与肝素结合后的光吸收值变化为测定依据。以巴比妥缓冲液固定测定 pH 值和离子强度，并以西黄蓍胶为显色稳定剂，在 505nm 测定吸收值，结果与生物检定法接近，适用于肝素生产研究过程中控制检测。因为变色活性与黏多糖的阴离子强度有关，所以变色测定值也是抗脂血活性的有用参考指标。

四、硫酸软骨素

硫酸软骨素（chondroitin sulfate, CS），尤其是硫酸软骨素 A 能增强脂肪酶的活性，使乳糜微粒中的甘油三酯分解，使血中乳糜微粒减少而澄清，还具有抗凝血和抗血栓作用，可用于冠状动脉硬化、血脂和胆固醇增高、心绞痛、心肌缺血和心肌梗死等症。硫酸软骨素还用于防治链霉素引起的听觉障碍症以及偏头痛、神经痛、老年肩痛、腰痛、关节炎与肝炎等。还可用于皮肤化妆品等。硫酸软骨素的药用商品名为康得灵。

（一）结构与性质

硫酸软骨素是从动物软骨中提取制备的酸性黏多糖，主要是硫酸软骨素 A、C 及各种硫酸软骨素的混合物。硫酸软骨素一般含有 50～70 个双糖单位，链长不均一，相对分子质量在 1 万～3 万，硫酸软骨素按其化学组成和结构的差异，又分为 A、B、C、D、E、F、H 等多种。硫酸软骨素 A 和 C 都含 D-葡萄糖醛酸和 α-氨基-脱氧-D-半乳糖，且含等量的乙酰基和硫酸残基，两者结构的差别只是在氨基己糖残基上硫酸酯位置的不同。其结构见图 14-3。

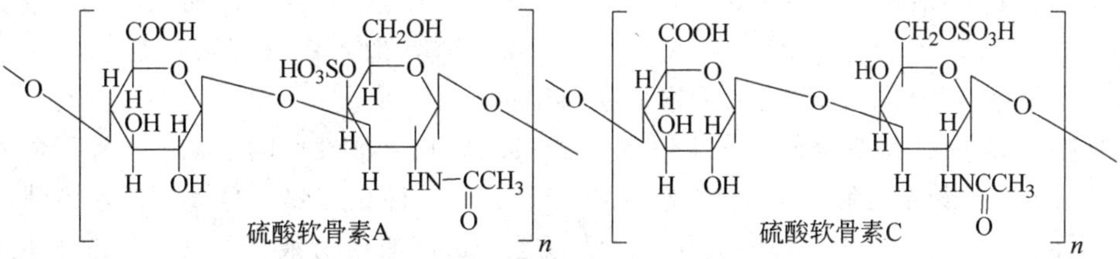

图 14-3 硫酸软骨素结构

硫酸软骨素为白色粉末，无臭无味，吸水性强，易溶于水而成黏度大的溶液，不溶于乙醇、丙酮和乙醚等有机溶剂，其盐对热较稳定，受热 80℃亦不被破坏。游离硫酸软骨素水溶液，遇较高温度或酸即不稳定，主要是脱乙酰基或降解成单糖或相对分子质量较小的多糖。

（二）生产工艺

硫酸软骨素广泛存在于动物的软骨、喉骨、鼻骨（猪含 41%），牛、马鼻中隔和气管（含 36%～39%）中，在骨腱、韧带、皮肤、角膜等组织中也有。鱼类软骨中含量也很高，如鲨鱼骨中含 50%～60%。在软骨中，硫酸软骨素与蛋白质结合成蛋白多糖，并与胶原蛋白结合在一起。其提取分离方法有稀碱-酶解法、浓碱水解法、稀碱-浓盐法、酶解-树脂法等。

1. 稀碱-浓盐法

（1）工艺流程

猪喉（鼻）软骨 —[提取] NaOH，NaCl，pH = 12 ～ 13，10 ～ 15h→ 提取液 —[酶解] HCl，pH = 7 ～ 8，80 ～ 90℃→ 盐解液 —[除酸性蛋白] 先 pH = 2 ～ 3，后 pH = 6.5→ 滤液 —[沉淀] 乙醇→ 沉淀物 —[干燥]→ 硫酸软骨素成品

（2）工艺过程及控制要点

① 提取。取经处理的洁净软骨，粉碎，置于提取罐中，加入 3～3.5mol/L NaCl 浸没软骨，用 50%NaOH 调 pH=12～13，室温搅拌提取 10～15h，过滤。滤渣重复提取一次，合并提取液。

② 盐解。提取液用 2mol/L HCl 调 pH=7～8，升温至 80～90℃，保温 20min，冷却后过滤，得清液。

③ 除酸性蛋白。将盐解液调 pH=2～3 搅拌 10min，静置后再滤至澄清，调 pH=6.5，加 2 倍去离子水调整溶液中的 NaCl 浓度为 1mol/L 左右。

④ 沉淀。在清液中加入 95%乙醇，使乙醇浓度为 60%，沉淀过夜。

⑤ 干燥。收集沉淀，用乙醇脱水，60～65℃，真空干燥，得成品硫酸软骨素。

2. 稀碱-酶解法

（1）工艺流程

猪喉（鼻）软骨 $\xrightarrow[\text{NaOH}]{\text{[提取]}}$ 提取液 $\xrightarrow[\substack{\text{胰酶}\\ \text{pH}=8.8\sim9.0,53\sim54℃}]{\text{[酶解]}}$ 酶解液 $\xrightarrow[\substack{\text{活性白陶土,活性炭}\\ \text{pH}=6\sim7}]{\text{[吸附]}}$ 滤液 $\xrightarrow[\text{乙醇}]{\text{[沉淀]}}$ 沉淀物 ⟶

硫酸软骨素成品 $\xleftarrow[60\sim65℃]{\text{[干燥]}}$

（2）工艺过程及控制要点

① 提取。取洁白干燥软骨 40kg，加 250kg 2%NaOH 于室温，搅拌提取 4h，待提出液密度达 5°Bé（20℃）时，过滤，滤渣再以 2 倍量 2%NaOH 提取 24h，过滤，合并滤液。

② 酶解。提取清液用 HCl 调 pH＝8.8～8.9，升温至 50℃，加入 1/25 量的胰酶（1300g），于 53～54℃保温水解 6～7h。水解终点检查：取水解液 10mL 加 10%三氯乙酸 1～2 滴，应仅呈现微浑，否则需酌情增加胰酶用量。

③ 吸附。以 HCl 调节水解液 pH 值至 6.8～7.0，加入活性白陶土 7kg、活性炭 200g 保持 pH＝6.8～7.0 搅拌吸附 1h，再用 HCl 调 pH＝6.4，停止加热，静置过滤，得清液。

④ 沉淀、干燥。用 10%NaOH 调节 pH 值至 6.0，加入清液体积 1%量的氯化钠，溶解，过滤至澄明。加入 95%乙醇至乙醇含量达 75%，偶加搅拌，使细粒聚集成大颗粒沉淀，静置 8h 以上。收集沉淀，无水乙醇脱水，60～65℃真空干燥。

3. 制剂

按配方：2%硫酸软骨素、0.85%NaCl。

称取标示量 107%的硫酸软骨素干粉（以纯品计），撒入注射用水中，使其溶胀，搅拌溶解，再加入 NaCl，调 pH＝5.5，加热煮沸，用布氏漏斗过滤。滤液加入 0.3%～0.5%活性炭，加热至微沸，保持 15min，用砂棒包扎滤纸趁热过滤。滤液冷却后，补加注射用水至全量，用 3 号垂熔漏斗过滤至澄清，按每支 2mL 灌封，灭菌，即得硫酸软骨素注射液。

（三）检验

药用硫酸软骨素地方标准较多，内容尚欠统一。其计算含量的分子形式有按硫酸软骨素 $C_{14}H_{21}O_{14}NS$ 计算，也有按其一钠盐 $C_{14}H_{21}O_{14}NSNa$ 计算，还有的以其含有氨基葡萄糖的限量作为测定标准，因此在比较标示量时应加以注意。

1. 比色法

比色法是根据 Elson-Morgan 反应进行。分子中的 2-氨基-2-脱氧-D-葡萄糖和 2-氨基-2-脱氧-D-半乳糖等与对二甲氨基苯甲醛（Ehrilich 试剂）反应生成红色化合物，用分光光度计测定吸收值，同时用氨基己糖制备标准曲线。操作时，先用 HCl 水解硫酸软骨素产生氨基己糖，在碱性条件下与乙酰丙酮反应，再与对二甲氨基苯甲醛缩合，生成红色化合物。

2. 重量法

在氧化条件下，使硫酸软骨素水解释放出硫酸根（如用 HCl 与 H_2O_2 处理），再加钡盐使其生成 $BaSO_4$ 沉淀，然后按 $BaSO_4$ 分子形式，以重量法测定其含硫量。此法精密度高，但专一性差，因为受到游离硫酸根的干扰。为此，有的标准还规定了样品中游离硫酸根的限量，以有效地控制产品的质量。

3. 定氮法

硫酸软骨素分子中含氮量为 3.05%，多余的氮则作为蛋白质、多肽及氨基酸等杂质的度量。因此含氮量测定可作为样品的含量及纯度检查标准。

五、透明质酸

透明质酸（hyaluronc acid）具有很大黏性，对骨关节具有润滑作用，还能促进物质在皮肤中的扩散率，调节细胞表面和细胞周围的 Ca^{2+}、Mg^{2+}、K^+、Na^+ 运动。在组织中的强力保水作用是其最重要的生理功能之一，故被称为理想的天然保湿因子，其理论保水值高达 $800mL/g$，在结缔组织中的实际保水值为 $80mL/g$。此外，透明质酸还有促进纤维增生、加速创伤愈合作用。

透明质酸作为药物主要应用于眼科治疗手术，如晶体植入、摘除、角膜移植、抗青光眼手术等，还用于治疗骨关节炎、外伤性关节炎和滑囊炎以及加速伤口愈合。透明质酸在化妆品中的应用更为广泛，它能保持皮肤湿润光滑、细腻柔嫩、富有弹性，具有防皱、抗皱、美容保健和恢复皮肤生理功能的作用。

（一）结构与性质

透明质酸是由 $(1{\rightarrow}3)$-2-乙酰氨基-2-脱氧-β-D-葡萄糖 $(1{\rightarrow}4)$-O-β-D-葡萄糖醛酸的双糖重复单位所组成的酸性多糖，相对分子质量50 万～200 万。其结构如图 14-4。

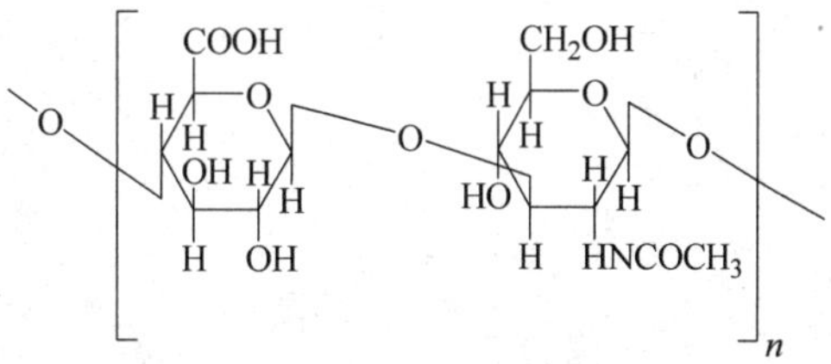

透明质酸为白色、无定形固体，无臭无味，有吸湿性，溶于水，不溶于有机溶剂，水溶液的比旋度为 $[\alpha]_D^{20}-70°\sim-80°$，具有较

图 14-4 透明质酸结构

高的黏度特性。下述因素会影响透明质酸溶液的黏度，如 pH 值低于或高于 7.0，或有透明质酸酶存在时会引起分子中糖苷键的水解；许多还原性物质（如半胱氨酸、焦性没食子酸、抗坏血酸）、重金属离子和紫外线、电离辐射等也能引起分子间的解聚而造成黏度下降。

（二）生产工艺

制备透明质酸的常用原料有公鸡冠、眼球玻璃体、人脐带、猪皮、兔皮等。工艺过程包括提取，除蛋白等杂质，分级分离，有机溶剂沉淀等。纯化方法有 Sveag 法、离子交换层析法、制备电泳法、凝胶过滤法和吸附法等。

（1）工艺流程

鸡冠 —[脱水]丙酮→ 粉碎鸡冠 —[提取]蒸馏水→ 提取液 —[除蛋白]$CHCl_3$→ 清液 —[沉淀]95% 乙醇→ 粗品透明质酸 —[溶解]0.1mol/L NaCl，pH＝4.5～5.0→ 溶解液—

精品透明质酸 ←[干燥] 沉淀 ←[沉淀]95% 乙醇 解离液 ←[解离]0.4mol/L NaCl 沉淀 ←[络合]1%CPC 清液 ←[除蛋白]$CHCl_3$ 酶解液 ←[酶解]链霉蛋白酶 37℃，24h

（2）工艺过程及控制要点

① 提取。新鲜鸡冠用丙酮脱水后粉碎，加蒸馏水浸泡提取 24h，重复 3 次，合并滤液。

② 除蛋白，沉淀。提取液与等体积 $CHCl_3$ 混合搅拌 3h，分出水相，加 2 倍量 95% 乙醇，收集沉淀，丙酮脱水，真空干燥得粗品透明质酸。

③ 酶解。粗品透明质酸溶于 0.1mol/L NaCl，用 1mol/L HCl 调 pH＝4.5～5.0，加入等体积 $CHCl_3$ 搅拌，分出水层，用稀 NaOH 调 pH＝7.5，加链霉蛋白酶，于 37℃，酶解 24h。

④ 络合、解离、沉淀。酶解液用 $CHCl_3$ 除杂蛋白，然后加等体积 1%CPC，放置后，收集沉淀，用 0.4mol/L NaCl 解离，离心，取出清液，加入 3 倍量 95% 乙醇，收集沉淀，丙酮脱水，真空干燥，得精品透明质酸。

（三）检验

透明质酸分子为葡萄糖醛酸与氨基葡萄糖双糖单位所组成，因此又可以通过测定分子中的某一残基单糖来计算样品中的透明质酸含量。通常有化学法和生化分析法。化学法主要采用 Elson-Morgan 法测定氨基葡萄糖含量和用 Bitter 的硫酸咔唑法测定葡萄糖醛酸的含量。生化分析法是用透明质酸酶水解透明质酸，然后用比色法测定产生的游离还原糖（氨基葡萄糖和葡萄糖醛酸）。本法特异、准确、可靠。还可以用电泳法分析透明质酸，样品经电泳后，用阿利新蓝染色，洗脱透明质酸染色区带用比色法测定含量，此法结果也比较准确。

第 十 五 章

脂 类 药 物

第一节 概 述

脂类系脂肪、类脂及其衍生物之总称。脂类药物是其中具有特定生理药理效应者。脂类药物分为复合脂类及简单脂类两大类：复合脂类包括与脂肪酸相结合的脂类药物，如卵磷脂及脑磷脂等；简单脂类药物为不含脂肪酸的脂类，如甾体化合物、色素类及 CoQ_{10} 等。

脂类药物共同的物理性质是不溶或微溶于水，易溶于某些有机溶剂。简单脂类药物在结构上极少有共同之处，其性质差异较大，所以其来源和生产方法也是多种多样。

一、来源和生产方法

脂类药物以游离或结合形式广泛存在于生物体的组织细胞中，工业生产中常依其存在形式及各成分性质，通过生物组织提取分离、微生物发酵、动植物细胞培养、酶转化及化学合成等不同的生产方法制取。

（一）直接从生物材料中提取

1. 预处理及提取

在生物体或生物转化反应体系中，有些脂类药物是以游离形式存在的，如卵磷脂、脑磷脂、亚油酸、花生四烯酸及前列腺素等。因此，通常根据各种成分的溶解性质，可采用相应溶剂从生物组织或反应体系中直接提出粗品，再经各种相应技术分离纯化和精制获得纯品。

对有些和其他成分构成复合物质的脂类药物，在提取之前需经水解或适当处理后，再进行提取分离纯化，或先提取再水解。如脑干中胆固醇酯经丙酮提取，浓缩后残留物用乙醇结晶，再用硫酸水解和结晶才能获得胆固醇；辅酶 Q_{10}（CoQ_{10}）与动物细胞内线粒体膜蛋白结合成复合物，故从猪心提取 CoQ_{10} 时，需将猪心绞碎后用氢氧化钠水解，然后用石油醚提取，经分离纯化制得；在胆汁中，胆红素大多与葡萄糖醛酸结合成共价化合物，故提取胆红素需先用碱水解胆汁，然后用有机溶剂抽提；胆汁中胆酸大都与牛磺酸或甘氨酸形成结合型胆汁酸，要获得游离胆酸，需将胆汁用 10% 氢氧化钠加热、水解后，再进一步分离纯化方可得到产物。

2. 脂类药物的分离

脂类生化药物种类较多，结构各异、性质相差较大，其分离纯化通常用溶解度法及吸附法分离。

（1）溶解度法　是依据脂类药物在不同溶剂中溶解度差异进行分离的方法。如游离胆红素在酸性条件溶于氯仿及二氯甲烷，故胆汁经碱水解、酸化后，用氯仿抽提，其他物质难溶于氯仿，而胆红素则溶出，因此得以分离。又如卵磷脂溶于乙醇，不溶于丙酮，脑磷脂溶于乙醚而不溶于丙酮和乙醇，故脑干丙酮提取液用于制备胆固醇，不溶物用乙醇提取可得卵磷脂，用乙醚提取可得脑磷脂，从而使三种成分得以分离。

（2）吸附分离法　是根据吸附剂对各种成分吸附力差异进行分离的方法。如从家禽胆汁中提取的鹅去氧胆酸粗品经硅胶柱层析及乙醇-氯仿溶液梯度洗脱即可与其他杂质分离。前列腺素 E_2 粗品经硅胶柱层析及硝酸银硅胶柱层析分离得精品。CoQ_{10} 粗制品经硅胶柱吸附层析，以石油醚和乙醚梯度洗脱，即可将其中杂质分开。胆红素粗品也可通过硅胶柱层析及氯仿-乙醇梯度洗脱分离。

3. 脂类药物的精制

经分离后的脂类药物中常有微量杂质，需用适当方法精制，常用的有结晶法、重结晶法及有机溶剂沉淀法。如用层析分离的 PGE_2 经醋酸乙酯-己烷结晶，及用层析分离后的 CoQ_{10} 经无水乙醇结晶均可得相应纯品。经层析分离的鹅去氧胆酸及自牛羊胆汁中分离的胆酸需分别用醋酸乙酯及乙醇结晶和重结晶精制，半合成的牛磺熊去氧胆酸经分离后需用乙醇-乙醚结晶和重结晶精制。

（二）化学合成或半合成法

用来源于生物的某些脂类药物，采用酶促合成或化学半合成的方法，对其分子进行结构改造，可以得到更高疗效的产品。如用香兰素及茄尼醇为原料可合成 CoQ_{10}，其过程是先将茄尼醇延长一个异戊烯单位，使成 10 个异戊烯重复单位的长链脂肪醇；另将香兰素经乙酰化、硝化、甲基化、还原和氧化合成 2,3-二甲氧基-5-甲基-1,4-苯醌。上述两化合物在 $ZnCl_2$ 或 BF_3 催化下缩合成氢醌衍生物，经 AgO 氧化得 CoQ_{10}。又如以胆酸为原料经氧化或还原反应可分别合成去氢胆酸、鹅去氧胆酸及熊去氧胆酸，上述三种胆酸分别与牛磺酸缩合，可获得具有特定药理作用的牛磺去氢胆酸、牛磺鹅去氧胆酸及牛磺熊去氧胆酸。

（三）生物转化法

来源于生物体的多种脂类药物亦可采用发酵、动植物细胞培养及酶工程等生物转化法生产。如用微生物发酵法或烟草细胞培养法生产 CoQ_{10}；用紫草细胞培养生产紫草素，产品已商品化；以花生四烯酸为原料，用类脂氧化酶-2〔来源于绵羊精囊、*Achlya Americana* ATCC10977 及 *Achlya bisexualis* ATCC11397 等微生物以及大豆（Amsoy 种）〕为前列腺素合成酶的酶原，通过酶转化合成前列腺素，以牛磺石胆酸为原料，利用 *Mortie-rella ramanniana* 菌细胞的羟化酶为酶原，使原料转化成具有解热、降温及消炎作用的牛磺熊去氧胆酸。

二、脂类药物在临床上的应用

脂类药物种类多，各成分间结构和性质差异大，药理效应及临床应用也各不相同，某些脂类药物的来源及主要临床作用见表 15-1。

1. 胆酸类药物的临床应用

胆酸类化合物是人及动物肝脏产生的甾体类化合物，集中于胆囊，排入肠道对肠道脂肪起乳化作用，促进脂肪消化吸收，同时促进肠道正常菌丛繁殖，抑制致病菌生长，保持肠道正常功能。但不同胆酸衍生物，有不同药理效应及临床应用，如胆酸钠用于治疗胆囊炎、胆汁缺乏症及消化不良等；鹅去氧胆酸及熊去氧胆酸均有溶胆石作用，用于治疗胆石症，还用于治疗高血压、急性及慢性肝炎、肝硬化及肝中毒等；去氢胆酸有较强利胆作用，用于治疗胆道炎、胆囊炎及胆结石，并可加速胆囊造影剂的排泄；猪去氧胆酸可降低血浆胆固醇，用于治疗高血脂症，也是人工牛黄的原料。牛磺熊去氧胆酸有解热、降温及消炎作用，用于退热、消炎及溶胆石；牛磺鹅去氧胆酸、牛磺去氢胆酸及牛磺去氧胆酸有抗病毒作用，用于防治艾滋病、流感及副流感病毒感染引起的传染性疾患等。

表 15-1 脂类生化药的来源及主要用途

品　　名	来　　源	主　要　用　途
胆固醇	脑或脊髓提取	人工牛黄原料
麦角固醇	酵母提取	维生素 D_2 原料,防治小儿软骨病
β-谷固醇	蔗渣及米糠提取	降低血浆胆固醇
脑磷脂	酵母及脑中提取	止血,防动脉粥样硬化及神经衰弱
卵磷脂	脑、大豆及卵黄中提取	防治动脉粥样硬化、肝疾患及神经衰弱
卵黄油	蛋黄提取	抗绿脓杆菌及治疗烧伤
亚油酸	玉米胚及豆油中分离	降血脂
亚麻酸	自亚麻油中分离	降血脂,防治动脉粥样硬化
花生四烯酸	自动物肾上腺中分离	降血脂,合成前列腺素 E_2 原料
鱼肝油脂肪酸钠	自鱼肝油中分离	止血,治疗静脉曲张及内痔
前列腺素 E_1、E_2	羊精囊提取或酶转化	中期引产、催产或降血压
辅酶 Q_{10}	心肌提取、发酵、合成	治疗亚急性肝坏死及高血压
胆红素	胆汁提取或酶转化	抗氧剂、消炎、人工牛黄原料
原卟啉	自动物血红蛋白中分离	治疗急性及慢性肝炎
血卟啉及其衍生物	由原卟啉合成	肿瘤激光疗法辅助剂及诊断试剂
胆酸钠	由牛羊胆汁提取	治疗胆汁缺乏,胆囊炎及消化不良
胆酸	由牛羊胆汁提取	人工牛黄原料
α 猪去氧胆酸	由猪胆汁提取	降胆固醇,治疗支气管炎,人工牛黄原料
去氢胆酸	胆酸脱氢制备	治疗胆囊炎
鹅去氧胆酸	禽胆汁提取或半合成	治疗胆结石
熊去氧胆酸	由胆酸合成	治疗急性和慢性肝炎,溶胆石
牛磺熊去氧胆酸	化学半合成	治疗炎症,退烧
牛磺鹅去氧胆酸	化学半合成	抗艾滋病、流感及副流感病毒感染
牛磺去氢胆酸	化学半合成	抗艾滋病、流感及副流感病毒感染
人工牛黄	由胆红素、胆酸等配制	清热解毒及抗惊厥

2. 色素类药物临床应用

　　色素类药物有胆红素、胆绿素、血红素、原卟啉、血卟啉及其衍生物。胆红素是由四个吡咯环构成的线性化合物,为抗氧剂,有清除氧自由基功能,用于消炎,也是人工牛黄的重要成分;胆绿素药理效应尚不清楚,但胆南星、胆黄素等消炎类中成药均含该成分;原卟啉可促进细胞呼吸,改善肝脏代谢功能,临床上用于治疗肝炎;血卟啉及其衍生物为光敏化剂,可在癌细胞中潴留,为激光治疗癌症的辅助剂,临床上用于治疗多种癌症。

3. 不饱和脂肪酸类药物临床应用

　　该类药物包括前列腺素、亚油酸、亚麻酸、花四烯酸及二十碳五烯酸等。前列腺素是多种同类化合物之总称,生理作用极为广泛,其中前列腺素 E_1 和 E_2（PGE_1 和 PGE_2）等应用较为广泛,有收缩平滑肌作用,临床上用于催产、早中期引产、抗早孕及抗男性不育症。亚油酸、亚麻酸、花生四烯酸及二十碳五烯酸均有降血脂作用,用于治疗高血脂症,预防动脉粥样硬化。

4. 磷脂类药物临床应用

　　该类药物主要有卵磷脂及脑磷脂,二者皆有增强神经组织及调节高级神经活动作用,又是血浆脂肪良好的乳化剂,有促进胆固醇及脂肪运输作用,临床上用于治疗神经衰弱及防治动脉粥样硬化。卵磷脂也用于治疗肝病,脑磷脂还有止血作用。

5. 固醇类药物临床应用

该类药物包括胆固醇、麦角固醇及 β-谷固醇。胆固醇为人工牛黄原料，是机体细胞膜不可缺少的成分，也是机体多种甾体激素及胆酸原料；麦角固醇是机体合成维生素 D_2 的原料；β-谷固醇可降低血浆胆固醇。

6. 人工牛黄临床应用

本品是根据天然牛黄（牛胆结石）的组成以人工配制的脂类药物，其主要成分为胆红素、胆酸、猪胆酸、胆固醇及无机盐等，是上百种中成药的重要原料药。具有清热、解毒、祛痰及抗惊厥作用，临床上用于治疗热病谵狂、神昏不语、小儿惊风及咽喉肿胀等，外用治疗疔疮及口疮等。

第二节 重要脂类药物的生产

一、前列腺素 E_2

前列腺素 E_2（prostaglandin，PGE_2）是前列腺素中的一种［前列腺素（PG）主要包括 PGE_1、PGE_2、PGE_3、$PGF_{1\alpha}$、$PGF_{2\alpha}$、$PGF_{3\alpha}$ 六种］，其在体内可由花生四烯酸经 PG 合成酶转化而成。PG 合成酶存在于动物组织中，如羊精囊、羊睾丸、兔肾髓质及大鼠肾髓质等，以羊精囊含量为最高。另外大豆类脂氧化酶 2 及 *Achlya Americana* ATCC10977 和 *Achlya bisexualis* ATCC11397 等微生物也可将花生四烯酸转化为 PG。PGE_2 有促进平滑肌收缩、扩张血管及抑制胃分泌作用，也有松弛支气管平滑肌作用。主要用于治疗哮喘、高血压，也用于催产及早、中期引产。目前多采用羊精囊为酶原以花生四烯酸为原料生产 PGE_2。

1. PGE_2 结构和性质

PGE_2 为含羧基及羟基的二十碳五元环不饱和脂肪酸，化学名称为 $11\alpha,15(S)$-二羟基-9-羰基-5-顺-1,3-反前列双烯酸，分子式为 $C_{20}H_{32}O_5$，相对分子质量为 352，结构如图 15-1。

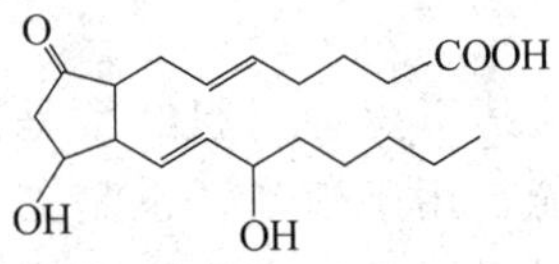

图 15-1 前列腺素 E_2

PGE_2 为白色结晶，熔点 68～69℃，溶于醋酸乙酯、丙酮、乙醚、甲醇及乙醇等有机溶剂，不溶于水。在酸性和碱性条件下可分别异构化为 PGA_2 和 PGB_2，后二者紫外吸收最大波长分别为 217nm 和 278nm。

2. PGE_2 工艺流程

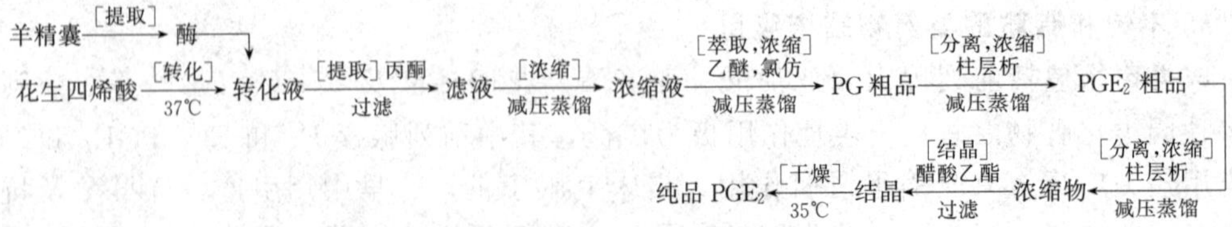

3. 工艺过程

① 酶的制备。取 -30℃ 冷冻羊精囊去除结缔组织及脂肪，按每千克加 1L 0.154mol/L 氯化钾溶液，分次加入匀浆，然后 4000r/min 离心 25min，取上层液，沉淀再用氯化钾溶液匀浆，离心，合并上清液。用 2mol/L 柠檬酸溶液调至 pH=5.0±0.2，4000r/min 离心，弃去上清液。用 100mL 0.2mol/L 磷酸缓冲液（pH=8.0）洗沉淀，再加 100mL 6.25μmol/L

DETA-2Na 溶液搅匀，以 2mol/L 氢氧化钾溶液调 pH=8.0±0.1 即得酶混悬液，操作在低温下进行。

② 酶转化。取上述酶混悬液，每升悬液加入用少量水溶解的氢醌 40mg 和谷胱甘肽 500mg。再按每千克羊精囊量加 1g 花生四烯酸，搅拌通氧，于 37～38℃ 转化 1h，加 3 倍体积丙酮终止反应，去酶。

③ 粗品 PG（含 PGA 和 PGE）制备。上述反应液经过滤，压干。滤渣再用少量丙酮抽提一次，于 45℃ 减压浓缩回收丙酮，浓缩液用 4mol/L HCl 溶液调 pH=3.0，以 2/3 体积乙醚分 3 次萃取，取醚层再以 2/3 体积 0.2mol/L 磷酸缓冲液分 3 次反萃取。水层再以 2/3 体积石油醚（30～60℃）分 3 次萃取脱脂。水层以 4mol/L HCl 调 pH=3.0，以 2/3 体积二氯甲烷分 3 次萃取，二氯甲烷用少量水洗涤，去水层。二氯甲烷层加无水硫酸钠密封于冰箱内脱水过夜，滤出硫酸钠，滤液于 40℃ 减压浓缩得黄色油状物即为 PG 粗品。

④ 分离 PGE_2。每克 PG 粗品用 15g 100～160 目活化硅胶进行柱层析分离，用氯仿湿法装柱。用少量氯仿溶解 PG 粗品上柱，依次以氯仿、氯仿-甲醇（98：2）、氯仿-甲醇（96：4）洗脱，分别收集 PGA 和 PGE 洗脱液（硅胶薄层追踪鉴定），35℃ 下减压浓缩，除有机溶剂得 PGE_2 粗品。

⑤ 纯化 PGE_2。每克 PGE_2 粗品用 20g 200～250 目的活化硝酸银硅胶（1：10）进行柱层析分离，用醋酸乙酯-冰醋酸-石油醚（90～120℃）-水（200：22.5：125：5）作为展开剂洗脱，分别收集 PGE_1 和 PGE_2 洗脱液（以硝酸银硅胶 G 薄层追踪鉴定），分别于 35℃ 下充氮减压浓缩至无醋酸味，用适量醋酸乙酯溶解，少量水洗酸，生理盐水除银。醋酸乙酯用无水硫酸钠充氮密封于冰箱中脱水过夜，过滤，滤液于 35℃ 下充氮减压浓缩除尽有机溶剂得 PGE_2 纯品。经醋酸乙酯-己烷结晶可得 PGE_2 结晶品。PGE_1 可用少量醋酸乙酯溶解后置冰箱得结晶（熔点 115～116℃）。

4. PGE_2 质量标准

（1）鉴别

① PGE_2 为无色或微黄色无菌澄清透明醇溶液；

② 本品经硝酸银硅胶 G（1：10，质量比）薄层鉴定，PGE_2 注射液应只有 PGE_2 点和微量 PGA；

③ 取本品 1 滴，加 1% 间二硝基苯甲醇液 1 滴，再加 10% KOH 甲醇溶液 1 滴，摇匀，即显紫红色；

④ 取本品适量溶于无水甲醇中于 278nm 应无特征吸收峰，若加等体积 1mol/L KOH，室温异构化 15min，278nm 处应有特征吸收峰。

（2）检查

① 含银量不得超过 0.02%；

② 安全试验为取 18～22g 健康小鼠 5 只，按 50μg/20g 体重，每小时肌内注射 1 次，连续注射 3 次，观察 72h，应无死亡，若有一只死亡，应另取 10 只复试；

③ 热原检查为按每千克注射 60μg（以生理盐水稀释），照《中国药典》（2005 年版）热原检查法项下进行，应符合规定；

④ 无菌试验应符合《中国药典》（2005 年版）注射剂无菌检查项下有关规定。

（3）含量测定

① PGE_2 含量：每 0.5mL 内含 2mg PGE_2，其含量应不低于标示量的 85%。

② 含量测定方法：取本品一支，用无水乙醇稀释成 20μg/mL，加等体积 1mol/L KOH 甲醇液，室温下异构化 15min，以 0.5mol/L KOH 甲醇液作空白对照，于 278nm 处测定吸

收值，依下式计算：

$$PGE_2 \text{ 含量}(\%) = \frac{\dfrac{E_{278}}{\varepsilon_{278}} \times M}{\text{样品浓度}(mg/mL)} \times 100\% = \frac{\dfrac{E_{278}}{2.68 \times 10^4} \times 352}{0.01} \times 100\%$$

式中　E_{278}——PGE$_2$ 测定消光值；

　　　ε_{278}——PGE$_2$ 摩尔消光值；

　　　M——PGE$_2$ 相对分子质量。

二、卵磷脂

卵磷脂即磷脂酰胆碱是磷脂类药物中应用较广的品种之一，在磷脂类药物中除神经磷脂等少数成分外，其结构中大多含甘油基团，如磷脂酸、磷脂酰胆碱、磷脂酰乙醇胺、磷脂酰甘油、磷脂酰丝氨酸、溶血磷脂及缩醛磷脂等，故统称为甘油磷脂。卵磷脂主要存在于动物各组织及器官中，以脑、精液、肾上腺及红细胞中含量最多，卵黄中含量高达 $8\% \sim 10\%$，其在植物组织中（除大豆外）含量甚少。临床上用于治疗婴儿湿疹、神经衰弱、肝炎、肝硬化及动脉粥样硬化等。本品也作为化学试剂用。

1. 卵磷脂（lecithin）的结构与性质

卵磷脂中磷酸的两个羟基分别与甘油的一个羟基及胆碱的 β-羟基之间形成磷酸二酯键，且因甘油羟基有 α 位及 β 位之分，故有 α-卵磷脂及 β-卵磷脂之分，其结构见图 15-2。

图 15-2　卵磷脂结构

分子结构中的 R 及 R' 分别为饱和及不饱和脂肪烃链，常见者有硬脂酸、软脂酸、油酸、亚油酸、亚麻酸及花生四烯酸的烃链。

卵磷脂为白色蜡状物质，在空气中因不饱和脂肪酸烃链氧化而变色。极易溶于乙醚及乙醇，不溶于水。为两性电解质，pI 为 6.7，可与蛋白质、多糖、胆汁酸盐、$CaCl_2$、$CdCl_2$ 及其他酸和碱结合。无熔点，有旋光性。具有降低表面张力的作用，与蛋白质及糖结合后作用更强，是很好的乳化剂。

2. 脑干卵磷脂制备工艺

（1）工艺流程

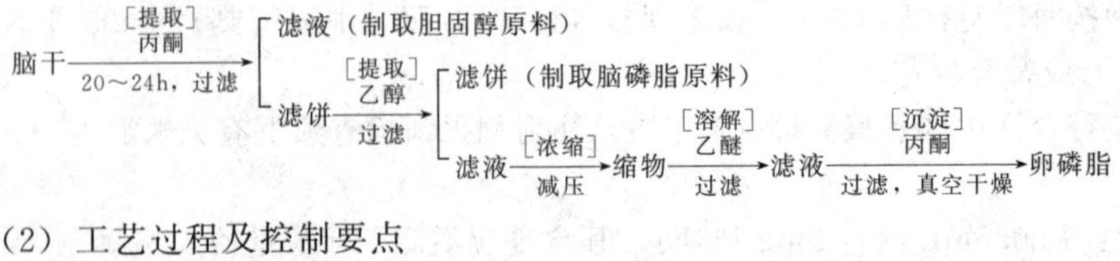

（2）工艺过程及控制要点

① 提取。取动物脑干若干，加 3 倍体积丙酮，不断搅拌中冷浸 24h，过滤，滤液待分离胆固醇用。滤饼除净丙酮，加 3 倍体积乙醇，冷浸渍提取 3～4 次，滤饼用于制备脑磷脂。

合并滤液，减压回收乙醇，趁热放出浓缩液。

② 沉淀卵磷脂。上述浓缩液冷却至室温，加入 0.5 倍体积乙醚，不断搅拌，放置 2h，等白色不溶物完全沉淀，过滤，取滤液于激烈搅拌下加入粗卵磷脂质量 1.5 倍体积的丙酮，析出沉淀，滤除溶剂，得膏状物，以丙酮洗涤两次，真空干燥后得卵磷脂成品。

3. 蛋黄卵磷脂超临界萃取制备工艺

以前蛋黄磷脂的提取同脑干卵磷脂的提取一样都采用传统的有机溶剂法，其生产工艺复杂、环境污染严重、磷脂含量低且生产成本高，大规模生产困难。近年来，随着超临界 CO_2 流体萃取技术的发展，蛋黄卵磷脂的超临界萃取技术正在取代传统方法。两种方法相比，超临界 CO_2 流体萃取具有分离效果好，提取纯度高，在低温下操作，产品活性强，无有机溶剂残留，无环境污染且制备工序简单，易于大规模生产等特点。

尽管采用超临界 CO_2 流体萃取法一次性投入大，但其生产成本小，且超临界 CO_2 流体萃取蛋黄磷脂的优点十分明显：①操作步骤简单，所需工作人员少，生产效率高；②磷脂的提取纯度高，质量好，由于在 CO_2 环境中，常温条件下提取，从而使磷脂产品保持着固有的天然特性，无残留溶剂的潜在危险，适用于医药及食品级产品生产；③符合安全生产和环境污染小的要求。因此，利用超临界 CO_2 流体萃取蛋黄磷脂是一项具有应用前景的高新技术。此法获得的蛋黄卵磷脂产品，目前在医药品中的应用主要是静脉注射脂肪乳剂和脂质体、脂乳剂。

（1）工艺流程 以喷雾干燥得到的蛋黄粉为原料，利用 HA120-40-01 型超临界萃取装置，采用超临界 CO_2（SC-CO_2）进行萃取，先将甘油三酸酯（TG）、胆固醇（Ch）和微量核黄素（统称为蛋黄油）从蛋黄粉中分离出来，蛋黄磷脂和蛋白质不溶于 SC-CO_2 而留在萃余物中，再用 SC-CO_2 用乙醇作夹带剂从萃余物中萃取出蛋黄卵磷脂，除去夹带剂乙醇，即可得高纯度蛋黄磷脂。HA120-40-01 型超临界萃取装置流程见图 15-3。操作过程如下。

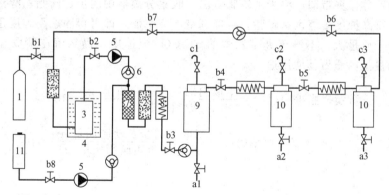

图 15-3 HA120-40-01 型超临界萃取装置流程

1—CO_2 气瓶；2—净化器；3—CO_2 贮罐；4—冷箱；5—柱塞计量泵；6—止逆阀；
7—混合器；8—预热器；9—萃取釜；10—分离器；11—夹带剂罐；
a1～a3—放空阀；b1～b8—节流阀；c1～c3—安全阀

① 做开机前的检查工作，将萃取原料装入料筒，再将料筒装入萃取釜。如萃取时需要加入一定量的夹带剂，可将夹带剂装入夹带剂罐。

② 开启总电源，接通制冷开关，使冷箱温度降到 5℃左右，同时将各预热器加热开关接通，加热至试验设定温度。

③ 将阀门 b1、b2、b3 打开，其余各阀门关闭，再打开气瓶阀门，让 CO_2 进入萃取釜，待压力平衡后，打开萃取釜放空阀门 a1，慢慢放掉残留的空气后关闭。

④ 接通计量泵开关，当压力接近试验设定压力时，打开阀门 b4，使萃取压力稳定在试验设定压力，打开阀门 b5、b6，调整分离器压力。

⑤ 打开阀门 b7，CO_2 开始循环，萃取开始，计时。CO_2 流量大小通过阀门 b7 调节。需要夹带剂时，打开阀门 b8，并调节流量。

⑥ 萃取完成后，关闭冷冻、泵及各种加热开关，再关闭总电源开关，等萃取釜压力降到与分离器、贮罐、气瓶压力平衡后，关掉阀门 b3 和 b4，然后打开放空阀门 a1，待压力消失后，打开萃取釜盖，取出料筒，整个萃取过程结束。

⑦ 分离出来的物质分别在阀门 a2、a3 处取出。

（2）超临界 CO_2 流体分离蛋黄油工艺过程　称取 60g 过筛筛匀的蛋黄粉，装入萃取釜，打开 CO_2 钢瓶阀门，使 CO_2 气体进入贮罐，制冷液化，将萃取釜和分离器预热至需要温度。打开萃取釜入口阀，通入 CO_2，使 CO_2 压力平衡，然后开启柱塞计量泵，当萃取釜压力达到所需压力时，打开萃取釜出口调节阀，保持一定压力。待稳定后，打开 CO_2 循环阀门，萃取开始并计时，定期在分离器底部放出蛋黄油，称重计量，当达到预定时间后，停止操作。按下式计算蛋黄油的收得率和萃取率：

$$蛋黄油得率(\%) = \frac{萃取出的蛋黄油质量(g)}{原料质量(g)} \times 100\%$$

$$蛋黄油萃取率(\%) = \frac{萃取出的蛋黄油质量(g)}{原料中蛋黄油质量(g)} \times 100\%$$

由于蛋黄油的萃取率直接影响到最终产品蛋黄磷脂的纯度，因此蛋黄油被分离得越彻底，蛋黄卵磷脂的纯度就会越高。

（3）蛋黄卵磷脂的萃取工艺过程　将上述萃余物（蛋黄磷脂与蛋白质的混合物）采用添加一定比例的乙醇作夹带剂，将蛋黄磷脂溶出，收集分离器中的蛋黄磷脂乙醇液，经减压蒸馏回收乙醇，得高纯度浓缩蛋黄磷脂，再经真空冷冻干燥，即可得固态高纯度蛋黄磷脂。而蛋白质相对分子质量大，不溶于夹带乙醇的 $SC-CO_2$ 流体中，仍然留在萃取釜内，将其取出，可得高质量蛋白质做其他用途。

$$蛋黄磷脂得率(\%) = \frac{萃取出的蛋黄磷脂质量(g)}{原料质量(g)} \times 100\%$$

$$蛋黄磷脂萃取率(\%) = \frac{萃取出的蛋黄磷脂质量(g)}{原料中蛋黄磷脂质量(g)} \times 100\%$$

4. 检查

本品含磷酸为 2.5%，水分小于 5%，乙醚不溶物为 0.1%，丙酮不溶物大于 90%。

三、猪去氧胆酸

猪去氧胆酸（pig deoxycholic acid，PDCA）属胆酸类药物，人及动物体内存在的胆酸类物质是由胆固醇经肝脏代谢产生。体内胆酸类化合物在肝脏大都与甘氨酸或牛磺酸形成结合型胆酸，称之为胆汁酸（bile acid），胆汁酸经胆囊排至肠道在微生物作用下大都分解为游离胆酸和甘氨酸或牛磺酸，少部分经粪便排出体外，大部分为肠道吸收进行肠肝循环。在胆酸类化合物分子结构中，由于甾环上羟基的数量、位置及构型的差异，形成了多种化合物，如猪去氧胆酸、胆酸、去氧胆酸、去氢胆酸、鹅去氧胆酸、熊去氧胆酸、猪胆酸及石胆酸等。其中胆酸、去氢胆酸、猪胆酸、鹅去氧胆酸及熊去氧胆酸等均已用于临床。猪去氧胆酸有降低血浆胆固醇作用，临床作为降血脂药。同时也是配制人工牛黄的重要成分。

1. 结构与性质

猪去氧胆酸化学名称为 $3\alpha,6\alpha$-二羟基-5β-胆烷基，是猪胆酸（$3\alpha,6\alpha,7\alpha$-三羟基-5β-胆烷酸）经肠道微生物催化脱氧而成，存在于猪胆中，相对分子质量为 392.6，分子式为 $C_{24}H_{40}O_4$。结构式见图 15-4。

本品为白色或类白色粉末，熔点 197℃，$[\alpha]_D^{20}+8°$，无臭或微腥，味苦，易溶于乙醇和冰醋酸，在丙酮、醋酸乙酯、乙醚、氯仿或苯中微溶，几乎不溶于水。

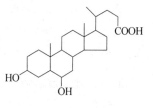

图 15-4　猪去氧胆酸结构

2. 猪去氧胆酸的生产工艺

（1）工艺流程

猪胆汁 —Ca(OH)$_2$→ 沉淀 —过滤→ 胆红素钙盐沉淀 / 滤液 —HCl酸化至 pH=1～2→ 上清液（弃）/ 黄色膏状物（粗胆汁酸）—[水解] NaOH 118℃→ 水解液 —[酸化] HCl→ 粗品 —[脱色] 醋酸乙酯、活性炭 回流、过滤→ 滤液 —[脱水] 无水硫酸钠 过滤→ 滤液 —[浓缩] 蒸馏→ 结晶 —[干燥] 真空减压→ 成品

（2）工艺过程及控制要点

① 猪胆汁酸制备。猪胆汁经滤取胆红素后的滤液，加盐酸酸化至 pH＝1～2，倾去上层液体得黄色膏状物（猪胆汁酸）。

② 猪去氧胆酸粗品的制备。上述黄色膏状物，加 1.5 倍氢氧化钠（质量比）和 9 倍体积水（体积比），加热水解 16～18h，冷却后静置分层，虹吸上层淡黄色液体，沉淀物加少量水溶解，合并上层液体，用 6mol/L HCl 酸化至 pH＝1～2，过滤，滤饼用水洗至中性，真空干燥得猪去氧胆酸粗品。

③ 精制。上述粗品加 5 倍体积醋酸乙酯（质量体积比）、15％～20％活性炭，搅拌回流溶解，冷却，过滤，滤渣再用 3 倍体积醋酸乙酯回流，过滤。合并滤液，加 20％无水硫酸钠脱水，过滤后，滤液浓缩至原体积 1/5～1/3，冷却结晶，滤取结晶并用少量醋酸乙酯洗涤，真空干燥得成品。

3. 检验

本品熔点 190～201℃（熔距不超过 3℃）；$[\alpha]_D^{20}＝+6.5°～+9.0°$；干燥失重不超过 1.0％；灼烧残渣不超过 0.2％。

含量测定方法：取本品 0.5g，精确称定，加中性乙醇 30mL 溶解后，加酚酞指示剂 2 滴，用 0.1mol/L 氢氧化钠滴定即得，每毫升 0.1mol/L 氢氧化钠液相当于 39.26mg 的 $C_{24}H_{40}O_4$，按干品计算出总胆酸含量，按分子式 $C_{24}H_{40}O_4$ 计算，不得少于 98％。

四、胆固醇

胆固醇（cholesterol）属甾醇类药物之一，为甾体化合物。胆固醇为动物细胞膜重要成分，亦为体内的固醇类激素、维生素 D 及胆酸之前体，存在于所有组织中，脑及神经含量最高，每 100g 组织约含 2g，其次肝脏、肾上腺、卵黄及羊毛脂中含量亦甚丰富，同时亦为胆结石之主要成分。胆固醇是人工牛黄重要成分之一，又是合成维生素 D_2 及维生素 D_3 的起始材料和化妆品原料，具有良好的表面活性剂的功能。

1. 结构与性质

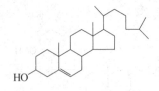

图 15-5　胆固醇结构

胆固醇化学名称为胆甾-5-烯-3β-醇，其分子式为 $C_{27}H_{46}O$，相对分子质量 386.64，结构式如图 15-5 所示。

胆固醇在稀醇中形成白色闪光片状一水合物晶体，于 70～80℃成为无水物，其熔点为 148～150℃。$[\alpha]_D^{20} = -31.5°$（$c=2g/mL$，乙醚中）；$[\alpha]_D^{20} = -39.5°$（$c=2g/mL$，氯仿中）。难溶于水，易溶于乙醇、氯仿、丙酮、吡啶、苯、石油醚、油脂及乙醚。

2. 生产工艺

（1）工艺流程

猪脑或脊髓 $\xrightarrow[\text{过滤}]{\underset{\text{丙酮}}{[\text{提取}]}}$ 滤液 $\xrightarrow[\text{过滤}]{\underset{\text{蒸馏}}{[\text{浓缩}]}}$ 固体物 $\xrightarrow[\text{回流、过滤}]{\underset{\text{乙醇}}{[\text{溶解}]}}$ 滤液 $\xrightarrow[\text{0～5℃}]{\underset{\text{乙醇}}{[\text{结晶}]}}$ 粗胆固醇酯 $\xrightarrow[\text{回流、结晶}]{\underset{\text{乙醇，}H_2SO_4}{[\text{水解}]}}$ 粗胆固醇结晶 $\xrightarrow[\text{过滤、干燥}]{\underset{\text{乙醇}}{[\text{重结晶}]}}$ 胆固醇成品

（2）工艺过程

① 提取。脑干丙酮提取液（见卵磷脂生产工艺）。

② 浓缩与溶解。取大脑干丙酮提取液，蒸馏浓缩至出现大量黄色固体物为止，向固体物中加 10 倍体积工业乙醇（质量体积比），加热回流溶解，过滤，得滤液。

③ 结晶与水解。上述滤液于 0～5℃冷却结晶，滤取结晶得粗胆固醇酯。结晶加 5 倍量工业乙醇和 5%～6% 硫酸加热回流水解 8h，置 0～5℃结晶。滤取结晶并用 95% 乙醇洗至中性。

④ 重结晶。上述结晶用 10 倍量工业乙醇和 3% 活性炭加热溶解并回流 1h，保温过滤，滤液置 0～5℃冷却结晶，如此反复 3 次。滤取结晶，压干，挥发除去乙醇后，70～80℃真空干燥得精制胆固醇。

3. 检验

（1）鉴别

① 于 1% 胆固醇氯仿溶液中加硫酸 1mL，氯仿层显血红色，硫酸层应显绿色荧光。

② 取胆固醇 5mg 溶于 2mL 氯仿中，加 1mL 醋酐及硫酸 1 滴即显紫色，稍后变红，继而变蓝，最后呈亮绿色，此为不饱和甾醇特有显色反应，亦为比色法测定胆固醇含量之基础。

（2）检查

① 熔点。148～150℃；$[\alpha]_D^{20}$ 为 $-34°$～$-38°$（$c=2g/mL$，在二噁烷中）。

② 其他。在 60℃真空干燥 6h，其减重不大于 0.3%；炽灼残渣不大于 0.1%；酸度与溶解度均应符合标准。

第十六章

维生素及辅酶类药物

第一节 概　述

一、基本概念

维生素是维持机体正常代谢机能的一类化学结构不同的小分子有机化合物，它们在体内不能合成，大多需从外界摄取。人体所需的维生素广泛存在于食物中，其在机体内的生理作用有以下特点。

① 维生素不能供给能量，也不是组织细胞的结构成分，而是一种活性物质，对机体代谢起调节和整合作用。

② 维生素需求量很小，例如人每日约需维生素 A 0.8～1.7mg、维生素 B_1（硫胺素）1～2mg、维生素 B_2（核黄素）1～2mg、维生素 B_3（泛酸）3～5mg、维生素 B_6（吡哆素）2～3mg、维生素 D 0.01～0.02mg、叶酸 0.4mg、维生素 H（生物素）0.2mg、维生素 E 14～24μg、维生素 C 60～100mg 等。

③ 绝大多数维生素是通过辅酶或辅基的形式参与体内酶促反应体系，在代谢中起调节作用，少数维生素还具有一些特殊的生理功能。

④ 人体内维生素缺乏时，会发生一类特殊的疾病，称"维生素缺乏症"。人体每日需要量是一定的摄入量，应根据机体需要提供，使用不当，反而会导致疾病。

维生素缺乏曾是引起某些疾病（糙皮病、脚气病和坏血病）和死亡的主要原因之一，历史上甚至曾摧毁过军队，现在维生素的缺乏仍严重威胁着人类的健康乃至生命。维生素缺乏的临床表现是源于多种代谢功能的失调，大多数维生素是许多生化反应过程中酶的辅酶和辅基。例如维生素 B_1，在体内的辅酶形式是硫胺素焦磷酸（TPP），是 α-酮酸氧化脱羧酶的辅酶；又如泛酸，其辅酶形式是 CoA，是转乙酰基酶的辅酶。辅酶、辅基和维生素的关系见表 16-1。有的维生素可在体内转变为激素，因此用维生素及辅酶能治疗多种疾病。

表 16-1　辅酶、辅基和相对应的维生素

酶	辅酶或辅基	维 生 素	酶	辅酶或辅基	维 生 素
氧化还原酶	NAD^+、$NADP^+$	烟酸、烟酰胺		磷酸吡哆醛	维生素 B_6（吡哆素）
转移酶	FAD、FMN	维生素 B_2（核黄素）		CoF	叶酸
	TPP	维生素 B_1（硫胺素）	水解酶	—	—
	CoA	泛酸	裂合酶	TPP	维生素 B_1（硫胺素）
	生物素	维生素 H（生物素）	异构酶	辅酶 B_{12}	维生素 B_{12}
	硫辛酸	硫辛酸	连接酶	—	—

维生素通常根据它们的溶解性质分为脂溶性和水溶性两大类。脂溶性维生素主要有维生素 A、D、E、K、Q 和硫辛酸等；水溶性维生素有 B_1、B_2、B_6、B_{12}、烟酸、泛酸、叶酸、生物素和维生素 C 等。目前世界各国已将维生素的研究和生产列为制药工业的重点。我国维生素产品研究开发近年来也有很大发展，新老品种已超过 30 种（表 16-2）。

表 16-2　维生素及辅酶类药物

维生素名称	主要功能	生产方式	临床用途
维生素 A	促进黏多糖合成维持上皮组织正常功能,组成视色素,促进骨的形成	合成、发酵、提取	用于夜盲症等维生素 A 缺乏症,也试用于抗癌
维生素 D	促进成骨作用	合成	用于佝偻病、软骨病等
维生素 E	抗氧化作用,保护生物膜,维持肌肉正常功能,维持生殖机能	合成	用于进行性肌营养不良症、心脏病、抗衰老等
维生素 K	促进凝血酶原和促凝血球蛋白等凝血因子的合成,解痉止痛作用	合成	用于维生素 K 缺乏所致的出血症和胆道蛔虫、胆绞痛等
硫辛酸	转酰基作用、转氨作用	合成	试用于肝炎、肝昏迷等
维生素 B_1	α-酮酸氧化脱羧作用、转酰基作用	合成	用于脚气病、食欲不振等
维生素 B_2	递氢作用	发酵合成	用于口角炎等
烟酸、烟酸胺	扩张血管作用,降血脂递氢作用	合成	用于末梢痉挛、高血脂症、糙皮病等
维生素 B_6	参与氨基酸的转氨基、脱羧作用,参与转 C_1 反应,参与多烯脂肪酸的代谢	合成	用于妊娠呕吐、白细胞减少症等
生物素	与 CO_2 固定有关	发酵	用于鳞屑状皮炎、倦怠等
泛酸	参与转酰基作用	合成	用于巨细胞贫血等
维生素 B_{12}	促进红细胞的形成、转移,促进血红细胞成熟,维持神经组织正常功能	发酵提取	用于恶性贫血、神经疾患等
维生素 C	氧化还原作用,促进细胞间质形成	合成、发酵	用于治疗坏血病贫血和感冒等,也用于防治癌症
谷胱甘肽	巯基酶的辅酶	合成、提取	治疗肝脏疾病具有广谱解毒作用
芦丁	保持和恢复毛细管正常弹性	提取	治疗高血压等疾病
维生素 U	保持黏膜的完整性	合成	治疗胃溃疡、十二指肠溃疡等
胆碱	神经递质,促进磷脂合成等	合成	治疗肝脏疾病
辅酶 A(CoA)	转乙酰基酶的辅酶,促进细胞代谢	发酵、提取	主要用于治疗白细胞减少,肝脏等疾病
辅酶 I (NAD)	脱氢酶的辅酶	发酵、提取	冠心病,心肌炎,慢性肝炎等
辅酶 Q(CoQ)	氧化还原辅酶	提取、发酵	主要用于治疗肝病和心脏病

二、维生素及辅酶类药物的一般生产方法

维生素及辅酶类药物的生产，在工业上大多数是通过化学合成-酶促或酶拆分法获得的，近年来发展起来的微生物发酵法代表着维生素生产的发展方向。

（1）化学合成法　根据已知维生素的化学结构，采用有机化学合成原理和方法，制造维生素。近代的化学合成，常与酶促合成、酶拆分等结合在一起，以改进工艺条件，提高收率和经济效益。用化学合成法生产的维生素有：烟酸、烟酰胺、叶酸、维生素 B_1、硫辛酸、维生素 B_6、维生素 D、维生素 E、维生素 K 等。

（2）发酵法 即用人工培养微生物方法生产各种维生素，整个生产过程包括菌种培养、发酵、提取、纯化等。目前完全采用微生物发酵法或微生物转化制备中间体的有维生素 B_{12}、维生素 B_2、维生素 C 和生物素、维生素 A 原（β-胡萝卜素）等。

（3）直接从生物材料中提取 主要从生物组织中，采用缓冲液抽提、有机溶剂萃取等，如：从猪心中提取辅酶 Q_{10}，从槐花米中提取芦丁，从提取链霉素后的废液中制取 B_{12} 等。

在实际生产中，有的维生素既用合成法又用发酵法，如维生素 C、叶酸、维生素 B_2 等；也有既用生物提取法又用发酵法的，如辅酶 Q_{10} 和维生素 B_{12} 等。

第二节 重要维生素及辅酶类药物的生产

目前，临床上常用的维生素及辅酶类药物主要有维生素 B_2、B_1、B_{12}、C、A、辅酶 A、辅酶 Q 等。下面仅介绍几种生物法制取的产品生产工艺。

一、维生素 B_2

维生素 B_2（vitamin B_2）又称核黄素（riboflavin），广泛存在于动植物中，以酵母、麦糠及肝脏中含量最多。维生素 B_2 参与机体氧化还原过程，在生物代谢过程中有递氢作用，可促进生物氧化，是动物发育和微生物生长的必需因子。临床上用于治疗体内因缺乏维生素 B_2 所致的各种黏膜和皮肤的炎症，如角膜炎、结膜炎、口角炎和脂溢性皮炎等。

1. 结构与性质

维生素 B_2 在自然界中多数与蛋白质相结合而存在，因此被称作核黄素蛋白。维生素 B_2 是由异咯嗪环与核糖构成的，见图 16-1。分子中异咯嗪环中第 1 位和第 10 位的氮原子可被还原，在生物代谢过程中有递氢作用。纯品维生素 B_2 为黄或橙黄色针状结晶，味微苦。熔点约 280℃（分解）。在碱性溶液中呈左旋性 $[\alpha]_D^{20}$ 为 $-120°\sim-140°$（$c=0.125\%$，0.1mol/L NaOH）。微溶于水（$1:3000\sim1:15000$），极易溶于碱性溶液，饱和水溶液的 pH 值为 6 左右，在此 pH 值下该化合物不分解，呈黄绿色荧光，在 565nm 有特征吸收峰。

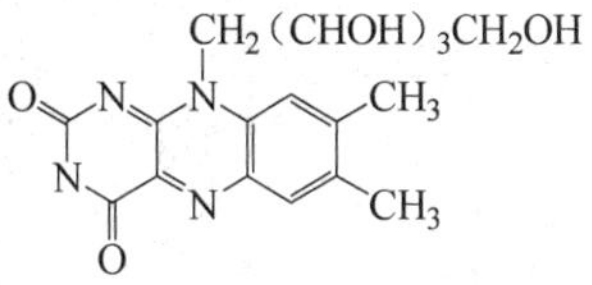

图 16-1 维生素 B_2（核黄素）化学结构

2. 生产工艺

工业上采用三级发酵，以沉淀法提取生产维生素 B_2。

（1）培养基 米糠油 4%，玉米浆 1.5%，骨胶 1.8%，鱼粉 2.5%，KH_2PO_4 0.1%，NaCl 0.2%，$CaCl_2$ 0.1%，$(NH_4)_2SO_4$ 0.02%。

（2）维生素 B_2 发酵工艺流程

培养基 $\xrightarrow[(28\pm1)℃]{[菌种]}$ 斜面 $\xrightarrow{水}$ 孢子悬液 $\xrightarrow[(30\pm1)℃,1kgf/cm^2]{[种子培养]种子培养基}$ 种子液 $\xrightarrow{[二级种子培养]}$ 二级种子液 $\xrightarrow[(30\pm1)℃,1kgf/cm^2,160h]{[发酵]}$ 发酵液

（3）工艺过程 将在 28℃培养成熟的维生素 B_2 产生菌的斜面孢子用无菌水制成孢子悬浮液，接种到一级种子罐，（30 ± 1）℃培养 30～40h。将上述种子液移到二级种子罐培养，（30 ± 1）℃培养 20h。将二级扩培的种子液，移种到发酵罐发酵，（30 ± 1）℃，发酵终点时间约为 160h。

在一定浓度的培养基中，通气效率是维生素 B_2 高产的关键，通气效果好，可促进大量膨大菌体的形成，维生素 B_2 的产量迅速上升，同时可缩短发酵周期。因此大量膨大菌体的出现是产量提高的生理指标。在发酵后期补加一定量的油脂，能使菌体再次形成第二代膨大

菌体，可进一步提高产量。

（4）维生素 B₂ 的提取与结晶　将维生素 B₂ 发酵液用稀盐酸水解，以释放部分与蛋白质结合的维生素 B₂；然后加黄血盐和硫酸锌，除去蛋白质等杂质，将除去杂质后的发酵滤液加 3-羟基-2-萘甲酸钠，使之与维生素 B₂ 形成复盐进行分离精制。提取工艺流程如下：

$$\text{发酵液} \xrightarrow[\substack{\text{3-羟基-2-萘甲酸钠}\\\text{黄血盐，ZnSO}_4}]{[\text{水解，过滤}]} \text{3-羟基-2-萘甲酸钠维生素 B}_2 \xrightarrow[\substack{\text{HCl，H}_2\text{O}\\\text{pH}=2\sim2.5}]{[\text{酸化，沉淀}]} \text{3-羟基-2-萘-甲酸-维生素 B}_2 \text{——}$$

$$\text{——粗品滤液} \xrightarrow[\text{NaOH}]{[\text{碱液、过滤}]} \text{维生素 B}_2 \xrightarrow{[\text{过滤}]} \text{粗结晶} \xrightarrow[\substack{\text{水，晶体}\\\text{5倍酸量的水}}]{[\text{结晶}]} \text{氧化物} \xrightarrow[\substack{\text{NH}_4\text{NO}_3\\60\sim70℃}]{[\text{氧化}]} \text{维生素 B}_2 \text{ 溶液} \xleftarrow[\substack{\text{浓 HCl}\\70\sim80℃}]{[\text{酸液、过滤}]}$$

$$\xrightarrow[\substack{\text{HCl 水，结晶}\\\text{pH}=5\sim6}]{[\text{转晶、过滤}]} \text{结晶} \xrightarrow[60℃，80\text{目}]{[\text{干燥、过筛}]} \text{成品}$$

二、维生素 C

维生素 C（vitamin C，VC）又名抗坏血酸（ascorbic acid），化学名称为 L-2,3,5,6-四羟基-2-己烯酸-γ-内酯。维生素 C 是细胞氧化-还原反应中的催化剂，参与机体新陈代谢，增加机体对感染的抵抗力。用于防治坏血病和抵抗传染性疾病，促进创伤和骨折愈合，以及用作辅助药物治疗。维生素 C 广泛存在于自然界，以新鲜蔬菜及水果中含量较多，药品可用化学合成方法或二步发酵法生产。

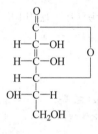

图 16-2　L-抗坏血酸化学结构

1. 结构与性质

维生素 C 的化学结构见图 16-2。维生素 C 为白色粉末，无臭，味酸，熔点 190～192℃，易溶于水，略溶于乙醇（1:30），不溶于乙醚、氯仿及石油醚等。它是一种还原剂，易受光、热、氧等破坏，尤其在碱液中或有微量金属离子存在时，分解更快，但干燥结晶较稳定。维生素 C 分子中有两个手性碳原子，故有 4 种光学异构体，其中 L-（+）抗坏血酸活性最好，$[\alpha]_D^{20} = +20.5°\sim+21.5°$（10%水溶液），D-（−）异抗坏血酸的活性为 L-（+）抗坏血酸的 1/20，其余两种光学异构体无生物活性。

2. 两步发酵法生产工艺流程

（1）维生素 C 两步发酵法工艺流程

$$\text{D-山梨醇} \xrightarrow[\text{醋酸杆菌}]{[\text{氧化}]} \text{L-山梨糖} \xrightarrow[\text{假单胞菌}]{[\text{生物转化}]} \text{2-酮-L-古洛糖酸} \xrightarrow{[\text{内酯化，烯醇化}]} \text{维生素 C（L-抗坏血酸）}$$

（2）工艺过程及控制要点　在整个合成过程中山梨糖的制备是关键的一步，用醋酸菌能使山梨醇氧化成山梨糖。

① 山梨醇发酵菌种。醋酸菌属中，*Acetobacter suboxyclans*、*A. raucons*、*A. aceti*、*A. melangenum*、*A. Xylinoides* 等都可使山梨醇氧化成山梨糖，一般用 *A. suboxyclan* 和 *A. melangenum*。

② 发酵条件。温度为 26～30℃，最适 pH 值为 4.4～6.8。pH＝4.0 以下菌的活性受影响。

a. 山梨醇的浓度。用 0.5% 酵母浸膏为主要营养源，山梨醇含量为 19.8%，通气量 1800mL/min，30℃培养 33h，收率可达 97.6%。也可采用流加山梨醇的方式发酵。发酵结束后经低温灭菌，得到无菌的发酵液作为第二步发酵用的原料。

b. 氮源。无机氮源不能利用，只能使用有机氮源。

c. 金属离子影响。Ni^{2+}、Cu^{2+} 能阻止菌的发育，铁能妨碍发酵，为了使发酵顺利进行，需用阳离子交换树脂将山梨醇中的金属离子去掉。

第二步发酵是氧化葡萄杆菌或假单胞杆菌经过二级种子扩大培养转移至含有第一步发酵液的培养基中，在 $28\sim34℃$ 下培养 $60\sim72h$ 放罐发酵液转化精制获得维生素 C。

三、维生素 B_{12}

维生素 B_{12}（vitamin B_{12}）是维持机体正常生产的重要因子，它以辅酶 B_{12} 的形式参与机体内许多代谢反应，辅酶 B_{12} 是治疗恶性贫血的首选药物。维生素 B_{12} 广泛存在于肝、鱼粉、蛋、乳、黄豆中，一些放线菌、霉菌的菌丝体及土壤和污泥中也有一定量的维生素 B_{12}，某些藻类及豆科植物中也可提取维生素 B_{12}。维生素 B_{12} 可从肝脏中提取，也可用化学合成法生产。目前，用微生物发酵法生产维生素 B_{12}，发展得很快。

1. 结构与性质

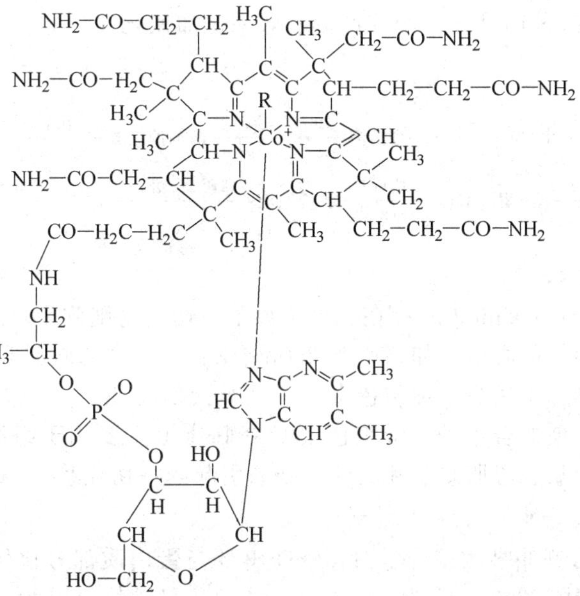

图 16-3　维生素 B_{12} 族的结构

维生素 B_{12} 是含钴的有机化合物，又称为氰钴胺（cyanocobalamin）或钴胺素，是以钴原子为中心的螯合物，其分子结构如图 16-3 所示。维生素 B_{12} 为暗红色针状结晶性粉末，无一定熔点，于 $210\sim220℃$ 时变暗，在 $300\sim320℃$ 分解。溶于水、甲醇、乙醇及酚，不溶于丙酮、乙醚及氯仿。水溶液为中性，具左旋光性 $[\alpha]_D^{20}=-59°\pm9°$（$H_2O$）。维生素 B_{12} 的水溶液在波长 278nm、361nm 和 548mm 处有最大吸收（$E_{1cm}^{1\%}$ 分别为 215、204、63）。维生素 B_{12} 在中性或微弱酸性溶液中均稳定，但在 0.015mol/L NaOH 或 0.01mol/L HCl 中，0.5h 完全失效，水溶液 pH=4.5～5.0 时最稳定。维生素 B_{12} 易被活性炭从水溶液中吸附，可被 65% 的醇苯酚水溶液或水-吡啶溶液洗脱。

2. 维生素 B_{12} 的生产

（1）生产菌种　能产生维生素 B_{12} 的微生物有细菌和放线菌，表 16-3 列出几种有代表性的维生素 B_{12} 产生菌。工业上生产用的是丙酸菌属中的费氏丙酸杆菌和谢氏丙酸杆菌。

（2）发酵　采用一级发酵方式，发酵过程中补加碳源，用氨水调节维持 pH 值在 7.0 左右。

表 16-3　产生维生素 B_{12} 的部分菌种

菌　　种	维生素 B_{12} 产率/(mg/L)	菌　　种	维生素 B_{12} 产率/(mg/L)
费氏丙酸杆菌(Propionibacterium freudenreichii)	2.4	青铜色小单胞菌(M. chalcea)	6.0
谢氏丙酸杆菌(Propionibacterium shermanii)	8.4	脱氧假单胞菌(Pseudomonas denitrifyicans)	2.0
橄榄色链霉菌(S. oivaceus)	3.3		

① 碳源与氮源。对费氏丙酸菌的研究发现，以葡萄糖作碳源有利于细菌的生长，而用乳酸作碳源可得到较高的维生素 B_{12} 产量。其他可利用的碳源是甜菜糖蜜、转化糖和麦芽糖。氮源一般是酵母膏，也有用硫酸铵、乳清、玉米浸汁。

② 钴离子的影响。钴对微生物一般是有毒的。如 $(10\sim20)\times10^{-6}$ 就可抑制链丝菌的生长，但在较低浓度 $(1\sim2)\times10^{-6}$ 却可提高维生素 B_{12} 的产量。

③ 前体。由于维生素 B_{12} 的结构已清楚，可加前体以增加产量。在费氏丙酸菌发酵液中加氰化亚酮 $(35\sim50)\times10^{-6}$，可增加产量，效果比加氰化铜更好。

（3）提取工艺

发酵液 →[过滤] 菌体 →[水解] 水解液 →[中和] 中性溶液 →[酚-丁醇提取] 溶剂抽提液 →[一次水提] 一次提液 →[氰化] 氰转化液 → 二次水提液 →[酚、氯仿提取] → 酸滤液 →[酸化] →[回调 pH 值] 层析原液 →[层析][丙酮洗脱] 丙酮洗脱液 →[结晶干燥] 成品

四、细胞色素 C

细胞色素 C（cytochrome C）存在于自然界中一切生物细胞中，其含量与组织的活动强度成正比。以哺乳动物的心肌（如猪心含 250mg/kg）、鸟类的胸肌和昆虫的翼肌含量最多，肝、肾次之，皮肤和肺中最少。细胞色素是一大类天然物质，分为 a、b、c、d 等几类，每一类里又包括极其相似的若干种。细胞色素 C 在临床上主要用于组织缺氧的急救和辅助用药，适用于治疗脑缺氧、心肌缺氧和其他因缺氧引起的一切症状。

1. 结构与性质

细胞色素 C 是含铁卟啉的结合蛋白，铁卟啉环与蛋白质部分比例为 1:1。猪心细胞色素 C 相对分子质量为 12200。pI 为 pH10.2～10.8。因以赖氨酸为主的碱性氨基酸含量较多，故呈碱性（图 16-4）。细胞色素 C 对热和酸都较稳定。它在细胞中以氧化型和还原型两种状态存在。氧化型水溶液呈深红色，在饱和硫酸铵中可溶解，还原型水溶液呈桃红色，溶解度小。

2. 生产工艺

（1）工艺流程

新鲜猪心 →[原料处理][绞碎] 心肌碎肉 →[提取、压滤][H_2SO_4][pH=4] 提取液 →[中和、吸附][氨水，人造沸石][pH=7.5] 吸附物 →[洗脱][25%$(NH_4)_2SO_4$][相对密度 1.21～1.23] 滤液 →[浓缩][CCl_3COOH] 沉淀物 →[透析][蒸馏水] 粗品溶液 →[吸附][Amberlite IRC-50] 吸附物 →[洗脱][Na_2HPO_4, NaCl] 洗脱液 →[透析][蒸馏水] 粗品溶液 →[制剂][双甘肽，NaH_2SO_4][pH=6.4] 成品

（2）生产工艺及控制要点

① 绞碎、提取、压滤。取新鲜或冷冻猪心，去血块、脂肪和肌腱等，绞肉机中绞碎。称取心肌碎肉，加 1.5 倍量蒸馏水搅拌均匀，用硫酸调整 pH=4 左右，常温搅拌提取 2h，压滤，滤液用氨水调节 pH=6.2，离心得提取液。滤渣再加等量蒸馏水同上法重复提取 1次，合并两次提取液。

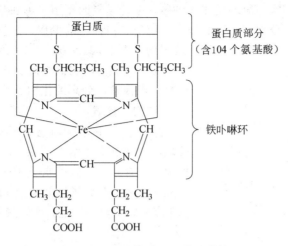

图 16-4　细胞色素 C 的化学结构

② 中和、吸附、洗脱。提取液加氨水中和至 pH＝7.5，在冰箱中静置沉淀杂蛋白，吸取上层清液，每升提取液加入 10g 人造沸石，搅拌吸附 40min，静置倾去上层清液。收集吸附细胞色素 C 的人造沸石，用蒸馏水和氯化钠溶液反复洗涤，然后装柱，用 25％硫酸铵溶液洗脱，得洗脱液。

③ 盐析、浓缩、透析。洗脱液加入固体硫酸铵达到 45％饱和度，使杂蛋白析出，过滤。收集滤液，缓缓加入 20％三氯醋酸，边加边搅拌使细胞色素 C 沉淀析出，离心收集沉淀。再将沉淀溶于蒸馏水，装入透析袋中，透析至无硫酸根为止，过滤得细胞色素 C 粗品溶液。

④ 吸附、洗脱、透析。粗品溶液通过处理好的 Amberlite IRC-50（NH_4^+）树脂柱吸附，然后将树脂移入大烧杯中，水洗至澄清为止，再分别上柱。用 0.6mol/L 磷酸氢二钠与 0.4mol/L 氯化钠混合液洗脱，洗脱液用蒸馏水透析去氯离子，得细胞色素 C 精制溶液。

⑤ 制剂。取含相当于 1.5g 的细胞色素 C 精制液，加 200mg 亚硫酸氢钠，搅拌溶解，再加双甘肽 1.5g 混合均匀，用氢氧化钠调节 pH＝6.4 左右，加注射用水 100mL，过滤除热原，6 号垂熔漏斗过滤，测含量，灌注，冷冻干燥，即得每支含 15mg 细胞色素 C 的粉针剂。

3. 质量控制

(1) 质量标准

a. 性状：深红色的澄清液体。

b. 含铁量：0.40％～0.46％。

c. 含酶量：每 1mL 中含细胞色素 C 不得少于 15mg；酶活力不低于 95.0％。

(2) 酶活力测定方法　取 0.2mol/L 磷酸盐缓冲液 5mL，琥珀酸盐溶液 1.0mL，与供试品溶液 0.5mL 置 25mL 具塞比色管中，加去细胞色素 C 的悬浮液 0.5mL 与氰化钾溶液 1.0mL，加水稀释至 10mL 摇匀。以同样的试剂作空白，用分光光度法在 550mm 波长附近，间隔 0.5nm 找出最大吸收波长，并测其吸收度直至吸收度不再增加为止，作为还原吸收度。然后各加亚硫酸钠约 5mg，摇匀，放置约 10min，在上述同一波长处测定吸收度，直至吸收度不再增加为止，作为化学还原吸收度。按下式计算：

$$细胞色素 C 活力 = \frac{酶还原吸收度}{化学还原吸收度}$$

五、辅酶 I

辅酶 I（coenzyme I，Co I）又称 NAD^+，为烟酰胺腺嘌呤二核苷酸，是脱氢酶的辅酶，在生物氧化过程中作为氢的受体或供体，起传递氢的作用，可加强体内物质的氧化并供给能量。临床用于精神分裂症、冠心病、心肌炎、白细胞减少症、急慢性肝炎、迁移性肝炎及血小板减少症，也是多种酶活性诊断试剂的重要组成。CoⅠ广泛存在于动植物中，如酵母、谷类、豆类、动物的肝脏、肉类等。制备时用酵母作原料，经提取，分离纯化制备产品。

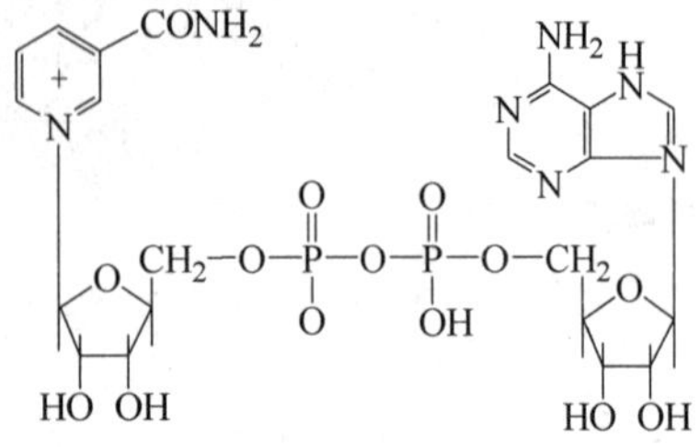

图 16-5　辅酶Ⅰ的化学结构

1. 结构、性质

CoⅠ是由一分子烟酰胺及腺嘌呤与两分子 D-核糖及磷酸组成。其分子结构见图 16-5。CoⅠ为具有较强吸湿性的白色粉末，易溶于水或生理盐水，不溶于丙酮等有机溶剂，为两性分子，等电点 pI 为 3。在干燥状态和低温下稳定，对热不稳定，水溶液偏酸或偏碱都易破坏。

2. 生产工艺

（1）工艺流程

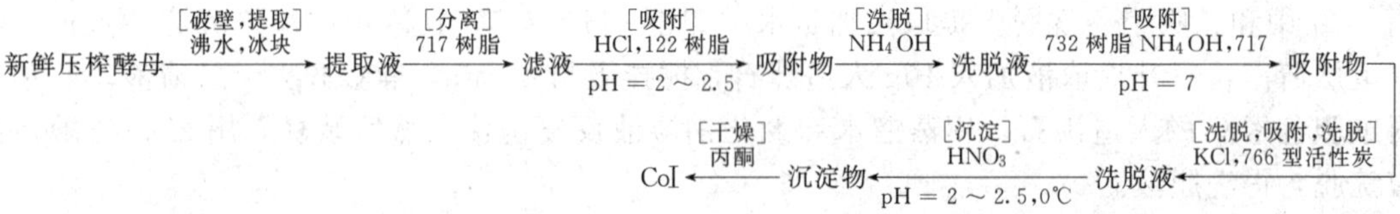

新鲜压榨酵母 →[破壁,提取 沸水,冰块]→ 提取液 →[分离 717树脂]→ 滤液 →[吸附 HCl,122树脂 pH = 2～2.5]→ 吸附物 →[洗脱 NH₄OH]→ 洗脱液 →[吸附 732树脂 NH₄OH,717 pH = 7]→ 吸附物 →[洗脱,吸附,洗脱 KCl,766型活性炭]→ 洗脱液 →[沉淀 HNO₃ pH = 2～2.5,0℃]→ 沉淀物 →[干燥 丙酮]→ CoⅠ

（2）工艺过程及控制要点

① 细胞破壁、提取。将新鲜压榨酵母在搅拌下加入等量的沸水中，加热至 95℃ 保温 5min，迅速加入 2 倍酵母重量的冰块。过滤，滤液加入强碱性季铵Ⅰ型阴离子交换树脂（717），搅拌 16h，过滤，收集滤液。

② 吸附、洗脱。取滤液用浓盐酸调 pH 值至 2～2.5，流经 122 型阳离子交换树脂柱吸附 CoⅠ。吸附完毕，用无热原水先逆流后顺流洗至流出液澄清，再用 0.3mol/L 氢氧化铵液洗脱。当流出液呈淡咖啡色，在 340nm 处测定吸光值，A 值大于 0.05（稀释 15 倍）时，开始收集，直至流出液呈淡黄色时为止，得洗脱液。

③ 中和、吸附。将 732 型阳离子交换树脂加至洗脱液中，搅拌，测 pH 值应为 5～7，过滤，滤饼用无热原水洗涤，合并洗涤滤液，加稀氨水约 15% 左右，调 pH=7，得中和液。再将中和液流经 717 型阴离子交换树脂柱吸附。吸附完，用无热原水顺流洗涤至流出液澄清无色为止。

④ 洗脱、吸附、洗脱。将活性炭柱与 717 树脂串联，用 0.1mol/L 氯化钾液洗脱 717 树脂柱吸附物，洗脱液立即流经活性炭柱吸附，吸附完后，解除两柱串联，先后用 pH=9 的无热原水及 pH=8 的 4% 的乙醇充分洗涤炭柱。最后用无热原水洗至中性，用丙酮-乙酸乙酯-浓氨水（4∶1.5∶0.02）的混合液洗脱，得洗脱液。

⑤ 沉淀、干燥。上述洗脱液在搅拌下加入 30%～40% 硝酸调至 pH=2～2.5，过滤，置于冷库，冰冻沉淀过夜。过滤沉降物，用 95% 冷丙酮洗涤滤饼 2～3 次，滤干，滤饼置五氧化二磷真空干燥器中干燥，即得 CoⅠ。

六、辅酶 Q

1. 结构与性质

自然界存在的辅酶 Q（coenzyme Q，CoQ）也称泛醌（ubiquinone），是一些脂溶性苯醌的总称，其结构见图 16-6。根据侧链 n 值的不同有 CoQ_1、CoQ_5、CoQ_6、CoQ_7、CoQ_8、

CoQ_9、CoQ_{10} 等。存在于大多数好气性生物（从细菌到动物）中，特别是这些生物的线粒体中。不同生物来源的 CoQ 的 n 值为 5～10，在人类及高等动物中仅含有 CoQ_{10}，主要集中在肝、心、肾、肾上腺、脾、横纹肌等组织。药品 CoQ_{10} 主要由生物材料提取获得。

CoQ_{10} 为黄色或淡橙黄色、无臭无味、结晶性粉末。易溶于氯仿、苯、四氯化碳，溶于丙酮、乙醚、石油醚，微溶于乙醇，不溶于水和甲醇。遇光易分解成微红色物质，对温度和湿度较稳定，熔点 49℃。易被化学还原剂及相应的酶还原为对应的醌醇。氧化还原反应伴随有明显的光谱变化。在乙醇中辅酶 Q 在 275nm 有一强

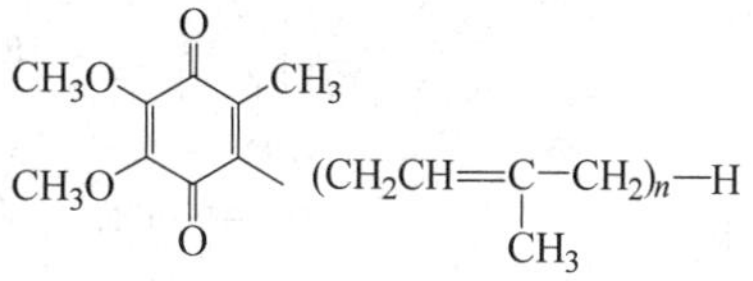

图 16-6　辅酶 Q 化学结构

吸收带，若在己烷中则移至 272nm，转成醌醇后则变成在 290nm 处有一弱吸收带，这为测定辅酶 Q 提供了一种灵敏而专一的方法。

2. 生产工艺

（1）工艺流程

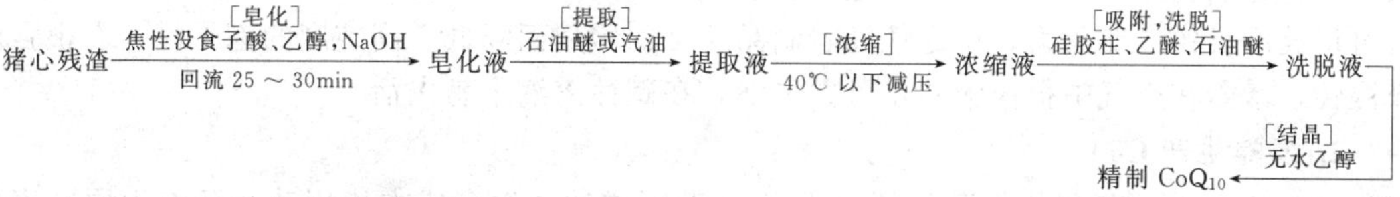

猪心残渣 $\xrightarrow[\text{回流 }25\sim30\text{min}]{\text{[皂化]}\;\text{焦性没食子酸、乙醇、NaOH}}$ 皂化液 $\xrightarrow[]{\text{[提取]}\;\text{石油醚或汽油}}$ 提取液 $\xrightarrow[\text{40℃ 以下减压}]{\text{[浓缩]}}$ 浓缩液 $\xrightarrow[\text{硅胶柱、乙醚、石油醚}]{\text{[吸附,洗脱]}}$ 洗脱液 $\xrightarrow[\text{无水乙醇}]{\text{[结晶]}}$ 精制 CoQ_{10}

（2）工艺过程及控制要点

① 皂化。取生产细胞色素 C 的猪心残渣，压干称重，按干渣重加入 30%（质量体积分数）工业焦性没食子酸，搅匀，缓慢加入干渣重 3～3.5 倍的乙醇及干渣重 32%（质量体积分数）氢氧化钠，置于反应锅内，加热搅拌回流 25～30min，迅速冷却至室温，得皂化液。

② 提取、浓缩。将皂化液立即加入其体积 1/10 量的石油醚或 120 号汽油，搅拌后静置分层，分取上层，下层再以同样量溶剂提取 2～3 次，直至提取完全。合并提取液，用水洗涤至近中性，在 40℃ 以下减压浓缩至原体积的 1/10，冷却，−5℃ 以下静置过夜，过滤，除去杂质，得澄清浓缩液。

③ 吸附、洗脱。将浓缩液上硅胶柱层析，先以石油醚或 120 号汽油洗涤，除去杂质，再以 10% 乙醚-石油醚混合溶剂洗脱，收集黄色带部分的洗脱液，减压蒸去溶剂，得黄色油状物。

④ 结晶。取黄色油状物加入热的无水乙醇，使其溶解，趁热过滤，滤液静置，冷却结晶，滤干，真空干燥，即得 CoQ_{10} 成品。有专利报道，用 AmberliteXAD 柱层析，能使 CoQ_{10} 含量从 48% 提高到 64%，再通过 Hipores HP-20 层析柱，用丙酮-水（9∶1）溶液洗脱，浓缩，结晶，可得纯度为 99.4% 的 CoQ_{10}。

七、辅酶 A

辅酶 A（coenzyme A，CoA）广泛存在于多种生物体中，是乙酰化酶及许多酶类的辅酶，在物质代谢中起着传递酰基的作用，与脂类、糖类、蛋白质代谢、甾醇的生物合成以及乙酰化解毒等有密切关系。临床上主要用于治疗白细胞减少症、原发性血小板减少性紫癜、功能性低热等；对肝昏迷、脂肪肝、各种肝炎、冠状动脉硬化及慢性肾机能不全引起的急性无尿、肾病综合征、尿毒症等可作为辅助治疗药物。制取 CoA 有用动物肝、心、酵母等作原料的提取法和微生物合成法等。

1. 结构与性质

辅酶 A 分子结构见图 16-7，是由 β-巯基乙胺、$4'$-磷酸泛酸和 $3',5'$-二磷酸腺苷所组成。

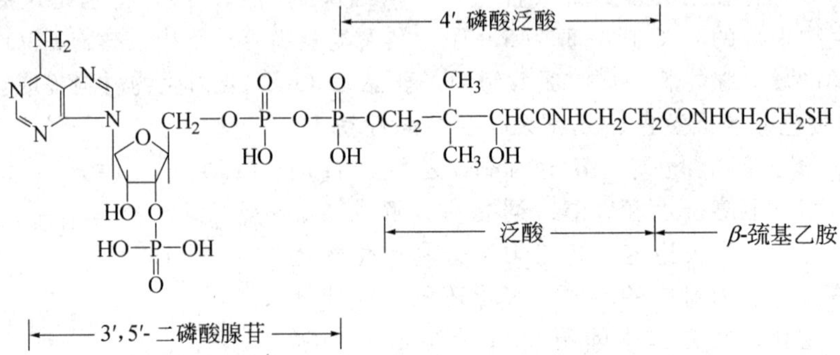

图 16-7　辅酶 A

CoA 纯品为白色或淡黄色粉末，具有典型的硫醇味，最高纯度为 95%，一般为 70%～80%。易溶于水，不溶于丙酮、乙醚和乙醇中。兼有核苷酸和硫醇的通性，是一种强酸。易被空气、过氧化氢、碘、高锰酸钾等氧化成无催化活性的二硫化合物，与谷胱甘肽、半胱氨酸可形成混合的二硫化物。稳定性随着制品纯度的增加而降低。高纯度的冻干粉，有很强的吸湿性，暴露在空气中很快吸收水分并失活，在碱性溶液中易失活。

2. 发酵生产 CoA

1976 年，应用产氨短杆菌发酵合成 CoA 获得成功，生产成本比用动物肝脏为原料直接提取下降 3/4，含量由 50U/mg 提高到 100U/mg 以上，发酵单位可达 300U/mL，其简单工艺流程如下所示：

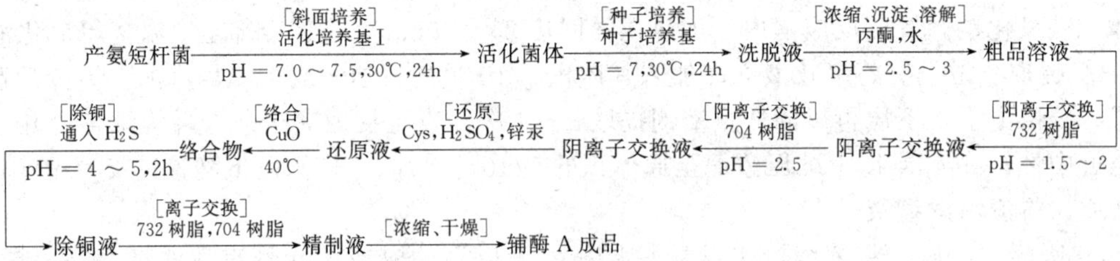

3. 酶法生产 CoA

近年，已实现应用产氨短杆菌细胞作为多酶酶原，以泛酸钠、腺嘌呤核苷、一磷酸腺苷（AMP）、半胱氨酸、无机磷为底物，以少量的 ATP 及 Mg^{2+} 为辅助因子，于 pH=7.5、37℃下通风搅拌 4～6h，合成 CoA，收率达底物总量的 80% 以上。为了充分发挥这一工艺的优点，采用固定化细胞技术制成固定细胞反复使用，可进一步降低成本。

第十七章

甾类激素药物

第一节 概 述

一、甾类激素药物的分类及其生理作用

甾类激素药物对机体起着非常重要的调节作用，根据其生理活性可分为肾上腺皮质激素、性激素和蛋白同化激素三大类。它们都是含有环戊烷多氢菲核（C_{17}）的化合物，如图17-1所示。

1. 肾上腺皮质激素

肾上腺皮质激素按其生理功能，又可分为糖皮质激素和盐皮质激素两大类。以可的松（cortisone）和氢化可的松（hydrocortisone）为代表的糖皮质激素是由肾上腺束状带细胞所合成和分泌，主要影响人体的糖、蛋白质和脂肪的代谢，而对水、盐的代谢作用影响较小。临床上主要用于抗炎、抗过敏等。以醛甾酮和去氧皮甾酮为代表的盐皮质激素是由肾上腺的球状带细胞所分泌，主要作用是促进钠离子由肾小管的重吸收，从而使钠的排泄量减少，促进钾的排泄。临床上主要用于治疗慢性肾上腺皮质机能减退症（阿狄森病）及低血钠症。

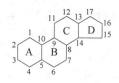

图 17-1 甾类化合物
的基本结构

2. 性激素

性激素按其生理功能又分为雄性激素和雌性激素两大类。性激素的重要生理功能是刺激副性器官的发育和成熟，激发副性特性的出现，增进两性生殖细胞的结合和孕育能力，还有调节代谢的作用。临床上主要用于两性性机能不全所致的各种病症、计划生育、妇产科疾病和抗肿瘤等。

雄性激素属于 C_{19} 类固醇，主要由睾丸和肾上腺皮质所产生，卵巢也有少量合成。睾丸分泌的雄激素主要有3种：睾酮、脱氢异雄酮和雄烯二酮。

雌性激素包括雌激素和孕激素两类，主要由卵巢合成和分泌，肾上腺皮质和睾丸也能少量合成。雌激素，真正由腺体分泌、有活性的只有3种：17β-雌二醇、雌酮和雌三醇。它们的生理活性相差很大，其相对比活为100:10:3。孕激素属于 C_{21} 类固醇，体内真正存在的是孕酮，其结构与活性的关系较密切。

3. 蛋白同化激素

蛋白同化激素是一类从睾丸酮衍生物中分化出来的药物。如 17α-甲基去氢睾丸素（17-methyldehydro-testosterone，商品名为大力补）。该类药的特点是性激素的作用大为减弱，而蛋白同化作用仍然保留或增强，临床使用比较安全，较少引起男性化症状等不良反应。其主要作用有：①促进蛋白质合成和抑制蛋白质异化；②加速骨组织钙化和生长；③刺激骨髓

造血功能，增加红细胞量；④促进组织新生和肉芽形成；⑤降低血胆甾醇。临床上用于与上述作用相应的病症。

二、甾类激素药物的生产

这些天然甾类激素，有的可进行人工合成，如雌二醇等；有的可利用微生物或其他方法对已有的化合物进行结构改造，以获得生物活性更强的新化合物，供临床使用。

由于甾类激素药物具有上述独特的疗效，所以这类药物发展很快，估计世界年产量达几千吨，其中用于抗炎、抗变态反应及抗风湿病、哮喘病、皮肤病等方面的类皮质激素药物约占 60％以上，各种甾醇类激素药物增长率在 10％以上，且药物的品种也在不断增多。

早期，甾类激素药物的生产主要靠化学全合成，自 1952 年 Peterson 和 Murray 发现少根根霉（*Rhizopus arrhizus*）及黑根霉（*R. nigricans*）能使黄体酮转化成 11α-羟基黄体酮（11α-hydroxyprogesterone），且收率达 85％之后，微生物转化在甾类激素合成中的应用日益扩大，并成为合成工艺中不可缺少的关键技术。这一技术对于某些化学方法难以完成的反应，是一种非常有用的手段。如 1949 年发现可的松皮质激素对风湿性关节炎具有明显的抗炎活性后，人们以从胆汁中提取的脱氧胆酸为原料，花费了两年时间，经过 30 余步化学反应才制得醋酸可的松，且收率很低（用脱氧胆酸 615kg 才能得到 1kg 醋酸可的松）。其中，脱氧胆酸的 C-12 上的氧原子移到 C-11 上最为困难，需经 10 步反应才能完成，而用微生物转化可以省去这 10 步化学反应，解决了合成可的松等皮质激素中的最大难题。由此可见，生物转化在甾类激素药物生产中具有重要作用。此外，银样链霉菌（*Streptomyces argenteolus*）能将孕酮氧化成 16α-羟基孕酮。对合成抗炎活性更强的 16α-羟基-9α-氟氢化泼尼松（16α-hydroxy-9α-fluoroprednisolone）起了重要的作用。

细菌、酵母、霉菌和放线菌的某些种类都可以使甾类化合物的一定部位发生有价值的转化反应，因此，微生物转化已成为微生物工业中的一个重要组成部分。

三、微生物转化的特点和类型

（一）微生物转化的特点

从发现黑根霉能羟化黄体酮后，又发现活性更强的其他微生物菌株可产生多种多样的转化反应。这些反应是由菌株分泌的酶所催化，并有底物特异性。它们催化 1 个或 2 个分子反应而不需保护其他基因。这些酶能使特定的、非活性碳原子功能化，还能把手征性中心引入无光学活性的分子结构中。所以微生物转化在生产工艺上具有下列特点。

① 可减少化学合成步骤，简化生产设备，缩短生产周期。如由黄体生产炔诺酮，利用微生物法后，可减少 6 步工序。

② 可提高产物得率和质量，降低成本。如用黑根霉羟化孕酮得率达 90％以上。19-羟基-4-雄烯-3,17-二酮转化为雌酮，仅用一步微生物转化法，得率可达 80％以上；而用化学法则需要 3 步，且得率仅 15％～20％。微生物法生产炔诺酮的得率由化学法的 3％～4％提高到 40％～70％。又如，生产去氢可的松和去氢氢化可的松，用 SeO_2 化学脱氢，产品中常含少量有毒的 Se 元素，影响质量；而微生物转化法，产品则无此毒性物质。产品得率高低和反应专一性强弱与所用菌种有关，菌种越优良，反应越向有利的方向进行。

③ 可进行化学法难以进行的反应，如甾类化合物 C-11 上的加氧（即羟化）等反应，化学法很难进行，而采用微生物法则比较容易。

④ 其他生物虽能产生这类羟化酶，但微生物产生的酶系种类最多。据统计，微生物要比哺乳动物多 1β、3β、5α、12α、15α、16β 等 12 种羟化酶。

⑤ 可改善工人的劳动条件，避免或减少使用强酸、强碱或有毒物质。

目前在甾类激素药物的生产中，一般都采用化学和微生物两种方法相结合的生产工艺。

（二）微生物转化的反应类型

微生物转化甾类化合物的反应类型，至今已发现的有：氧化反应、还原反应、水解反应、酰化反应、异构化反应、卤化反应和 A 环开环反应等。下面简单介绍几种目前对甾类激素药物合成较为重要的微生物转化反应。

1. 氧化反应

甾类微生物的氧化反应，有各种不同的类型：有的在甾类核上或侧链上引入伯、仲、叔醇基；有的是将仲醇基或次甲基氧化或侧链裂解成酮基；有的在核上脱氢成不饱和化合物或芳香化合物；有的是形成氧化化合物等氧化反应。这里仅介绍一些典型反应。

（1）羟化反应　羟化反应在甾类微生物转化中最为重要，因为利用化学法进行加氧是非常困难的，而利用各种微生物可以在甾类核的不同位置上进行羟化反应。甾类药物合成中，重要的有在 C-11α、C-11β、C-16α、C-19 位置上进行羟化反应，具体应用见表 17-1。其中黄体酮（1）的 C-11 上，经黑根霉氧化后，就转变成 C-11α-羟基黄体酮（2），见图 17-2。1959年报道了一株假单胞杆菌既可以进行 C-11β-羟化反应，又能引起 A 环 1,2-脱氢反应，可直接把莱氏化合物 S 转换成去氢氢化可的松，收率为 30％。

表 17-1　工业上重要甾类转化反应

反　应	基质→产物	微　生　物
11α-羟化反应	黄体酮→11α-羟基黄体酮	黑根霉（*Rhizopus nigricans*）
11β-羟化反应	莱氏化合物 S→氢化可的松	新月弯孢霉（*Curvularia lunata*）
11α-羟化反应	9α-氟氢可的松→9α-氟-16α-羟化可的松	玫瑰产色链霉菌（*Streptomyces roseochromogenus*）
1-脱氢反应	氢化可的松→泼尼松	简单节杆菌（*Arthrobacter simplex*）
1-脱氢反应，侧链裂解，和 D 环扩环	黄体酮→睾丸内酯	生根柱孢（*Cylindrocarpon radicicola*）
侧链裂解	β-谷甾醇→1,4-二烯-3,17-二酮雄甾和/或 4-烯-3,17-二酮雄甾	分枝杆菌（*Mycobacterium* spp.）

注：莱氏化合物 S 的化学名为 17α,21-二羟基-4-烯-3,20-二酮孕甾。

（2）环氧化反应　具有 C-11β 羟化能力的新月弯孢霉或短刺小克银汉霉可将 17α,21-二羟基-4,9(11)-二烯-3,20-酮孕甾[17α,21-dihydraxy-4,9(11)-pregnadiene-3,20-dione]（3）转变成 9β,11β-环氧化物（4），见图 17-3 所示。

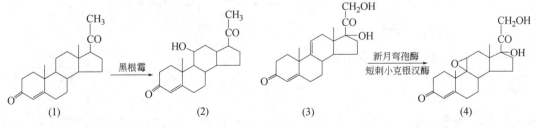

图 17-2　黄体酮的羟化反应　　　　图 17-3　孕甾的环氧化反应

（3）脱氢反应　菌体可将甾类化合物中核上的氢脱去，形成不饱和的双键。如氢化可的松（5），经简单节杆菌脱氢后，可得到氢化泼尼松（6），如图 17-4 所示。可的松经同样微生物脱氢后，也可得到泼尼松。

氢化可的松或可的松经脱氢后形成的氢化泼尼松或泼尼松，其抗炎作用都比其母体强，

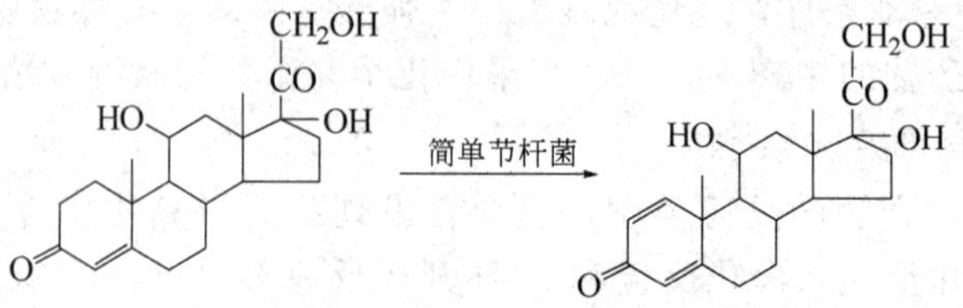

图 17-4　氢化可的松的脱氢反应

因此，1,2-脱氢反应在合成皮质激素中的应用，引起了人们的重视。

（4）芳环化反应　通过微生物的作用可使 A 环芳香化。这与 1,2-二脱氢反应有密切的关系。例如，19-去甲基睾丸素（19-nortestosterone）（7）经睾丸素假单胞菌（*Pseudomonas testosteroni*）的作用，就转变成雌二醇（estradiol）（8）和雌酮（estrone）（9），如图 17-5 所示。

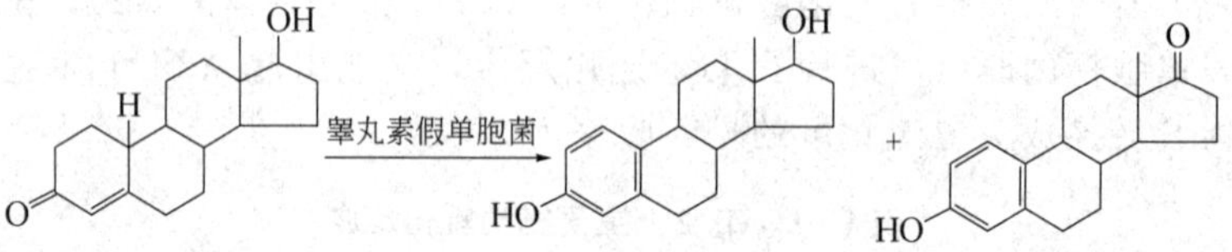

图 17-5　睾丸素的芳环化反应

氧化反应中，还有切断侧链的反应。如胆甾醇经诺卡菌的转换，就生成切断了 C-17 上的支链的 4 种代谢产物。

2. 还原反应

微生物催化的还原反应有各种类型：有的是甾类化合物上的醛或酮基被还原成伯醇或仲醇基；也有的是甾类核的 A 环或 B 环中的双键被加氢还原成饱和键等。如 5α-1-烯-3,17-二酮雄甾（5α-1-androstene-3,17-dione）（10）经酿酒酵母（*Saccharomyces cerevisiue*）转化后，就变成 5α-烷-3β,17β-二醇雄甾（5α-androstane-3β,17-diol）（11），见图 17-6。

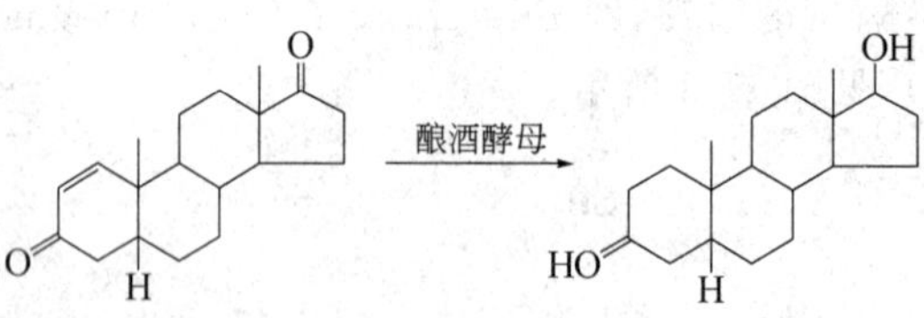

图 17-6　雄甾的还原反应

3. 水解反应

微生物进行的水解反应包括脱酰化反应、环氧化物的水解反应等。如中毛棒杆菌（*Corynebacterium mediolanum*）能将 21-醋酸妊娠醇酮（21-acctoxypregnenolone）（12）转变成去氧皮质酮（deoxycorticoterone）（13），见图 17-7。还有酿酒酵母能将 4β,5β-环氧烷-3,20-二酮孕甾（4β,5β-oxidopregnane-3,20-dione）转变成 5α,6β-二醇体。

除上述比较常见的转化反应外，还有酰化反应、异构化反应、卤化反应和 A 环的开环反应等类型。

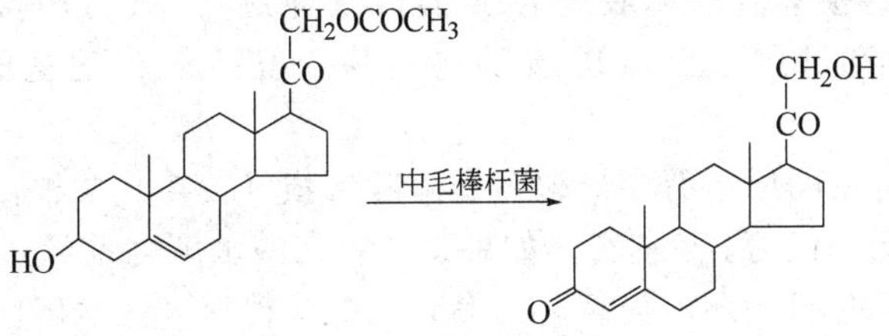

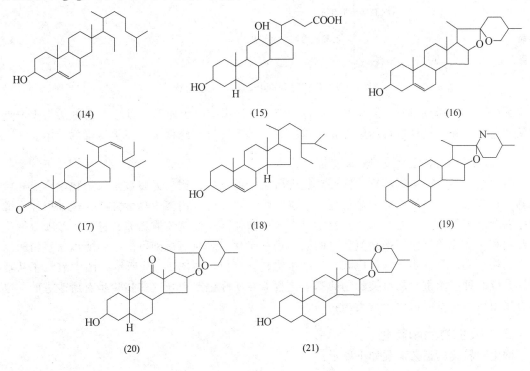

图 17-7　妊娠醇酮的水解反应

第二节　甾类激素的生产

一、甾类激素生产原料

早期，合成甾类激素药物的起始原料大多来自动物的胆甾醇、胆酸等。因这些原料的来源少、含量低、成本高，不能满足生产的需要，因而促使从植物中寻找起始原料并获得成功，现多用资源丰富、皂苷配基含量高的薯蓣作为合成甾类激素药物的起始原料。薯蓣皂苷配基的发现和应用，为从植物获得天然甾类原料开辟了新途径。此后，植物中的甾醇、甾类皂苷配基和甾类生物碱的研究，得到快速发展。当前，大多采用具有 Δ^5 的和 C-11 或 C-12 位上具有含氧基团的甾类化合物作为起始原料。目前，已经大量投入生产的甾类原料有胆固醇(14)、胆酸(15)、薯蓣皂苷配基(diosgenin)(16)、豆甾醇（stigmasterol）(17)、β-谷甾醇（β-sitostero）(18)、澳洲茄碱（solasodine)(19)、海柯皂苷配基（hecogenin)(20)、替告皂苷配基（tigogenin)(21) 等。它们的结构式见图 17-8。

(14)　(15)　(16)　(17)　(18)　(19)　(20)　(21)

图 17-8　合成甾类药物主要原料的结构

在这些原料中，薯蓣皂苷配基在全世界的产量为最大，也是制造甾类激素的最理想原料，其中有 60％的产量用于合成皮质激素药物。薯蓣皂苷配基的提取工艺流程见图17-9。

提取薯蓣皂苷元常用的原料有穿龙薯蓣和盾叶薯蓣（黄姜）两种，由常规水解法制得的薯蓣皂苷元，收率较低，仅为 2％左右。如果将原料在酸水解之前经过预发酵或称自然发酵处理，不但能缩短水解时间，还能提高薯蓣皂苷元的收得率。在水解前，将原料进行预发酵处理，黄姜能提高收得率 40％，穿山龙则提高收得率可达 54％。其工艺流程为：

干根茎(破碎 5～20mm) →[浸湿] 水 12h→ 湿药粉 →[自然发酵] 水量 1:(1.5～2.0) 40℃,48h→ 药粉 →[水解] 3％H₂SO₄,1:3 116～120℃,0.15MPa,3h→ 水解药粉

水解药粉 →[水洗] 干燥 至 pH=7.0→ 干燥物 →[回流提取] 石油醚(60～90℃)→ 提取液 →[浓缩、放置]→ 结晶

穿山龙(干燥根茎)
┃ 加水浸透后，再加入 3.5 倍水，加入浓 H₂SO₄
┃ 使达 3％含量，通蒸汽加压水解 8h
水解物
┃ 用水洗去酸液，干燥后粉碎
┃ 含水量不超过 6％
干燥粉
┃ 加活性炭，然后加 6 倍量汽油
┃ (或甲苯)，连续回流提取 20h
汽油提取液
┃ 回收汽油，浓缩至约 1:40，室温
┃ 放置，使结晶完全析出后，离心
粗制薯蓣皂苷元
┃ 至乙醇或丙酮中重结晶
薯蓣皂苷元(熔点 204～207℃)

图 17-9　薯蓣皂苷配基的提取工艺流程

另外，也有用豆甾醇、胆甾醇、β-谷甾醇、菜油甾醇等为原料，以微生物方法来生产性激素和避孕药物，这样既可缓解原料供应紧张的程度，又可降低生产甾类激素的成本。

二、甾类激素生产的基本过程

从起始原料合成甾类药物，需要经过比较复杂的反应过程。大多数是采用化学合成和微生物转化相结合，根据反应的难易程度，确定哪一步反应采用微生物学方法。例如以豆甾醇为原料合成可的松，是先经过 4 步化学反应合成黄体酮，以黄体酮为原料进行 1 步 11β 微生物羟化和 4 步化学反应，得到氢化可的松，进一步化学脱氢而得可的松。所以从豆甾醇制造可的松总共需要 9 步化学反应和 1 步微生物转化反应。如图 17-10 所示，图中表示了从豆甾醇合成 6 种临床重要的甾类药物的基本流程。在实际生产中，这些步骤是有所改进的。也有直接用微生物发酵法生产甾类药物的。

三、微生物生物转化

微生物转化的工艺流程如下所示：

筛选菌种 ——→ 产物鉴定 ——→ 确定并制备所用微生物细胞形式 ——→ 发酵(转化) ——→ 转化产物提取分离

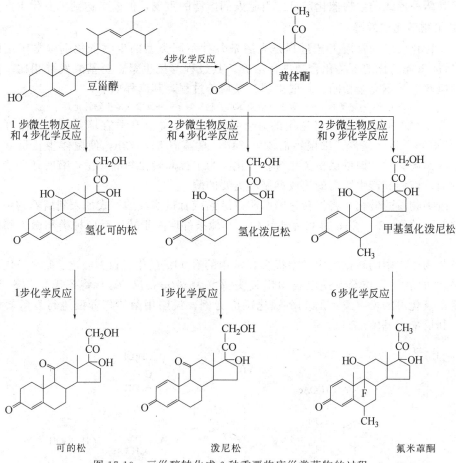

图 17-10　豆甾醇转化成 6 种重要临床甾类药物的过程

1. 筛选转化菌的基本过程

在进行微生物转化前，必须先要根据不同的甾类底物和所需的转化反应，筛选出有活性的微生物。据已有资料可了解到已知属、种微生物所能催化转化反应的类型。已知细菌、放线菌和霉菌中的一些菌种具有各种不同转化反应的能力。如能转化莱氏物质 S 的微生物就有近 20 种，并产生各种不同的羟化反应和非羟化反应，得到相应的产物。筛选转化菌的基本过程是：

① 首先在适当培养基上培养试验菌 1～2 天；

② 将甾类化合物溶解在水溶性溶剂中（如二甲基甲酰胺、丙酮、丙二醇），将其加入微生物培养液中继续培养 1～5 天，结束培养；

③ 利用二氯甲烷或其他非极性溶剂（氯仿、乙酸乙酯）提取所得发酵液，用柱层析或其他方法精制，得转化产物；

④ 利用有机化学方法确定产物的结构。

利用这个筛选方法，已经发现大多数霉菌和链霉菌能转化某些甾类化合物。

2. 确定催化转化反应可利用微生物细胞的形式

催化转化反应的微生物所产生的酶系，有不同的生长阶段性，因而，进行转化反应可以利用各种不同形式的微生物细胞：①菌体培养物；②非增殖（"静止"）细胞悬浮液或无细胞提取物；③同时进行其他反应的微生物系统；④微生物孢子悬浮液；⑤固定化全细胞或酶。

其中④、⑤两种形式的生物催化剂已经引起人们广泛的重视，但尚未达到工业化生产规模。

3. 微生物转化的发酵

微生物转化发酵的常用工艺过程是先制备各种不同类型的生物催化剂（常用菌体培养物），然后加入需转化的甾类化合物进行培养。其过程与抗生素、氨基酸发酵相比，虽有相似之处，但两者并不完全相同。一般采用二级培养过程，其流程如下：

菌种 → 孢子制备 → 种子（即菌体培养物）制备 → 发酵（微生物转化）

（1）菌体培养物的制备　将选用的微生物在适当培养基和适宜培养条件（温度、供氧量、pH 值等）下进行培养，细菌约需 12～24h，真菌需 24～72h，使菌体生长良好，待转化酶活性达到高峰时，即可供甾类化合物转化。为了提高转化酶的产量，有时还要加入诱导剂或抑制剂，以诱导产生所需的酶或抑制不需要的酶。

（2）甾类物质的转化　将被转化的基质以结晶或有机溶液的形式加入到培养物中，并通入大量空气，约经 12～72h，即可完成转化。其他条件取决于转化反应种类和微生物的生理特性。

甾类药物生产中的转化反应类型很多，常用的有 11α-羟化、11β-羟化、16α-羟化和导入 Δ^1 及 C-3 位的氧化反应等。现以我国用梨头霉（*Absidia orchidis*）将莱氏化合物 S（22）羟化，获得氢化可的松（23）的 11β-羟化反应为例，说明用菌体培养液进行发酵转化的工艺过程。其反应式见图 17-11。

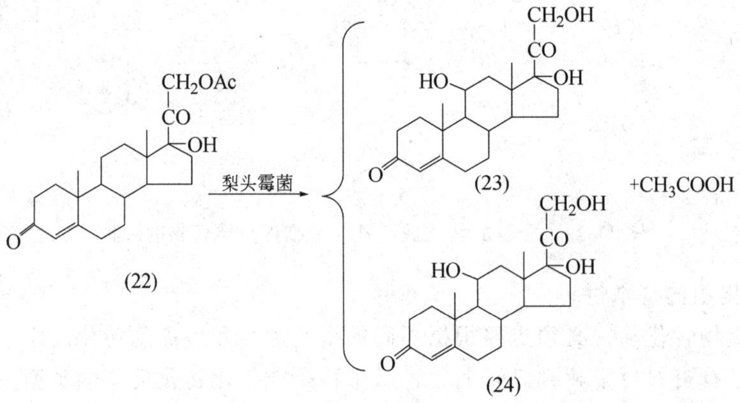

图 17-11　莱氏化合物 S 生物氧化反应式

莱氏化合物 S（22）羟化转化制备氢化可的松（23）的工艺流程如下：

梨头霉菌菌种 —斜面培养，28℃，7～9 天→ 孢子悬浮液 —一级种子培养，(28±1)℃，28～32h→ 种子培养液 —发酵转化，(28±1)℃，pH＝5.5～6.0→ 转化液 —过滤，醋酸丁酯提取→ β 体(23) 和 α 体(24) 粗品 —分离，精制→ β 体(氢化可的松)；α 体 —乙酰化、氧化→ 醋酸可的松

① 将梨头霉菌种接到葡萄糖、土豆斜面培养基上，28℃培养 7～9 天，孢子成熟后，用无菌生理盐水制成孢子悬浮液，供制备种子用。

② 将孢子悬浮液，按一定接种量接入葡萄糖、玉米浆和硫酸铵等组成的种子培养基（灭菌前 pH＝5.8～6.3），在通气搅拌下，(28±1)℃培养 28～32h。待培养液的 pH 值达 4.2～4.4，菌含量达 35％以上，无杂菌，即可接种发酵罐。

③ 发酵培养基同种子培养基。种子液接入后，(28±1)℃继续搅拌通气培养至菌体转化酶活性最强的时间（约 10h），pH 值下降至 3.5～3.8，菌含量达 17％～35％，无杂菌，可

投入甾类基质（投入前，先将 pH 值调至 5.5～6.0），经约 10h 转化后，再第二次投料，继续氧化。在转化过程中，pH 值应控制在 5.5～6.0，定期取样检查，反应接近终点时，即可放料，如不合格，继续氧化。

④ 转化产物的提取，转化所得的反应液经过滤或离心，得滤液，用醋酸丁酯提取，再经浓缩、冷却、过滤、干燥，就得到氢化可的松粗品，再用溶剂分离处理，得 β 体（23）和 α 体（24）。β 体经精制，得氢化可的松精品；α 体经乙酰化、氧化，可制得醋酸可的松。

大部分甾类基质实际上不溶或微溶于水，因此常以有机溶剂的基质溶液加入发酵液，以提高基质浓度。常用溶剂有丙酮、乙醇及二甲基甲酰胺等。也可用表面活性剂（如吐温-80）来提高基质浓度。在复合培养基中，提高蛋白质含量，有助于基质悬浮在培养基中，如黑根霉（*Rhizopus nigricans*）转化高浓度黄体酮，即应用含 4%～1% 黄豆饼粉和 3.8% 葡萄糖的培养基。加入固体基质的悬浮液，也能改进羟化效果，如用赭曲霉转化黄体酮，加入在0.01% 吐温水中含有黄体酮细粉的悬浮液，得到收率达 90% 的 11α-羟基黄体酮，副产物很少。

许多甾类基质对某些微生物具有毒性，影响转化反应，可用流加基质法，以防产生毒性。易溶的甾类或甾类衍生物进行转化时，可使用半合成培养基，以有利于产物分离。有些培养基成分对转化反应具有微妙的影响，如玫瑰产色链霉菌羟化 9α-氟氢化可的松，铁能促使形成不需要的高 D 环甾类，一旦加入 K_2HPO_4，去除了铁，就形成所需产物。总之，培养基组成和培养条件对甾类转化有明显影响，需要根据菌种特性、转化类型、基质性质进行认真考查和研究，以获得最佳培养基组成和培养条件，提高产物产量和质量。

第 十 八 章

生物制品

第一节 生物制品概述

一、基本概念

1. 生物制品

其内涵甚广，无特定的范围界定。广义的生物制品指以天然生物材料为原材料，经过物理的、化学的、生化的或生物学的工艺制备或以现代生物学技术获得的，并以分析技术控制中间产物和终产品质量的功能性生物制剂，广泛应用于工、农业生产，科学研究以及生物疾病的预防、诊断与治疗。用于预防、诊断和治疗人类疾病的一类生物制品，称为医用生物制品。医用生物制品工作者、计划免疫工作人员和临床医生，一般把医用生物制品简称为生物制品。本章中，凡涉及"生物制品"这一名词，皆指医用生物制品。

2000 年版《中国生物制品规程》中定义生物制品是应用普通的或以基因工程（genetic engineering）、细胞工程（cell engineering）、蛋白质工程（protein engineering）、发酵工程（fermentation engineering）等生物技术获得的微生物、细胞及各种动物和人源的组织和液体等生物材料制备的，用于人类疾病预防、治疗和诊断的药品，主要包括细菌疫苗、病毒疫苗、血液制品、重组产品及诊断试剂等。

生物制品是现代医学中发展比较早的一个领域，在相关科学技术发展的促进下，其种类和品种不断增加。目前包括重组 DNA 产品在内的已批准上市的各类生物制品有 200 多种，而且新的生物制品品种仍在迅速增加。

2. 亚单位疫苗

利用病原体的某一部分通过基因工程克隆而制得的疫苗称为亚单位疫苗。传统疫苗（第一代疫苗）通常都含有灭活或减毒的完整的病原体，具有潜在的致病性。研究已证实，对于致病性病毒而言，单纯的外壳结合蛋白即可在受体内激发生成足够多的抗体，因此，由此原理制成的亚单位疫苗有以下优点：①避免了直接使用病原物而使接受者可能致病的危险；②亚基疫苗用纯的蛋白质作为免疫源，可以避免由于外源蛋白、核酸的混杂而造成的种种副作用，使得这种疫苗具有更高的安全性；③有时因单独使用特异蛋白能增强疫苗的效果。

但是亚单位疫苗也有其局限性：①纯化单一蛋白成本很高；②纯化后的蛋白的构象与在病原体体内时可能不同，从而导致抗原性发生变化。由于亚基疫苗一般不具有感染性，所以它不能激活 MHCI 分子，也就很难激活杀伤性 T 细胞，即只能激活机体的体液免疫，因不能同时调动细胞免疫，激活的免疫反应一般较弱。

3. 活体重组疫苗

通过基因工程的方法，对非致病性微生物（细菌和病毒）进行改造，使之携带并表达某种特定病原体的抗原决定簇基因，产生免疫原性或通过基因工程的方法修饰或删除致病性微生物的毒性基因，使之仍保持免疫原性所制成的疫苗。在这种疫苗中抗原决定簇的构象与致病性病原体的抗原的构象相同或非常相似，克服了亚基疫苗在纯化时，因蛋白质构象的改变而导致的抗原的变化和单一抗原只能诱发较弱的免疫应答的缺点。

4. 核酸疫苗

核酸疫苗就是把外源基因克隆到真核质粒表达载体上，然后将重组的质粒 DNA 直接注射到动物体内，使外源基因在生物体内表达，产生的抗原激活机体的免疫系统，引发免疫反应。核酸疫苗作为一种新的免疫手段问世不久，就在感染性疾病及肿瘤的防治中显示出巨大的潜力。核酸疫苗包括 DNA 疫苗和 RNA 疫苗。核酸疫苗不仅可用于人类疾病，而且还可以广泛应用于人畜共患疾病和动植物疾病；不仅用于病毒性感染预防，也可用于非病毒微生物感染的预防；它不仅具有预防疾病作用，同时还具有治疗疾病的作用。核酸疫苗具有如下优势。

① 诱导机体产生全面的免疫应答（体液和细胞介导的免疫反应）；

② 不同亚型的病原体具有交叉抵御作用；

③无潜在致病作用，具有可靠的安全性；

④ 能表达经修饰的天然抗原，具有与天然抗原相同的构象和抗原性；

⑤ 稳定性好、易纯化、易保藏、可大规模生产、成本低；

⑥ 可将编码不同抗原的基因构建在同一个质粒中，或将不同抗原基因的多种重组质粒联合应用，制备多价核酸疫苗；

⑦ 既有预防作用也有治疗作用。

5. 免疫佐剂及其效应

免疫佐剂是指与抗原同时或预先应用，能增强机体对抗原的免疫应答能力，或改变免疫应答类型的物质。包括无机佐剂如氢氧化铝，有机佐剂如脂多糖、分枝杆菌等，合成佐剂如双链聚肌胞等。近年随着细胞因子研究的深入，发现许多细胞因子也具有明显的免疫佐剂效应，能增强特异抗原的免疫原性或增强机体对抗原的反应性，这些细胞因子包括 IL-1、IL-2、IFN-γ、IL-6 等，它们的作用主要表现在以下两个方面：①增强机体的抗感染能力，如实验表明 IFN-α 可显著提高感染沙门菌动物的存活率和活化巨噬细胞的杀菌能力，促进沙门菌的清除；②增强疫苗的保护效应，理想的疫苗接种后应能刺激机体产生强而持久的特异性免疫应答，但目前许多疫苗接种后即发的免疫应答或强度不足，或维持时间短，其原因可能与疫苗的抗原性较弱有关。研究表明，在注射抗原的同时或预先注射细胞因子，可明显增强针对该抗原的免疫应答能力。

6. 基因治疗

基因治疗是将具有正常功能的基因转移到病人体内并发挥功能，纠正病人体内所缺乏的蛋白质或赋予机体新的抗病功能。更为广义的基因治疗还包括从基因水平对基因表达的调控。目前基因治疗的研究对象已从原先的遗传病扩展到肿瘤、感染性疾病和心血管疾病等。基因治疗不仅是一个新的治疗手段同时也是一门新的药物学。与传统药物学的不同之处是，将一种特殊的活性物质转移入体内，使其在特定的空间、特定的时间进行表达，从而达到治疗疾病的目的。包括生殖细胞基因治疗（germline gene therapy）和体细胞基因治疗（somatic-cell gene therapy）两类。

二、生物制品的生物学基础

（一）微生物学基础

微生物的形态、结构和其生理功能有着密切关系，细菌的细胞壁、细胞膜、细胞浆、细胞核甚至荚膜、鞭毛、菌毛、芽孢等结构及细菌的代谢产物均与生物制品的制造相关。

与生物制品相关的代谢产物及影响因素。

（1）毒素　细菌产生的毒素有内毒素（endotoxin）和外毒素（enotoxin）两种，两种毒素均有强烈毒性，尤以外毒素为甚。外毒素的化学实质是蛋白质，多由革兰阳性菌产生，但少数阴性菌也可产生。有关细菌的外毒素经脱毒处理，可制成相关的生物制品（类毒素，抗毒素）；内毒素的化学实质是脂多糖，当菌死亡崩解后才游离释放出来。

（2）热原质　大多革兰阴性细菌与少数革兰阳性菌在代谢中能合成一种多糖物质，该物质注入人体或动物体内能引起发热反应，故称其为热原质。革兰阴性细菌的热原质，是细胞壁中的脂多糖。热原质耐高温，以高压蒸汽灭菌（121℃，20min）也不受破坏；用吸附剂和特制石棉滤板可除去液体中的大部分热原质，玻璃器皿须在250℃高温烘烤才能破坏。因此，制备注射剂时应严格无菌操作，成品要严格检查，不可含有热原质。

（3）外界对微生物的影响　在适宜的环境条件下，微生物进行正常的代谢活动，当环境改变时，微生物的代谢活动也会发生相应改变，引起其生物学变异。激烈的环境条件改变，可导致微生物的主要代谢机能发生障碍。生长受抑制甚至死亡。因此了解掌握外界环境对微生物的影响，一方面可创造有利条件，有利于生物制品制备；另一方面，也可利用对微生物的不利因素使其发生变异或杀灭之，更好地为制造生物制品服务。微生物的变异类型见表18-1，常用杀灭微生物的方法见表18-2。

表 18-1　微生物的变异类型

变异类型及特点	途　　　径	
发育性变异 无基因型改变，不能遗传	不同发育阶段，形态和代谢能力不同	
遗传性变异 基因型改变，可遗传	附加体重组	温和噬菌体作为基因串联在宿主染色体上
		核外片段附加基因（如 F 因子）
	基因重组	通过杂交——准性生殖，交换成串基因
		通过转化——吸收死菌或离体的个别基因
		通过转导——经噬菌体把前宿主个别基因重组到后宿主
	基因突变	自发突变——自然条件下，自发形成
		诱发突变——人为理化因素条件下，诱发形成

表 18-2　常用杀灭微生物的方法

类　　别	方　　法	应　　用
物理因素	干热（160～180℃）	灭菌
	湿热（115～150℃）	灭菌
	湿热（60～100℃）	消毒
	电离辐射	灭菌
	紫外照射	消毒
化学因素（蒸汽）	环氧乙烷	灭菌
	甲醛	灭菌或消毒
化学因素	醇类、醛类、酚、胺类化合物	消毒或防腐
化学因素	染料（吖啶、三苯甲烷）	抗菌、防腐
	金属螯合剂	抗菌、防腐
	有机砷化合物	化学疗剂
	有机汞化合物	防腐、抗菌

注：1. 消毒：是指杀死病原微生物的方法。用以消毒的药物称为消毒剂。消毒剂在常用剂量下，只对细菌的繁殖体有效，对芽孢则需提高消毒剂量和延长消毒时间。

2. 灭菌：是指杀灭物体上所有微生物（包括病原体和非病原体；繁殖体和芽孢）的方法。

3. 防腐：是指防止或抑制微生物生长繁殖的方法。用于防腐的化学药物称为防腐剂。

（二）生物制品的免疫学基础

1. 机体的抗感染免疫

机体的抗感染免疫传统上分为先天性免疫和获得性免疫两大类，如表18-3所示。

2. 人工免疫

人为地给机体输入抗原以调动机体的免疫系统，或直接输入免疫血清，使其获得某种特殊抵抗力，用以预防或治疗某些疾病者，称为人工免疫（artificial immunization）。人工免疫用于预防传染病时，常称预防接种，它是增强人体特异免疫力的重要方法。

表 18-3　抗感染免疫的分类及实例

免疫类型	作用途径	实　例
先天性(非特异性)免疫	主动免疫	体表屏障,血脑屏障,血胎屏障,细胞吞噬作用,正常体液和组织中的抗菌物质
获得性(特异性)免疫	主动免疫	自然(形成):感染 人工(诱导):类毒素、死或活菌(疫)苗注射
	被动免疫	自然:母体抗体通过胎盘(IgG)或初乳(IgA)输给婴儿 人工:同种或异种抗体的注射

有计划地开展预防接种，提高人群对传染病的抵抗力，可大大降低多种传染病的发病率。对天花、脊髓灰质类和白喉等传染病，预防接种是消灭它们或控制流行的主要预防措施。1979年天花在全球范围内被消灭，这是预防接种消灭传染病所显示的巨大作用。对麻疹、霍乱、伤寒及副伤寒和乙型脑炎等的预防接种，也已取得显著效果。现阶段人工免疫已不仅用于对传染病的防治，也用于对同种异体移植排斥反应、某些免疫性疾病和免疫缺陷病的治疗。有两种人为方式可使机体获得有效的免疫力，即自动免疫和被动免疫。

（1）人工自动免疫（artificial active immunization）　人工自动免疫是给机体输入抗原物质，使免疫系统因抗原刺激而产生类似感染时所发生的免疫过程，从而产生特异性免疫力。这种免疫力出现较慢，常有1～4周诱导期，但维持较久，可持续半年到数年。用于人工自动免疫的抗原性制剂，大部分由病原微生物直接制成，称为疫苗；亦可取微生物毒素去毒制成，称为类毒素。

（2）人工被动免疫（artificial passive immunization）　输入免疫血清（含特异性抗体），使机体获得一定免疫力，以达到防治某些疾病的目的，称为人工被动免疫。输入特异性抗体后，可立即发挥免疫作用。但由于免疫力的产生不经自身免疫系统，因此维持时间常较短暂。

人工自动免疫与人工被动免疫的主要特点比较见表18-4。

表 18-4　人工自动免疫与被动免疫的主要特点比较

比较类别	人工自动免疫	人工被动免疫
产生免疫力的物质	抗原(微生物制剂、毒素制剂等)	现成的免疫抗体
免疫力出现时间	慢,要经1～4周诱导期	快,无需诱导期
免疫力保持时间	长(数月～数年)	较短(2周～数月)
用途	主要用于预防	主要用于治疗或应急预防

（三）机体免疫的机制

人类免疫系统主要分为两大类，即体液免疫和细胞免疫。所谓体液免疫也就是通过形成抗体而产生的免疫能力，抗体是由血液和体液中的B细胞产生，主要存在于体液中，它可与入侵的外来抗原物质相结合，使其失活。所谓细胞免疫是指主要由各种淋巴细胞来执行的免疫功能，它又可以分为两类，即 MHC Ⅰ 型和 MHC Ⅱ 型。MHC Ⅰ 型是指抗原经过一系列复杂的传递过程由 MHC Ⅰ 型分子（主要组织相容性抗原 Ⅰ 型）加工后，产生一些传递信号的小肽激活 CD8T 细胞，而 CD8T 细胞可以通过释放水解酶和其他化合物把受病原体感染或变异的细胞杀死。MHC Ⅱ 型是指外源抗原通过细胞内吞噬，经 MHC Ⅱ 型分子（主要组织相容性抗原 Ⅱ 型）加工后，激活 CD4T 细胞。激活的 CD4T 细胞可辅助激活抗原专一性的 B 细胞，它能产生杀伤性 T 细胞（killer Tcell），并进一步激活更多种类的 T 细胞，从而杀死外来病原体。人体免疫系统的工作机制见图 18-1。

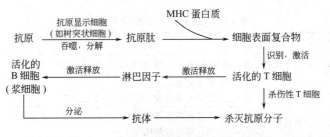

图 18-1　人体免疫系统工作机制示意

过去几十年中，疫苗的研究工作主要都是针对体液免疫的，直到进入 20 世纪 90 年代，人们才在许多研究工作，特别是对艾滋病的研究工作中发现细胞免疫同样是十分重要的，甚至在某些疾病如癌症等的治疗中细胞免疫比体液免疫更加重要。随着科学家们对细胞免疫的日益重视，这方面的研究也在不断深入。1996 年两位澳大利亚科学家 Doherty 和 Zinkernagel，由于发现了细胞免疫及免疫系统在对抗病毒感染过程中的 MHC 抗原，而获得了当年的诺贝尔生理学和医学奖。

三、生物制品的功能及分类

生物制品根据其组成和用途可划分为以下几类。

1. 预防用生物制品——疫苗

（1）病毒性疫苗　由病毒、衣原体、立克次体或其衍生物制成的减毒活疫苗、灭活疫苗、亚单位疫苗、重组 DNA 疫苗等，如基因工程乙肝疫苗、麻疹减毒活疫苗等。

（2）细菌类疫苗　由细菌、螺旋体或其衍生物制成的减毒活疫苗、灭活疫苗、亚单位疫苗、重组 DNA 疫苗等，如卡介苗。

（3）联合疫苗　由两种或两种以上疫苗抗原的原液配制而成的具有多种免疫原性的灭活疫苗或减毒活疫苗，如百日咳、白喉、破伤风联合疫苗（DTP）、麻疹、流行性腮腺炎、风疹联合疫苗（MMR）等。

（4）类毒素　由细菌产生的外毒素，经解毒精制而成，如破伤风类毒素等。

2. 治疗性生物制品

① 抗毒素及免疫血清　由特定抗原免疫动物所得的血浆制成的抗毒素或免疫血清，如白喉抗毒素、抗狂犬病血清等，用于疾病的治疗及被动免疫预防。

② 血液制品　由健康人血液或特异免疫人血浆分离、提纯或由基因工程技术制成的人血浆蛋白组分或血细胞组分制品，如人血白蛋白、人免疫球蛋白、人凝血因子（天然或重组）、红细胞浓缩物等，用以疾病的治疗或被动免疫预防。

③ 细胞因子制品　由健康人细胞增殖、分离、提纯或由基因工程技术制成的具有多种生物活性的多肽类或蛋白类制剂，如白细胞介素（IL）、干扰素（IFN）、红细胞生成素（EPO）等用于治疗。

3. 诊断用生物制品

（1）体外诊断用品　以特定抗原、抗体或有关生物物质制成的免疫诊断试剂或诊断试剂盒，如伤寒、副伤寒诊断菌液，乙肝表面抗原（HBSAG）酶联免疫诊断试剂盒等，用于疾病的体外免疫诊断。

（2）体内诊断制品　由有关抗原或变应原（不能诱导产生抗体，但可与抗体结合的物质）材料制成的免疫诊断剂，如锡克试验毒素、卡介菌纯蛋白衍生物（BCG-PPD）、单克隆抗体用于疾病的体内免疫诊断。

四、生物制品的发展

1. 我国生物制品的发展概况

我国的生物制品制造业始于 20 世纪初，1919 年在北京天坛建立了我国第一所生物制品的研究、生产机构——中央防疫处（即北京生物制品研究所前身）。其后于 1935 年又在兰州成立了兰州制造所，名为西北防疫处。生产单位规模很小，品种很少，数量也不多，只生产少量牛痘、狂犬病疫苗和一些细菌类死疫苗。

新中国成立后，通过政府规划调整，分别在全国六大行政区中建立了北京、上海、武汉、长春、兰州、成都生物制品研究所，直属卫生部。另外，还成立了一个主要研究、生产脊髓灰质炎疫苗的中国医学科学院昆明医学研究所，这些生物制品研究所既是生物制品生产单位，又是制品研发机构，同时也承担指导该地区计划免疫的技术指导职责。

近 60 年来，我国这些生物制品骨干企业，生产各种细菌类疫苗、病毒类疫苗、类毒素、抗毒素、免疫血清、血液制品体内及体外诊断试剂 300 余种，其中各种疫苗、类毒素、抗毒素等预防、治疗性生物制品近 12 亿人份。基本上满足了我国预防疾病的需要。

2. 生物制品的发展趋势

进入 21 世纪，新的高新技术迅速成为生命科学研究和应用领域的热点。人类基因组学及蛋白组学的研究目的，是对生命进行系统地和科学地解码，以达到认识生命的起源，种间和个体间存在差异的起因，疾病产生的机制以及长寿与衰老的现象。干细胞知识和技术的发展，使人类有可能修复机体缺损的器官和衰老的器官以及治愈血液肿瘤等。基因工程技术和克隆技术的发展进步，将彻底改变传统的生物制药的概念和工业化生产的模式。生物信息学和生物芯片技术的兴起，至少在不久的将来，首先会在临床疾病诊断方面发生意义深远的革命。而神经修复、组织再造和基因治疗，最终将会帮助人类战胜某些凶恶的病魔。这些知识和技术的进展，必将对生物制品的概念赋予新的含义。

就生物制品目前的研究、开发现状来看，21 世纪，生物制品领域将依靠比较成熟的基因工程技术、蛋白质化学技术和酶工程技术、发酵工程技术、细胞工程和单克隆抗体技术飞速发展，其发展趋势大致可体现在以下几个方面。

在细菌疫苗和病毒疫苗的研发方面，继续改进疫苗制品的质量，研发组分疫苗、亚单位疫苗、结合疫苗和联合疫苗，提高免疫效果，降低接种副反应外。未来主要的发展趋势是开发多肽疫苗、基因工程疫苗和核酸疫苗等安全、有效、稳定的新型疫苗。

基因重组疫苗（被称为第二代疫苗）的研究开发已涉及对几乎所有新发现的重要传染病和以前不能解决的多型易变病原体引起的疾病。此外，用于持续性感染、肿瘤的免疫治疗性疫苗以及基因工程亚单位疫苗、多联多价疫苗也是基因工程研究的重要内容。被称之为第三代疫苗的核酸疫苗（基因疫苗），其研究方向则主要集中在应用传统疫苗研制方法无法或难以获得有效疫苗的病毒性疾病和恶性疾病如肝炎、艾滋病、肿瘤等的预防和治疗。

细胞因子（重要的免疫调节剂），因其在机体内的重要功能以及对疾病治疗的有效性，也越来越受到研究者的关注。细胞因子抗体药物、重组细胞因子多功能融合蛋白、细胞因子受体药物、细胞因子阻断剂药物和新细胞因子制剂，将会在临床许多难治性疾病的治疗上发挥重要作用。

抗毒素、免疫血清类制剂，除了不断应用蛋白质化学技术，提高制剂的纯度，减少临床副反应外，已有学者利用 IgY 制备技术、单克隆抗体技术及基因工程技术来制备高效、低毒、稳定的新型制品。

利用基因工程技术、转基因技术制备的血液制剂，有些已完成临床研究，正在申报生产文号，还有些已完成了临床前的研究。由于作为血液制品原料的血浆来源的日趋困难，以及血浆易受肝炎、艾滋病以及未知的危及人类健康的病原生物的污染，因此，研究开发基因重组的血液制剂，将会越来越受到生物制品工作者的重视。另外，不断研发效果良好、操作简便、适于大量生产的血液和血液制剂病毒灭活的各种新方法，也是血液制剂研究的重点。

诊断试剂的研发，由于引进了单克隆抗体、酶标记、同位素标记、生物素-亲和素放大系统、发光物质标记等技术，使诊断试剂检测的准确性、灵敏度、稳定性等有了极大的提高。尤其是研制成功了 DNA 探针诊断试剂和 PCR 试剂后，可对病毒等病原体的特定基因做鉴别，大大提高了检测的灵敏度和准确性，对临床确诊某些疾病起到重大作用。相信在不久的将来，随着 DNA 芯片、蛋白芯片技术的发展和进步而研发的新的诊断技术，将能快速、准确、大容量地诊断患者的疾病，且能为患者个体建立完整的基因档案，以利于疾病的防治。

总而言之，在这个信息爆炸和科学技术飞速发展的时代，生物制品的研发必将创造出更辉煌的业绩，对人类的防病、治病、延年益寿做出更大的贡献。

第二节　生物制品的质量要求与质量控制

一、生物制品的质量要求

质量是产品、服务过程满足规定或潜在要求的特征和特性总和。这一概念适用于一切产品、工艺过程或服务质量，包括生物制品。

生物制品不同于一般商品，其质量是否合格，与使用者的身体健康甚至生命安危密切相关，药品是用于病人，而这些生物制品是用于健康人群，特别是用于儿童的计划免疫，其质量的优劣，直接关系到亿万人尤其是下一代的健康和生命安危。质量好的制品，可以使危害人类健康的疾病得到控制或消灭；质量不好或者有问题的制品，不仅在使用后得不到应有的效果，浪费大量的人力和物力，甚至可能带来十分严重的后果。生物制品的质量强调其安全性、有效性和可接受性。

为保证生物制品的质量，满足安全、有效的要求，世界卫生组织（WHO）要求各国生产的制品必须有专门检定机构负责成品的质量检定，并规定检定部门要有熟练的高级技术人员、精良的设备条件，以保证检定工作的质量。未经指定检定部门正式发给检定合格证的制品，不准出厂使用。因此，生物制品的质量标准有别于其他商品，强调其特殊性，即安全性、有效性和可接受性。

（1）安全性　即使用安全，副作用小。生物制品不应存在不安全因素，否则使用后不仅收不到应有的效果，反而会对使用者造成危害。

（2）有效性　即使用后能产生相应的效力。

预防制品使用后，对控制疫情、减少发病应有明显作用；治疗制品用后应产生一定的疗效；诊断制品用于疾病诊断，结果必须正确。生物制品的质量突出体现在安全性和有效性。

（3）可接受性　即制品的生产工艺、储运条件，成品的药效、稳定性、外观、包装、使用方法以及价格都是可接受的。

二、生物制品的质量控制

生物制品的检定包括安全性和效力检定两个方面，前者包括毒性试验、防腐剂试验、热原质试验、安全试验、有关安全性的特殊试验等五项，后者包括浓度测定（含菌数或纯化抗原量）、活菌率或病毒滴度测定、动物保护率试验、免疫抗体滴度测定、稳定性试验等五项。国内新的制品在正式投产前，要按新的生物制品规程报相关国家专业检定机构审批。进行临床试验观察，并作出免疫学及相关效果评价。没有严谨的科学数据证明其安全、有效的制品，不能生产和使用。

（一）理化性质检定

通过物理化学和生物化学的方法检查生物制品中的某些有效成分和不利因素，这是保证制品安全和有效的一个重要方面。近年来，由于科学技术的飞跃发展，亚单位疫苗、核酸疫苗等新产品相继问世，利用生物化学方法进行质量检定日趋重要。这不仅表现在生化检定项目的增多，而且生化检定的结果直接反映了制品质量的实质；同时生化检定便于采用现代化的分析仪器和先进检测技术，易于达到灵敏、准确和快速的要求。

1. 物理性状的检查

（1）外观　外观虽反映的是表观现象，但外观异常往往涉及制品的安全和效力问题，必须认真检查。通过特定的人工光源进行目测，对外观类型不同的制品，有不同的要求标准。

（2）真空度及溶解速率　真空封口的冻干制品，应通过高频火花真空测定器测定真空度，瓶内应出现蓝紫色辉光。另外，取一定量冻干制品，按规程要求，加适量溶剂，其溶解速率应在规定时限以下。

（3）装量　各种装量规格的制品，应通过容量法测试，其实际装量不得少于标示量（粘瓶量除外）。

2. 蛋白质含量测定

有些制品如血液制剂、抗毒素和纯化菌苗，需要测定其蛋白质含量，检查其有效成分或蛋白杂质是否符合规程要求。根据蛋白质含量，还可以计算出抗毒素的纯度（U/g 蛋白）。测定的方法很多，目前常用的有以下 4 种：①凯氏定氮法；②双缩脲法；③酚试剂法（Lowry 法）；④紫外吸收法。

3. 纯度检查及鉴别试验

血液制品、抗毒素和类毒素等制品，需要进行纯度检查或做鉴别试验，为此，常用区带电泳、免疫电泳、凝胶层析、超速离心等技术进行分析。

4. 相对分子质量或分子大小测定

对提纯的蛋白质制品如白蛋白、丙种球蛋白或抗毒素，在必要时需测定其单体、聚合体或裂解片段的相对分子质量及分子的大小；提纯的多糖疫苗需测定多糖的分子大小及其相对含量。常用以下几种方法：①凝胶层析法；②SDS-PAGE 法；③超速离心分析法。

5. 防腐剂含量测定

生物制品在制造过程中，为了脱毒、灭活或防止杂菌污染，常加入苯酚、甲醛、氯仿、硫柳汞等试剂作为防腐剂或灭活剂。对于各种防腐剂的含量都要求按《生物制品质量检定规程》控制在一定的限度以下。防腐剂的含量过高能引起制品有效成分的破坏，注射时也易引起疼痛等不良反应。所以，控制防腐剂的含量也是控制产品质量的重要内容之一。

（二）安全试验

为保证生物制品的安全性，在生产过程中须进行安全性方面的系统检查，排除可能存在的不安全因素，以保证制品用于人体时不致引起严重反应或意外问题。一般要求抓好以下三个方面。

一是毒种或主要原材料的检查。用于疫苗生产的菌、病毒种，除按有关规定严格管理外，投产前必须按《生物制品质量检定规程》要求，进行毒力、特异性、培养特性等安全性试验，检查其生物学特性是否有异常改变。用于生产血液制剂的血液，采血前必须对献血员进行严格的体检和血样化验，采血后还要进行必要的复查，不得将含有病原物质（如乙型肝炎病毒等）的血液投入生产。

二是半成品的检查。在生产过程中，对半成品（包括原液）的安全检查十分重要。主要是检查对活菌、活病毒或毒素的处理效果，如杀菌、灭活、脱毒是否完善，活菌或死菌半成品是否有杂菌或有害物质的污染，所加灭活剂、防腐剂是否过量等。如发现问题应及时处理，以免造成更大的浪费。

三是成品检查。制品在分装或冻干后，必须进行出厂前的最后安全检查。按制品的各项不同要求，进行无菌试验、纯菌试验、毒性试验、过敏性试验、热原质试验及安全试验（指某制品的单项试验）等。为了保证使用安全，所有生物制品、血液制品，都必须逐批进行检查。安全试验包括以下四个方面的内容。

1. 外源性污染的检查

除无菌与纯菌试验外，还需进行以下项目的检查。

（1）野毒检查　组织培养疫苗，有可能通过培养病毒的细胞（如鸡胚细胞、地鼠肾细胞和猴肾细胞等）带入有害的潜在病毒，这种外来病毒亦可在培养过程中繁殖，使制品污染，故应进行野毒检查。

（2）热原质试验　血液制品、抗毒素、多糖疫苗等制品，其原材料或在制造过程中，有可能被细菌或其他物质污染并带入制品，引起机体的致热反应。因此，这些制品必须按照国内外药典和《生物制品质量检定规程》的规定，以家兔试验法作为检查热原质的基准方法，对产品进行热原质检查。

（3）乙型肝炎表面抗原（HBsAg）检查　血液制品除了对原材料（献血员血液、胎盘血液）要严格进行 HBsAg 检查外，对成品亦应进行该项检查。

2. 杀菌、灭活和脱毒检查

一些死疫苗、灭活疫苗以及类毒素等制品，常用甲醛溶液或苯酚作为杀菌剂或灭活剂。这类制品的毒种多为致病性强的微生物，若未被杀死或解毒不完全，就会在使用时发生严重感染，故须做以下三项检查试验。

（1）无菌试验　基本与检查外源性杂菌方法相同。但由于本试验的目的主要是检查有无生产菌（毒）种生长，故应采用适于本菌生长的培养基，且要先用液体培养基进行稀释和增殖再进行移种。

（2）活毒检查 主要是检查灭活疫苗。须用对原毒株敏感的动物进行试验，一般多用小白鼠。如制品中残留未灭活的病毒，则能在动物机体内繁殖，使动物发病或死亡。例如，乙型脑炎疫苗的安全试验，系将制品接种于小白鼠脑内，并盲传三代，在观察期间，各代小白鼠应全部健存（非特异性死亡者除外）。

（3）解毒试验 主要用于检查类毒素等需要脱毒的制品。须用敏感的动物检查，如检查破伤风类毒素用豚鼠试验，如脱毒不完全有游离毒素存在，可使动物发生破伤风症状导致死亡。白喉类毒素，应用家兔做皮肤试验，反应应为阴性。

3. 残余毒力和毒性物质的检查

（1）残余毒力检查 所谓残余毒力是指生产这类制品的毒种本身是活的减毒（弱毒）株，允许有一定的轻微毒力存在，并能在接种动物机体后反映出来。此项测定目的是控制活疫苗的残余毒力在规定范围内。

（2）无毒性检查（一般安全试验） 一般制品在没有明确规定的动物安全试验项目时，或不明了某制品是否会有某种不安全因素时，常采用较大剂量给小鼠或豚鼠做皮下或腹腔注射，观察动物有无不良反应。

（3）毒性检查 死菌苗、组织培养疫苗或白蛋白等制品，经杀菌、灭活、提纯等制造工艺后，其本身所含的某种成分可能仍具有毒性，当注射一定量时，可引起机体的有害反应，严重的可使动物死亡。故对此类制品的毒性反应必须试验。

（4）防腐剂检查 除活菌苗、活疫苗及输注用血液制品外，其他凡加有一定量防腐剂的制品，除用化学方法做定量测定外，还应做动物试验。如含有苯酚防腐剂者，采用小白鼠试验，观察注射后的战栗程度及局部反应，以便控制产品中防腐剂的含量。

4. 过敏性物质的检查

（1）过敏性试验（变态反应试验） 采用异体蛋白为原料制成的治疗制剂如治疗血清、代人血浆等，需检查其中过敏原的去除是否达到允许限度。一般用豚鼠进行试验。

（2）牛血含量的测定 主要用于检查组织培养疫苗（如乙型脑炎疫苗、麻疹疫苗、狂犬病疫苗），要求其含量不超过 $1\mu g/mL$。由于牛血清是一种异体蛋白，如制品中残留量偏高，多次使用能引起机体变态反应，故应进行监测。测定方法一般采用间接血细胞凝集抑制试验或反向血细胞凝集试验。

（3）血型物质的检测 用人胎盘血或静脉血制备的白蛋白和丙种球蛋白，常有少量的 A 或 B 血型物质，可使受试者产生高滴度的抗 A、抗 B 抗体，O 型血孕妇使用后，可能引起新生儿溶血症。因此，对这类制品应检测血型物质，并应规定其限量。

（三）效力试验

生物制品的效力，从实验室检定来讲，一是指制品中有效成分的含量水平，二是指制品在机体中建立自动免疫或被动免疫后所引起的抗感染作用的能力。对于诊断用品，其效力则表现在诊断试验的特异性和敏感性。无效的制品，不仅没有使用价值，而且可能给防疫、治疗或诊断工作带来贻误疫情或使病情严重的后果。因此，必须十分重视制品的效力检定，有的制品必要时还要进行人体效果观察。效力试验包括以下五个方面的内容。

1. 免疫力试验

将制品对动物进行自动（或被动）免疫后，用活菌、活毒或毒素攻击，从而判定制品的保护力强弱。

（1）定量免疫定量攻击法 用豚鼠或小鼠，先以定量制品（抗原）免疫 2～5 周后，再以相应的定量［若干最小致死量（MLD）或最小感染量（MID）］毒种或毒素攻击，观察动物的存活数或不受感染的情况，以判定制品的效力。但需事先测定一个毒种或毒素的 MLD（或 MID）的剂量水平，同时需设立对照组，只有在对照试验成立时，方可判定试验组的检定结果。该法多用于活菌苗和类毒素的效力检定。

（2）变量免疫定量攻击法　即 50% 有效免疫剂量（ED_{50}，ID_{50}）测定法。疫苗经系列稀释，制成不同的免疫剂量，分别免疫各组动物，间隔一定日期后，各免疫组均用同一剂量的毒种攻击，观察一定时间，用统计学方法计算出能使 50% 的动物获得保护的免疫剂量。此法多用小白鼠进行，其优点是较为敏感和简便，有不少制品，如百日咳菌苗、乙型脑炎疫苗常用此法进行效力检定。

（3）定量免疫变量攻击法　即保护指数（免疫指数）测定法。动物经制品免疫后，其耐受毒种的攻击量相当于未免动物耐受量的倍数，称为保护指数。实验时，将动物分为对照组和免疫组，每组又分为若干试验组。免疫组动物先用同一剂量制品免疫，间隔一定日期后，与对照组同时以不同稀释度的毒菌或活毒攻击，观察两组动物的存活率，按 LD_{50} 计算结果。

死疫苗及灭活疫苗的效力可用保护指数表示。保护指数的含义为：如对照组的 LD_{50} 为 10 个毒种，而免疫组的 LD_{50} 为 1000 个毒种，则免疫组的耐受量为对照组的 100 倍，即该疫苗的保护指数为 100。

（4）被动保护力测定　先从其他免疫机体（如人体）获得某制品的相应抗血清，用以注射动物，待一至数日后，用相应的毒种攻击，观察血清抗体的被动免疫所引起的保护作用。

2. 活菌数和活病毒滴度测定

（1）活菌数（率）测定　卡介苗、鼠疫活菌苗、布氏菌病活菌苗、炭疽活菌苗等多以制品中抗原菌的活存数（率）表示其效力。一般先用比浊法测出制品含菌浓度，对制品进行适当稀释（估计接种后能长出 1～10 个菌），取一定量稀释菌液涂布接种于适宜的平皿培养基上，培养后计菌落数，计算活菌率（%）。如需长时间培养的细菌如卡介菌，可改用斜面接种，以免由于培养时间过长，培养基干裂，影响细菌生长。

（2）活病毒滴度测定　活疫苗（如麻疹疫苗、流感活疫苗）多以病毒滴度表示其效力。常用组织培养法或鸡胚感染法测定（滴度：即每毫升血清中的抗体效价）。

3. 类毒素和抗毒素的单位测定

（1）絮状单位（L_1）测定　能和一个单位抗毒素首先发生絮状沉淀反应的（类）毒素量，即为一个絮状单位。此单位数常用以表示类毒素或毒素的效价。

（2）结合单位（BU）测定　能与 0.01 单位抗毒素中和的最小类毒素量称为一个结合单位。常用以表示破伤风类毒素的效价。系用中和法通过小鼠测定。

（3）抗毒素单位测定　目前国际上都用"国际单位"（IU）代表抗毒素的效价。它的概念是：当与一个 L_+ 量（致死限量）的毒素作用后，再注射动物（小白鼠、豚鼠或家兔），仍能使该动物在一定时间内（96h 左右）死亡或呈现一定反应所需的最小抗毒素量，即为一个抗毒素国际单位。

4. 血清学试验

主要用来测定抗体水平或抗原活性。预防制品接种机体后，可产生相应抗体，并可保持较长时间。接种后抗体形成的水平，也是反映制品质量的一个重要方面。基于抗原和抗体的相互作用，常用血清学方法检查抗体或抗原活性，并多在体外进行试验。包括沉淀试验、凝集试验、间接血凝试验、间接血凝抑制试验、反向血凝试验、补体结合试验及中和试验等。

5. 其他有关效力的检定和评价

（1）鉴别试验　亦称同质性（identity）试验。一般采用已知特异血清（国家检定机构发给的标准血清或参考血清）和适宜方法对制品进行特异性鉴别。

（2）稳定性试验　制品的质量水平，不仅表现为出厂时效力检定结果，而且还表现为效力稳定性。因而需对产品进行稳定性测定和考察。一般方法是将制品放置不同温度（2～10℃，25℃，37℃），观察不同时间（1周，2周，3周……；1月，2月，3月……）的效力下降情况。

（3）人体效果观察　有些用于人体的制品，特别是新制品，仅有实验室检定结果是不够的，必须进行人体效果观察，以考核和证实制品的实际质量。观察方法常有以下几种。

①人体皮肤反应观察。一般在接种制品一定时间后（1个月以上），再于皮内注射反应原，观察24～48h的局部反应，以出现红肿、浸润或硬结反应为阳性，表示接种成功。阳转率的高低反映制品的免疫效果，也是细胞免疫功能的表现。

②血清学效果观察。将制品接种人体后，定期采血检测抗体水平，并可连续观察抗体的动态变化，以评价制品的免疫效果和持久性。它反映接种后的体液免疫状况。

③流行病学效果观察。在传染病流行期的疫区现场，考核制品接种后的流行病学效果。这是评价制品质量的最可靠的方法。但观察方案的设计必须周密，接种和检查的方法正确，观察组和对照组的统计结果说明问题，方能得出满意的结论。

（4）临床疗效观察　治疗用制品的效力，必须通过临床使用才能肯定。观察时，必须制订妥善计划和疗效指标，选择一定例数适应证患者，并取得临床诊断和检验的准确结果，才能获得正确的疗效评价。

三、生物制品检定标准

生物制品是具有生物活性的制剂，它的效力一般是采用生物学方法检定的。由于试验动物的个体差异，所用试剂或原材料的纯度或敏感性不一致等原因，往往导致同一批制品的检定结果相差悬殊。为了解决这个问题，使检定的尺度统一，消除系统误差，从而获得一致的结果，就需要在进行检定试验的同时，用一已知效力的制品作为对照，由对照结果来校正检定试验结果。这种用作对照的制品，就是生物标准，也就是通常所说的标准品或参考品。

生物制品的标准品或参考品，必须由世界卫生组织或国家检定机构审定分发。如果是由世界卫生组织审定发出的，就称为国际标准；如果是由国家检定机构批准发出的，则称为国家标准。

1. 生物制品标准品的要求

① 要求准确。从1973年起，世界卫生组织将标准品或参考品分装于安瓿中，并标明每支安瓿所含的单位数。单位数必须非常准确。

② 要求冻干。冻干制品才能保持效价稳定，不允许用液体制品作为标准或参考标准。但有个别制品，如旧结核菌素、脊髓灰质炎疫苗（冰冻）可以例外。

③ 要求熔封。标准品分装后，必须熔封。不得用金属盖封口，以免因温度变化，导致瓶塞松动。

④ 要有瓶签、说明书和实验数据。

2. 标准品的分级

世界卫生组织对生物制品标准品分为以下三个级别。

（1）国际生物标准　由世界卫生组织根据国际协作研究的结果标明其国际单位。标量准确，稳定性好。系用于标定国家的或某实验室的标准品或参考制品。

（2）国际参考制品　用途同上，虽已建立，但未经足够的协作研究，或虽经协作研究，但结果表明尚不适于定为国际标准，但有一定的使用价值。

（3）国际生物参考试剂　系生物学诊断试剂、生物材料，或用于鉴定微生物（或其衍生物）或诊断疾病的高度特异血清。这些参考试剂不用于生物制品活性的定量测定，故未规定其国际单位。

3. 国际标准的制定

制定某一制品的国际标准时，一般要经过以下程序。

① 由制造厂提供原材料，或由各国推荐一批适合于作标准用的试验样品。

② 由世界卫生组织一些国家中有经验的实验室，按世界卫生组织提出的标准方法，进行协作检定。如有特殊方法，允许比较。

③ 各实验室将协作检定结果报世界卫生组织生物标准专家委员会，由国际标准研究中心（如丹麦国家血清研究所等）进行归纳分析，提出意见。

④ 提交下届专家委员会讨论审批。

国际标准品及国际参考标准品，均用于标定各国或实验室的标准品或参考标准品。国际参考试剂系用于鉴别和诊断。

四、生物制品生产的基本要求

1. 制品生产厂房、设施及生产管理

根据国家食品药品监督管理部门的规定，凡新建、改建和扩建的生物制品生产厂房必须通过《药品生产质量管理规范》验收检查合格，发给药品 GMP 证书，方可进行生产。对已获准生产生物制品的企业，除体外诊断试剂外，其余所有生物制品，按国家规定，必须通过药品 GMP 验收检查合格，取得药品 GMP 证书。

2. 生产用原料及辅料

生物制品和生产用原料及辅料购入后，在生产之前，企业的质检部门必须按现行《中华人民共和国药典》或《中国生物制品主要原辅材料质控标准》的要求进行质量检验，未纳入上述国家标准的化学试剂应不低于化学纯。

生物制品生产用的所有原料及辅料，只有经过质量检验并符合上述国家标准要求，方可用于生产。

根据药品 GMP 的规定，药品和生物制品生产企业应对生产用原料及辅料的供应厂家的产品进行质量评价，选择质量符合国家标准、质量信誉好的供应厂家作为主要原辅材料供应源。

3. 生产用水

生物制品生产的全过程，始终离不开水，其生产用水源应符合国家饮水标准；生产各工序用纯化水、注射用水及灭菌注射用水应符合现行《中华人民共和国药典》标准。

根据药品 GMP 的规定，制品生产企业应对其制水系统进行验证。定期对其制水系统的设备及其输送管道、阀门等进行维修、检查和消毒处理，并按规定要求，设置纯化水、注射用水及灭菌注射用水的水样采样点，对所采集的水样进行检测，只有检测并符合《中华人民共和国药典》标准的生产用水，才能投放生产使用。

4. 生产用器具

直接用于生产的金属器具和玻璃器具，必须严格进行清洗及去热原处理，清洗处理后器具须进行灭菌消毒。

　　生物制品生产操作过程中，凡接触活细菌或病毒污染过的一切器具和物品，必须先进行灭菌处理后，才能清洗。清洗过的器具、物品与未清洗过的器具、物品必须严格分开存放，并有明显标记。

5. 生产及检定用动物

　　生产及检定用的小鼠、豚鼠应符合清洁级实验动物标准。

　　按现行《中国生物制品规程》要求，麻疹减毒活疫苗、黄热减毒活疫苗等生产用鸡胚的鸡群应符合无特定病原（specefic pathogen free，SPF）级标准；乙型脑炎活疫苗、人用狂犬病灭活疫苗、肾综合征出血热灭活疫苗等生产用原代地鼠肾细胞或原代沙鼠肾细胞，应取自符合清洁级鼠群。

6. 生产用菌、毒种种子批系统

　　生物制品生产用菌、毒种（包括重组 DNA 产品的工程菌株）应建立菌、毒种种子批系统。原始种子批（primary seed lot）应验明其菌、毒种记录、历史、来源和生物学特性。但必须指出的是，生产用菌、毒种原始种子批，只有该菌种或病毒种原始研发单位才能具有。通过技术转让或其他方式而获得生产用菌、毒种，只能建立主代种子批或工作种子批。

　　从原始种子批传代、扩增后保存的为主代种子批（master seed lot）。

　　从主代种子批传代、扩增后保存的为工作种子批（working seed lot）。工作种子批的生物学特性应与原始种子批、主代种子批保持一致。工作种子批可直接用于相应疫苗、毒素、类毒素、抗毒素及重组 DNA 产品的生产。

7. 生产用细胞种子批系统

　　生产制品生产用细胞（包括二倍细胞、传代细胞、工程细胞和原始细胞等）应建立细胞种子库系统。

　　原始细胞库（primary cell bank，PCB）　由一个原始细胞群体发展成为细胞系（cell line）或经克隆培养而形成均一的细胞群体，通过检定证明适用于生物制品及重组 DNA 产品（蛋白）的生产及检定。

　　主细胞库（master cell bank，MCB）　从原始细胞库，通过相应方法进行细胞传代、增殖一定数量细胞，将所有细胞均匀混合成一批，定量分装安瓿，保存于液氮或 $-100℃$ 以下备用。

　　工作细胞库（working cell bank，WCB）　从主细胞库传代、增殖，达到一定代次水平的细胞，全部合并成一批均质细胞，全体定量分装安瓿，保存于液氮或 $-100℃$ 以下备用。工作细胞库可用于相应疫苗或重组 DNA 产品的生产。

　　用于生产的原代细胞株，由于原代细胞不能独立发展成性能稳定的传代细胞系，故对原代细胞不要求建立三级细胞库系统。

第三节　生物制品的生产工艺

一、病毒类疫苗的生产工艺

　　不同病毒类疫苗的制备工艺各异，但主要程序相似，图 18-2 为病毒类疫苗的制备工艺流程。

1. 毒种的选择和减毒

　　用于制备疫苗的毒株，一般需具备以下几个条件，才能获得安全有效的疫苗。

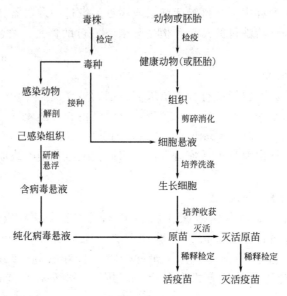

图 18-2　病毒类疫苗制备工艺流程

① 必需持有特定的抗原性，能使机体诱发特定的免疫力，阻止相关病原体的入侵或防止机体发生相应的疾病。

② 应有典型的形态和感染特定组织的特性，并在传代的过程中，能长期保持其生物学特性。

③ 易在特定的组织中大量繁殖。

④ 在人工繁殖的过程中，不应产生神经毒素或能引起机体损害的其他毒素。

⑤ 如是制备活疫苗，毒株在人工繁殖的过程中应无恢复原致病力的现象，以免在使用时，诱发机体发生相应的疾病。

⑥ 在分离时和形成毒种的全过程中应不被其他病毒所污染，并需要保持历史记录。用于制备活疫苗的毒种，往往需要在特定的条件下将毒株经过长达数十次或上百次的传代，降低其毒力，直至无临床致病性，才能用于生产。例如制备流感活疫苗的甲$_2$、甲$_3$、乙三种不同亚型毒株时，需分别在鸡胚中传 6～9 代、20～25 代、10～15 代后才能使用。又例如制备麻疹活疫苗的 Schwarz 株，需代传 148 代后方能合乎要求。

2. 病毒的繁殖

所有动物病毒，只能在活细胞中繁殖。通常情况下，病毒可用下列几种方法繁殖。

（1）活体动物培养　是将病毒接种动物的鼻腔、腹腔、脑腔或皮下，使之在相应的细胞内繁殖。接种动物的种类、年龄和接种途径依病毒的种类而异。例如牛痘病毒可接种到牛的皮下、狂犬病毒可接种到羊的脑腔中、日本乙型脑炎可接种到小鼠的脑腔中进行繁殖。这种繁殖方法的缺点是动物饲养管理麻烦和具有潜在病毒传播的危险，故在生产中已逐渐被淘汰，但有时还在实验室中用以分离和鉴别病毒及用于进行中和实验。

（2）鸡胚培养　是将病毒接种到 7～14 日龄鸡胚和尿囊腔、卵黄囊或绒毛尿囊膜等处，接种的部分亦因病毒种类的不同而异。鸡胚的生成管理虽较动物方便，但亦潜在有沙门菌、支原体和鸡白血病病毒污染的危险。要排除污染，需要从鸡的隔离饲养开始，这种饲养方法相当麻烦，并大大增加了鸡胚的成本，不宜于大规模使用。目前，除了黏病毒（如流感病毒、麻疹病毒等）和痘病毒（如牛痘病毒等）外，其他病毒已很少用鸡胚进行培养。

（3）细胞培养　用于疫苗生产的主要有原代细胞培养和传代细胞培养两种方法。前者系将动物组织进行一次培养而不再传代，常用的细胞有猴肾细胞、地鼠肾细胞和鸡胚细胞等。后者系用长期传代的细胞株，常用的有人胚肺二倍体细胞（如 WI-38 和 MRC-3 细胞株）、非洲绿猴肺细胞（如 DBS-FRH-2、DBS-FCL-1 和 DBS-FCL-2 细胞株）等。这些细胞的长期传代，有可能失去正常细胞的某些特性，染色体将成为异倍体或不成倍数，亦即成为恶性细胞，故用它们生产疫苗时，传代的次数应控制在一定的范围内。

细胞培养时主要控制以下内容。

① 常用的维持液和生长液。细胞培养多用 Eagle、199 综合培养基或 RPM11640 培养基为维持液，如作为细胞生长液，还需加入小牛血清。Eagle 液亦可掺入部分水解乳蛋白以替代部分氨基酸。199 综合培养基自 1950 年首次使用后，经不断改进，又产生了 858、1066、NCTC109 等多种配方。这些培养基的成分均很复杂，它们含有氨基酸、维生素、辅酶、核酸衍生物、脂类、碳水化合物和无机盐等。

②培养条件的控制。细胞培养时需控制的条件如下。

pH 的控制：细胞培养一般应在 pH7.0±0.2 下进行，有些细胞的最适 pH 值还要略低一些。相反，pH 值太高将影响细胞生长。培养基中的磷酸盐和碳酸氢钠有助于保持 pH 值的稳定。

CO_2 的提供：细胞在生长过程中所产生的 CO_2，将溶解于培养液中而形成碳酸氢盐，后者不仅对培养基而且对细胞内部起着缓冲作用。若 CO_2 离开培养基进入空气中，将引起培养液 pH 值的升高。要防止这一点，可将周围空气中的 CO_2 分压保持在 5% 左右。

氧的提供：细胞的生长需要氧。在培养细胞的过程中，应不断向培养液中提供无菌的空气，以保持一定的氧分压。为达到此目的，可用通气、摇瓶或转瓶培养的方法。但不论用哪一种方法，都应先通过试验来确定最适的通气量或最适的转动频率，否则细胞不能充分生长和繁殖。

培养容器内壁洁净度的控制：目前在疫苗的生产中，细胞多采用贴壁培养法。如培养容器的内壁不清洁，将影响细胞的贴壁，故容器洗涤时，需选用优良的清洁剂，以除去容器壁上的蛋白质和脂类物质。传统的清洁剂是硫酸-铬酸混合液，它是一个强氧化剂，在使用时，应注意防止腐蚀和污染环境。在容器洗涤后，应用大量的水冲去残余的酸和铬酸离子，以防止细胞"中毒"。近来，许多合成洗涤剂可以用来取代硫酸-铬酸混合液，但对特定的细胞必须事先通过试验，经确定洗涤剂性质对细胞和人体均不产生危害作用后，方能用于疫苗生产。

细菌污染的控制：细胞培养的过程中，常常易受细菌的污染。要保证无菌，不但培养基和所用的容器事先要彻底灭菌，还要保证在中途进入培养液的任何气体和液体都是无菌的。此外，培养液中还可加入一定量的抗生素，如青霉素和链霉素，以抑制可能污染的细菌的生长。

培养温度和时间的控制：细胞培养的温度一般为 37℃，上下变动范围最好不超过 1℃，以免细胞生长不良或死亡过快。各种细胞培养所需的时间不同，一般为 2～4 天，大多为 3天。培养时间太短，细胞未能充分繁殖，培养时间太长，细胞繁殖太盛，导致从容器壁上剥落，影响病毒的培养，故应掌握适当的培养时间。

3. 疫苗的灭活

不同的疫苗，其灭活的方法不同，有的用甲醛溶液（如乙型脑炎疫苗、脊髓灰质炎灭活疫苗和斑疹伤寒疫苗等），有的则用酚溶液（狂犬疫苗）。

所用灭活剂浓度则与疫苗中所含的动物组织量有关。如鼠脑疫苗、鼠肺疫苗等含有多量动物组织的疫苗，需较高浓度的灭活剂，若用甲醛溶液，用量一般为 $0.2\%\sim0.4\%$。如系细胞培养的疫苗一般含动物组织量少，灭活剂的浓度可低一些，若用甲醛溶液，一般为 $0.02\%\sim0.05\%$。

灭活温度和时间，需视病毒的生物学性质和热稳定性质而定。有的可于 37℃ 下灭活 12 天（如脊髓灰质炎灭活疫苗），有的仅需 18～20℃ 下灭活 3 天（如斑疹伤寒疫苗）。其原则是既要以足够高的温度和足够长的时间充分破坏疫苗的毒力，又要尽量减少疫苗免疫力的损失。

4. 疫苗的纯化

疫苗纯化的目的，是去除存在的动物组织，降低疫苗接种后可能引起的不良反应。用细胞培养所获得的疫苗，动物组织量少，一般不需特殊的纯化，但在细胞培养的过程中，需用换液的方法除去培养基中的牛血清；用动物组织所制成的疫苗，可经过乙醚纯化，或经透析、浓缩，或用超速离心提纯，亦可用三氯醋酸提取抗原。这些方法的工艺均较复杂，且不能达到完全消除不良反应的目的，故这种疫苗已被细胞培养的疫苗取代。

5. 冻干

疫苗的稳定性较差，一般在 2～8℃ 下能保存 12 个月，但当温度升高后，效力很快降低。在 37℃ 下，许多疫苗只能稳定几天或几小时，故非常不利于在室温下运输。为使疫苗的稳定性提高，可用冻干的方法使之干燥，这样，疫苗的有效期往往可以延长一倍或一倍以上，在室温下其效价的损失亦较慢。冻干的要点是：先将疫苗冷冻至共熔点以下，在真空状态下将水分直接由固态升华为气态，然后缓慢升温，不使疫苗在任何时间下有融解情况发生，直至完全干燥，冻干的疫苗在真空或充氮后密封保存，使其残余水分保持 3% 以下。这样的疫苗将能保持良好的稳定性。

二、细菌类疫苗和类毒素的一般制造方法

细菌类疫苗和类毒素的制备，均由细菌培养开始，但前者系用菌体作为进一步加工的对象，而后者则对细菌所分泌的外毒素进行加工。不同的菌苗，其制备工艺不尽相同，然而其主要程序颇为相似。细菌类疫苗和类毒素制备的工艺流程见图 18-3。

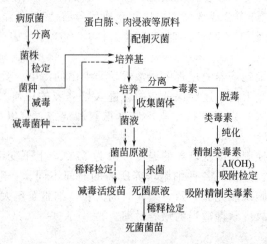

图 18-3　细菌类菌苗和类毒素制备工艺流程

1. 菌种的选择

用于菌苗的菌种，一般须具备以下几个条件。

① 菌种必需持有特定的抗原性，能使机体诱发特定的免疫力，阻止有关病原体的入侵或防止机体发生相应的疾病。

② 菌种应具有典型的形态、培养特性和生化特性，并在传代的过程中，能长期保持这些特性。

③ 菌种应易于在人工培养基上培养。

④ 如系制备死菌苗，菌种在培养过程中应产生较小的毒性。如系制备活菌苗，菌种在培养过程中应无恢复原毒性的现象，以免在使用时，机体发生相应的疾病。

⑤ 如系制备毒素，则菌种在培养过程中应能产生大量的典型毒素。

总之，制备菌苗和类毒素的菌种，应该是生物学特性稳定、能获得安全性好、效力高的产品的菌种。

2. 培养基的营养要求

除碳源、氮源和各种无机盐类等培养微生物所需要的一般营养要素外。由于某些微生物生理上的特殊性，往往需要某些特殊营养物才能生长，例如结核杆菌需以甘油作为碳源；有些分解糖类能力较差的梭状芽孢杆菌需以氨基酸作为能量及碳与氮的来源；又如百日咳杆菌生长需要谷氨酸和胱氨酸作为氮源。培养致病菌时，在培养基中除应含有一般碳源、氮源和无机盐成分外，往往还需添加某种生长因子。生长因子是某些细菌生长时所必需自身不能合成，需要自外界摄取的一些微量的有机化合物。不同的细菌需要不同的生长因子。

3. 培养条件的控制

（1）溶解氧 各种细菌在生长时对氧量的要求不同。按照对氧的需要将细菌分成三大类，见表18-5。

表 18-5 按主要致病性细菌对氧气需要程度的分类

种 类	生长条件	细 菌
需氧菌(需气菌)	有氧环境下生长	枯草杆菌、结核杆菌、葡萄球菌、淋球菌、脑膜炎球菌等
兼性厌氧菌(兼性厌气菌)	有氧或缺氧的环境中都能生长	绿脓杆菌、变形杆菌、大肠杆菌、伤寒杆菌、痢疾杆菌、肺炎球菌等
厌氧菌(厌气菌)	缺氧环境下生长	破伤风杆菌、肉毒杆菌、产气荚膜杆菌、厌氧性链球菌等

根据表18-5的情况，在培养特定的细菌时，必需严格控制培养环境的氧分压。

（2）温度 致病菌的最适培养温度，大都接近人体正常温度（35～37℃），但不同的病原菌仍略有不同。故在制备菌苗时，必须先找出菌种的最适培养温度，在生产工艺中加以严格控制，以获得最大的产量和保持细菌的生物学特性和抗原性，否则有时一度之差也会大大影响培养的结果。

（3）pH 同一细菌能在不同的pH值下生长。培养的pH值不同，细菌的代谢产物有可能不同，这是由于抑制或增进了某些细菌酶的活性而引起的。因此在培养细菌时，应严格控制培养基的pH，以使它们按预定的要求生长、繁殖和产生代谢产物。

（4）光 制备生物制品的细菌，一般都不是光合细菌，不需要光线的照射。故培养不应在阳光或X射线下进行，以防止核糖核酸分子的变异，从而改变细菌的生物学特性。

4. 杀菌

只有死菌疫苗制剂在制成原液后需要用物理或化学方法杀菌，而活菌苗不必经过此步骤。各种菌苗所用的杀菌方法不相同，但杀菌的总目标是彻底杀死细菌而又不影响菌苗的防病效力。以伤寒菌苗为例，可用加热杀菌法、甲醛溶液杀菌、丙酮杀菌等方法杀死伤寒杆菌。

5. 稀释、分装和冻干

经杀菌的菌液，一般用含防腐剂的缓冲生理盐水稀释至所需的浓度（表18-6），然后在无菌条件下分装于适当的容器，封口后在2～10℃保存，直至使用。有些菌苗，特别是活菌苗，亦可于分装后冷冻干燥，以延长它们的有效期。

表 18-6　常见菌苗和类毒素的浓度

菌 苗 名 称	浓 度	注射剂量/mL
霍乱菌苗	46×10^8 个/mL	0.2～1.0
伤寒菌苗	3×10^8 个/mL	0.2～1.0
百日咳菌苗	45×10^8 个/mL	0.5～1.0
伤寒、副伤寒甲乙联合菌苗	1.5×10^8 个/mL	0.2～1.0
伤寒菌苗	0.75×10^8 个/mL	—
副伤寒甲菌苗	0.75×10^8 个/mL	—
副伤寒乙菌苗	60～75mg/mL	—
卡介苗：皮上卡介苗	0.5～0.75mg/mL	约 0.05
皮内卡介苗		0.1

三、生物制品的分包装

1. 生物制品的分装

待分装的制品必须检定合格，并有各阶段的制造及检定纪录，其最近一次无菌试验如超过6个月，应重新抽检。待分装的制品标签必须完整、明确，品名、批号须与分装通知单完全相符，瓶口需包扎严密，瓶塞须完整，容器无裂痕，外观符合要求。

分装前应加强核对，防止错批、混批、分装规格、制品颜色相同而品名不同或活细菌疫苗、活病毒疫苗与其他制品不得在同室同时分装。全部分装过程中应严格注意无菌操作，制品尽量由原容器内直接分装（有专门规定者除外），同一容器的制品应当日分装完毕。不同亚批的制品不得连续使用同一套灌注用具。制品分装应做到随分装随熔封，分装活病毒类疫苗、活细菌类疫苗及其他对温度敏感的制品时，分装过程中制品应维持在25℃以下，装后的制品应尽量采取降温措施。含有吸附剂的制品或其他悬液，在分装过程中应保持均匀。

制品的实际装量应多于标签标示量，分装20mL者补加1mL，分装10mL者补加0.5mL，分装5mL者补加0.3mL，分装2mL者补加0.2mL。抗毒素除上述规定外按单位计算另补加20%，保证做到每安瓿的抽出量不低于标签上所标明的数量。

2. 生物制品的包装

熔封后的安瓿，须经破漏检查，可采用减压或其他方法。用减压法时，应避免把安瓿泡入液体中，真空熔封的冻干制品，应做真空度测定，并进行外观检查，凡制品颜色、澄明度异常，黏度过大过小，有异物、摇不散的凝块、结晶析出、黑头，以及安瓿封口不严、有裂纹等应全部剔除。

包装前应按包装通知单所载有效期准备瓶签、盒签或印字戳。瓶签上应载明制品名称、批号及亚批号、有效期。抗血清、抗毒素或诊断血清应加注单位或效价。在盒签上须载明制品名称、批号及亚批号、规格、有效期、保存温度、注意事项及制造者姓名。每盒应附有说明书。包装后制品装箱时，箱外要注明制品名称、批号、规格、数量、有效期、制造者姓名、保存及运输中应注意事项。

第四节　几种主要类型生物制品的生产工艺流程

为使读者对现有的病毒减毒活疫苗、细菌减毒活疫苗、病毒纯化灭活疫苗、细菌纯化灭活疫苗、血液制品、重组 DNA 产品这几种主要类型生物制品的生产工艺流程和生产的全过程有较深入的了解，本节将对这几种主要类型的生物制品的生产制造过程进行介绍。

一、麻疹减毒活疫苗的生产

麻疹减毒活疫苗是扩大计划免疫（EPI）四种制品之一，是用麻疹病毒株接种鸡胚细胞，经培养、收获病毒液并加适宜稳定剂冻干制成，用于预防麻疹的传播。

1. 麻疹减毒活疫苗简介

1954 年 Enders 及 Peebles 两人首先分离出麻疹病毒后，我国于 1958 年分离出第一株麻疹病毒。

自从分离得到麻疹病毒后，国外学者们即进行麻疹灭活疫苗制备研究，即将未经人工减毒的麻疹病毒株，在猴肾细胞上培养繁殖，经甲醛杀死病毒，分装成麻疹病毒灭活疫苗。该灭活疫苗给人接种后，对麻疹野病毒株感染的预防保护效果很差，追究其原因是疫苗灭活时 HL 抗原受到破坏，HL 抗原是麻疹疫苗重要保护性抗原。在 20 世纪 60 年代，数十万美国人曾接种了该麻疹灭活疫苗，结果不仅预防保护作用差，而且还发生了一些严重接种副反应。从此世界各国不再研究制备麻疹灭活疫苗。

我国从 20 世纪 60 年代初，开始研究和制备麻疹减毒活疫苗，于 1965 年研究成功。麻疹减毒活疫苗是将分离获得的麻疹野病毒株，经一定方法减毒，使其对人的致病力明显下降，但仍保留良好抗原性和免疫原性，作为疫苗株用于生产疫苗。

2. 麻疹减毒活疫苗生产工艺流程

麻疹减毒活疫苗的生产工艺流程见图 18-4。

3. 生产工艺控制

（1）疫苗生产用毒种　生产用毒种须用经国家食品药品监督管理局批准的沪 191 或长 47 麻疹病毒减毒株。由国家药品检定机构或国家指定单位检定、保管和分发。疫苗生产用毒株经检定证明确实为麻疹病毒减毒株，无外源因子污染，经临床证明安全有效，传代不应超过许可的代次。

该病毒种子批，须按现行《中国生物制品规程》要求，进行无菌试验、病毒滴度（滴度不低于 $4.5 \lg CCID_{50}/mL$）、病毒外源因子检查、免疫原性检查、猴体神经毒力试验检定，检定合格方可生产使用。

通过上述各项检定合格的病毒主种子批，可以再传 10 代次。在此代次内的毒种，只需做无菌试验、病毒滴度及鉴别试验。生产用毒种不得通过任何传代细胞系。

（2）细胞制备　当前生产麻疹减毒活疫苗的细胞主要用鸡胚细胞，国外也有用人胚肺二倍体细胞。

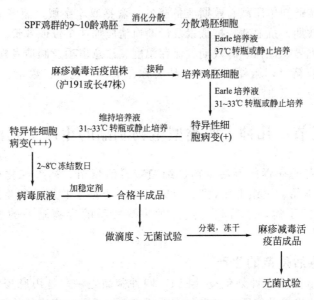

图 18-4　麻疹减毒活疫苗的生产工艺流程

取 9～10 日龄的健康鸡胚，鸡胚要来自无特定病原（SPF）健康鸡群。将活鸡胚取出，洗净后用剪刀剪切成小片，用胰蛋白酶消化分散胚细胞。将分散细胞分装于大立瓶或炮弹形转瓶，加入适量灭活小牛血清的乳蛋白水解物 Earle 液或其他适宜培养液，置 37℃ 转瓶培养或静止培养，制备细胞。

（3）病毒接种　当生产用鸡胚细胞在培养液中达到一定细胞浓度时，将麻疹减毒株种子液与细胞按一定比例接种于培养瓶内，静止或转瓶培养于 31～33℃，使病毒在鸡胚细胞内感染、复制。

（4）维持培养　病毒在鸡胚细胞中不断感染、复制，当出现特异性细胞病变时（一般细胞病变"＋"以上），倾倒掉含有小牛血清的培养液，并充分洗涤细胞，以除去残余牛血清，再换上不含牛血清的细胞维持液，于 31～33℃继续培养。

（5）病毒收获　在细胞维持培养过程中，麻疹病毒感染鸡胚细胞，使细胞病变到相当程度（细胞病变达"＋＋＋"以上时），将培养瓶转移至 2～8℃ 冷库数日，或低温冻结条件下，释放鸡胚细胞内的麻疹病毒。

（6）原液合并　同一细胞消化批所生产的多瓶单次病毒收获液，在严格无菌操作条件下可作为同一生产批。此收获并合并的病毒液，即为疫苗原液。

（7）半成品　原液经病毒滴度滴定（冻干前病毒滴度不低于 $4.5\lg CCID_{50}/mL$）、无菌试验检定合格后，根据病毒滴度水平做适当稀释，并按一定比例加入适宜稳定剂，即为半成品。半成品要做无菌试验检定。

（8）冷冻干燥，制备成品　在加入适量疫苗保护剂后，分装入安瓿或西林瓶中，置水浴中保冷，并在规定冻干条件下进行冻干，冻干后疫苗充氮封口或真空封口即得成品麻疹减毒活疫苗。封口时间不应超过 4h。

（9）疫苗规格　麻疹疫苗的分装规格有 0.6mL、1.0mL、2.0mL；每次人用剂量为 0.2mL，所含病毒不低于 $2.8\lg CCID_{50}$。

（10）疫苗成品检定　须按现行《中国生物制品规程》，进行鉴别试验、物理试验、水分、病毒滴定、热稳定性试验、异常毒性试验、牛血清残余蛋白量等检定合格，并通过中国药品生物制品检定所国家批签发，发给批签发合格证，才能出厂销售使用。

二、卡介苗的生产

1. 卡介苗简介

1902 年 Nocard 从牛体分离到一株牛型结核杆菌，对人有致病力，天然习生于牛体。Calmette 和 Guerin 二人观察到，如果向培养这株结核杆菌的甘油土豆培养基中加入牛胆汁，则在培养期间杆菌的形态发生变化，并逐步缓慢地丧失其毒力。他们从 1906 年开始采用这个方法，约每 2～3 星期传代一次，前后共传了 231 代，经约 13 年时间，终于获得一株毒力稳定的减毒株。该株仅可使牛产生发热反应，但不使之形成结核；注入豚鼠体内非但不引起发病，而且可赋予其保护力，能抵抗强毒菌的感染。1921 年 Well-Halle 首次将此用于一名死于结核产妇的乳婴，经 6 个月观察婴儿健康无恙，从此卡介苗开始以口服剂型给新生儿和婴儿服用预防结核病。1929 年瑞典 Mantous 制备出皮内接种卡介苗，一直沿用至今。1933 年我国学者王良博士从法国巴斯德研究院带回来卡介苗菌种，在重庆建立了我国第一个卡介苗研制机构，并在我国推广使用卡介苗预防结核病。

20 世纪 70 年代，WHO 提出扩大计划免疫（EPI），将卡介苗实施普遍接种列为 EPI 四种扩大免疫接种的疫苗之一。

结核病是古老且危害性极大的传染病之一。据调查全世界人口中，由于开放性结核病人的传播，使全世界 20％左右的人群感染结核病。虽然结核病是可治之病，但每年仍有 300 万人死于结核病。随着结核病人对链霉素和异烟肼等抗结核病药物耐药性比例的增加（四川省耐药性比例增加高达 47.8％、上海为 35.2％、陕西省 33.3％、山东省为 28.6％等），给我国当前和未来结核病防治带来了巨大困难。

2. 卡介苗生产

卡介苗生产大多采用表面培养，少数采用深层培养。

（1）表面培养　是卡介苗生产用的经典方法，世界上有 24 个实验室用此方法。

我国现行的统一生产方式是，启开种子批菌种 D2PB320S2 甲 10，接种苏通马铃薯培养基，置 37℃培养 2～3 周，活化；在苏通马铃薯培养基上再传 1 代或直接挑取生长良好的菌膜，移种于改良苏通培养基或其他适宜培养基的表面，置 37℃静置培养 1～2 周，扩培；其菌膜可作为生产接种材料。挑取发育良好的菌膜移种于改良苏通培养基或其他培养基的表面，置 37℃静置培养 8～10 周，收获菌膜。菌膜收集后压平，移入盛有不锈钢珠的瓶内，加入适量稀释液，低温下研磨，研磨好的原液稀释成各种浓度，冻干制成成品。凡在培养期间或终止培养时，有菌膜下沉、发育异常或污染杂菌者，必须废弃。

采用改良的苏通培养基，生产的卡介苗活力高。用培养 6～8 天的幼龄菌，有利于制备冻干制品，采用对数生长期的幼龄培养菌代替平衡期培养菌生产，可使活菌率由 10％左右提高至 30％～50％。

（2）深层培养　世界上有英国、瑞士和荷兰三个实验室用加吐温-80 的 1339 培养基对卡介菌进行深层培养，卡介菌在液体培养基中呈均匀的分散生长。

培养基：每升无热原蒸馏水中含天冬酰胺 0.5g，枸橼酸镁 1.5g，磷酸二氢钾 5.0g，硫酸钾 0.5g，吐温-80 0.5ml，葡萄糖 10.0g。

种子培养：将保存于苏通培养基上的原代种子，接入上述培养基中增殖传代 2 次，于 37℃培育 7 天后移种。

深层培养：将上述种子移至装有 6L 培养基的 8L 双臂瓶中，于 37℃培养 7～9 天，通气电磁搅拌。然后超滤、浓缩为 10～15 倍的菌苗，加入等量 25％乳糖水溶液后混匀。以 1mL 量分装安瓿冻干，真空封口，贮于-70℃备用。

3. 卡介苗浅层培养生产工艺流程（图 18-5）

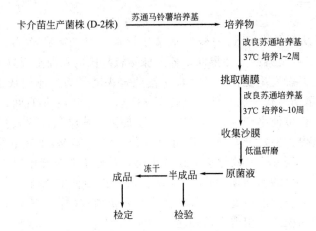

图 18-5　卡介苗浅层培养生产工艺流程

4. 浅层培养生产卡介苗工艺控制要点

（1）卡介苗生产用菌　我国现用卡介苗生产用菌种 D-2 株系 20 世纪 40 年代末期从丹麦国立卫生试验所获得的 Calmette 和 Guerim 传代减毒的牛型结核菌减毒株。经中国药品生物制品检定所组织各生物制品研究所人员进行实验室比较检定，生产制备和人体反应及免疫效果研究比较，于 1990 年经国家食品药品监督管理部门批准，全国卡介苗生产统一使用 D-2 株。国家规定严禁使用通过动物传代的菌种制造卡介苗。

卡介苗生产用菌种按现行规程要求，要建立种子批系统，工作种子批用于生产卡介苗。D-2 株的特性如下。

① 培养特性：在普通培养基上发育良好；抗酸染色为抗酸杆菌。

② 毒力试验：用 1mL 卡介苗（5mg/mL）腹腔注射 4 只 300～400g 豚鼠，5 周后健康存活体重不减轻；内脏、肠系膜淋巴结无肉眼可见病变。

③ 无毒分枝杆菌试验：用 1mL 卡介苗菌液（10mg/mL）股内侧皮下注射 6 只 300～400g 豚鼠，每两周称体重一次，体重不降低；6 周及 3 个月解剖各脏器无肉眼可见结核病变。

④ 免疫力试验：用种子批制备菌苗，以 1/10 人份剂量皮下免疫 300～400g 豚鼠 4 只，免疫 4～5 周，10^3～10^4 个/mL 强毒人型结核分枝杆菌感染，免疫组与对照动物的病变指数及脾脏毒菌分离数的数值经统计处理，应有显著性差异。

⑤ 冻干菌种 2～8℃保存备用。

（2）生产用培养基　用于卡介苗生产的马铃薯培养基，用于种子批传代的胆汁马铃薯培养基及普通马铃薯培养基，都不得含有使人产生毒性反应或变态反应的物质。

（3）接种培养　D-2 株接种于普通马铃薯培养基培养，在培养过程中应每天逐瓶检查，将有污染、湿膜、混浊等情况的培养瓶放弃；单批收获培养物的总代数不得超过 12 代。

（4）原液收集和合并　收集的菌膜要压干，移入盛有不锈钢珠的瓶内。钢珠与菌体的比例应根据研磨机转速来定。转速低，钢珠比例高；转速高，钢珠比例低。并尽可能在低温下研磨，以使卡介苗原液的菌体分散均匀，制成卡介苗原液。

（5）分装及冻干　分装过程中务必使卡介苗成品混合均匀；分装后应立即冻干。冻干后即进行真空或充氮封口，即成为卡介苗成品。

（6）卡介苗成品　按现行《中国生物制品规程》进行鉴别试验、物理检查、纯菌试验、无有毒分枝杆菌试验、活菌记数、热稳定试验、效力测定等项检定合格，并经国家药品检定机构国家批签发通过，发给国家批签发合格证，才能出厂销售使用。

三、乙型肝炎疫苗

乙型肝炎（HB）是病毒性肝炎中最严重的一种，重症乙肝和部分慢性乙肝可发展成肝硬化或肝癌，危及病人生命。全世界有 2.5 亿慢性乙肝病人，我国是高发区，约有 50％～70％ 的人群有过乙型肝炎病毒的感染（未加免疫的人群），8％～10％ 为慢性乙型肝炎病毒表面抗原携带者，估计达 1.5 亿。因此乙型肝炎疫苗在预防乙型肝炎病毒（HBV）感染避免此病传播上具有重要作用。

在乙肝病毒中 Dane 颗粒的超微结构及乙肝病毒 DNA 分子的结构已基本弄清（见图 18-6）。Dane 颗粒表面由一种蛋白质包裹，被称作表面抗原（HBsAg），HBsAg 含有 3 种蛋白成分，分别由 3 种不同基因编码。①小蛋白（S 蛋白）：为 S 基因编码的由 226 个氨基酸残基组成的多肽，是 HBsAg 和 HBV 包膜的主要成分，也是 HBV 的主要蛋白。②中蛋白（M 蛋白）：由 S 蛋白和前 S2 基因编码的 55 个氨基酸残基多肽（前 S2 蛋白）组成，它具有一个多聚人血清白蛋白（pHSA）受体位点。③大蛋白（L 蛋白）：为 M 蛋白和前 S1 基因编码的 108～109 个氨基酸残基多肽（前 Sl 蛋白）组成。

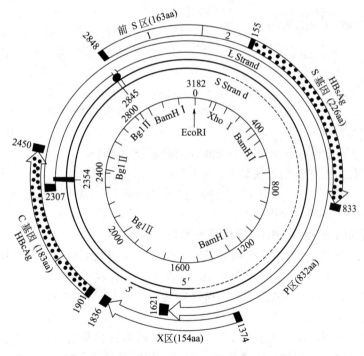

图 18-6　HBA DNA 结构

HBsAg 抗原具有较强的免疫原性，可用来制备疫苗，在弄清 HBsAg 的基因后，起初将其在大肠杆菌中表达和提取蛋白质，但表达产量低，而且产品的免疫原性差，后转向酵母及中国仓鼠卵巢细胞（Cido）表达系统。目前，乙肝病毒（HBV）基因在真核细胞中的表达有 4 条途径。

① 将 HBV 的 S、S_2 或 S_1 基因重组质粒转化酵母，用重组酵母生产 HB 疫苗（如深圳康泰生物制品公司）。

② 将 S、S_2 或 S_1 基因重组质粒转化哺乳动物细胞（如长春生物制品研究所）。

③ 将 S、S_2 或 S_1 基因插入痘苗病毒 DNA 非必需区，传染中华地鼠卵巢细胞，大量培养该动物细胞株生产 HB 疫苗。

④ 将 S、S_2 或 S_1 基因插入昆虫核多角体病毒 DNA 非必需区，转染家蚕和蝶蛹生产 HB 疫苗。

上述几种表达系统各有其特点。

美国的重组酵母疫苗已于 1986 年正式投放市场，法国的哺乳动物细胞疫苗也已于 1988 年投入批量生产。现在国内外正在开展第 3 代 HB 疫苗的研究，如美国、法国和德国都已研制出人工合成的前 S 多肽疫苗，具有很强的免疫原性。此外，由化学合成的 HBsAg 多肽与破伤风类毒素偶联形成复合蛋白分子制成的疫苗，既可预防乙肝，又能预防破伤风。

1. 酵母表达系统制备乙型肝炎疫苗

基因工程疫苗酵母表达系统建立后，研究工作者将 3.2kb HBsAg 基因组 DNA 插进酵母表达质粒载体，转进酵母菌 *Sacrharomyces cerevisiae*，在编码甘油醛脱氢酶（GAPDH）I 基因的强启动子作用下进行转录，该载体上有细菌及酵母菌两者的 DNA 复制起点（即为穿梭质粒），后加 ADH-1 作为终止物形成一个基因盒，它可以通过转化进入大肠杆菌或酵母菌，并在其中复制和表达。当上述表达载体进入酵母菌后，在发酵罐内酵母细胞达到高密度，并产生大量与天然物类似的病毒蛋白，大约占酵母总蛋白量的 1%～2%。重组蛋白可形成与乙肝病人体内免疫原性积聚体同样性质的蛋白质聚体（直径 20mm）。通过 SDS-PAGE 分析，多肽成分有相对分子质量为 23000 的条带，而缺乏相对分子质量为 28000 的糖化带（图 18-7）。

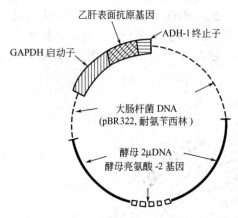

图 18-7 重组酵母细胞乙肝基因工程构建图

酵母乙肝疫苗的生产流程大致如下：

酵母大罐发酵→细胞破碎、抗原回收→硅胶对抗原吸附→疏水柱层析→凝胶过滤→福尔马林处理→Al(OH)₃ 吸附→加硫柳汞防腐→分装

2. 中国仓鼠卵巢细胞（CHO）表达系统制备乙肝疫苗

用含 HbsAg 基因的质粒转化中国仓鼠卵巢细胞，该细胞用单层或悬浮培养可表达 HbsAg，其培养基为含 10% 小牛血清的 Eagle 培养基，待长成单层后转入含 5% 小牛血清的 Eagle 培养液。所分泌的 HbsAg 可释放到培养液中。从培养液中回收上清液，进行过滤，硫酸铵沉淀浓缩，浓缩物用不降解的沉淀剂处理（一般为聚乙二醇 6000 起始及终止浓度分别为 5% 级 9.5%），以沉淀出大分子 DNA、逆转录病毒颗粒及蛋白，所需蛋白溶液得到进一步浓缩，再用蔗糖或甘油进行密度梯度离心（该梯度对逆转录病毒颗粒无促溶作用并能按照被分离物的大小及密度分离 HBsAg），最后用阴离子交换柱纯化，得到纯度大于 95%、具有较强免疫原性、能在短期内迅速诱生高滴度的前 S_2 抗体的 HBsAg 疫苗。该工艺的抗原纯化简单，适于大规模工业化连续生产。

四、人用狂犬病毒纯化灭活疫苗生产

人用狂犬病毒纯化灭活疫苗（rabies purified vaccine human use）系用狂犬病毒固定毒株接种原代地鼠肾细胞或 Vero 细胞，培养后收获病毒液，经浓缩、灭活、精制纯化、冻干而成，用于预防狂犬病。

1. 人用狂犬病毒纯化灭活疫苗简介

人用狂犬病疫苗是由羊脑及鼠脑等脑组织培养制成疫苗，有组织细胞培养原制疫苗及浓缩疫苗，当前主要是原代地鼠肾组织的细胞或 Vero 传代细胞培养纯化制备灭活疫苗。

1965 年我国开始用狂犬病毒北京株-兔脑固定毒株，通过地鼠肾细胞适应传代，获得一株既能适应原代地鼠肾细胞，又具有与北京株固定毒免疫原相似的组织培养狂犬病毒株，称为 αGT 株。现在我国全部使用经过改进的 αGT 株作为疫苗生产用毒株。

原代地鼠肾细胞培养人用狂犬病疫苗，较原先生产的羊脑或鼠脑等脑组织的狂犬疫苗，接种人体后免疫效果好，副反应较轻，疫苗质量有较大提高。但是地鼠肾细胞培养的狂犬灭活原制疫苗，因其所含有效抗原量低，疫苗效力仅为 1.3IU。为使该原制疫苗效力达到 2.5IU，20 世纪 80 年代初至 2000 年国家要求原制狂犬病疫苗须经 5 倍以上浓缩。浓缩后的人用狂犬病疫苗效力提高到 2.5IU，但由于该疫苗浓缩后，杂蛋白含量也增加，接种人体后副反应增多。因此我国政府规定 2000 年以后，无论是用原代地鼠肾细胞生产的，还是用 Vero 细胞生产的人用狂犬病疫苗，必须是精制纯化灭活疫苗，效力不得低于 2.5IU。

2. 人用狂犬地鼠肾细胞纯化疫苗生产工艺流程（图 18-8）

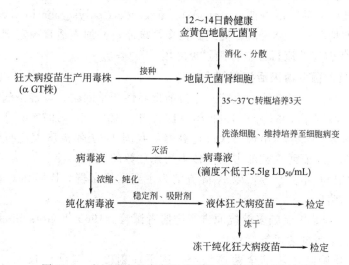

图 18-8　人用狂犬地鼠肾细胞纯化疫苗生产工艺流程

3. 人用狂犬纯化灭活疫苗生产控制要点

（1）疫苗生产用毒株　为国家食品药品监督管理局批准的狂犬病毒固定毒——aGT 株，按《中国生物制品规程》规定，生产用毒株须建立种子批系统。

种子批病毒株，须按现行《中国生物制品规程》要求，进行鉴别试验、无菌试验，小鼠脑内病毒滴定的滴度不低于 $8.0\lg LD_{50}/mL$。免疫原性试验，保护指数不低于 100、豚鼠脑内毒力连续传代不超过 5 代，并保持其特性稳定。

（2）原代地鼠肾细胞制备　选用 12～14 日龄健康金黄色地鼠，无菌取肾，经胰蛋白酶消化分散，以同一容器内制备的细胞为一个消化批。

（3）病毒接种　取无菌试验合格 aGT 株感染的豚鼠脑，捣碎经 2000r/min 离心 10min，取上清液与细胞按一定比例 [（1：500）～（1：2500）] 进行接种，置 35～37℃转瓶培养 3 天。

（4）洗涤细胞、维持培养　地鼠肾细胞制备时，用含有小牛血清的乳蛋白水解物、MEM199 或其他适宜培养液；在种毒后，吸附适当时间，倾倒掉含有小牛血清的培养液，用适宜液体洗涤细胞，换上不含牛血清的含适量人血白蛋白的 199 液作为细胞维持液。

（5）病毒收获 种毒后地鼠肾细胞培养数天，细胞发生相当病变后，即可收获病毒液。视细胞生长情况可以多次收获病毒液。收获的病毒液滴度不低于 $5.5 \lg LD_{50}/mL$。

（6）病毒灭活 可用 1/5000 甲醛或 β-丙内酯，在规定时间内进行病毒灭活。

（7）浓缩、纯化 灭活后病毒液，可将同一细胞产生的多瓶单次收获液，在无菌条件下合并成一批；经超滤浓缩法将病毒液浓缩为一定倍数；浓缩的病毒液经 Sepharrose 4FF 柱层析或其他适宜方法进行精制纯化。

（8）疫苗配制 经精制纯化的疫苗半成品，加入一定量适宜稳定剂和 $Al(OH)_3$ 吸附剂，配制成人用液体狂犬病疫苗；经冻干后成为冻干纯化狂犬病疫苗。

（9）疫苗规格 狂犬病疫苗每安瓿为 1.0mL，每次人用剂量 1.0mL 至少含 2.5 IU。感染前预防注射 3 剂为一疗程，感染后治疗注射 5 剂为一疗程。

（10）狂犬病疫苗不是国家批签发产品 其成品由生产企业质检部门按现行《中国生物制品规程》，对产品进行鉴别试验、物理试验、效力测定、热稳定性试验、无菌试验、异常毒性试验合格后，即可出厂销售使用。

五、A 群脑膜炎球菌多糖灭活疫苗的生产制造

A 群脑膜炎球菌多糖灭活疫苗（grop A meningococal polysaccharid vaccine）系用 A 群脑膜炎奈瑟球菌的培养液，经灭活、提纯获得多糖抗原，并加入适宜稳定剂冻干制成，供预防 A 群脑膜炎球菌引起的流行性脑脊髓膜炎之用。

1. A 群脑膜炎球菌多糖灭活疫苗简介

流行性脑脊髓膜炎（以下简称流脑）是目前世界性严重问题，该传染病常在世界范围内引起周期性流行。我国于 1938 年、1949 年、1959 年、1967 年、1977 年曾出现过五次全国性大流行，几乎每 8～10 年即出现一次流行高峰。我国 1967 年流脑大流行时，其发病数占国内传染病的第四位，而死亡数却占当年传染病死亡数的 60% 以上。

我国从 20 世纪 60 年代至今，以 A 群流脑为主要致病菌群，B 群和 C 群是欧洲及美洲流脑病的主要发病菌群。

1944 年 Kabat 开始用流脑多糖抗原进行志愿者试验。1969 年 Gotschlich 提取流脑 A 群多糖抗原接种人群，免疫力可维持数年之久。

我国 1967 年开始制造流脑全菌体疫苗，皮下注射 3 次副反应较大，且免疫效果差；1972 年开始制造初步提纯的糖蛋白复合物，称之为流脑提纯疫苗，其工艺简单，但纯度较差，虽有一定免疫保护效果，但也有不少副反应。1979 年我国制备出各项检测指标均符合 WHO 规程要求的 A 群流脑多糖疫苗，一次注射反应轻微，免疫效果良好，流行病学效果达 90% 以上。

2. A 群流脑多糖灭活疫苗生产工艺流程

（1）菌种 疫苗生产用菌种，应根据本国或本地区流行的菌群及优势流行菌型选用。生产疫苗的菌种需经国家权威机构分发或经其许可使用。生产前菌种需按规程进行全面检定。菌种培养物染色镜检，应为典型的脑膜炎球菌，菌种能被相应的群或型的血清所凝集。菌种经培养特性、生化反应、血清学特性检定合格后制成种子批，2～8℃冰箱保存备用。

（2）培养基 生产用培养基不应含有马血清或其他致敏物质；不应含有能与 cetavlon 形成沉淀的成分或有害物质；培养基必须适于脑膜炎球菌繁殖生长，并适于产生丰厚的菌膜多糖物质；常用酸水解酪蛋白作基础液，加入酵母透析液、硫酸镁、葡萄糖等制成培养基。美

国则采用 Frantz 培养基，pH7.4～7.6。

（3）培养方法　采用生物反应罐通气搅拌常温液体培养，细菌的生长及浓度与培养液的 pH 变化有关，应随时用葡萄糖调整 pH，待细菌对数生长后期或静止前期，即可取样测定产菌浓度和镜检密度。最后加甲醛溶液杀菌或 56℃加热 10min，以确保杀菌完全且以不损害 NM（脑膜炎奈瑟球菌）为宜。

（4）提取纯化多糖　培养液连续离心除去菌体，加 cetavlon（0.1%）沉淀多糖。沉淀物中加入氯化钙溶液，使其最终浓度为 1mol/L，搅拌 1h，使多糖与 cetavlon 解离，加入乙醇至最终浓度为 25%（mL/mL），置冷库过夜，离心收集上清。此步骤可去掉细菌核酸。

上清液中加入冷乙醇至最终含量为 80%（mL/mL），充分搅拌，收取沉淀多糖，再用无水乙醇及丙酮各洗两次即为粗制多糖。－20℃保存供精制用。

用 1∶10 乙酸钠溶液溶解粗制多糖，再用冷苯酚提取 2～3 次，并用 0.1mol/L 氯化钙溶液透析。也可用超速离心去除杂蛋白。加乙醇离心，收集沉淀，再用无水乙醇及丙酮各洗两次，离心去上清，用注射用水溶解沉淀，即为精制多糖。我国 A 群脑膜炎球菌多糖灭活疫苗的生产工艺流程见图 18-9。

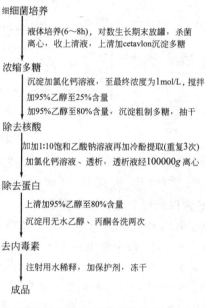

18-9　A 群脑膜炎球菌多糖灭活疫苗的生产工艺流程

六、人血白蛋白的生产制造

人血白蛋白（albumin from human plasma）系由健康人的血浆，经低温乙醇蛋白分离或经国家当局批准的其他分离方法提取，并经过 60℃10h 加温灭活病毒后制成的液体制剂或冻干制剂。主要用于治疗创伤性、出血性休克，严重烧伤以及低蛋白血症等。

1. 人血白蛋白简介

1900 年 Landsteiner 发现 ABO 血型系统，创建了临床输血基础。1914 年 Hustin 等使用枸橼酸钠抗凝，推动了临床输血的发展。20 世纪 40 年代，第二次世界大战时，由于抢救伤员的需要，美国 Cohn 创立低温乙醇分离血浆蛋白的方法，给血液成分制剂的大规模生产和血液制品推广应用开创了广阔道路。20 世纪 60 年代以后，随着医学发展和生化技术的进步，分离制备出越来越多的血液成分供临床使用，治疗和抢救了大量危重病人。

E. J. Cohn 和其同事们 1946 年创建低温乙醇 Cohn-6 法用于分离人血白蛋白，1949 年又报道了 Cohn-9 法用于制备丙种球蛋白，1950 年又发表了 Cohn-10 法。Nitschmann 和 Kistler 于 1954 年提出另一种改良低温乙醇分离血浆蛋白的方法，这种方法简化了操作，缩短了生产周期，提高了白蛋白和丙种球蛋白的得率，因此，称之为"Nitschmann 和 Kistler 血浆蛋白分离法"。

我国现行人血白蛋白规程规定：可采用 Cohn-6 法或 Nitschmann-kistler 法生产制造人血白蛋白。

2. 人血白蛋白生产工艺流程

Nitschmann-kistler 法生产制造人血白蛋白的生产工艺流程见图 18-10。

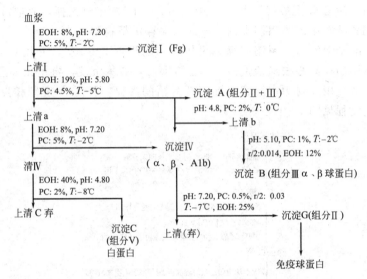

图 18-10　Nitschmann-Kistler 法的生产工艺流程

EOH—乙醇；PC—蛋白浓度；T—温度；r/2—离子强度；磷酸盐调 pH

3. 低温乙醇分离法生产白蛋白的五个重要影响因素

（1）pH 值　当蛋白质分子含有相等的正负电荷时，溶解度小，有利于蛋白质分离沉淀。白蛋白等电点 pH 值为 4.7～4.8；IgG 等电点 pH 值为 5.8～7.3；转铁蛋白 pH 值为 5.69。通常低温乙醇法是在 pH 值 4.4～7.4 之间进行分离血浆中蛋白成分。

（2）温度影响　由于温度升高可能造成蛋白质变性，低温乙醇工艺中，整个生产过程均应在 0℃ 以下进行，温度范围在 −8～0℃ 之间。如果温度控制不好，轻则影响蛋白质的回收率，重则造成蛋白质变性，如沉淀 Ⅱ 组分时，当蛋白质溶液温度高出规定要求 1.3℃ 时，蛋白质得率降低 37%；当温度提高 3.6℃，可引起最终产品完全失去活性。

（3）蛋白质浓度的影响　在蛋白质分离过程中有时需要适当稀释，以降低蛋白质浓度，从而减少蛋白质之间的相互作用，避免蛋白质共沉，提高蛋白质分离效果，提高蛋白质组分的回收率。但是过分稀释会致使蛋白质变性，同时增大分离的容量，增加工作量也是不可取的。

（4）离子强度　盐类与蛋白质的相互影响基本上随离子强度而变化，离子强度与乙醇浓度之间要控制一种平衡关系，就可能在一定范围内保持蛋白质溶解度的恒定。低温乙醇法工艺中离子强度变化范围在 0.01～0.16，正常人血清的离子强度近乎于 0.15。

（5）乙醇浓度　乙醇能降低蛋白质的介电常数，随着乙醇浓度增加，蛋白质介电常数逐渐降低，其溶解度也急剧下降。在低温乙醇分离蛋白质组分时，乙醇浓度每提高 10%，白蛋白的溶解度则以 10 倍幅度下降。

4. 低温乙醇蛋白分离法的优缺点

低温乙醇蛋白分离法的优点如下。

① 操作相对简单，产量高，适合工业化规模生产。

② 保持蛋白质的天然性。因低温乙醇蛋白分离法沉淀和分离蛋白质组分是在接近血浆溶液冰点温度下进行，能使血浆蛋白质变性降低至最低限度，保持其天然状态。

③ 低温乙醇蛋白分离法，因在分离过程中多次在不同乙醇浓度中分离提取血浆的蛋白质组分，近年来研究证明 Cohn 6＋9 法和 Nitschmann-Kistler 法有杀灭和清除艾滋病病毒的作用，可增加血液制品的安全性。

④ 乙醇作血浆蛋白成分分离的主要原材料，来源易得，价格低廉，使用过的乙醇还可以回收，不会造成环境污染。

但低温乙醇法在生产中，需要建低温室、大型反应罐及连续冷冻离心机等，投资成本较大。此外，工作人员需要常年在低温下进行操作。目前，国内外已有生产企业用过滤法取代冷冻离心机，大大改善了生产条件，降低了生产人员的工作强度。

5. 血液制品生产过程控制要点

① 原料血浆必须来自国家批准设立的采浆站；原料血浆采集和质量须符合《原料血浆采集规程》要求；献浆员须定期进行体检；采浆站和血液制品企业都必须分别对每袋原料血浆按规定进行质量检查，不合格血浆严禁投入生产。

② 生产时，须按国家批准的生产工艺进行生产，凡未经国家批准的生产工艺严禁在生产中投产使用。

③ 血液制品生产企业在生产其各种血液制品过程中，须按国家审核批准的病毒灭活工艺进行制品去除病毒/灭活病毒，灭活不彻底的血液制品严禁出厂销售使用。

④ 人血白蛋白是国家规定实行国家批签发的制品之一，白蛋白由企业质检部门检定合格后，每批均要由国家检定所和国家授权的药检所进行审查和检验，符合要求发给批签发合格证，方可出厂销售使用。

七、基因工程干扰素的生产制造

基因工程干扰素又称为重组人干扰素（recombinant human interferon），是将带有人干扰素基因的重组质粒转导入大肠杆菌，使其高效表达人干扰素，经高度纯化后，加入适量人白蛋白稳定剂，冻干制成。用于治疗慢性肝炎、丙型肝炎和粒细胞性白血病等疾病。

1. 人干扰素简介

人干扰素分为 α 型、β 型、γ 型三种。其基因构成和性能虽有一定差异，且不同类型干扰素的治疗作用和适应证也不尽相同，但生产制备过程及质量控制要点是基本一致的。

由于当前基因工程干扰素种类较多（如有干扰素-α1a、干扰素-α1b、干扰素-α2a、干扰素-α2b、干扰素-β、干扰素-γ 等基因工程干扰素），本节不对众多品种做逐一具体介绍说明，而是对基因工程干扰素的基本生产工艺过程进行重点介绍。

在 20 世纪 80 年代初，基因工程干扰素未批准上市前，曾从人白细胞中提取制备粗制干扰素。此种人血来源的粗制干扰素，需要建采血机构，为防止血源传播疾病，必须加强病毒灭活等工艺步骤，生产工艺复杂，又不能像基因工程干扰素那样大规模生产，故人白细胞干扰素现已很少生产了。

2. 基因工程干扰素工程菌的构建

（1）分离提取干扰素基因 因为人染色体上干扰素基因拷贝数极少（大约只有 1‰～

5%），再加上直接分离基因技术难度大，故目前通过 mRNA 途径分离，以 mRNA 为模板，通过 RT-PCR 合成目的基因 cDNA。

（2）制备人工重组质粒　质粒即为外源性 DNA 片段的转运载体。常用质粒为 pBR322，该质粒含有四环素和氨苄西林抗性基因，可以作为选择性标记。例如，采用 Pst 限制性内切酶切割四环素标记基因，这种抗生素抗性基因就失活了，插入的人干扰素基因片段——人干扰素 cDNA 与质粒重组。这样人工重组质粒就成为既携有人干扰素目的基因、又对四环素敏感的新型质粒，很容易被识别筛选出来。

（3）转化（transformation）宿主菌　作为 DNA 重组体繁殖或复制的宿主细胞，目前主要有大肠杆菌 K12、酵母菌、假单胞菌等，将带有人干扰素基因片段的人工重组质粒转导（transduction）到大肠杆菌中，这种杂交质粒在大肠杆菌内独立复制繁殖，成为无性繁殖系。人工重组质粒所携带的人干扰素基因片段则在宿主细胞——大肠杆菌中大量复制、表达、产生出所编码的多肽——干扰素。

现在对人干扰素-α、人干扰素-β、人干扰素-γ 三种基因都已克隆成功，并且均能在大肠杆菌中获得高效表达。现代生物技术的发展，已经成功地解决了人干扰素的真核基因在原核细胞中成功表达的技术困难。现在，国内外相继研制出 α 型、β 型、γ 型三种基因类型的各种重组人干扰素，并批准上市使用。

3. 基因工程人干扰素生产工艺流程（见图 18-11）

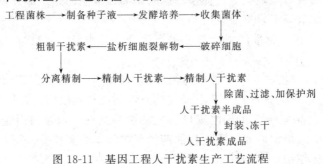

图 18-11　基因工程人干扰素生产工艺流程

4. 人干扰素生产控制要点（工程菌株及原液的生产控制）

（1）工程菌株　除进行菌落形态、染色、电镜、生化特性等检定外，还应对质粒构建结构特征、标志性位点、导入系统的目的基因结构确证（酶切分析、基因测序等）以及表达分析（表达量、活性、构象等）进行全面检定，应符合国家标准要求。工程菌株应建立种子批系统，定期进行上述指标全面检定。

（2）干扰素效价测定　一般用细胞病变抑制法，多采用 Wish 细胞和 Vsv 病毒为基本检测系统。根据国际参考品或国家参考品来确定其效价单位（IU）。

（3）蛋白含量测定　多用福林酚法或 Lowry 法测定。

（4）比活性　干扰素效价的国际单位（IU）与蛋白含量（mg）之比，即比活性。人重组干扰素 α1b 比活性不低于 1.0×10^7 IU/mg 蛋白，人重组干扰素-α2a 比活性不低于 1.0×10^8 IU/mg。

（5）基因工程干扰素的纯度　电泳法，用非还原型 SDS-PAGE 法检测其纯度不低于 95.0%；高效液相色谱法（HPLC）应呈一个吸收峰，或主峰不低于总面积的 95.0%。

（6）分子质量　用还原型 SDS-PAGE 法，加样量应不低于 1μg，人基因工程干扰素制品的分子质量应为 [19.4＋(19.4×10%)]kDa。

（7）IgG 残余量　如采用单克隆抗体亲和层析法纯化，用双抗体夹心酶联免疫法测定，

IgG 含量不高于 $100\mu g$/剂量。

（8）外源性 DNA 残余量　用固相斑点杂交法。以地高辛标记核酸探针法或经国家药检机构认可的其他适宜方法测定，外源性 DNA 残余量不高于 $10\mu g$/剂量。

（9）宿主菌蛋白残余量　用酶联免疫法测定，宿主菌蛋白残余量不高于总蛋白量的 0.1%。

（10）残余抗生素活性　不应有氨苄西林活性。

（11）细菌内毒素含量　细菌内毒素含量不高于 10 EU/300000 IU。

（12）等电点　为 4.0~6.5，批与批之间等电点应一致。

（13）紫外光谱扫描　最大吸收峰波长 278nm±3nm。

（14）肽图　至少每半年测定 1 次，α1b 干扰素应符合 α1b 干扰素图形；α2b 干扰素应符合 α2b 干扰素图形，或与对照图形一致。

（15）N 末端氨基酸序列　至少每年测定 1 次，用氨基酸序列分析仪测定，其 N 末端序列应分别符合各自的氨基酸序列。

5. 基因工程干扰素半成品及成品质量控制

基因工程干扰素半成品及成品质量检测还要做无菌试验、鉴别试验、异常毒力试验、热原试验、干扰素效价试验及水分、pH 值、外观等项检测。

基因工程干扰素不是国家批签发制品，只要生产企业质检部门按国家标准检定合格，即可出厂销售使用。但国家药品生物制品检定所每年对其进行质量抽检，发现其质量和生产问题，报告国家药品监督部门，责令其整改，问题严重的甚至可撤销其生产批准文号，停止生产。

八、抗 ABO 血型系统血清诊断试剂的制备工艺

ABO 系统是最早发现的血型系统，对输血极为重要。输入 ABO 血型不相容的血清，将引起严重的输血反应。人的血液，按其与抗 A 抗体或抗 B 抗体凝集与否，可分成 A、B、O 和 AB 四个血型。为了标准地鉴别血型，通常是采集富含抗 A 或抗 B 抗体的健康人血，经分离血清并纯化后制成抗 A 或抗 B 血清。此外，还有用动物血清和单克隆抗体制备检测 ABO 血型的血清。

1. 人源抗 ABO 血型系统血清的制备

（1）血液的采集　无菌操作从健康的献血员中采集血液，置干燥无菌瓶内。所采集的血液需符合下列要求：①乙型肝炎抗原阴性；②梅毒检测阴性；③艾滋病检测阴性；④用凝血酶在 37℃下作用血液中的纤维蛋白原 1h，不得产生肉眼可见的凝集物；⑤经检测其血清的效价，抗 A 效价需在 1∶256 以上或抗 B 效价在 1∶128 以上。

（2）吸收冷凝集素　所采集的血液凝固后置 2~8℃冰箱中冷藏过夜，以便将冷凝集素吸附在血块上一并除去，否则成品抗血清在较低的室温下使用时，易出现假阳性反应。

（3）分离血清　无菌操作离心或过滤，将血清分离并置于无菌容器内。

（4）灭活　将上述所得血清置 56℃ 30min，使其中的一些活性物质如补体、酶等失活，以增进血清的稳定性。然后加入防腐剂。

（5）染色　抗 A 与抗 B 血清需分别加入不同颜色的染料，以资区别。习惯上在抗 A 血清中加入美蓝使之成蓝色，在抗 B 血清中加入吖啶黄使之成为黄色。

（6）除菌过滤　用 Seitz 滤板或 $0.22\mu m$ 薄膜过滤除菌。

（7）分装及冻干　无菌操作将血清分装于无菌容器中，并及时封口，或冷冻干燥制成冻干品。

人源抗 ABO 血型系统血清的制备工艺流程见图 18-12。

2. 动物来源抗 ABO 血型系统血清的制备

由于人血清的来源困难，又有因漏检而引起实验室感染乙型肝炎和艾滋病的可能，故有些国家用动物的血清来制备 ABO 血清。目前大规模用于 ABO 血清生产的动物是马。用免疫动物血清来制备抗 ABO 血型系统血清的工艺较人源抗 ABO 血型系统血清的工艺复杂。动物没有天然的抗 A 和抗 B 抗体，需先用纯化的血型抗原物质免疫动物，然后获得有效价的血清。取得血清后，还要用相对应的人红细胞吸收非特异抗体。用此方法制成的血清，其效价和亲和力均不低于人血清。动物来源抗 ABO 血型系统血清的制备工艺流程见图 18-13。

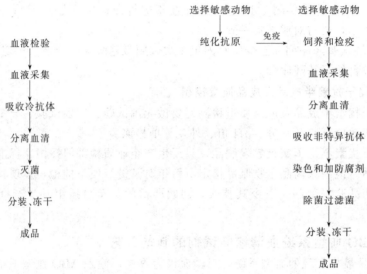

图 18-12　人源抗 ABO 血型系统
血清的制备工艺流程

图 18-13　动物来源抗 ABO 血型系统
血清的制备工艺流程

3. 单克隆抗体的应用

杂交瘤技术的发展，使复杂的抗原物质不需要经过高度纯化步骤，即可得到能分泌各种针对特定抗原决定簇的抗体的细胞系。首先构建抗 A 血型或抗 B 血型杂交瘤细胞，经培养传代，检测血凝效价合格后扩大培养。将杂交瘤细胞接种小鼠腹腔，数周后取小鼠腹水，离心去沉淀，除去纤维蛋白原，加入防腐剂，冻存于 −30℃。合并杂交瘤细胞培养上清液，最后加入相应的染料，除菌过滤即得。

4. ABO 血型定型试剂的质量要求

① 物理性状。ABO 血型血清应是透明或微浊的染有特定颜色的液体，不得含有沉淀物。冻干品则应为松散粉状或块状固体，水分含量不得超过 3%。

② 效价试验及亲和力试验（表 18-7）。

③ 特异性（表 18-8）。

表 18-7　ABO 血型定型试剂的效价试验及亲和力试验要求

待检血清	红细胞	亲和力凝集时间/s	凝集效价
抗 A 血型	A_1	≤15	≥1:64（单抗≥1:128）
	A_2	≤30	≥1:32
抗 B 血型	A_2B	≤45	≥1:16
	B	≤15	≥1:64（单抗≥1:128）

表 18-8　ABO 血型定型试剂的特异性要求

待检血清	红细胞	
	凝集	不凝集
抗 A 血型	A_1，A_2B	B，O
抗 B 血型	B	A_1B

第五节　单克隆抗体生产工艺

一、抗体概述

1. 抗体

抗体是能与相应抗原特异性结合的具有特定功能的免疫球蛋白，它与免疫球蛋白的区别在于，抗体都是免疫球蛋白，但免疫球蛋白不一定都具有抗体活性功能。所以抗体是一个生物学和功能性概念，而免疫球蛋白是一个结构性概念。除抗体之外，还包括正常天然存在的免疫球蛋白和病理条件下的免疫球蛋白及其亚单位。

19 世纪末人们通过免疫动物从血清中获得抗体，20 世纪 70 年代建立了 B 细胞杂交瘤生产单克隆抗体技术即细胞工程抗体，80 年代中期开始了基因工程人源化抗体的研究，90 年代开始用抗体库技术筛选小分子抗体，并用原核细胞表达抗体，即基因工程抗体。抗体工程技术使抗体的应用超出了原有范畴，在疾病的诊断、检测和治疗中越来越显示出巨大的前景。

2. 抗体的结构

Ig 分子有功能和结构的双重特性：为了识别不同抗原，需要数量巨大的结构多样性；但在发挥体内效应时，需要结构的稳定性。虽然 Ig 分子是体内最复杂的分子，但具有相似的基本结构，其单体是由 2 条相同的重链（heavy chain，H 链）和 2 条相同的轻链（light chain，L 链）组成的四聚体（图 18-14）。

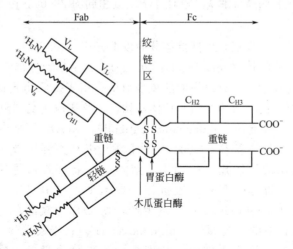

图 18-14　抗体的结构示意图

每条链分为两个区，可变区（variabl region，V 区）和恒定区（constant region，C 区）。V 区从多肽的 N 端起，包括轻链的 1/2 和重链的 1/4，其氨基酸的序列变化较大，随抗体的特异性不同而异。其中高可变区（hypervariable region，HV 区）或互补决定区

（complementary determining region，CDR）是抗原特异结合部位。C 区从多肽的 C 端起，包括轻链的 1/2 和重链的 3/4，同类抗体这部分氨基酸序列变化不大。重链约由 450 个氨基酸残基（IgG、IgA、IgD）或 570 个氨基酸残基（IgM、IgE）组成，分子质量 50～75 kDa，重链有糖基化。轻链由 214 个氨基酸残基组成，分子质量 25kDa，轻链无糖基化。Ig 为对称结构，轻重链之间和重链之间以二硫键连接，形成"Y"字形结构（图 18-15）。

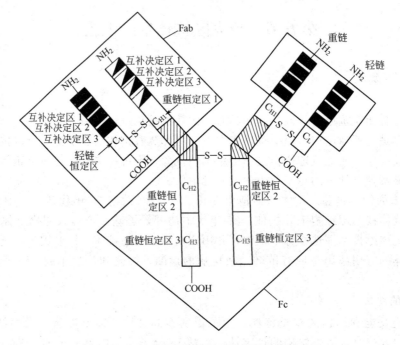

图 18-15　木瓜蛋白酶处理后抗体的结构示意图

根据 V 区抗原性的不同，对应的抗体是 IgG、IgA、IgM、IgD、IgE，它们的理化和免疫特性互不相同。轻链有两类 κ 和 λ，相对分子质量相同为 23000，由 214 个氨基酸组成。

3. 抗体的分类

根据抗体的生产技术和发展，可把抗体分为以下三代。

第一代抗体为多克隆抗体（polyclonal antibody），系由早期传统的方法制备的抗体，把天然抗原经各种途径免疫动物，分离提取的免疫血清。由于抗原物质具有多种抗原决定簇，所产生的抗体是多种抗体的混合物。由于抗体不均一，临床应用受到限制。

第二代抗体为单克隆抗体（monoclonal antibody，McAb），是由识别一种抗体决定簇的细胞克隆所产生的均一抗体。具有特异性高、亲和力强、效价高、血清交叉反应少的优点，应用于临床的抗肿瘤、抗感染、解毒、抗器官移植排斥反应等。第二代抗体主要形式有两种：全抗体和酶解片段抗体。如木瓜蛋白酶水解片段、胃蛋白酶水解片段等。一般用杂交瘤（hybridoma）的鼠生产，所以称为鼠源单克隆抗体。其缺点是有鼠源性，对人体有较强的免疫原性（immunogenicity）；半衰期短，靶向吸收差，全抗体分子量大，很难通过血管进入细胞，特别是肿瘤部位含量低，降低了疗效。生产复杂，价格昂贵。

第三代抗体是指用基因工程方法，对抗体的基因进行重组、缺失、修饰改型等，构建载体，在受体细胞中表达，获得的抗体。包括鼠源抗体的人源化、人鼠嵌合抗体、改型抗体、小分子抗体。

　　小分子抗体是分子量较小的具有抗原结构功能的抗体分子片段，是近几年的研究热点。根据抗体的各个结构域功能进行构建，可分为 Fab 抗体、单链抗体、单域抗体和超变区抗体。具有以下优点：①可以在大肠杆菌等原核细胞中表达，生产成本低；②容易穿透血管壁或组织屏障，进入病灶部位，有利于肿瘤等治疗；③不含有 Fc 片段，不与 Fc 受体结合；④有利于进一步进行基因工程改造。

二、鼠源单克隆抗体制备

　　鼠源单克隆抗体是用鼠来生产的，先制备鼠杂交瘤细胞系，然后在体内或体外生产抗体。杂交瘤细胞系的制备工艺包括免疫动物、亲本细胞的制备、细胞融合、培养筛选与鉴定、克隆化等过程。

　　免疫的 B 淋巴细胞分化为浆细胞，是产生特异性抗体的细胞，但浆细胞还不能在体外培养基中成功生长，因而不能成为体外生产抗体的来源。骨髓瘤细胞（myeloma cell）虽然能在培养基中生长且比正常细胞生长繁殖速度快，但不能产生抗体。将这两种功能细胞进行融合，就可把免疫淋巴细胞具有特定抗体基因的染色体引进至一种长期生长的骨髓瘤细胞，这样所得到的杂交瘤细胞，既具有体外长期迅速增长的能力，又能持续产生和分泌特定单一成分的特异性抗体。

（一）杂交瘤细胞系的制备

1. 制备 B 淋巴细胞

　　用目的抗原，按照免疫程序，对纯系健康 8 周龄的 BALB/c 小白鼠进行免疫，分离 B 淋巴细胞。

2. 原生质体融合

　　用 1000～4000 的聚乙二醇（PEG）为细胞融合诱导剂。取生长旺盛、形态良好、处于对数生长期的小鼠骨髓瘤细胞悬液与新鲜制备的 BALB/c 淋巴细胞悬液，置于 37℃ 水浴中，加入 PEG4000（pH7.2～7.4），进行细胞融合。沿管壁加入 DMEM 或 RPMI-1640 培养液，终止其融合作用。

3. 杂交瘤筛选与克隆化

　　在两类细胞的融合混合物中存在五种细胞，未融合的单核亲本细胞、同型融合多核细胞、异型融合的双核和多核杂交瘤细胞。通过 HAT 培养基从中筛选纯化出异型融合的双核杂交瘤细胞。未融合的淋巴细胞在培养 6～10 天时会自行死亡，异型融合的多核细胞由于其核分裂不正常，在培养过程中也会死亡，对杂交瘤细胞影响不大。但未融合的骨髓瘤细胞因其生长快而不利于杂交瘤细胞的生长和分离。

　　经反复克隆化培养获得抗体阳性杂交瘤细胞株后，应立即扩大培养。冻存液为含 10% 二甲基亚砜的胎牛血清，杂交瘤细胞悬浮于胎牛血清中，浓度为 $5 \times 10^6 /mL$，杂交瘤细胞悬浮液与冻存液等体积混合，每支安瓿分装 1mL，在液氮中长期保存。

（二）杂交瘤细胞的培养

　　目前单克隆抗体的生产包括体内培养和体外培养两种，体内培养是利用生物体作为反应器，主要是在小鼠或大鼠的腹腔内，杂交瘤细胞生长并分泌单克隆抗体，是目前商业用单克隆生产的主要方法。

　　先给 BALB/c 小鼠或与 BALB/c 小鼠杂交的 F_1 小鼠注射 0.5mL 异十八烷或液体石蜡使之致敏，8～10 天后，向腹腔接种 $10^6 \sim 10^7$ 杂交瘤细胞。2～4 天后腹部涨大。1～2 周时开始抽取腹水，隔日采集 3～5mL 抽取腹水，直至动物死亡。也可在最大腹水时处死动物，一次性抽取腹水。另外还可用血清来生产单克隆抗体，将杂交瘤细胞皮下植入动物体内，一段时间后，出现肿瘤，采集血清制备单克隆抗体，一般血清中抗体的含量为 $1\sim10\text{mg/mL}$，但血清非常有限。体内法所产生的抗体滴度比体外悬浮法高 1000 倍，每毫升腹水含单克隆抗体 $1\sim26\text{mg}$，一只小鼠可得 10mL 腹水，而大鼠可得 50mL 腹水。

体外培养法有悬浮培养、包埋培养和微囊化培养几种。小规模生产采用滚瓶或转瓶，大规模采用反应器。滚瓶培养先进行种子培养，逐级放大，但抗体浓度低，$5\sim10\mu\text{g/mL}$。发酵罐培养时，细胞密度增加，抗体含量为 $10\sim100\mu\text{g/mL}$。杂交瘤细胞的悬浮培养产生的抗体滴度较低，一般为 $5\sim100\mu\text{g/mL}$，细胞密度不高。无血清培养基培养，离心除去细胞，上清经超滤，盐析可得粗制品。包埋培养和微囊化是抗体生产的好方法。抗体被截留在微囊内，有利于分离纯化。细胞经过增长期生长之后进入稳定期，细胞密度为 $6\times10^7/\text{mL}$，抗体的处理和纯度随时间延长而增加，可生产抗体 $0.5\sim1\text{g/L}$，微囊内抗体纯度约 50%，离子交换层析后可达 99%。

（三）单克隆抗体的分离纯化

收集腹水或培养液上清，离心去除细胞等杂质，对上清进一步分离和纯化。通过离子交换、凝胶过滤、亲和层析等方法获得纯化的单克隆抗体。

1. 离心

将红细胞、细胞碎片及其他粒子如脂类、内毒素、核酸等分离除去，澄清溶液。$2000g$ 离心 30min。加入硅胶及其他吸附剂，有利于分离。还可加入助滤剂，或切向流过滤。

2. 沉淀

收集细胞培养液，用硫酸铵沉淀，获得粗品。当硫酸铵的终浓度为饱和浓度的 50% 时，90% 的单克隆抗体沉淀出来。对单克隆抗体浓缩和分离非常有效。通常采用辛酸-硫酸铵沉淀，亲和层析或硫酸铵-二乙氨基乙基（DEAE）离子交换层析获得单克隆抗体。

3. 纯化

根据抗体的亚型选用离子交换、Protein A-sephrose 4B 和 Protein G-sephrose4B 亲和层析，羟基磷灰石分离、疏水层析，凝胶过滤等进一步纯化。

三、HBsAg 单克隆抗体的制备工艺

抗乙型肝炎表面抗原（HBsAg）单克隆抗体是专一性识别 HBsAg 的单一抗体，能与 HBsAg 产生免疫反应。临床上用于检测乙型肝炎病毒的感染并用于生产预防乙肝的免疫制剂。目前生产抗 HBsAg 的单克隆抗体技术有基因工程与细胞工程，本文叙述免疫大鼠脾淋巴细胞与大鼠骨髓瘤的 $IR_{983}F$ 细胞融合技术制造抗 HBsAg 单克隆抗体的工艺。

（一）工艺流程

大鼠骨髓瘤细胞＋免疫大鼠脾淋巴细胞 $\xrightarrow{\text{融合}}$ 融合混合物 $\xrightarrow{\text{筛选}}$ 杂种细胞混合物 $\xrightarrow{\text{克隆化}}$ 杂交瘤克隆系 $\xrightarrow{\text{种质培养}}$ 细胞种 $\xrightarrow{\text{扩大培养}}$ 培养液 $\xrightarrow{\text{分离}}$ 粗制 McAb $\xrightarrow{\text{精制}}$ 层析液 $\xrightarrow{\text{超滤}}$ 浓缩液 $\xrightarrow{\text{冻干}}$ McAb 精品

（二）工艺过程及控制要点

1. 培养基

大鼠骨髓瘤 $IR_{983}F$ 细胞系的培养基为改良的 Dulbecco's Eagle（DMEM）培养基。是将 Eagle 培养基中 15 种氨基酸浓度增加 1 倍、8 种维生素浓度增加 3 倍而成，用于细胞培养，可提高细胞生长效果。其中尚需 10% 灭活小牛血清，1% 非必需氨基酸，0.1mol/L 丙酮酸钠，1% 谷氨酰胺及 50mg/mL 庆大霉素；杂交瘤细胞筛选系统用含 HAT 的 DMEM 培

养基。

2. 饲养细胞制备

在细胞融合前 2～3 天，取健康大鼠处死，向腹腔内注入 10mL DMEM 培养液，轻压腹腔使细胞悬浮，打开腹壁皮肤，暴露腹膜，提起腹膜中心，插入注射针头，吸出全部细胞悬液，$500g$ 离心 5min，用 pH7.4、0.1mol/L 磷酸缓冲液洗涤 2～3 次，收集细胞，用含 10% 小牛血清、100U/mL 青霉素和链霉素及 HAT 的 DMEM 培养液制成 10^6 细胞/mL 悬浮液，使用 24 孔板时，每孔加 0.1mL，当使用 96 孔板时，则制成 $2×10^5$ 细胞/mL 的悬浮液，每孔加 0.1mL，然后置 37℃ 的 CO_2 培养箱中温育，备用。

3. 亲本细胞准备

取对 8-氮鸟嘌呤抗性的 Lou/c 大鼠非分泌型细胞瘤 $IR_{983}F$ 细胞，用常规方法制成细胞悬浮液，按 $1.5×10^5$ 细胞/mL 接种量接种于 DMEM 培养液中，于 37℃ CO_2 培养箱中培养至对数生长期，用 DMEM 培养液按常规消化分散法制成细胞悬浮液，即为待融合用骨髓瘤细胞亲本，备用。

另取 HBsAg 用 pH7.4、0.1mol/L 磷酸缓冲液溶解并稀释成 $20\mu g/mL$ 的溶液，加等体积福氏完全佐剂充分乳化后，取 2mL 注入 Lou/c 大鼠腹腔，2 周后进行第 2 次免疫，3 个月后于融合前 3～4 天进行加强免疫，3 次免疫的剂量和注射途径均相同，唯第 3 次免疫时不加福氏佐剂，于细胞融合前处死大鼠，用碘酒棉球及酒精棉球先后对右上腹部消毒，剖开腹部，用无菌剪刀与镊子取出脾脏，用 pH7.4、0.1mol/L 磷酸缓冲液洗去血液，在无菌烧杯或培养皿中切成 $1mm^3$ 小块，再用磷酸缓冲液洗涤 3～4 次，直至澄清，倾去洗涤液，加入组织块 5～6 倍体积（质量/体积）的 0.25% 胰蛋白酶溶液（pH7.6～7.8）于 37℃ 保温，消化 20～40min，每 10min 轻摇消化瓶 1 次，直至组织块松软为止，倾去胰蛋白酶溶液，再用上述磷酸缓冲液洗涤 3～5 次，然后加入少量磷酸缓冲液用 10mL 吸管吹打分散，至大部分组织块分散为细胞，用两层无菌纱布过滤，未分散的组织块再加少量磷酸缓冲液吹打和分散，合并细胞滤液，离心收集细胞并用磷酸缓冲液洗涤 2～3 次，然后用无血清的 DMEM 培养液稀释制成细胞悬浮液，即为免疫大鼠脾淋巴细胞亲本，备用。

4. 固定化抗大鼠 K 轻链单抗的制备

本法所用载体为 Sepharose 4B。取 30g 活化的 Sepharose 4B 悬浮于 100mL、pH0.2、0.025mol/L 硼酸缓冲液中，另取 1g 抗大鼠 K 轻链的 McAb（MARK-1）溶于 25mL 硼酸缓冲液，然后加至上述已活化的 Sepharose 4B 悬浮物中，于 10℃ 搅拌反应 16～20h，将其装柱（直径 2cm×50cm）并用 10 倍柱床体积（体积/体积）的上述硼酸缓冲液以 5～6mL/min 流速洗涤柱床，收集流出液，测 A_{280}，并根据流出液计算偶联效率。然后依次用 5 倍柱床体积（体积/体积）的 pH10、0.1mol/L 乙醇胺溶液及 pH8.0、0.1mol/L 硼酸缓冲液充分洗涤。最后用 pH7.4、0.1mol/L 磷酸缓冲液洗至流出液 A_{280} 小于 0.01，即得抗 HBsAg McAb 的亲和吸附剂，将其转移至含 0.01% NaN_3 的 pH7.4、0.1mol/L 磷酸缓冲液中，于 4℃ 贮存，备用。

5. 细胞融合

取 10^7 个 $IR_{983}F$ 细胞与 10^8 个免疫大鼠脾淋巴细胞于 50mL 离心管中，混匀，在 4℃ 下，1500r/min 离心 8～10min，用巴斯德吸管小心吸去上清液。轻弹管底，使沉淀的细胞松动，于 37℃ 水浴中保温，并于 1min 内轻轻滴加 0.8mL 50%PEG4000，同时用吸管尖轻轻搅动 60～90s，然后于 2min 内缓慢滴加 20mL DMEM 培养液，1500r/min 离心 8～

10min，吸去上清液，然后再用含 20％小牛血清的 DMEM 培养液稀释至 50mL，制成细胞悬浮液，得细胞融合混合物。取 25mL 融合混合物加至两块含饲养细胞的 24 孔微量培养板中，每孔加 0.5mL；余下 25mL 细胞融合混合物再用含 20％小牛血清的 DMEM 培养液稀释至 50mL，依上法再接种两块 24 孔培养板。依此类推，每次融合混合物可接种 8～10 块 24 孔培养板，按 IR$_{983}$F 计，每孔接种细胞数约为 10^5 个，剩余融合物弃去。若用 96 孔板，则每孔接种细胞数约为 10^4 个。然后于 37℃、CO_2 培养箱中培养 2～4 天，每天从各孔中吸去 1mL 原培养液，替换含 20％小牛血清及 HAT 的 DMEM 培养液，继续培养至第 5～6 天可见小克隆，至第 9～10 天可见大克隆，中途不换 HT 培养液。若培养液出现淡黄色，可取出一部分培养液进行抗体检测。培养 10 天后改换含 HT 的培养液，继续培养两周后改用常规 DMEM 培养液培养。

6. 杂交瘤细胞筛选

筛选产生抗 HBsAg 单抗的杂交瘤细胞的方法是用 AUSAB 酶免疫试剂盒测定表达抗体的细胞，将包被了人 HBsAg 的聚苯乙烯株与待测杂交瘤培养上清液一起培育，然后用磷酸缓冲液洗涤 3～4 次，加入用生物素偶联的 HBsAg 培育后洗涤，再加过氧化物酶标记的亲和素培育，最后用邻苯二胺（OPD）显色，经酶标仪定量测定，以确定产生抗 HBsAg 单抗的阳性孔。经检测确定为产生抗 HBsAg 单抗的阳性孔细胞，需进行克隆和再克隆，并经全面鉴定与分析，最后才能获得产生抗 HBsAg 单抗的杂交瘤克隆系。其过程如下。

将阳性孔中的培养细胞经常规消化分散法制成细胞悬浮液，计数，用含 20％小牛血清的 DMEM 培养液依次稀释成 $5×10^4$ 细胞/mL、$5×10^3$ 细胞/mL、$5×10^2$ 细胞/mL 及 $5×10$ 细胞/mL 细胞悬液，然后在已有饲养细胞的 96 孔培养板的第 1～3 行中，每孔接种 $5×10$ 细胞/mL 细胞悬液 0.1mL，每孔细胞数平均为 5 个；余下细胞悬液再稀释成 10 细胞/mL，在第 4～6 行孔中每孔接种 0.1mL，平均每孔细胞数为 1 个；余下细胞悬液再稀释成 2 细胞/mL，在 7～8 行孔中每孔接种 0.1mL，平均每孔 0.2 个细胞。然后于 37℃、CO_2 培养箱中通入含 5％CO_2 的无菌空气培养至第 5～6 天，镜检，记下单克隆孔，补加 0.1mL 培养液。在生长良好的情况下，第 1～3 行难有单克隆，第 4～6 行偶有单克隆，第 7～8 行多为单克隆。培养至 9～10 天后有部分孔中培养液上清液变淡黄色，可能已有抗体产生。然后将阳性孔内细胞分散接种至另外的 24 孔板中培养，并在原板的各孔中替换另一批培养液，以防污染及细胞死亡。当新的 24 孔板中细胞生长良好时，即进行消化分散转移至小方瓶中扩大培养，同时将种质进行保存。所获得的阳性培养物需按上述方法反复再克隆和全面鉴定，直至确证为阳性单克隆为止。

7. 抗 HBsAg 单克隆抗体的生产

抗 HBsAg 的单克隆抗体可采用人工生物反应器培养杂交瘤细胞进行生产，也可采用动物体作为生物反应器进行生产，后者又可通过诱发实体瘤及腹水瘤进行生产，本文叙述腹水瘤生产技术，其过程如下。

向健康的 Lou/c 大鼠腹腔注射 1mL 降植烷（Pristane），饲养 1～9 周后，向大鼠腹腔接种 $5×10^6$ 个杂交瘤细胞，饲养 9～11 天后即可明显产生腹水，待腹水量达到最大限度而大鼠又濒于死亡之前，处死动物，用毛细管抽取腹水，一般可得 50mL 左右。同时也可取其血清分离抗体，此外也可不处死动物，而是每 1～3 天抽取 1 次腹水，通常每只动物可抽取 10 次以上，从而获得更多单克隆抗体。

8. 抗 HBsAg 单抗的分离纯化

将固定化抗大鼠 K 轻链的 Sepharose 4B 亲和吸附剂装柱（直径 4cm×20cm）。用 5 倍柱床体积（体积/体积）的 pH7.4、0.1mol/L 磷酸缓冲液以 2～3mL/min 流速洗涤和平衡柱床，然后将 100mL 含抗 HBsAg 单抗的腹水用生理盐水稀释 5 倍（体积/体积），以 2mL/min 流速进柱，然后用 pH7.4、0.1mol/L 磷酸缓冲液洗涤柱床，同时测定 A_{280}，等第一个杂蛋白峰洗出后，改用含 2.5mol/L NaCl 的上述磷酸缓冲液洗涤，除去非特异性吸附的杂蛋白，然后用 pH2.8 的甘氨酸-HCl 缓冲液洗脱，同时分步收集洗脱液，合并含单抗的洗脱液，立即用 pH8.0、0.1mol/L Tris-HCl 缓冲液中和至 pH7.0，经超滤、浓缩及冻干后即得抗 HBsAg 的单克隆抗体精品。

参 考 文 献

［1］吴梧桐. 生物制药工艺学［M］. 北京：中国医药科学技术出版社，1993.

［2］邹行彦等. 抗生素生产工艺学［M］. 北京：化学工业出版社，1982.

［3］瞿礼嘉等. 现代生物技术导论［M］. 北京：高等教育出版社，1998.

［4］郭勇. 生物制药技术［M］. 北京：中国轻工业出版社，2000.

［5］熊宗贵. 发酵工艺原理［M］. 北京：中国医药科学技术出版社，2000.

［6］熊宗贵. 生物技术制药［M］. 北京：高等教育出版社，1999.

［7］孙树汉. 核酸疫苗［M］. 上海：第二军医大学出版社，1993.

［8］郭葆玉. 基因工程药学［M］. 上海：第二军医大学出版社，2000.

［9］张致平. 微生物药物学［M］. 北京：化学工业出版社，2003.

［10］何华. 生物药物分析［M］. 北京：化学工业出版社，2003.

［11］曹巍. 生物制品研制开发动态［J］. 生物技术通讯，2000，11（2）：150-153.

［12］吴梧桐等. 生物技术药物的研究开发新进展［J］. 中国新药杂志，2002，11（11）：831-838.

［13］凌沛学等. 中国生化制药回顾和展望［J］. 中国医药工业杂志，2000，31（2）：86-88.

［14］张致平. β-内酰胺类抗生素研究的进展（Ⅱ）［J］. 中国抗生素杂志，2000，11（1）：61-67.

［15］褚志义. 生物合成药物学［M］. 北京：化学工业出版社，2000.

［16］张致平. 抗生素与微生物产生的生物活性物质［M］. 北京：化学工业出版社，2005.

［17］黄凤杰，吴梧桐. 中国生物制药产业的发展及其市场［J］. 药学进展，2006，30（4）：185.

［18］兰欣. 我国生物制药的开发现状与展望［J］. 菏泽学院学报，2007，29（2）：92-95.

［19］刘巍. 生物技术和药物研究进展［J］. 中国科学技术大学学报，2008，38（8）：905-908.

［20］黄志红. 全球药品研发进展［J］. 中国医药工业杂志，2009，40（6）.

［21］王俊丽等. 生物制品学［M］. 北京：科学出版社，2008.

［22］周东坡等. 生物制品学［M］. 北京：化学工业出版社，2007.

［23］赵铠. 医学生物制品学［M］. 第2版. 北京：人民卫生出版社，2007年.

［24］国家药典委员会编. 中华人民共和国药典［M］. 北京：化学工业出版社，2005.

［25］中国生物制品规程（2000年版）2002年增补本［M］.2002.

［26］周国安. 生物制品生产规范与质量控制［M］. 北京：化学工业出版社，2004.

［27］朱威等. 生物制品基础及技术［M］. 北京：人民卫生出版社，2003.